Eichstätter Geographische Arbeiten

Herausgeber
- Klaus Gießner
- Erwin Grötzbach
- Ingrid Hemmer
- Hans Hopfinger

Schriftleitung
Marianne Rolshoven

Profil

Eichstätter Geographische Arbeiten

Band 14

Tobias Heckmann

Untersuchungen zum Sedimenttransport
durch Grundlawinen in zwei Einzugsgebieten
der Nördlichen Kalkalpen

Quantifizierung, Analyse und Ansätze zur
Modellierung der geomorphologischen Aktivität

Profil

			5.2.1	Lahnenwiesgraben	30
			5.2.2	Reintal	36
		5.3	Böden		39
			5.3.1	Lahnenwiesgraben	40
			5.3.2	Reintal	40
		5.4	Vegetation		43
			5.4.1	Lahnenwiesgraben	45
			5.4.2	Reintal	46
		5.5	Klima		49
			5.5.1	Allgemeine Klimafaktoren	50
			5.5.2	Faktoren des Lawinenklimas	52

II Quantifizierung der Sedimentbilanz — 61

6 Methodik — 62

6.1 Geländeaufnahme und Beprobung 62
    6.1.1 Kartierung 63
    6.1.2 Fehlerabschätzung der Kartierung 65
    6.1.3 Beprobung 65
    6.1.4 Fehlerabschätzung der Massenbestimmung 68
6.2 Laboranalysen 68
6.3 Datenhaltung und GIS-gestützte Quantifizierung 69

7 Ergebnisse der Messungen — 71

7.1 Lawinentätigkeit im Untersuchungszeitraum 71
    7.1.1 Lahnenwiesgraben 71
    7.1.2 Reintal 74
    7.1.3 Magnitude und Frequenz 78
7.2 Sedimentfrachten 84
    7.2.1 Lahnenwiesgraben 89
    7.2.2 Reintal 91
7.3 Zusammensetzung der abgelagerten Sedimente 93
7.4 Variabilität von Aktivität und Sedimentfracht 100
7.5 Berechnung des Abtrags 102
7.6 Fallstudie „Roter Graben" 107

8	**Formung durch Lawinen in den Untersuchungsgebieten**	**113**
	8.1 Erosionsformen	113
	8.2 Formung durch Impakt	118
	8.3 Akkumulationsformen	120
	8.4 Interaktion mit anderen Prozessen	124

III Modellierung   130

9 Modellkonzept   **131**

10 Dispositionsmodell   **134**
- 10.1 Einleitung … 134
- 10.2 Ansätze zur Modellierung der Disposition … 137
  - 10.2.1 Regelbasierte Modelle, Expertensysteme … 138
  - 10.2.2 Statistische Modelle … 139
  - 10.2.3 Physikalisch basierte Modelle … 142
- 10.3 Modellierung der Lawinendisposition mit dem CF-Modell … 143
  - 10.3.1 Berechnung und Interpretation des *Certainty Factor* … 143
  - 10.3.2 Bewertung der *Certainty Factor*-Methode … 147
  - 10.3.3 Datenaufbereitung: Lawinenanrisse … 148
  - 10.3.4 Datenaufbereitung: Geofaktoren … 149
  - 10.3.5 Klassifizierung der Rasterdaten … 151
  - 10.3.6 Analyse der *failure rate* … 151
- 10.4 Ergebnisse der Dispositionsmodellierung … 155
  - 10.4.1 Lahnenwiesgraben … 155
  - 10.4.2 Reintal … 158
- 10.5 Modellvalidierung … 159
- 10.6 Ausweisung von Anrissgebieten für die Koppelung an ein Prozessmodell … 164

11 Prozessmodell   **167**
- 11.1 Modellierung des Prozessweges … 167
- 11.2 Modellierung der Reichweite von Fließlawinen … 173
  - 11.2.1 Ansätze der Reichweitenmodellierung … 173
  - 11.2.2 Das PCM-Reichweitenmodell (PERLA ET AL. 1980) … 177
- 11.3 Aufbau des Prozessmodells … 181

11.4 Kalibrierung der Modellparameter 187
    11.4.1 Parameter des *random walk*-Ausbreitungsmodells . . . 187
    11.4.2 Parameter des Reibungsmodells 191
11.5 Ergebnis der Prozessmodellierung 207
    11.5.1 Lahnenwiesgraben 207
    11.5.2 Reintal 211
    11.5.3 Fazit 212
11.6 Ausblick: Weiterentwicklung des Prozessmodells 213

12 Anwendung des Modells   217
12.1 Analyse des potenziellen Prozessareals 217
    12.1.1 Lahnenwiesgraben 217
    12.1.2 Reintal 218
12.2 Berechnung der Abtragsleistung von Grundlawinen 220

13 Modellierung der geomorphologischen Aktivität   226
13.1 Faktoren der Erosivität von Lawinen im Modell 226
    13.1.1 Interpretation eines synoptischen Längsprofils 226
    13.1.2 Statistische Analyse 230
13.2 Einflussfaktoren der Abtragsleistung 234
    13.2.1 Ereignismagnitude 235
    13.2.2 Geofaktoren des Prozessgebiets 237

IV   Schlussteil   247

14 Diskussion   248
14.1 Sedimenttransport und Formung durch Grundlawinen 248
    14.1.1 Vergleich mit den Daten anderer Autoren 248
    14.1.2 Mechanismen von Lawinenerosion und Sedimenttransport 258
    14.1.3 Einflussfaktoren von Sedimentfracht und Abtrag . . . 264
14.2 Modellierung 270
    14.2.1 Statistische Dispositionsmodellierung 271
    14.2.2 Ausweisung und Zonierung des Prozessgebietes 273
14.3 Schlussbemerkung 275

15 Zusammenfassung und Summary	**277**
15.1 Zusammenfassung	277
15.2 Summary	279
Literatur	**282**
V Anhänge	**304**
A Geodaten und Software	**305**
A.1 Geodaten	305
A.2 Software	306
B Tabellen	**308**

Abbildungsverzeichnis

5.1	Lage der Untersuchungsgebiete	28
5.2	Übersichtskarte Lahnenwiesgraben	32
5.3	Geologische Karte des Lahnenwiesgrabens	34
5.4	Übersichtskarte Reintal	36
5.5	Bodentypen in den Untersuchungsgebieten	39
5.6	Bodenkarte Lahnenwiesgraben	41
5.7	Bodenkarte Reintal	42
5.8	Vegetationskarte Lahnenwiesgraben	47
5.9	Vegetationskarte Reintal	48
5.10	Isothermen der Monatsmitteltemperaturen in der Untersuchungsregion	50
5.11	Monatsmittel des Niederschlags GAP-Kaltenbrunn und Zugspitze	52
5.12	Isopachen der mittleren monatlichen Schneehöhe in der Untersuchungsregion	54
5.13	Tägliche Schneehöhen an der LWD-Station Osterfelder, Monate Januar-April, Zeitraum 2000-2003	55
5.14	Häufigkeit und Ergiebigkeit von Regen-auf-Schnee-Ereignissen 1979-2002	59
6.1	Schema der methodischen Vorgehensweise für die Quantifizierung des Beitrags von Grundlawinen zum Sedimenthaushalt	62
6.2	Schnitte durch Lawinenschneeablagerungen und Probenahmefläche	67
7.1	Hydrologische Einzugsgebiete von Lawinenablagerungen (LWG) und ihre Anrisshäufigkeit während des Untersuchungszeitraums	73

7.2	Hydrologische Einzugsgebiete von Lawinenablagerungen (RT) und ihre Anrisshäufigkeit während des Untersuchungszeitraums	77
7.3	Diagramm zur Magnitude-Frequenz-Beziehung von Grundlawinen	83
7.4	Verteilungen der Sedimentfracht 1999-2002	86
7.5	Mächtigkeit der ablagerten Sedimente	88
7.6	Detailkarten von Lawinenablagerungen, Gebiet LWG	90
7.7	Detailkarten von Lawinenablagerungen, Gebiet Reintal	93
7.8	Charakteristische Zusammensetzungen (Clusteranalyse) von 270 Sedimentproben	94
7.9	Prozentuale Zusammensetzung der durch Lawinen transportierten Sedimente: Fraktionen	96
7.10	Prozentuale Zusammensetzung der durch Lawinen transportierten Sedimente: Granulometrie	97
7.11	Variabilität von Sedimentauflage und transportierter Masse	101
7.12	Die Berechnung des Abtrags mithilfe verschiedener Bezugsflächen	104
7.13	Feststoffspenden (g/m^2) und Abtrag (mm), berechnet unter Bezug auf das hydrologische Einzugsgebiet	105
7.14	Sturzbahn und Ablagerungsgebiet der Lawine L01-RG	107
7.15	Erosions- und Akkumulationsformen im Gebiet „Roter Graben"	108
7.16	Geomorphologische Karte des Prozessgebietes der Lawine L01-RG	110
8.1	Blaikenbildung im Gebiet „Roter Graben"	114
8.2	Vergleich der CF-Parameter für Blaiken- und Lawinendispositionsmodelle	116
8.3	Formung durch Aufschieben von Sediment	117
8.4	„Avalanche debris tails"	118
8.5	Impakt der Lawine L03-SP in das Staubecken einer Murverbauung	119
8.6	Typische Lawinenablagerungsgebiete	121
8.7	Standardisierte Längsprofile von Lawinenablagerungen, Vergleich der beiden Untersuchungsgebiete	122

8.8	Standardisierte Längsprofile von Lawinenablagerungen und Schuttkegeln	123
8.9	Luftbild des Teilgebietes „Sperre" mit Sedimentfalle SP2 . .	125
8.10	Verhältnis des fluvialen Sedimenttransports in den Sedimentfallen SP2 und SG2	126
8.11	Erosionsschurf im Bereich des Roter Grabens (LWG) im August 2003	129
9.1	Modellkonzept	132
10.1	Konzept der Dispositionsmodellierung	135
10.2	Bestimmung von Geofaktorenkombinationen (*unique condition subareas*) und Berechnung von *failure rate* und bedingten Wahrscheinlichkeiten	140
10.3	Diagramme zur Berechnung des *Certainty Factor*	147
10.4	*failure rate*-Analyse für den Geofaktor Hangneigung	152
10.5	*failure rate*-Analyse für die Geofaktoren Horizontal- und Vertikalwölbung	153
10.6	Dispositionskarte (Detail) des südwestlichen Teils des LWG	157
10.7	Validierung des CF-Modells	162
10.8	Vorhersage von Gleitschneeanrissen durch das CF-Modell für Grundlawinen	164
11.1	Segmentierung des Prozessweges auf Rasterzellen	180
11.2	Flussdiagramm des Prozessmodells	182
11.3	Kalibrierung des Ausbreitungsmodells auf dem Lawinenhang L-EN	188
11.4	Kalibrierung des Ausbreitungsexponenten am Beispiel der Lawine L-RG	190
11.5	Analyse von v_{term} in Abhängigkeit von ϕ, μ und M/D . . .	192
11.6	Analyse von Reichweite und Geschwindigkeitsverlauf bei Variation der Reibungsparameter auf dem Lawinenstrich L-RG	198
11.7	Kombinationen der Reibungsparameter zur Modellkalibrierung nach BLAGOVECHSHENSKIY ET AL. (2002)	200
11.8	Kalibrierung von Lawinen verschiedener Ereignismagnitude, Gebiet „Enning", Lahnenwiesgraben	202

11.9	Detailansicht des modellierten Prozessgebietes auf N-exponierten Hängen (Lahnenwiesgraben)	209
11.10	Detailansicht des modellierten Prozessgebietes auf S-exponierten Hängen (Lahnenwiesgraben)	210
11.11	Ergebnis der Fliesshöhenmodellierung	214
12.1	Hydrologisches Einzugsgebiet und modelliertes Prozessgebiet einer Lawinenablagerung	221
12.2	Feststoffspenden (g/m^2) und Abtrag (mm), berechnet unter Bezug auf das modellierte Prozessgebiet	223
13.1	Erstellung von Längsprofilen aus 2D Rasterdaten	228
13.2	Synoptisches Längsprofil der Lawine L01-RG	229
13.3	Scatterplot der Funktionswerte der Diskriminanzfunktionen	233
13.4	Zusammenhang zwischen Ereignismagnitude und Sedimentfracht bzw. Ablagerungsmächtigkeit	236
13.5	Ereignismagnitude und mittlere Sedimentauflage auf mehrfach aktiven Lawinenstrichen	237
13.6	Analyse der Geofaktorenkombinationen in modellierten Prozessgebieten	240
14.1	Vergleich der Daten zur Sedimentablagerung mit den Daten von LUCKMAN (1978a)	254

Bei allen Abbildungen ohne Quellennachweis handelt es sich um eigene Entwürfe und Darstellungen des Autors.

Tabellenverzeichnis

2.1	Morphologische Lawinenklassifikation	5
3.1	Bewertung der geomorphologischen Tätigkeit von Lawinen aus der Literatur	15
3.2	Arbeiten zur Sedimentdynamik von Schneelawinen	23
5.1	Zusammenfassung wichtiger Eigenschaften der Untersuchungsgebiete	30
5.2	Zusammensetzung der Vegetation in den Untersuchungsgebieten	45
5.3	Monatliche Statistiken der 3-Tages-Neuschneesumme	56
5.4	Warmlufteinbrüche auf 1690 m ü.NN, Klimaperiode 1973-2002	58
6.1	Klassifikation der Lawine nach Ereignismagnitude	64
6.2	Fraktionen der Sedimentproben nach der Laboranalyse und ihre Interpretation	69
7.1	Statistische Auswertung der sedimentführenden Lawinenschneeablagerungen 1999-2003 (LWG)	74
7.2	Statistische Auswertung der sedimentführenden Lawinenschneeablagerungen 1999-2003 (RT)	77
7.3	Durch Lawinen abgelagertes Sediment, LWG 1999-2003	89
7.4	Durch Lawinen abgelagertes Sediment, Reintal 1999-2002	92
7.5	Variabilität der Korngrößenzusammensetzung (2000-2003) ausgewählter Lawinenablagerungen	98
7.6	Tendenz der Sedimentfrachten auf 9 ausgewählten Lawinenstrichen	102

7.7	Feststoffspende durch Lawinen, bezogen auf die Fläche der Untersuchungsgebiete	103
7.8	Sedimentbilanz der Lawine L01-RG	109
8.1	failure rate - Analyse Geologie auf Blaikenflächen	115
10.1	Interpretation des *certainty factor*	145
10.2	Geofaktorenklassen mit positivem CF^+ und CC	156
11.1	Gleitreibungsparameter μ	194
11.2	Modellrelevante Eigenschaften von Nassschneelawinen aus der Literatur	195
11.3	Parameter der turbulenten Reibung M/D	196
11.4	Kalibrierung der Reibungsparameter auf ausgewählten Lawinenstrichen	201
12.1	Geofaktoren im potenziellen Prozessgebiet (LWG)	219
12.2	Geofaktoren im potenziellen Prozessgebiet (Reintal)	220
13.1	Variablen in der Diskriminanzanalyse, Lawine L01-RG . .	231
13.2	Funktionskoeffizienten der Diskriminanzanalyse	232
13.3	Klassifikationsmatrix der Diskriminanzanalyse	234
13.4	*Certainty*-Faktoren für Abtragskategorien und Geofaktoren	241
13.5	Validierung der Ergebnisse des Moduls `CF_Table`	244
13.6	Evaluierung des CF-Modells zur Bestimmung des Abtrags .	245
14.1	Vergleich mit Daten aus der Literatur: Sedimentfracht . . .	250
14.2	Vergleich mit Daten aus der Literatur: Ablagerung	252
14.3	Vergleich mit Daten aus der Literatur: Abtrag	257
B.1	Abtrag durch Lawinen	308
B.2	Ergebnis des CF-Dispositionsmodells für Grundlawinen . .	312

Danksagung

Schwer zu überblicken ist nicht nur die Vielfalt von Fragestellungen, beantworteten und sich neu ergebenden Fragen während der langjährigen Bearbeitung einer Dissertation, schwer zu überblicken ist auch die Anzahl von Menschen, denen ich für ihre direkte und indirekte Unterstützung bei der Entstehung dieser Arbeit Dank schulde.
Sicherlich gebührt dem „Doktorvater" traditionell an erster Stelle Dank für den Anstoß zu den Untersuchungen, für die stete Forderung, Förderung und Betreuung der Arbeit. Die Rolle von PROF. DR. MICHAEL BECHT geht über diese Tätigkeiten weit hinaus - er hat von Anfang an großes Vertrauen in mich gesetzt und meiner Entwicklung als Mitarbeiter und Wissenschaftler im Laufe unserer gemeinsamen Arbeit an mittlerweile drei Universitäten, der LMU München (2000-2001), der Georgia Augusta in Göttingen (2002-2004) und der KU Eichstätt-Ingolstadt (seit 2004) Schwung verliehen. Für die kollegiale und freundschaftliche Zusammenarbeit, auf deren Fortsetzung ich mich freue, möchte ich ganz herzlich Dank sagen. PROF. DR. KARL-HEINZ PÖRTGE (Göttingen) möchte ich für die bereitwillige Übernahme des Korreferates danken, den Herausgebern der „Eichstätter Geographischen Arbeiten" für die freundliche Aufnahme in die Reihe.

Während meiner Tätigkeit an drei Universitäten habe ich zahlreiche nette Kolleginnen und Kollegen kennengelernt, die (nicht nur) für eine gute Arbeitsatmosphäre sorgten. Den genannten wie den ungenannten gilt mein herzlicher Dank:

- München: FRIEDRICH BARNIKEL, TIMM MITTELSTEN SCHEID (danke auch für die gemeinsame Zeit in Göttingen) und MARK VETTER. Unvergesslich sind mir vor allem die gemeinsamen Exkursionen.

- Göttingen: Jürgen Böhner, Bernd Cyffka, Bodo Damm, Christina Daunicht, Holger Kerkhof, Angela Kreikemeier, Olaf Meyer und Karl-Heinz Pörtge, sowie allen Kolleginnen und Kollegen aus den anderen Abteilungen des Instituts. Besonderer Dank geht an Olaf Conrad und André Ringeler für die Hilfsbereitschaft bei der Einarbeitung in die Programmierung eigener Module für SAGA. Mareike Lehrling und Christian Knöchel möchte ich für ihre engagierte Mitarbeit als wissenschaftliche Hilfskräfte danken.

- Eichstätt: Allen Kolleginnen und Kollegen herzlichen Dank für die freundliche Aufnahme und gute Zusammenarbeit, insbesondere Nicole Mayinger, Claudia Pietsch und Martin Trappe. Alexandra Kaiser und Peter Zimmermann möchte ich für die Hilfe bei der Formatierung für die Drucklegung dieser Arbeit danken.

Mit Florian Haas und Volker Wichmann verbindet mich mehr als nur die langjährige Zusammenarbeit im Rahmen des SEDAG-Projektes. Sie sind für mich die wichtigsten Kollegen und auch Freunde geworden. Herzlichen Dank für die ungezählten und wertvollen Diskussionen, die tatkräftige Mithilfe zu jeder Zeit und den allwöchentlichen Stammtisch ! Die umfangreichen Vorarbeiten von Volker Wichmann vor meinem Dienstantritt in München, während der ersten Monate seiner eigenen Arbeit, sollen nicht unerwähnt bleiben. Unter den zahlreichen Kolleginnen und Kollegen im SEDAG-Projekt möchte ich besonders Dirk Keller (Erlangen) für die „geologische Unterstützung", die beharrliche Aufrechterhaltung des Kontakts und den Erfahrungsaustausch danken und ihm viel Glück für die Zukunft wünschen. Auch den anderen aktuellen und ehemaligen Mitgliedern der Arbeitsgruppe aus Halle, Regensburg und Bonn, David „Täve" Morche, Maik Unbenannt, Florian Koch und Gabi Hufschmidt sowie den Antragsstellern Prof. Dr. Michael Becht, Prof. Dr. Karl-Heinz Schmidt, Dr. Tom Vetter, Prof. Dr. Michael Moser, Prof. Dr. Horst Strunk, PD Dr. Lothar Schrott und Prof. Dr. Richard Dikau sei für die gute Zusammenarbeit gedankt. Dank auch an die Deutsche Forschungsgemeinschaft für die finanzielle Förderung des Projektes.

Im Rahmen des SEDAG-Projekts wurden mir zahlreiche Besuche von Tagungen und Institutionen ermöglicht, die mir zu vielen, überwiegend sehr positiven Erfahrungen mit deutschen und internationalen Kolleginnen und Kollegen verholfen haben. Viele Kolleginnen und Kollegen, zu denen ich Kontakt gesucht habe, haben sehr freundlich reagiert und in Form wichtiger Diskussionsbeiträge, zum Teil auch mit Daten weitergeholfen. So gehören denn auch diese Menschen zur Liste derer, denen ich meinen Dank aussprechen möchte:

- OFR MARKUS HILDEBRANDT (Funktionsstelle Schutzwaldsanierung des Forstamtes Garmisch-Partenkirchen in Murnau)

- DR. KLAUS MARTIN (Firma SLU, Gräfelfing)

- DR. BETTY SOVILLA, DR. URS GRUBER und DR. MICHAEL BRÜNDL (EiSLF, Davos)

- STEFFI SARDEMANN (Münster; damals EiSLF, Davos)

- DR. BERNHARD ZENKE (Bayerischer Lawinenwarndienst am Landesamt für Wasserwirtschaft, München)

- DR. VINCENT JOMELLI (*Centre National de la Recherche Scientifique-*CNRS, Meudon-Bellevue/Frankreich)

- DR. ACHIM BEYLICH (Norwegischer Geologischer Dienst, Trondheim)

Last but not least möchte ich meinen Eltern, VERONIKA und DR. WALTER HECKMANN für alle Hilfe und Unterstützung herzlich danken, nicht nur für das Korrekturlesen. Die Arbeit widme ich meiner gesamten Familie, insbesondere meiner Frau SABINE.

Teil I

Einleitung

1 Einführung

Few of the defrauded toilers of the plain know the magnificent exhilaration of the boom and rush and outbounding energy of great snow avalanches. While the storms that breed them are in progress, the thronging flakes darken the air at noonday. Their muffled voices reverberate through the gloomy cañons, but we try in vain to catch a glimpse of their noble forms until rifts appear in the clouds, and the storm ceases.
JOHN MUIR (1838-1914)
(*Studies in the Sierra*, THE SIERRA CLUB 1950)

Schneelawinen als Naturgefahr rücken regelmäßig aufgrund schwerer Unfälle mit Toten, Verletzten und Beschädigungen von Gebäuden und Infrastruktur in den Fokus des öffentlichen Interesses. Nicht allein die Bevölkerung im Hochgebirge selbst, sondern auch zahlreiche Menschen, die den Winterurlaub dort verbringen, sind betroffen. Die alljährlichen Lawinenberichte der zuständigen Behörden und einige zusammenfassende wissenschaftliche Arbeiten (z.B. AMMANN 2000, LUZIAN 2002, STETHEM ET AL. 2003) geben einen guten Überblick über die Lawinentätigkeit, ihre Ursachen und Folgen. In der Schweiz droht nach BOZHINSKIY & LOSEV (1998) von 30% der rund 10000 existierenden Lawinenstriche potenziell Gefahr.
Hinter die offensichtlichen und wohlbekannten Konsequenzen von Schneelawinen für den Menschen und seine Infrastruktur treten ihre Eigenschaften als geomorphologischer Prozess sowohl im öffentlichen Bewusstsein als auch in der Forschung weitgehend zurück. Allenfalls die Schädigung des Waldes durch Lawinen als ökologische Konsequenz und die Schutzfunktion des Waldes (z.B. FUCHS 2002, DUC ET AL. 2004, MARGRETH 2004) spielen schon seit längerer Zeit eine Rolle in Wissenschaft und Öffentlichkeit.

Die der vorliegenden Arbeit zugrundeliegenden Untersuchungen wurden im Rahmen des von der Deutschen Forschungsgemeinschaft (DFG, Bonn) geförderten Bündelprojektes SEDAG (Sedimentkaskaden in Alpinen Geosystemen) durchgeführt (siehe Kapitel 4). Die Kernfragestellungen stammen damit überwiegend aus dem Bereich der prozessorientierten geomorphologischen Grundlagenforschung, wobei Teile der Analysen auch angewandte

Aspekte beinhalten. Im Hinblick auf das Forschungsprojekt sei an dieser Stelle besonders auch auf die Arbeiten von WICHMANN (2006), KELLER (in Vorb.) und KOCH (2005) verwiesen.

Die folgenden Abschnitte dienen zunächst einer allgemeinen Einführung und Begriffsklärung (Kapitel 2), bevor ein Überblick über den Stand der Forschung gegeben wird (Kapitel 3). Die Fragestellungen für diese Arbeit und das Untersuchungskonzept werden anschließend anhand des Forschungsstandes und der Zielsetzungen des SEDAG-Projektes entwickelt (Kapitel 4). Nach einer ausführlichen Beschreibung der Untersuchungsgebiete, vor allem im Hinblick auf für die Aktivität von Grundlawinen relevanten Faktoren, folgen die beiden Hauptteile der Arbeit, die sich mit der Quantifizierung (Teil II) und Ansätzen zur Modellierung (Teil III) des Beitrages von Lawinen zum Sedimenthaushalt befassen. Jeder dieser beiden Teile umfasst eine Erläuterung der verwendeten Methodik sowie die Ergebnisse und deren Interpretation. In Teil IV werden die Ergebnisse der einzelnen Teile im Kontext der Fragestellungen zusammenfassend diskutiert. Im Hinblick auf die immer wieder auftretenden lokalen Ortsbezeichnungen wird der Leser auf die Übersichtskarten der Untersuchungsgebiete (Abbildungen 5.2, S. 33 und 5.4, S. 37) verwiesen. Die überwiegende Mehrzahl der Abbildungen ist in Graustufen gehalten, die Ergebniskarten der Dispositions- und Prozessmodellierung in den beiden Untersuchungsgebieten sind in farbiger Ausführung beigelegt.

2 Klassifikation und Entstehung von Lawinen

2.1 Definition

Lawinen (von lat. *labi* = fallen) sind gravitative, plötzlich und schnell verlaufende Bewegungen von Schnee- und Eismassen an Berghängen (nach ANCEY 2001). Essenziell für die Abgrenzung von anderen Prozessen ist die Erfüllung aller Kriterien:

- Agens: Im Unterschied zur Schneedrift, die durch den Wind vermittelt wird, beschreibt der Begriff Lawine eine rein gravitative Schneebewegung.

- Kinetik: Die Schneedecke an einem Hang ist im Prinzip dauernd in Bewegung (Kriechen oder Gleiten mit Geschwindigkeiten im Bereich von $10^0 - 10^2\ mm/d$; BOZHINSKIY & LOSEV 1998, CLARKE & MCCLUNG 1999, ANCEY 2001). Von einer Lawine spricht man erst, wenn die Geschwindigkeit der Massenbewegung größer als etwa $1\ m/s$ wird (BOZHINSKIY & LOSEV 1998).

- Material: In der Literatur wird der Begriff Lawine bisweilen für katastrophale Massenbewegungen ohne die Beteiligung von Schnee oder Eis verwendet, zum Beispiel im anglo-amerikanischen Sprachraum *rock avalanche* und *debris avalanche* für fels- oder bergsturzähnliche Prozesse. RAPP hatte sich bereits 1960 dafür ausgesprochen, dass der Begriff Schneebewegungen vorbehalten bleiben sollte.

2.2 Klassifikation von Lawinen

2.2.1 Morphologische Klassifikation

Nach der internationalen morphologischen Lawinenklassifikation werden Schneelawinen anhand verschiedener Kriterien unterteilt, die sich zum größten Teil einfach im Gelände beurteilen lassen (Tabelle 2.1). Sie beziehen sich auf die Eigenschaften des Lawinenschnees und dessen Bewegung in Anrissgebiet, Lawinenbahn und Auslaufgebiet. Diese drei Teilgebiete bilden das Prozessareal.
Die vorliegende Arbeit beschäftigt sich mit Grundlawinen, da Oberlawinen im Allgemeinen keine signifikante geomorphologische Aktivität aufweisen

Tab. 2.1: Einteilung von Lawinen nach der Internationalen Morphologischen Lawinenklassifikation (UNESCO/Paris 1971), übersetzt und leicht verändert nach BOZHINSKIY & LOSEV (1998)

Zone des Prozessgebietes	Kriterium	Ausprägungen	
Anrissgebiet	A: Art des Anrisses	A1: punktförmig (Lockerschneelawine)	A2: linienförmig (Schneebrettlawine)
		A3: weich	A4: hart
	B: Position der Gleitfläche	B1: Innerhalb der Schneedecke (Oberlawine)	B2: Abgleiten von Neuschneeschichten
		B3: Anriss innerhalb Altschneedecke	B4: Anriss an der Basis der Schneedecke (Grundlawine)
	C: Wassergehalt des Schnees	C1: Trockenschneelawine	C2: Nassschneelawine
Lawinenbahn	D: Form	D1: Offener Hang	D2: Lawinenbahn kanalisiert (Runsenlawine)
	E: Art der Bewegung	E1: Suspension (Staublawine)	E2: Fließlawine
Ablagerungs-/Auslaufgebiet	F: Oberflächenrauigkeit der Schneeablagerung	F1: Zusammenballungen (F2: blockig, F3: gerundet)	F4: Feine, lockere Ablagerung
	G: Wassergehalt zum Zeitpunkt der Ablagerung	G1: Trockenschneeablagerung	G2: Nassschneeablagerung
	H: Verunreinigung des Lawinenschnees	H1: Sauberer Schnee	H2: Verunreinigter Schnee
		H3: Schutt oder Boden	H4: Vegetationsreste, Bäume
		H5: Trümmer von Bauwerken	

(GARDNER 1970, THORN 1978, BECHT 1995). Die Beobachtungen im Feld deuten auf schneebrettförmige Anrisse hin, es wurden Runsen- und Hanglawinen verzeichnet. Aufgrund der Beteiligung von perkolierendem Wasser zur Zeit der Schneeschmelze ist davon auszugehen, dass es sich um Nassschneelawinen handelt.

2.2.2 Genetische Klassifikation

Abseits der morphologischen Klassifikation, wie sie in Tabelle 2.1 aufgeführt ist, können Lawinen auch aufgrund der auslösenden Faktoren klassifiziert werden. Diese genetische Klassifikation orientiert sich an einer Vielzahl von Faktoren, die sich in drei Gruppen gliedern lassen (Abschnitt 2.3). Generell werden direkte (Belastung der Schneedecke durch Neuschneefall) und verzögerte Lawinenauslösung (strukturelle Schwächezonen in der Schneedecke aufgrund von Metamorphose oder Kohäsionsverlust im Zuge der Schneeschmelze) unterschieden (vgl. LUCKMAN 1977). Umfangreiche Abhandlungen der Lawinengenese geben SCHAERER (1981), KONETSCHNY (1990), BOZHINSKIY & LOSEV (1998) und SCHWEIZER ET AL. (2003).

2.3 Faktoren der Lawinengenese

2.3.1 Lokale Rahmenbedingungen

Die Höhe von Schneeniederschlägen ist von der Höhe des Gebiets abhängig, aber auch von der relativen Lage zu anderen Landschaftseinheiten (Steigungs- und Stauniederschlag, Kulisseneffekt). Im Lee von Graten und anderen windexponierten Formelementen kann es durch Ablagerung von verdriftetem Schnee zu besonders mächtigen Schneedecken und Wächten kommen, die zusätzlich durch die Eigenschaften des windtransportierten Schnees weniger scher- und bruchfest ausgeprägt sind und zur Bildung von Schneebrettlawinen neigen.

Die Hangneigung wirkt sich gravierend auf die Stabilität der Schneedecke aus. Bei Neigungswinkeln oberhalb von ca. 25° (SCHAERER 1981) ist die hangabwärts gerichtete Komponente der Schwerkraft groß genug, um in der Schneedecke Spannungen aufzubauen, bei denen die Scher- und/oder Bruchfestigkeit überwunden werden kann.

Des Weiteren wird die Setzung der Schneedecke, die sich in ebenen Bereichen stabilisierend auswirkt, auf steilen Hängen aufgrund der zunehmenden hangparallelen Komponente erheblich abgeschwächt. Es kommt zu kriechenden bis gleitenden plastischen Verformungen und Bewegungen der Schneedecke, wobei diese der Lawinenbildung häufig vorangehen (MCCLUNG 1975, LACKINGER 1987, CONWAY ET AL. 1996). CLARKE & MCCLUNG (1999) gehen von einer Gleitgeschwindigkeit von 10-15 mm/d als Grenzwert für die Lawinenentwicklung aus gleitenden Schneebewegungen aus.

Ein Lawinenanriss erfolgt, sobald die Spannung die Reibungskräfte überwinden kann, welche sich aus der Zugfestigkeit am Ort der späteren Abrisskante, der Bruchfestigkeit der Seiten des Schneebrettes und dem Stauchwiderstand am unteren Ende zusammensetzen. Hänge mit Neigungen über 55° sind zu steil für die Akkumulation einer ausreichend mächtigen Schneedecke, der Schnee gleitet bereits während des Schneefalls in Form kleiner Schneerutsche ab. Er kann allerdings am Fuß einer Steilwand die dortige Schneedecke zusätzlich belasten, so dass es dort zur Auslösung von Lawinen kommen kann.

Die Exposition des Hanges zur Sonne ist ebenfalls ein wichtiger Faktor. Zwar ist die Insolation nicht generell als der stärkste Faktor der Schneeschmelze anzusehen (KONETSCHNY 1990), dennoch sind auf Schatthängen eher trockene, auf besonnten Hängen eher feuchte Schneebrettlawinen zu erwarten (BOZHINSKIY & LOSEV 1998).

Die Form der Lawine wird von der Form des Hanges beeinflusst; man unterscheidet Runsen- und Hanglawinen. Stufen im Längsprofil eines Lawinenstriches können dazu führen, dass eine Trockenschneelawine vom Untergrund abhebt und zumindest teilweise in eine Staublawine übergeht.

Die Wölbung als zweite Ableitung des Reliefs spielt eine wichtige Rolle im Hinblick auf die Lawinenentstehung. Gewölbte Hangabschnitte, speziell solche mit konvexer Vertikalwölbung, gelten hierbei als signifikant, da die Zugspannung innerhalb der Schneedecke an solchen Stellen besonders hoch ist (FOEHN ET AL. 2002). In horizontal konkaven Wölbungen (Kessel, breite Rinnen o.ä.) sammelt sich i.d.R. aufgrund des Windtransportes während der Schneefälle viel Schnee (MCCLUNG 2001a), was zu potenziell größeren Lawinenereignissen führen kann.

Ein weiterer entscheidender Faktor für die Lawinenentstehung ist die Rauigkeit der Hänge, ein Parameter, der quantitativ in cm oder m angegeben wird (=die Schneehöhe, die zum Ausgleich der Rauigkeit benötigt wird). Die Rauigkeit wird in erster Linie vom Oberflächensubstrat und der Vegetation bestimmt. Oberlawinen können entstehen, sobald die Rauigkeit des Hangs ($10^0 - 10^1$ cm auf schuttbedeckten Hängen, bis 10^2 cm auf Hängen, die mit Vegetation, z.B. Latschen bestanden sind) durch die Schneedecke ausgeglichen und um einen gewissen Betrag übertroffen wird. Da bei Grundlawinen die gesamte Schneedecke in Bewegung gerät, spielt die mikroskalige Rauigkeit der Oberfläche für diesen Prozess eine noch wichtigere Rolle. Oberflächen mit besonders niedriger Rauigkeit existieren auf glatten Felshängen und in grasbewachsenen Bereichen der subalpinen bis alpinen Stufe. Die dort auftretenden langhalmigen Gräser („Lahnergras", vgl. Kapitel 5.4) werden durch die ersten Schneefälle niedergedrückt und bilden eine Gleitfläche für Bewegungen der gesamten Schneedecke. Manche Vegetationsformen, z.B. kurzhalmige Gräser, Büsche oder junge Bäume, verankern zwar zunächst die Schneedecke, können der Spannung durch auftretende Gleit- und Lawinenbewegungen gegebenenfalls nicht genug entgegensetzen und werden (u.U. mitsamt größerer Bodenschollen) ausgerissen (SCHAUER 1975, NEWESELY ET AL. 2000).

2.3.2   Meteorologische Faktoren

Für die akute Lawinengefahr ist generell die Witterung der jeweils zurückliegenden 3-5 Tage am wichtigsten, da nach dieser Zeit Setzungsprozesse meist zu einer Stabilisierung der Schneedecke führen. Der Fall von Neuschnee erhöht den Druck auf die evtl. vorhandene Altschneedecke, daher ist die Neuschneemenge und die Intensität des Schneefalls von entscheidender Bedeutung. In den „*Swiss Guidelines*" (SALM ET AL. 1990) wird die Summe des Neuschnees der letzten drei Tage als entscheidende Größe betrachtet. Untersuchungen in Kanada (SCHAERER & FITZHARRIS 1984 *fide* BOZHINSKIY & LOSEV 1998) haben ergeben, dass in Abhängigkeit von der Oberflächenrauigkeit Lawinen erst ausgelöst werden können, wenn mehr als 130-400 mm festen Niederschlags gefallen sind - der Minimalwert entspricht einer Schneehöhe von etwa 30 cm. Zu flächenhaftem Anreißen größerer Lawinen kommt es nach russischen Untersuchungen (zusammengefasst von BOZHINSKIY & LOSEV 1998) erst ab einer Schneehöhe von 60-70 cm (bzw. 250 mm

Schneeniederschlag). SEKIGUCHI & SUGIYAMA (2003) geben für Grundlawinen in den Japanischen Hochgebirgen eine Schneemächtigkeit von 2 m an.

Fällt Niederschlag nicht als Schnee, sondern als Regen auf die Schneedecke, ist die Gefahr der Auslösung von nassen (Grund-)Lawinen besonders groß. Zunächst erfolgt durch den Regen ein Wärmetransport in die Schneedecke, was die Ausbildung isothermer Bedingungen fördert. Die durch den Regen in die Schneedecke eingebrachte Wärmemenge ist gleichwohl nicht überall von großer Bedeutung (ARMSTRONG & IVES 1976).
Der Einfluss von Regen auf Schneegleiten und die Bildung von Nassschneelawinen ist durch die Untersuchungen von ARMSTRONG & IVES (1976), CONWAY ET AL. (1996) und CLARKE & MCCLUNG (1999) dokumentiert. Das Einsickern von Regenwasser in die Schneedecke kann das Lawinenrisiko binnen kurzer Zeit nach Einsetzen des Niederschlags erhöhen (CARRAN ET AL. 2000, FERGUSON 2000). Der Porenwassergehalt isothermer Schneedecken wird über den Anteil freien Porenwassers hinaus durch Perkolation des Niederschlagswassers erhöht, was die Stabilität herabsetzt (Abbau von Kontaktstellen zwischen Schneekristallen). Durch den Aufbau eines Porenwasserdrucks können Teile der Schneedecke in Suspension geraten (BOZHINSKIY & LOSEV 1998). Auch Sulzmuren können durch Einsickern von Niederschlagswasser ausgelöst werden (vgl. GUDE & SCHERER 1999). Durch Einsickern von freiem Wasser kommt es des Weiteren zu einer Volumenabnahme des Schnees (*shrinkage*), wodurch die Verteilung der Kräfte in der Schneedecke verändert und zusätzliche Belastung ausgeübt wird (CONWAY ET AL. 1996).
Nach den Untersuchungen von CARRAN ET AL. (2000) kann die Verzögerung zwischen dem Einsetzen des Niederschlags und dem Abgang von Nassschneelawinen nur wenige Minuten betragen (vgl. auch CONWAY ET AL. 1996); die Lawinenaktivität bleibt bei fortgesetztem Regen für weitere 10-20 Stunden hoch, verringert sich aber deutlich, sobald sich Fließwege durch die Schneedecke etabliert haben.
CLARKE & MCCLUNG (1999) stellen auf der Basis von Messungen eine direkte Korrelation von Niederschlagsintensität und Grundlawinenaktivität fest. In ihrem Untersuchungsgebiet (Coquihalla, British Columbia, Kanada) wurden in zwei Wintern 30,8 bzw. 69,2 % der aufgetretenen Grundlawinen durch Regen ausgelöst, 57,5 bzw. 26,9 % gingen auf Schneeschmelzereignisse

zurück. Bei sehr hohen Niederschlagsintensitäten, wie sie in Wildbacheinzugsgebieten zu gravierenden Hochwasserereignissen führen können, kommt es bereits nach wenigen Minuten zum Abfluss von Wasser an der Basis der Schneedecke (KOHL ET AL. 2001a).

Wind erhöht zum einen die Schneeakkumulation an den Leeseiten von Strömungshindernissen, zum anderen werden die Schneekristalle durch mechanischen Abrieb beim Transport runder, was die resultierende Schneedecke spröder macht. Je länger und heftiger ein Sturm andauert, desto höher ist die Gefahr der Bildung von Schneebrettlawinen (z.B. an Wächten). Spezifische Auswirkungen auf Grundlawinen sind nicht dokumentiert, es ist aber dort von einer größeren potenziellen Magnitude auszugehen, wo im Lee von Graten große Schneemächtigkeiten erreicht werden können.

Thermische Faktoren, z.B. die Erwärmung der Schneedecke infolge von Einstrahlung und der Lufttemperatur, steuern Metamorphoseprozesse und den Wassergehalt der Schneedecke. Eine Erhöhung der Lufttemperatur (advektive Temperaturzunahme) über $0\ °C$ löst expositionsunabhängig Schmelzprozesse aus. Ob diese die Lawinengefahr erhöhen, hängt unter anderem von der Rate der Temperaturzunahme ab. Eine moderate Erwärmung verursacht zunächst durch isothermale Metamorphoseprozesse eine Verstärkung der Bindungskräfte. Bei schneller bzw. stärkerer Temperaturerhöhung erfolgt die Herabsetzung der Stabilität durch die Erwärmung und die Präsenz von Schmelzwasser jedoch schneller als die stabilisierende Wirkung der isothermen Metamorphose (SCHAERER 1981), mit denselben Konsequenzen für die Lawinenaktivität wie das Einsickern von Regenwasser.
Die Erwärmung der Schneedecke durch Sonneneinstrahlung ist aufgrund der hohen Albedo nicht so bedeutend, sie spielt im wesentlichen auf südexponierten Hängen eine Rolle (KONETSCHNY 1990). Allerdings kann die Albedo mit dem Alter der Schneedecke von über 0,8 bis auf 0,4 abnehmen (LANGHAM 1981); die Absorptionsfähigkeit und damit die strahlungsbedingte Erwärmung ist in diesem Fall bedeutend höher einzuschätzen. Gleitende Schneebewegungen setzen ein, wenn die Schneedeckentemperatur sich an $0\ °C$ annähert oder diese Temperatur überschreitet (NEWESELY ET AL. 2000, SEKIGUCHI & SUGIYAMA 2003).

2.3.3 Zustand der Schneedecke, Prozesse der Metamorphose

Die winterliche Schneedecke hat aufgrund ihrer Entstehung durch einzelne Schneefallereignisse, der Setzung und der ab- und aufbauenden Metamorphoseprozesse zwischen den Niederschlagsepisoden stets eine geschichtete Struktur. Die einzelnen Schichten unterscheiden sich hinsichtlich ihrer Dichte, der Kornformen und der Vernetzung der Schneekristalle untereinander; diese Eigenschaften bestimmen maßgeblich die Scher- und Bruchfestigkeit der Schichten, wobei die Stabilität der gesamten Schneedecke nicht größer ist als die der schwächsten Schicht. In seiner Gesamtheit ist der Aufbau und Zustand einer Schneedecke gleichsam das Integral der Witterungsbedingungen der seit dem ersten Schneefall vergangenen Zeit. Der in den folgenden Absätzen geschilderte generelle Ablauf der Metamorphoseprozesse in der Schneedecke ist stark generalisiert, er ist maßgeblich vom Verlauf des Schneedeckenaufbaus und weiteren Einflüssen (Bodenoberfläche und -temperatur zu Beginn des Schneefalls, Wind, Luftfeuchte, Strahlung etc.) abhängig.

Im Hinblick auf die Metamorphoseprozesse herrschen zu Beginn der Schneeperiode zunächst isotherme Bedingungen in der gesamten, meist noch relativ dünnen Schneedecke. Erreichen die Temperaturen ihre Tiefststände bei noch nicht allzu mächtiger Schneedecke, entstehen darin Temperaturgradienten, die bereits ab 0,1-0,8 K/cm aufgrund von Dampfdruckunterschieden zum gerichteten Transport von Wasserdampf und zur Um- und Neukristallisation im Rahmen der aufbauenden Metamorphose führen. Gegen Ende des Winters kommt es bei mächtigen Schneedecken und steigenden Temperaturen wieder zu überwiegend isothermen Bedingungen und Metamorphoseprozessen, die bei Lufttemperaturen ab 0 $°C$ in die Schmelzmetamorphose übergehen. Diese ist durch die Präsenz flüssigen Wassers charakterisiert und führt zu einer Durchfeuchtung und Homogenisierung der Schneedecke. Schnee kann bei einer Temperatur von 0 $°C$ freies Wasser bis zu 25 % seiner Masse in seinem Porenraum enthalten (KONETSCHNY 1990). An diesem Punkt geht er in Sulz (engl. *slush*) über, dessen natürlicher Reibungswinkel nur noch etwa 2° beträgt (BOZHINSKIY & LOSEV 1998).

Sieht man von der minimalen Schneemächtigkeit ab, die zum Ausgleich der Bodenrauigkeit vonnöten ist, steht die Mächtigkeit der Schneedecke für sich betrachtet mit der Aktivität von Oberlawinen in keinem direkten Verhältnis, da diese über einer Schwächezone (z.B. Tiefenreif, Schwimmschnee) innerhalb der Schneedecke anreißen. Die Magnitude von Grundlawinen hingegen wird durch die zur Verfügung stehende Menge an Schnee eindeutig festgelegt.

3 Forschungsstand

Die ersten schriftlichen Zeugnisse für Lawinen als Naturgefahr stammen aus antiker Zeit: STRABO (63-26 v.Chr.) beschreibt Lawinen im Kaukasus, SILIUS ITALICUS (25-101 n.Chr.) berichtet von einem Lawinenunfall bei der Alpenüberquerung durch Hannibal (vgl. SCHEIDEGGER 1975). Der erste dokumentierte, gesichert zu datierende Lawinenunfall ereignete sich im Winter 1128/29 am Großen St. Bernhard (LIEB 2001).

Die Vorstellungen, die man sich von der Natur und den Ursachen der Lawinen machte, blieben jedoch bis zur Zeit der Aufklärung im Bereich des Mythischen. Der Schweizer Naturforscher JOHANN JAKOB SCHEUCHZER (1672-1733) unternahm 1706 einen Versuch der systematischen Beschreibung des Phänomens (AMMANN ET AL. 1997). Hierbei unterschied er bereits zwischen Staublawinen, die er „*Windlauwinen*" nannte, und Fließlawinen („*Grundlowinen*"). Ab der zweiten Hälfte des 19. Jahrhunderts begann die Erforschung der Lawinen mit den Methoden der Naturwissenschaften, angetrieben nicht zuletzt von der Bevölkerungszunahme und dem Aufkommen des Tourismus in den Alpen. In der Folgezeit wurden in den Alpenländern Kommissionen und Institute eingerichtet, die sich mit den Alpinen Naturgefahren und ihrer Bekämpfung befassten. Am 1942 gegründeten Eidgenössischen Institut für Schnee- und Lawinenforschung (SLF) in Davos wurden seit den 1950er Jahren durch A. VOELLMY und B. SALM erste Lawinenmodelle für die Gefahrenzonierung entwickelt. Eine detaillierte Zusammenfassung zur Geschichte der Lawinenerforschung liefern BOZHINSKIY & LOSEV (1998), AMMANN ET AL. (1997) konzentrieren sich vor allem auf die Lawinenforschung am SLF.

Die sich im Zuge der fortschreitenden Entwicklung der Hochgebirge als Lebens- und Freizeitraum stetig verschärfende Notwendigkeit, den Prozess Lawine zu verstehen, zu modellieren und darauf aufbauend Schutzmaßnahmen zu ergreifen, macht begreiflich, warum die Erforschung der geomorphologischen und -ökologischen Folgen eine bislang eher untergeordnete Rolle spielt. Hinweise auf die geomorphologische Tätigkeit von Schneelawinen finden sich in der wissenschaftlichen Literatur seit dem 20. Jahrhundert (ALLIX 1924, MATTHES 1938 *fide* RAPP 1960), auch wenn Naturforscher schon erheblich früher bemerkten, dass Lawinen als Denudations- und Transportprozess wirken können. Der bereits erwähnte JOHANN JAKOB SCHEUCHZER schrieb den von ihm „*Grundlowinen*" genannten Fließlawinen zu, sie würden „*...auch bäume, felsen, steine, ja den grund selbs (daher sie auch grundlowinen heissen) einwickeln, mit sich fortschleppen, und alles von grund auss reissen*" (fide AMMANN ET AL. 1997). Ähnliche Beobachtungen notierte der Tiroler Vizekanzler und Historiker MATTHIAS BURGKLEHNER zu Beginn des 17. Jahrhunderts im „Tiroler Adler": „*[der als Lawine abgehende Schnee] nimbt hinweck Grund, Poden, Pamb, Erderich, Stain, Velsen und alles, das er ergreift*" (fide ERNEST 1981). Der amerikanische Naturforscher und Dichter JOHN MUIR (1838-1914) schreibt in seinen Abhandlungen über die Kalifornische Sierra Nevada und das *Yosemite Valley* recht detailliert über Formungsprozesse und Ablagerungen von Schneelawinen (vgl. THE SIERRA CLUB 1950).

Lawinen werden im Kontext der Geomorphologie im Hinblick auf Formung und Sedimenttransport sowie auf die Bedeutung ihrer Ablagerungen als (paläo-)klimatologische Archive (hierzu BLIKRA & NEMEC 1998, BLIKRA & SELVIK 1998, BLIKRA & SAEMUNDSON 1998, JOMELLI 1999a, SEIERSTAD ET AL. 2002, JOMELLI & PECH 2004) untersucht. In den folgenden Abschnitten wird der Forschungsstand im Hinblick auf Formung und Sedimenttransport analysiert, bevor in Abschnitt 4 die Fragestellung der vorliegenden Arbeit entwickelt wird.
Tabelle 3.1 gibt einen Überblick darüber, als wie signifikant die Formung durch Lawinen durch Forschungsarbeiten in einigen Gebieten der Welt bewertet wird. Im Schnitt überwiegt die Einschätzung, dass Lawinen zumindest lokal einen durchaus signifikanten Beitrag zur Formung zu leisten im Stande sind. Diese Ansicht lässt sich unter der Voraussetzung, dass die Formung mit dem Transport von Sediment einhergeht, auch auf die Rolle von Lawinen im System des Sedimenthaushalts übertragen.

3.1 Formenschatz

Die Kartierung und Erforschung von Landschaftsformen, die auf die geomorphologische Tätigkeit von Schneelawinen zurückgehen, zielt über die rein geomorphologischen Fragestellungen hinaus auch auf die Identifizierung lawinen-

Tab. 3.1: Bewertung der geomorphologischen Tätigkeit von Lawinen aus der Literatur. XXX = Beträchtlich (*considerable, very significant*), XX = Moderat (mit Einschränkungen), X = Unwichtig (*relatively insignificant, insignificant, unimportant*). Die Zusammenstellung stammt von PEEV (1966), enthält Daten von RAPP (1958) und wurde vom Verfasser um weitere Einträge ergänzt. Im Literaturverzeichnis eingetragene Quellen sind in Kapitälchen gedruckt.

Lokalität	Bewertung	Quelle
Westalpen	XXX	ALLIX (1924)
Bay. Kalkalpen	XX-XXX	BECHT (1995); HECKMANN ET AL. (2002)
Ostalpen	X	Matznetter 1956
Bulgarien	XXX	PEEV (1966)
Kuznetskiy Alatau (Westsibirien)	XX	Serbenko 1954
Karakorum	XXX	Pillewizer 1957
Khibini	XX	Anisimov 1958
Kaukasus	XXX	Tushinskiy 1959
Tien Shan	XXX	Iveronova 1961, 1962; Nefedyeva 1960
Rocky Mountains	XXX	LUCKMAN (1977, 1978a)
Neuseeland	XXX	ACKROYD (1986)
Lappland	XX	RAPP (1960)
Spitzbergen	X	Rapp 1957
Spitzbergen	X-XX	ANDRÉ (1990) (Sulzmuren: XXX)
Island	XX-XXX	BEYLICH (2000)

gefährdeter Gebiete ab (LUCKMAN 1977). Zwar werden Lawinen als einer der wichtigsten Prozesse für den Schutttransport auf Steilhängen bezeichnet; Formen, die ausschließlich aus der Lawinentätigkeit resultieren, sind aufgrund der häufigen Interaktion mehrerer geomorphologischer Prozesse gleichwohl selten und von Formen anderer Prozesse, die durch Lawinen lediglich überprägt werden, im allgemeinen kaum zu unterscheiden (vgl. LUCKMAN 1977, 1978a)[1]. Aufgrund dieser Tatsache wird die Höhe des Beitrages von Lawinen zum Se-

---

1 Dennoch gelingt JOMELLI & FRANCOU (2000) die Differenzierung von Steinschlag-Schuttkegeln (*rockfall talus*), Lawinenschuttzungen (*avalanche boulder tongues*) und Mischformen (*éboulis à avalanches*) anhand morphometrischer Indizes und sedimentologischer Maßzahlen (Sortierung)

dimenthaushalt bzw. zur Formung vielerorts verschleiert (LUCKMAN 1978a). Aus diesem Grund können geomorphologische Zeugnisse der Lawinentätigkeit auch nicht alleine zur Gefahrenzonierung herangezogen werden, sie können diese bestenfalls unterstützen. Die folgende Zusammenstellung folgt im Wesentlichen den Arbeiten von RAPP (1960), PEEV (1966) und LUCKMAN (1977), ergänzt durch Angaben aus anderen Publikationen. In Kapitel 8 sind Beispiele aus den Untersuchungsgebieten dokumentiert.

3.1.1 Erosionsformen

Die Erosion durch häufige Grundlawinen kann Hänge im Anstehenden linear erodieren. Beteiligte Prozesse sind a) das Herausbrechen von Gestein aus dem Anstehenden („*plucking*") durch den Impaktdruck der Lawine und b) die Abrasion der Zugbahn durch transportierten Schutt (PEEV 1961, 1966, LUCKMAN 1977), wodurch die Lawinenbahn eingetieft und lateral erweitert wird. Weitere Lawinenereignisse werden in der Folgezeit in den entstehenden Tiefenlinien konzentriert. Des Weiteren wird Verwitterungsschutt durch die Lawinen abtransportiert, wodurch das Anstehende erneut den Verwitterungsprozessen ausgesetzt wird (PEEV 1966). Hierbei entstehen Runsen (engl. *avalanche furrows, avalanche chutes*), die von SEKIGUCHI & SUGIYAMA (2003) in Japan untersucht wurden. Die Runsen werden als lineare Hohlformen mit einem U-förmigen, 2-4 m breiten und 1-3 m tiefen Querprofil beschrieben; sie unterscheiden sich deutlich von fluvial geprägten Rinnen. Die Wände dieser Lawinenzüge können durch mitgeführte Schuttpartikel gekritzt sein. Die Autoren der letztgenannten Arbeit weisen in drei Untersuchungsgebieten nach, dass in 90% der Lawinengräben Grundlawinen vorkommen, während in 77% der von Grundlawinen betroffenen Lawinenbahnen Lawinengräben ausgebildet sind.

Auf schuttbedeckten Hängen ist die Erosion durch Grundlawinen am effektivsten, da lose herumliegendes Material, z.B. aus Moränen, Steinschlag- oder sonstigen Schutthalden, durch die Lawine aufgenommen werden kann. LUCKMAN (1978a) weist darauf hin, dass der Aufnahme von Schutt der größte morphogenetische Effekt der Lawinentätigkeit zuzuordnen ist, und dass es nur dann zu signifikanter Formung (durch Akkumulation, Anm. d. Verf.) kommt, wenn genug Lockermaterial zur Verfügung steht. Die Erosion verläuft entweder durch die Aufnahme (engl. *entrainment*) des Schutts durch den abgehenden Lawinenkörper (vgl. GARDNER 1970) oder durch schiebende („*bulldozing*", vgl. JOMELLI & BERTRAN 2001) Prozesse an der Lawinenfront. Nach JOMELLI & BERTRAN (2001) wird Sediment auch entlang von longitudinalen oder transversalen Scherflächen emporgedrückt. Scherflächen parallel zur Fließrichtung entstehen, weil die Lawine an den Rändern höheren Widerstand erfährt als in der mittleren Zone der höchsten Fließgeschwindigkeit. Durch die verstärkte Abbremsung am Boden können sich Scherflächen auch senkrecht zur Fließrichtung bilden.

Das Schieben oder Fegen (RAPP 1960) von Schutt hinterlässt am distalen Ende der Lawinenakkumulation bogenförmige Ablagerungen von Grobmaterial (LUCKMAN 1977, JOMELLI & BERTRAN 2001). Fortgesetzte Erosion von Schutthängen kann die grobe Schuttauflage vollständig entfernen und Material freilegen, bei dem die Zwischenräume zwischen den groben Partikeln durch Feinmaterial aufgefüllt sind (LUCKMAN 1977). Die Erosion von Rinnen in Schuttkörper durch Lawinen (allein) wird von einigen Autoren postuliert (ALLIX 1924, PEEV 1966). LUCKMAN (1977) schreibt mindestens einen Teil dieser Rinnenbildung Muren (*mudflows*) zu, die im proximalen Teil der Schuttkörper (wo Lawinen den Kern aus Fein- und Grobmaterial freigelegt haben) im Zuge der Schneeschmelze oder sommerlicher Starkregen entstehen. Das Schleifen großer Blöcke über den Schuttkörper kann gleichwohl grabenartige Hohlformen hinterlassen (JOMELLI & BERTRAN 2001). Auch „*debris tails*", in Fließrichtung der Lawine langgestreckte Rücken aus Lockermaterial, die unterhalb größerer Blöcke auf Lawinenschuttkörpern beobachtet werden können, werden als Erosionsformen angesehen (LUCKMAN 1977, siehe auch Kapitel 8, Abbildung 8.4).

Die Bewegung von Lawinen über weiche, ggf. vernässte Bodenoberflächen kann zur Bildung von großen, der Lawinenbahn parallel verlaufenden Schurfbereichen führen (PEEV 1966). Formung dieses Typs betrifft somit die alpine und vor allem die subalpine Höhenstufe. MCCLUNG (2001a, S.223) beschreibt die Konsequenzen der Lawinenentstehung im Gefolge von Kahlschlägen: „*(...) events cause severe environmental danger and risk, including (...) stripping soil cover down to bedrock, discharge of debris into streams and initiation of debris torrents and landslides*". Hier wird bereits auf den Zusammenhang mit anderen geomorphologischen Prozessen hingewiesen, wie sie auch für das SEDAG Projekt von Bedeutung sind. In Abschnitt 7.6 wird ein Beispiel aus dem Untersuchungsgebiet Lahnenwiesgraben vorgestellt und analysiert.

Allein durch die Bewegung und Verformung der Schneedecke aufgrund ihres Eigengewichtes werden auf die Boden- und Vegetationsdecke von Steilhängen beträchtliche Schubkräfte (in Abhängigkeit von der Schneehöhe 153-1627 kg/m, BLECHSCHMIDT 1990) ausgeübt. CONWAY ET AL. (1996), CLARKE & MCCLUNG (1999) und NEWESELY ET AL. (2000) präsentieren Messungen der Schneebewegungen im Zusammenhang mit meteorologischen und topographischen Faktoren sowie der Landnutzung. Die Schubkräfte können sich auf den Boden übertragen, wenn der Bewegung der Schneedecke ein Widerstand (z.B. durch Unebenheiten, Steine oder horstförmige Gräser) entgegengesetzt wird. Es kommt zur Schädigung des Bodens, entweder durch Entstehung von Zugrissen oder durch das Ausheben ganzer Schollen zusammen mit der Vegetation. Durch Zugrisse kann auch Schmelz- und Regenwasser infiltrieren und zur Ausbildung einer Translationsrutschung (Blattanbruch, vgl. SCHAUER 1975) entlang einer wassergesättigten Gleitschicht führen. Daneben haben Schneegleiten und (Grund-)Lawinen auch eine direkte, schürfende Wirkung auf den Boden.

Die hinsichtlich ihrer Genese komplexen Erosionsformen können unter dem Oberbegriff „Blaiken" oder „Plaiken" zusammengefasst werden. Sie sind definiert als „Erosionsformen, die durch Gleiten oder Rutschen einer geschlossenen Vegetationsdecke samt Wurzelschicht und Erdreich entstehen" (BLECHSCHMIDT 1990). Zu den Zusammenhängen der Blaikenbildung mit Topographie, Bodensubstrat, Vegetation und Landnutzung ist auf zahlreiche Arbeiten zu verweisen (z.B. LAATSCH & GROTTENTAHLER 1973, SCHAUER 1975, MÖSSMER 1985, STOCKER 1985, BLECHSCHMIDT 1990). BIRKENHAUER (2001) gibt einen Überblick über die Ergebnisse der Blaikenforschung in den Alpen. Vielfach wird darauf hingewiesen, dass die Aufgabe almpflegerischer Maßnahmen sowohl zur Entstehung als auch zur Verschärfung des Problems führen kann (z.B. BLECHSCHMIDT 1990, NEWESELY ET AL. 2000). Blaikenflächen sind anfällig für fortgesetzte Erosion durch Steinschlag, Solifluktion (Kammeis-Solifluktion) und Abspülungsprozesse (z.B. STOCKER 1985, KOHL ET AL. 2001b).

3.1.2 Impaktformen

Das Prozessgebiet von Lawinen kann in der subalpinen Höhenstufe vor allem an den vegetationslosen oder von gefällten Bäumen bedeckten Lawinenstrichen erkannt werden. Diese Schneisen in den umgebenden Bergwald werden durch den Impakt von Lawinen verursacht. Am Fuß von steilen Lawinenstrichen kann es auch zu deutlichen Impaktformen in Gerinnen, Boden und Gestein (ggf. auch am Gegenhang) kommen. FITZHARRIS & OWENS (1984) schätzt für Lawinen mit einem Volumen von etwa 300000 m^3 Impaktdrücke von mehr als 600 kN/m^2, die dort, wo regelmäßig Lawinen abgehen, zur Ausbildung von Hohlformen („*avalanche tarns*" nach FITZHARRIS & OWENS 1984, „*avalanche pits/pools*" nach PEEV 1966, CORNER 1980) führen. Insbesondere beim Einschlag von Lawinen in stehende und fließende Gewässer werden dort abgelagerte Sedimente herausgeschleudert und bilden im Umfeld der Einschlagstelle hügel- bis wallartige Vollformen. Bei Flüssen findet sich das herausgeschleuderte Material oft als Wall parallel zur Strömungsrichtung stromabwärts der Einschlagstelle, bei Seen und wassergefüllten *pits* oder *pools* eher hügel- oder bogenförmig um die Einschlagsstelle. Die genaue Terminologie dieser Geländeformen, insbesondere die Bezeichnung „*tongue*" (CORNER 1980) ist aufgrund gradueller Übergänge zwischen den Akkumulationsformen umstritten (MATTHEWS & MCCARROLL 1994, SMITH ET AL. 1994, LUCKMAN ET AL. 1994). Die Autoren der letztgenannten Studie plädieren für die allgemeinen Bezeichnungen Impaktformen bzw. Impaktablagerungen. Die Ablagerungsformen sollten als fließende Übergänge zwischen den Endgliedern Rampe (*rampart*) und Hügel (*mound*) bezeichnet werden. Im Untersuchungsgebiet Lahnenwiesgraben findet beim Impakt von Lawinen in Mursperren ein Herausschleudern von Sedimenten aus den Sperrbecken statt (siehe Kapitel 8.2).

3.1.3 Akkumulationsformen

LUCKMAN (1977) unterscheidet Akkumulationsformen zunächst nach der Höhenstufe ihrer Bildung. Die Bildung von Lawinenkegeln, die Schwemmkegeln ähneln, aber keine Fließrinnen aufweisen, wird von ihm in die subalpine Höhenstufe unterhalb der Waldgrenze eingeordnet. Die von RAPP (1959) in Schwedisch Lappland erstmals beschriebenen Lawinenschuttzungen (engl. *avalanche boulder tongues*) sind aus vielen Gebirgsregionen bekannt, darunter die Alpen (JOMELLI & FRANCOU 2000), die Schottischen Highlands (LUCKMAN 1992) und die Kanadischen Rocky Mountains (LUCKMAN 1978a). Sie können sehr unterschiedliche Mächtigkeiten aufweisen (bis zu 15-25 m, LUCKMAN 1978a). Diese Formen sind jedoch nicht als reine Akkumulationsform zu verstehen, da Erosionserscheinungen von Fall zu Fall sowohl im proximalen als auch im distalen Bereich festgestellt werden können (LUCKMAN 1977) - dies gilt vor allem für den ersten der im folgenden aufgeführten Formentypen, die als Endglieder einer Reihe von Formen mit fließenden Übergängen zu verstehen sind (RAPP 1959, 1960):

- *roadbank tongues*: Hierbei handelt es sich um langgezogene Schuttablagerungen von z.T. mehreren 100 m Länge mit konkavem Längs- und asymmetrischem Querprofil mit einer flachen und einer steilen Seite. Aufgrund der Ähnlichkeit mit Schottertrassen im Straßenbau ist es zu der englischen Bezeichnung gekommen.

- *fan tongues*: Diese Formen entstehen im Auslaufbereich von breiteren Lawinenstrichen, und wo der Schnee im Auslaufbereich zu geringmächtig ist, um die Akkumulation seitlich zu begrenzen (WHITE 1981). LUCKMAN (1977) geht davon aus, dass solche Lawinenkegel durch eher große Ereignisse geformt werden, während kleinere Lawinen *roadbank tongues* erzeugen.

Auch Sulzströme bilden Formen, die als Schuttzungen bezeichnet werden (LAROCQUE ET AL. 2001), wobei diese Zungen im allgemeinen länger und flacher sind als die von Nassschneelawinen gebildeten (RAPP 1986). Lawinenschuttzungen lassen sich an folgenden Kennzeichen erkennen (LUCKMAN 1978a):

- Lage unterhalb eines klar ausgeprägten Lawinenstriches, d.h. eine Lawinenrinne ohne deutliche Anzeichen fluvialen Sedimenttransports

- Ablagerung von Steinen unterschiedlicher Korngröße auf Blöcken im Ablagerungsbereich durch das langsame Abschmelzen des Lawinenschnees. Zum Teil liegen diese Steine in sehr instabiler Lage („*perched/balanced boulders*") auf den groben Blöcken. Ihr flächenhaftes Auftreten kann als Diagnostikum betrachtet werden (JOMELLI 1999a).

- Relativ glatte Oberfläche aufgrund des Überfahrens durch Lawinen

- Oftmals Sortierung des Lockermaterials im distalen Bereich (grobe Komponenten werden weiter hangabwärts transportiert)

- Die bereits beschriebenen *debris tails* (Kapitel 8.1, Abbildung 8.4)

- Konkaves Längsprofil mit relativ geringen Hangneigungen im Vergleich zu Sturzschutthalden (JOMELLI & FRANCOU 2000).

3.2 Sedimenttransport

Die bahnbrechenden Arbeiten von RAPP (1958, 1960), die erstmals zu einer Quantifizierung und vergleichenden Betrachtung der Hangformung durch verschiedene geomorphologische Prozesse führten, beinhalten sowohl quantitative Ergebnisse zum Sedimenttransport durch Lawinen als auch Aussagen über den von ihnen gebildeten Formenschatz. Über lange Jahre hinweg dominierten rein oder überwiegend deskriptive Arbeiten mit einigen wenigen Einzelwerten, bis quantitative Betrachtungen des Sedimenttransports durch Grundlawinen in verschiedenen Hochgebirgen der Welt durchgeführt wurden (Rocky Mountains: GARDNER 1970, LUCKMAN 1978a, GARDNER 1983b; Himalaya: BELL ET AL. 1990; Alpen: BECHT 1995, JOMELLI & BERTRAN 2001; Neuseeland: ACKROYD 1986, 1987) und im Subarktisch-Arktischen Raum (ANDRÉ 1990 auf Spitzbergen, BEYLICH 2000 auf Island). Die Mehrzahl dieser Arbeiten stützt sich jedoch auf einige wenige Ereignisse und kurze Untersuchungszeiträume, so dass eine erschöpfende Beurteilung des Prozesses im Hinblick auf seinen Beitrag zum Sedimenthaushalt nicht möglich erscheint (vgl. Tabelle 3.2). Ausnahmen bilden die Arbeiten von LUCKMAN (1978a, Daten zur Sedimentakkumulation auf 7 Lawinenkegeln im kanadischen *Jasper National Park* über einen Zeitraum von 8 Jahren) und BECHT (1995, Daten von 67 Lawinen in 4 Untersuchungsgebieten; anhand dieser Daten wird für 1-2 Beobachtungsjahre die Gesamt-Sedimentbilanz für den Prozess berechnet). Nur anhand solcher umfangreichen Untersuchungen kann die Aktivität von Lawinen im Kontext des Sedimenthaushaltes mit der anderer Prozesse verglichen und somit gewichtet werden (RAPP 1960, BECHT 1995, BEYLICH 2000).

Der Zusammenhang zwischen der Sedimentfracht der Lawinen und möglichen Einflussfaktoren ist nur unzureichend verstanden. ANDRÉ (1990) beobach-

Autor	Gebiet	Umfang der Untersuchung
ACKROYD (1986)	Torlesse Range / Neuseeland	1 Lawine
ACKROYD (1987)	(~ 1500 m ü.NN)	1 Lawine
ANDRÉ (1990)	Kongsfjord / NW Spitzbergen	88 Lawinen
	(300-800 m ü.NN)	5 Jahre
BECHT (1995)	Höllentalanger (N. Kalkalpen)	7 Lawinen
	(1160-2961 m ü.NN)	(1991-1992)
	Kesselbachtal (N. Kalkalpen)	9 Lawinen
	(952-1988 m ü.NN)	(1992)
	Pitztal (Zentralalpen)	19 Lawinen
	(1808-3472 m ü.NN)	(1991-1992)
	Horlachtal (Zentralalpen)	32 Lawinen
	(1476-3287 m ü.NN)	(1991-1992)
BELL ET AL. (1990)	Kaghan Valley	2 Lawinen
	Himalaya / Pakistan	
	(oberh. Baumgrenze)	
BEYLICH (2000)	Austdalur	2 Lawinen
	Ostfjorde / Island	
	(50-770 m ü.NN)	
GARDNER (1970)	Lake Louise	3 Lawinen
	Alberta / Kanada	
	(>2500 m ü.NN)	
GARDNER (1983a)	Mount Rae, Alberta / Kanada	6 Hänge,
	(>2200 m ü.NN)	7 Jahre
GARDNER (1983b)	dto.	2 Lawinen
JOMELLI & BERTRAN (2001)	Massif des Écrins	25 Lawinen
	Hautes Alpes / Frankreich	(4 beprobt)
	(1900-2400 m ü.NN)	
KOHL ET AL. (2001b)	Sölktal	1 Lawine
	Steiermark / Österreich	
	(900-2600 m ü.NN)	
LUCKMAN (1978a)	Surprise Valley, Jasper Ntl. Park	7 Hänge,
	Alberta / Kanada	8 Jahre
	(oberh. Baumgrenze)	
RAPP (1960)	Kärkevagge / Schwed. Lappland	(Mai/Juni 1953: 75 Lawinen)
	(650-1500 m ü-NN)	9 Jahre

tete im Laufe mehrerer Jahre auf Spitzbergen signifikante Unterschiede im Schuttgehalt von Schneelawinen in zwei Karen mit unterschiedlicher Lithologie und berechnet hieraus unterschiedliche Denudationsraten. Wie in den übrigen Arbeiten werden jedoch keine quantitativen Untersuchungen über den Zusammenhang zwischen den Geofaktoren der Prozessgebiete und der Sedimentfracht angestellt. Vielmehr wird häufig festgestellt, dass weder die Mechanismen der Formungsprozesse (GARDNER 1983b) noch der Zusammenhang ihrer Magnitude mit der Formungsintensität (GARDNER 1970) ausreichend bekannt sind. Die Abschnitte in den Arbeiten von LUCKMAN (1977, 1978a), in denen die steuernden Faktoren für die Formung durch Lawinen besprochen werden, enthalten keine Ergebnisse quantitativer Analysen, sondern den anhand der Geländeerfahrungen gewonnenen Eindruck. Im übrigen sind die genannten Arbeiten eher auf die räumliche Verbreitung und die Ausgestaltung der Formen fokussiert als auf den Beitrag der Prozesse zum Sedimenthaushalt.

Tab. 3.2: Publizierte Arbeiten zur Sedimentdynamik von Schneelawinen, mit deren Ergebnissen die Werte aus der vorliegenden Arbeit verglichen werden. Angegeben sind die Untersuchungsgebiete und der Umfang der jeweiligen Studie.

4 Fragestellung und Untersuchungskonzept

4.1 Das SEDAG-Projekt

Das SEDAG-Projekt leistet einen wichtigen Beitrag zum Verständnis des Sedimenthaushalts von Hochgebirgssystemen (vgl. BECHT ET AL. 2005). Die geomorphologischen Prozesse, die durch Erosion oder Mobilisierung, Transport und Akkumulation von Sediment zum Sedimenthaushalt beitragen, unterscheiden sich im Hinblick auf ihre Intensität, ihre Magnitude und Frequenz, sowie in ihrem räumlichen Auftreten. Die Transportwege der einzelnen Prozesse - Sediment wird mobilisiert, transportiert und in Speichern unterschiedlicher Kapazität kurz-, mittel- oder langfristig akkumuliert - bilden ein Kaskadensystem im Sinne von CHORLEY & KENNEDY (1971), in dem der „output" eines Subsystems nach unterschiedlich langer Zeit den „input" eines anderen bildet. Dieses Konzept kann auf ein Prozess-Response-System erweitert werden, wenn man bedenkt, dass die rezent ablaufenden Prozesse sowohl die Erdoberfläche formen als auch von deren Eigenschaften in ihrer Aktivität gesteuert werden (CHORLEY & KENNEDY 1971, PRESTON & SCHMIDT 2003). In einem zeitlichen Maßstab, in dem die Veränderung der Aktivität geomorphologischer Prozesse aufgrund von Änderungen im Gelände eher keine Rolle spielt, ist jedoch die Betrachtung von Sedimentkaskaden ausreichend. Gleichwohl kann sich die Aktivität von Prozessen im Gefolge von extremen Ereignissen auch recht schnell verschieben; die Veränderung hält so lange an, bis sich das System auf ein neues Gleichgewicht eingestellt hat. So kann zum Beispiel ein Murereignis das fluviale Prozessgefüge in einem Gerinne in kurzer Zeit nachhaltig verändern, was auch ein Beispiel aus dem Lahnenwiesgraben gezeigt hat (HAAS ET AL. 2004). Die Einwirkung einer Lawine hat an einer anderen Stelle den Sedimentaustrag durch fluviale Prozesse für mindestens zwei Jahre deutlich erhöht, bevor wieder die früheren Werte erreicht wurden (vgl. Abschnitt 8.4).

In Ergänzung bisheriger Arbeiten zum Sedimenthaushalt (JAECKLI 1957, RAPP 1960, VORNDRAN 1979, BECHT 1995) soll im Rahmen von SEDAG nicht allein eine Bilanz aus den gemessenen oder geschätzten Beiträgen der einzelnen Prozesse gebildet werden, sondern auch die räumliche Struktur und Vernetzung der Transportwege verstanden werden. Auf diese Weise kann ein verbessertes räumliches und funktionales Verständnis des Sedimenthaushaltes erzielt werden. Die Verortung des Prozessgebietes eines jeden geomorphologischen Prozesses ist im Hinblick auf die Erforschung des Sedimenttransfers (z.B. als Kaskadensystem) auf der Mesoskale, d.h. in einer Größenordnung von $10^1 - 10^2$ km^2, unerlässlich (SLAYMAKER 1991). Diese Voraussetzung gilt sowohl für eine korrekte Bilanzierung des Sedimenthaushalts als auch für dessen Modellierung. Das Prozessgebiet, d.h. der gesamte Aktivitätsbereich der einzelnen Prozesse, sollte nach der Art der geomorphologischen Aktivität (Erosion, Transport, Akkumulation) weiter differenziert werden (Zonierung), um durch die räumliche Synthese der Einzelprozesse ein „Abbild" der Sedimentkaskaden zu erhalten. Hierbei können anhand einer Verschneidung der einzelnen Prozessareale Zonen vorherrschender Erosion, Akkumulationsbereiche sowie Flächen, auf denen Material von einem Prozess an einen anderen übergeben wird, ausgewiesen werden (BECHT ET AL. 2005, WICHMANN 2006). Durch die Intensität der Interaktion wird die funktionale Struktur des Kaskadensystems sowohl quantitativ (Welche Teilkaskaden transportieren am meisten Sediment ?) als auch qualitativ (Speicher und Materialübergabepunkte bzw. -flächen; welche Prozesse interagieren wo besonders intensiv ?) beleuchtet. Teilgebiete, die durch das charakteristische Zusammenwirken bestimmter Prozesse gekennzeichnet sind, können mit der Methode als „*geomorphic process units*" (GPU) ausgewiesen und klassifiziert werden. Die Bestimmung solcher Einheiten anhand von geomorphologischen Karten erscheint möglich; ein weiterer Ansatz sieht eine GIS-basierte Ableitung von GPUs anhand von einem Digitalen Höhenmodell, Fernerkundungsdaten und topologischen Verknüpfungen (vgl. GUDE ET AL. 2002, BARTSCH ET AL. 2002) vor.

Der rezente Anteil der unterschiedlichen Prozesse an der Formung durch Erosion und Akkumulation wird durch die einzelnen SEDAG-Arbeitsgruppen im Gelände mit verschiedenen Quantifizierungsmethoden, die auf Kartierung, Probenahmen und Bewegungsmessungen beruhen, bestimmt. Bereits im Hinblick auf die Quantifizierung müssen die Prozesse hinsichtlich ihres raumzeitlichen Auftretens unterschieden werden. Während einige Prozesse nahezu kontinuierlich mit wechselnder Intensität aktiv sind (z.B. fluviale Prozesse, Steinschlag, Kriechprozesse), treten andere eher in Form von Ereignissen auf (hierzu gehören Rutschungen, Muren und Lawinen). Bei solchen Prozessen ist es möglich, sich durch Kartierung und gegebenenfalls Auswertung von Luftbildern einen flächendeckenden Überblick über die Tätigkeit der Prozesse zu verschaffen und praktisch alle rezenten und subrezenten Ereignisse quantitativ zu erfassen. Nach erfolgter Quantifizierung kann versucht werden, die Ergebnisse mit den auslösenden (z.B. meteorologischen) Ereignissen und mit der Geofaktorenkombination im Prozessgebiet zu korrelieren, um die steuernden Faktoren für das Auftreten und die Intensität der Prozesse zu erfassen. Kontinuierlich auftretende Prozesse sind räumlich meist so weit verbreitet, dass eine flächendeckende Messung während des Untersuchungszeitraumes kaum möglich ist. In diesem Fall müssen die Messergebnisse einzelner Testflächen über das gesamte Untersuchungsgebiet regionalisiert werden.

4.2 Fragestellung und Untersuchungskonzept der vorliegenden Arbeit

Aus den oben genannten Zielsetzungen des SEDAG-Projekts und dem Forschungsstand (Kapitel 3) ergeben sich drei Kernfragen, die im Rahmen der vorliegenden Arbeit bearbeitet werden:

- Durch die Messung der Sedimentfrachten von Grundlawinen soll deren Beitrag zum Sedimenthaushalt während des Untersuchungszeitraumes quantifiziert werden. Neben den untersuchten Ereignissen ergänzen im Gelände kartierte Erosions- und Akkumulationsformen die Beurteilung der Signifikanz des Prozesses im Untersuchungsgebiet.

- In der wissenschaftlichen Literatur ist die Analyse der Mechanismen und Steuerungsfaktoren von Formung und Sedimenttransport durch Lawinen bislang nicht wesentlich über das Stadium überwiegend qualitativer Diskussion hinausgekommen. Auch der Einfluss der Geofaktoren auf die Größe der Sedimentfracht ist nur in Ansätzen verstanden. Vor dem Hintergrund einer angestrebten quantitativen Modellierung des Beitrages von Lawinen zum Sedimenthaushalt alpiner Einzugsgebiete besteht also hinsichtlich beider Themenkomplexe erheblicher Forschungsbedarf:

  - Das zweite Kernproblem erfordert die Analyse von Steuerungsfaktoren, die die geomorphologische Aktivität von Lawinen beeinflussen. Anhand dieser Faktoren soll das Prozessgebiet hinsichtlich der geomorphologischen Aktivität gegliedert werden; eine solche Verortung von Erosion, Transport und Akkumulation im Prozessgebiet (Zonierung) wird die räumlich-funktionale Analyse von Sedimentkaskaden ermöglichen. Da das Prozessgebiet oft nicht exakt bekannt ist (z.B. bei Lawinenstrichen, die während des Untersuchungszeitraums nicht aktiv waren, bei Fehlen kartierter Anrissgebiete oder bei der Untersuchung unbekannter Gebiete), muss zunächst durch Modellierung das *potenzielle* Prozessgebiet bestimmt werden. Hierzu muss ein Prozessmodell, das die Ausbreitung und Reichweite des Prozesses berechnet, an ein Dispositionsmodell gekoppelt werden, welches potenzielle Anrissgebiete ausweisen kann. Eine Gegenüberstellung von (modellierten) Lawineneigenschaften und den geomorphologischen Auswirkungen kann danach die Frage beantworten, ob eine Zonierung des modellierten Prozessgebietes im Hinblick auf die geomorphologische Aktivität vorgenommen werden kann.

- Die dritte Kernfrage der Untersuchungen dient der Vorbereitung einer Regionalisierung durch die Koppelung der räumlichen Modelle mit den Ergebnissen der Abtragsmessungen - nur dann ist es möglich, das Teilsystem „Grundlawine" innerhalb des Kaskadensystems nicht nur zur verorten, sondern auch quantitativ zu erfassen. Die Faktoren, die die Intensität des Abtrags durch Lawinen beeinflussen, sollen durch Analysen der Zusammenhänge zwischen den gemessenen Sedimentfrachten und der Geofaktorenausstattung der zugehörigen Prozessgebiete sowie meteorologischen Parametern bestimmt werden.

5 Untersuchungsgebiete

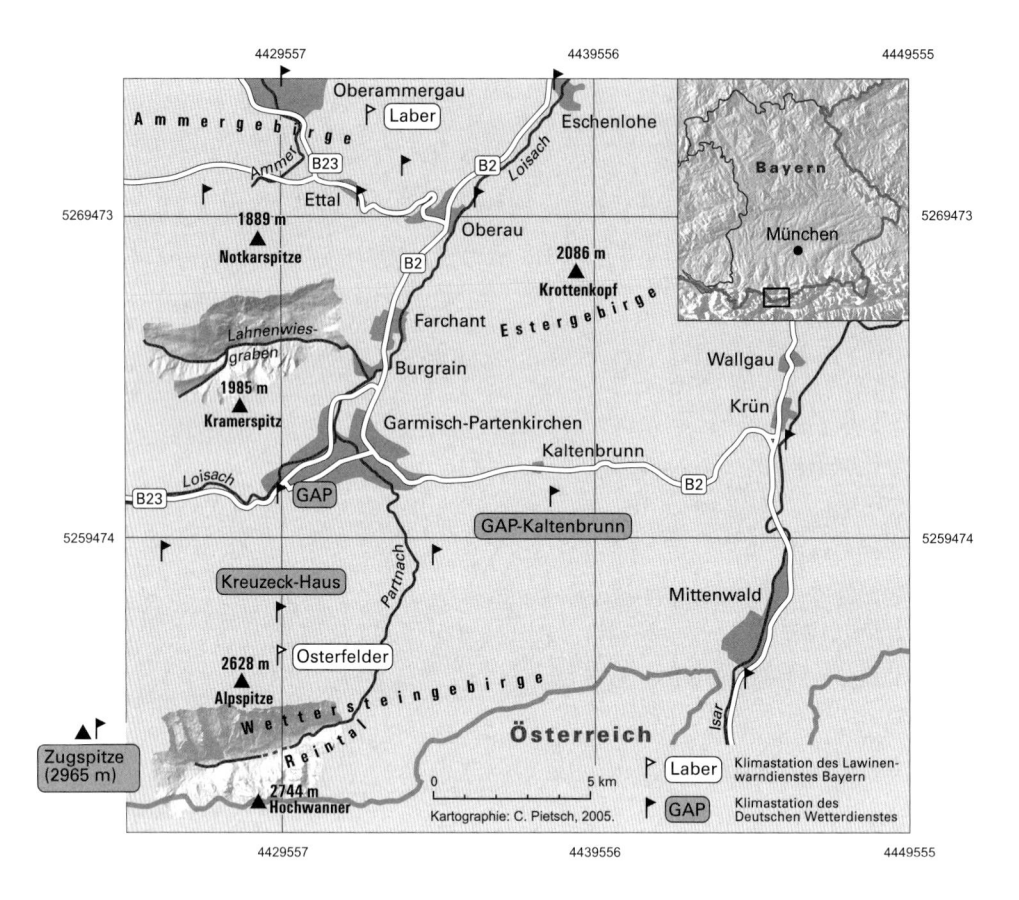

Abb. 5.1: Lage der Untersuchungsgebiete

Die Auswahl der Untersuchungsgebiete erfolgte im Zuge der Vorbereitung des SEDAG-Bündelprojektes durch die Antragsteller. Neben logistischen Kriterien (Erreichbarkeit, Infrastruktur z.B. ausgebaute Waldwege, Übernachtungsmöglichkeiten) war der Umstand von Bedeutung, dass die zu untersuchenden geomorphologischen Prozesse (z.B. Muren, Sturz-, Gleit- und Kriechprozesse, Grundlawinen) in den beiden Einzugsgebieten in großer Dichte und Vielfalt auftreten. Um die Prozesse differenzierter betrachten zu können, wurden mit dem Einzugsgebiet des Lahnenwiesgrabens (abgekürzt LWG) und dem

Reintal (RT) zwei Untersuchungsgebiete ausgewählt, die sich im Hinblick auf Höhenstufen, Relief, Geologie, Böden und Vegetation unterscheiden. Die Tatsache, dass die steuernden Geofaktoren in unterschiedlichen Ausprägungen vorliegen, ist für die Modellierung und ihre Übertragbarkeit auf andere Gebiete besonders wichtig; dies gilt jedenfalls für alle Modelle, die nicht rein physikalischer Natur sind und damit kalibriert werden müssen.

Um eine Bilanzierung der Feststofftransporte gekoppelt an den Abfluss der Hauptgerinne vornehmen zu können, wurden die Untersuchungsgebiete als hydrologische Einzugsgebiete zweier Pegelanlagen (Pegel Burgrain / Lahnenwiesgraben, Pegel Bockhütte / Reintal) festgelegt. Die Einzugsgebietsgrenzen wurden aus dem Digitalen Höhenmodell (siehe Anhang A.1) abgeleitet. Im Falle des Reintals wurde das Zugspitzplatt aus dem Untersuchungsgebiet herausgenommen, das im Hinblick auf den Feststofftransport ein eigenes System bildet: die Partnach entspringt am Partnachursprung, einer Karstquelle, die zum Teil das weitgehend verkarstete Zugspitzplatt unterirdisch entwässert (UHLIG 1954), sonstige Oberflächengewässer fehlen. Im Bezug auf den Feststoffhaushalt ist das Zugspitzplatt daher vom System „Mittleres Reintal" abgekoppelt.

Die folgenden Abschnitte erläutern die naturräumlichen Gegebenheiten der beiden Untersuchungsgebiete (Tabelle 5.1), bevor in Abschnitt 5.5 auf relevante Klimaelemente der Untersuchungsregion eingegangen wird.

5.1 Lage der Untersuchungsregion

Beide Untersuchungsgebiete haben eine Fläche von rund 17 km^2 (LWG: 16,7 km^2, RT: 17,3 km^2) und befinden sich in zwei Teilräumen der Nördlichen Kalkalpen (LWG: Ammergebirge, RT: Wettersteingebirge, LIEDTKE 2003) unweit der Stadt Garmisch-Partenkirchen (Abbildung 5.1). Beide Hauptgerinne, Lahnenwiesgraben und Partnach, sind Tributäre der Loisach, die durch das Loisachtal bis Garmisch-Partenkirchen nach Osten, danach nach Norden ins Alpenvorland fließt. Das Loisachtal wurde durch einen Eisstrom des Isar-Loisachgletschers während der letzten pleistozänen Kaltzeiten geschaffen und glazial übertieft. Die gesamte Untersuchungsregion wird sommers (Wandern, Mountainbike) wie winters (Skitourismus) intensiv touristisch genutzt. Im Sommer können Wanderer im Lahnenwiesgraben auf den bewirtschafteten Hütten von Enning- und Stepbergalm rasten, das Reintal bietet die Bock-

Tab. 5.1: Zusammenfassung wichtiger Eigenschaften der Untersuchungsgebiete

	Lahnenwiesgraben	Reintal
Fläche $[km^2]$	16,7	17,3
Min. Höhe $[m\ ü.NN]$	706	1049
Max. Höhe $[m\ ü.NN]$	1985	2743
Reliefenergie $[m]$	1279	1694
Mittl. Gefälle $[°]$	28,4	41,3
Max. Gefälle $[°]$	72,5	77,6
Niederschlag $[mm/a]$ (BAUMGARTNER ET AL. 1983)	∼ 1600-2000	∼ 2000
Schneegrenze $[m\ ü.NN]$	∼ 2700	∼ 2700
Waldgrenze $[m\ ü.NN]$	∼ 1700	∼ 1600-1700
Geologie	Hauptdolomit Plattenkalk Kössener Schichten	Wettersteinkalk
Böden	Rohböden Rendzinen Braunerden	Rohböden

und Reintalangerhütte auf einer Route zur Zugspitze. Große Teile beider Gebiete stehen zudem unter Naturschutz, dennoch werden Vieh- und Forstwirtschaft betrieben (Schaf-, Kuh- und Pferdeweide sowie forstliche Nutzung im Lahnenwiesgraben, Schafweide im Reintal).

5.2 Geologie und Geomorphologie

Die folgenden Abschnitte zur Geologie und Tektonik stützen sich im wesentlichen auf die Darstellungen von MÖBUS (1997) und KUHNERT (1967). Eine umfassende Beschreibung zur Geologie des Lahnenwiesgrabens gibt KELLER (in Vorb.), insbesondere auch im Hinblick auf geotechnische Eigenschaften der einzelnen Gesteinseinheiten, die für Erosion und Schuttlieferung von Bedeutung sind.

5.2.1 Lahnenwiesgraben

Der Lahnenwiesgraben entwässert ein Einzugsgebiet, das von der montanen bis an den oberen Rand der subalpinen Höhenstufe reicht. Die höchste

Erhebung mit etwa 1985 m ü.NN ist die Spitze des Kramermassivs, das nach NO hin mit einer Steilwand (Königsstand) zum Lahnenwiesgraben hin abfällt und sich nach Westen in Form eines Grates mit mehreren deutlich ausgeprägten Karen (darunter Ross- und Kuhkar) bis zur Stepbergalm fortsetzt. Die westliche Grenze des Einzugsgebietes ist geprägt von zwei Transfluenzpässen bei der Stepberg- bzw. Enningalm, die durch den 1934 m hohen Rücken des Hirschbühels voneinander getrennt sind. Im Norden bilden Felderkopf (1818 m), Vorderer Felderkopf (1928 m), Großer Zunderkopf (1895 m), Brünstelskopf (1814 m) und Herrentisch (1667 m) die Wasserscheide, die sich etwas flacher bis zum Schafkopf (1380 m) fortsetzt.

Das Tal des Lahnenwiesgrabens ist in einer W-O streichenden, nach O abtauchenden tektonischen Mulde innerhalb der Lechtaldecke angelegt, im westlichen Teil bestehend aus zwei Teilmulden (Stepberg- und Enningmulde), die durch eine tektonische Schuppe, den Hirschbühelrücken, voneinander getrennt werden (KUHNERT 1967). Im Lahnenwiesgraben-Einzugsgebiet am meisten vertreten sind die im Bereich einer Karbonatplattform gebildeten Gesteine Hauptdolomit (älter) und Plattenkalk (jünger) aus der oberen Trias (Nor, 220-210 ma). Im Hangenden des Plattenkalks befinden sich mergelige Kössener Schichten aus dem Rhät (210-205,7 ma). In Muldenlagen im Westen wurden Sedimente aus dem Jura (Lias 205,7-180,1 ma: Fleckenmergel; Dogger 180,1-159,4 ma: Doggerkalk; Malm 159,4-144,2 ma: Aptychenschichten) vor der Erosion bewahrt und sind aufgeschlossen (Geol. Karte auf Abbildung 5.3).

Der größte Teil des Kramermassivs und der steile Grat westlich und östlich des Brünstelskopfes wird durch den Hauptdolomit aufgebaut, ein meist wohlgebanktes, morphologisch hartes Gestein, das im Zuge der Verwitterung große Mengen scharfkantigen Schutts bildet. Im Hangenden geht der Hauptdolomit ohne scharfe Faziesgrenze in Plattenkalk über, der ebenso zu den morphologisch harten (geotechnisch kompetenten) Gesteinen zählt. Im Plattenkalk sind aufgrund des hohen $CaCO_3$-Gehaltes häufig Karsterscheinungen entwickelt. So findet man auf den Plattenkalk-Hängen auf der südexponierten Seite der Lahnenwiesmulde zahlreiche Rinnen (z.T. mit Schlucklöchern), die jedoch nur periodisch bis episodisch Wasser führen, auf der Südseite des Hirschbühelrückens kommen über Plattenkalk Dolinen vor. Plattenkalk verwittert im allgemeinen zu runderen Schuttpartikeln als Hauptdolomit.

Mit unscharfen Grenzen geht der Plattenkalk im Hangenden in die Kössener Schichten über, die in etwas tieferem marinen Milieu abgelagert wurden. Es handelt sich hierbei um Kalke, Mergel und Tone; vor allem letztere Materialien sind weniger standfest und verwitterungsresistent. KELLER (in Vorb.) rechnet die Kössener Schichten oberhalb der Kalke (die dem Plattenkalk gleichen) aus diesem Grund zu den veränderlich festen Gesteinen; zahlreiche Vernässungszonen und Quellhorizonte sind an die Kössener Mergel und Tone gebunden. Nur eine geringe Verbreitung haben die jurassischen Gesteine (Lias Fleckenmergel, Doggerkalk, Bunte Hornsteinschichten, Aptychenschichten). Die Lias Fleckenmergel (Allgäuschichten) haben ähnliche Eigenschaften wie die Kössener Mergel und zeigen ebenso Vernässungserscheinungen sowie fossile bis rezente Instabilität (Rutschungen, z.B. der Nordhang des Krottenköpfels zwischen Rotem Graben und Enningalm). Zu den geotechnisch kompetenten Gesteinen zählt KELLER (in Vorb.) die jüngeren Schichten (Bunte Hornsteinschichten, Aptychenschichten), die z.T. einen hohen Verkieselungsgrad aufweisen.

Die jüngste tiefgreifende Überformung erfuhr das Gebiet in der Würm-Eiszeit, für deren Maximalstände eine Schneegrenzdepression von etwa 1300 m angenommen wird (HANTKE 1978). Fernmoränen (als Schuttschleier bis über 1500 m ü.NN nachweisbar, LINKE 1963 *fide* KELLER in Vorb.) bezeugen, dass Ausläufer des Ammer-Loisach-Eisstromes zum einen vom Loisachtal im Osten, zum anderen über Transfluenzpässe an Enning- und Stepbergalm von Westen her in das Tal des Lahnenwiesgrabens vorstießen (KLEBELSBERG 1913/14 *fide* KELLER in Vorb.). Zur Zeit des Hochglazials kann von einer Höhe der Eisbedeckung bis auf über 1550 m ü.NN ausgegangen werden (Region Wallgau, etwa 14 km östlich Garmisch-Partenkirchen; HANTKE 1983), was knapp für eine Überfließung zumindest des Sattels bei der Enningalm (ca. 1540 m ü.NN) ausgereicht hätte. Die Kare Rosskar und Kuhkar (Karschwellen etwa auf 1600 m ü.NN) im Kramermassiv belegen gemeinsam mit einigen im wesentlichen aus Hauptdolomit-Schutt bestehenden Lokalmoränen eine Lokalvergletscherung, die nach dem Abschmelzen der Ferneismassen noch Bestand hatte (vgl. HANTKE 1983). Im Osten des Einzugsgebietes wurde

---

Abb. 5.2: Übersichtskarte des Untersuchungsgebietes Lahnenwiesgraben

Geologie und Geomorphologie 33

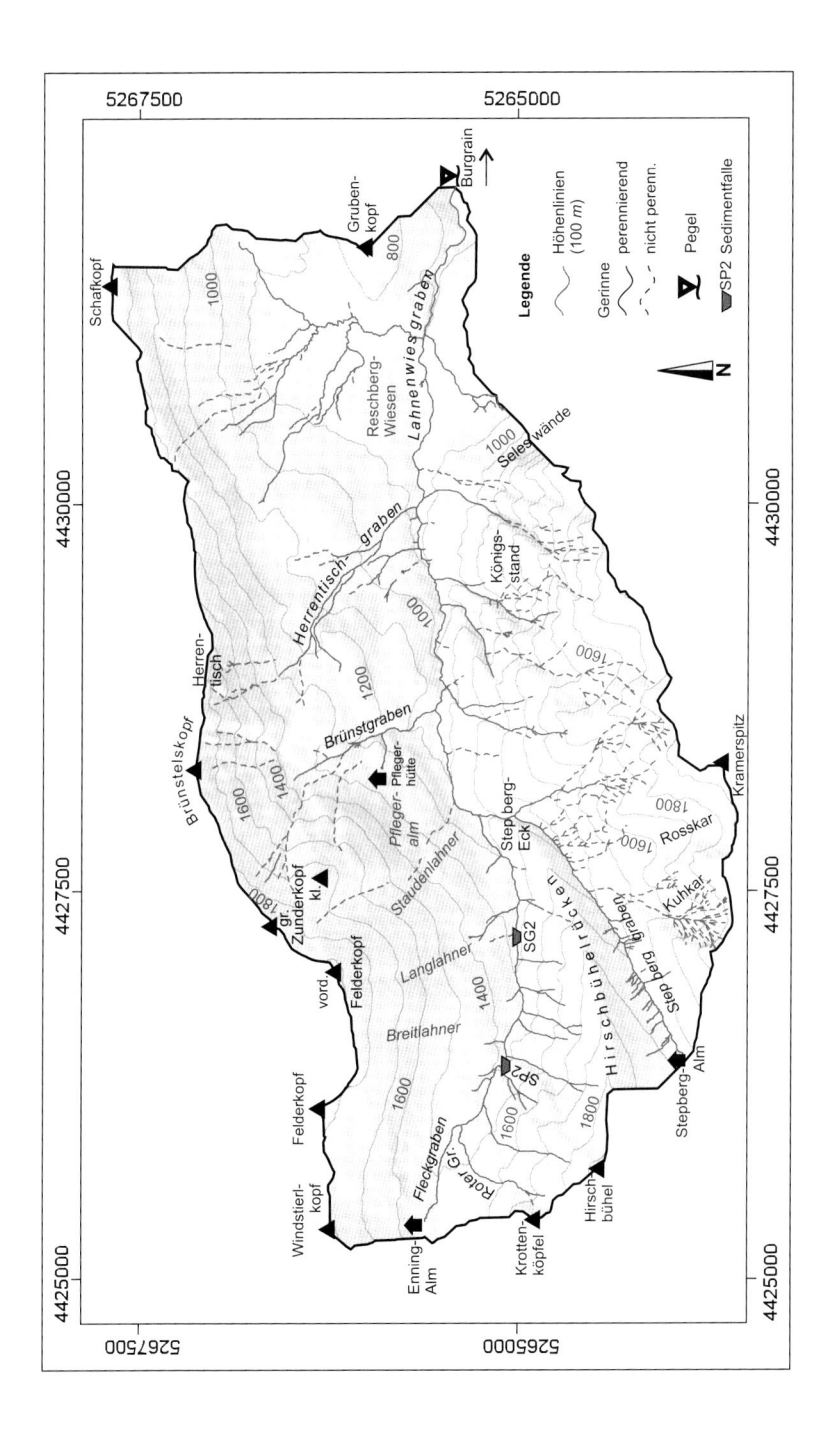

durch den im Loisachtal liegenden Gletscher ein Eisstausee abgedämmt, in dem große Mengen an Schottern sowie Seesedimente abgelagert wurden; diese Akkumulation zeigt sich noch heute deutlich als Verebnung bei den Reschbergwiesen. Nach dem Abschmelzen des Loisach-Gletschers wurden diese Sedimente aufgrund der nun tieferen Erosionsbasis in mehreren Phasen durchschnitten, wobei sich zwischen Reschbergwiesen und heutigem Lahnenwiesgraben einige Terrassen herausbildeten.

Rezent tritt im Untersuchungsgebiet eine Vielzahl unterschiedlicher geomorphologischer Prozesse auf, deren Auftreten, Stärke und Interaktionen von den Arbeitsgruppen des SEDAG-Projektes anhand von Kartierungen und Messungen erforscht werden. Gravitative Massenbewegungen, deren Spektrum von Steinschlag über Translations- und Rotationsrutschungen (z.B. ein großes Ereignis im Mai 1996 am Mittelhang des „Staudenlahner") bis hin zu gleitend-kriechenden Bewegungen ganzer Hangabschnitte (z.B. Talzuschub auf der linken Talseite) reicht, werden von KELLER (in Vorb.) qualitativ und quantitativ bearbeitet. Aus zahlreichen Teileinzugsgebieten (besonders im Hauptdolomit) sind Hang- und Talmuren bekannt (zuletzt infolge eines heftigen Starkregenereignisses im Sommer 2002, HAAS ET AL. 2004). Zahlreiche Gerinne mit perennierender Wasserführung werden mithilfe von Sedimentfallen und Pegeln untersucht, um den fluvialen Hangabtrag in Abhängigkeit von Niederschlag bzw. Abfluss zu quantifizieren. Die Lawinentätigkeit, auf die in Abschnitt 7.1 ausführlicher eingegangen wird, ist im Einzugsgebiet des Lahnenwiesgrabens zeitlich wie räumlich äußerst variabel. Besondere Lokalitäten im Überschneidungsbereich von Prozessarealen (z.B. Lawinen und fluvialer Transport) erlauben Aussagen über die Interaktion von geomorphologischen Prozessen im Rahmen der Sedimentkaskaden (Abschnitt 8.4). Das Hauptgerinne selbst wurde an vielen Stellen als Gegenmaßnahme gegen Vermurungen mit gemauerten Sperrbecken versehen, am Ende einer Griesstrecke nahe der Pegelstation soll ein großes Fangnetz Muren und mitgeführte Holzbruchstücke zurückhalten. UNBENANNT (2002) bestimmt die Feststoffspende (Austrag durch den Lahnenwiesgraben) für den Zeitraum 28.5.-13.10.2001 zu 122 t/km^2 (16%

Abb. 5.3: Geologische Karte des Lahnenwiesgrabens, digitalisiert von BAY. GEOL. LANDESAMT(Hg) GK 1:25000 Blatt 8432 Oberammergau

Geologie und Geomorphologie

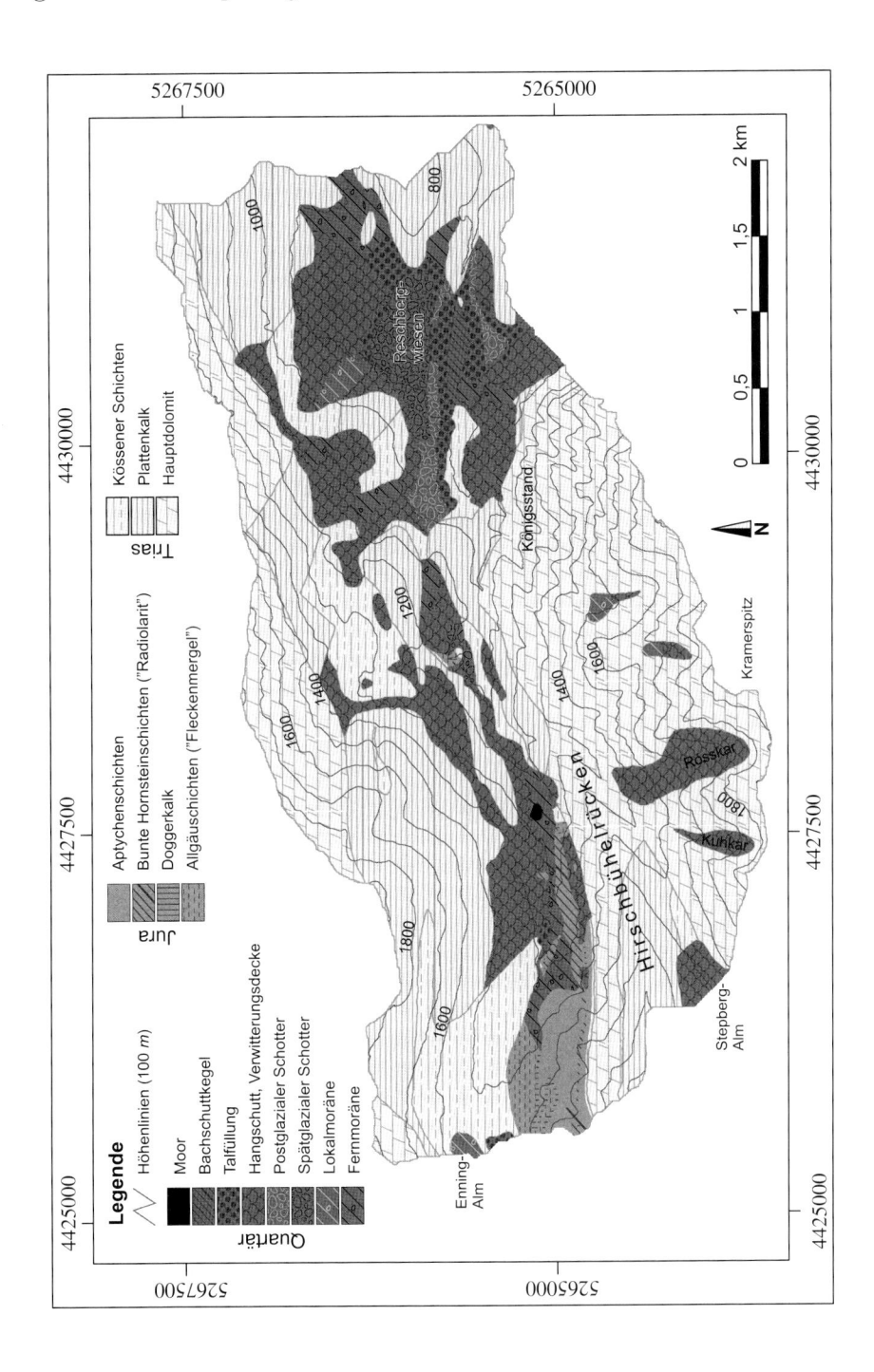

Geschiebe, 56% Suspensionsfracht, 28% Lösungsfracht), wobei die Quantifizierung von Massen und Lieferungsraten der in den zahlreichen Akkumulationsgebieten (z.B. Murverbauungen, Griesstrecken) im Gerinne deponierten Feststoffe unterbleibt.

5.2.2 Reintal

Das Untersuchungsgebiet Mittleres Reintal befindet sich im Wettersteingebirge und reicht von einer das Zugspitzplatt im Osten begrenzenden Steilstufe bis zur Pegelstation Bockhütte. Es wird im Norden durch die schroffen Grate von Äußerer Höllentalspitze (2720 m ü.NN), Hochblassen (2703 m), Hohem Gaif (2287 m), Mauerschartenkopf (1919 m) und Hohem Gaifkopf (1863 m) begrenzt, im Süden vom Hohen Kamm (2375 m), Hochwanner (2743 m) und Hinterreintalschrofen (2669 m). Auf dem südlichen Grat verläuft die Staatsgrenze Deutschland-Österreich.

Das Reintal ist in einer tektonischen Mulde an der südlichen Grenze der Lechtal- zur Inntaldecke angelegt, was die unterschiedlichen Fallrichtungen der Kalkbänke in den Talflanken belegen; die Muldenachse streicht W-O und taucht nach Osten hin ab. Die Gesteine im Einzugsgebiet der Partnach gehören nahezu vollständig zum Wettersteinkalk, einem Riffkalk aus dem oberostalpinen Sedimentationstrog zur Zeit der mittleren Trias (Ladin, 234-227 ma), der im Bereich der Nördlichen Kalkalpen in unterschiedlichen Fazies eine Mächtigkeit von 600 bis über 1200 m aufweist (MÖBUS 1997). Im Bereich des Reintals handelt es sich im wesentlichen um mächtige Kalkbänke bis massigen Kalk. Der Wettersteinkalk, der zu den morphologisch harten Gesteinen gehört (er bildet die höheren Gipfel der Nördlichen Kalkalpen, z.B. die Zugspitze), verwittert grusig bis blockig und neigt aufgrund seiner Reinheit zur Verkarstung (KUHNERT 1967). Nur in einem kleinen Teil des Untersuchungsgebietes stehen mit den Raibler Schichten jüngere Gesteine (Karn, 227-220 ma) an, wobei deren Verbreitung nur anhand von einzelnen Steinen auf den Schutthalden im östlichen Teil des Reintals abgeschätzt werden kann (KRAUTBLATTER 2004).

Abb. 5.4: Übersichtskarte des Untersuchungsgebietes Reintal

Geologie und Geomorphologie

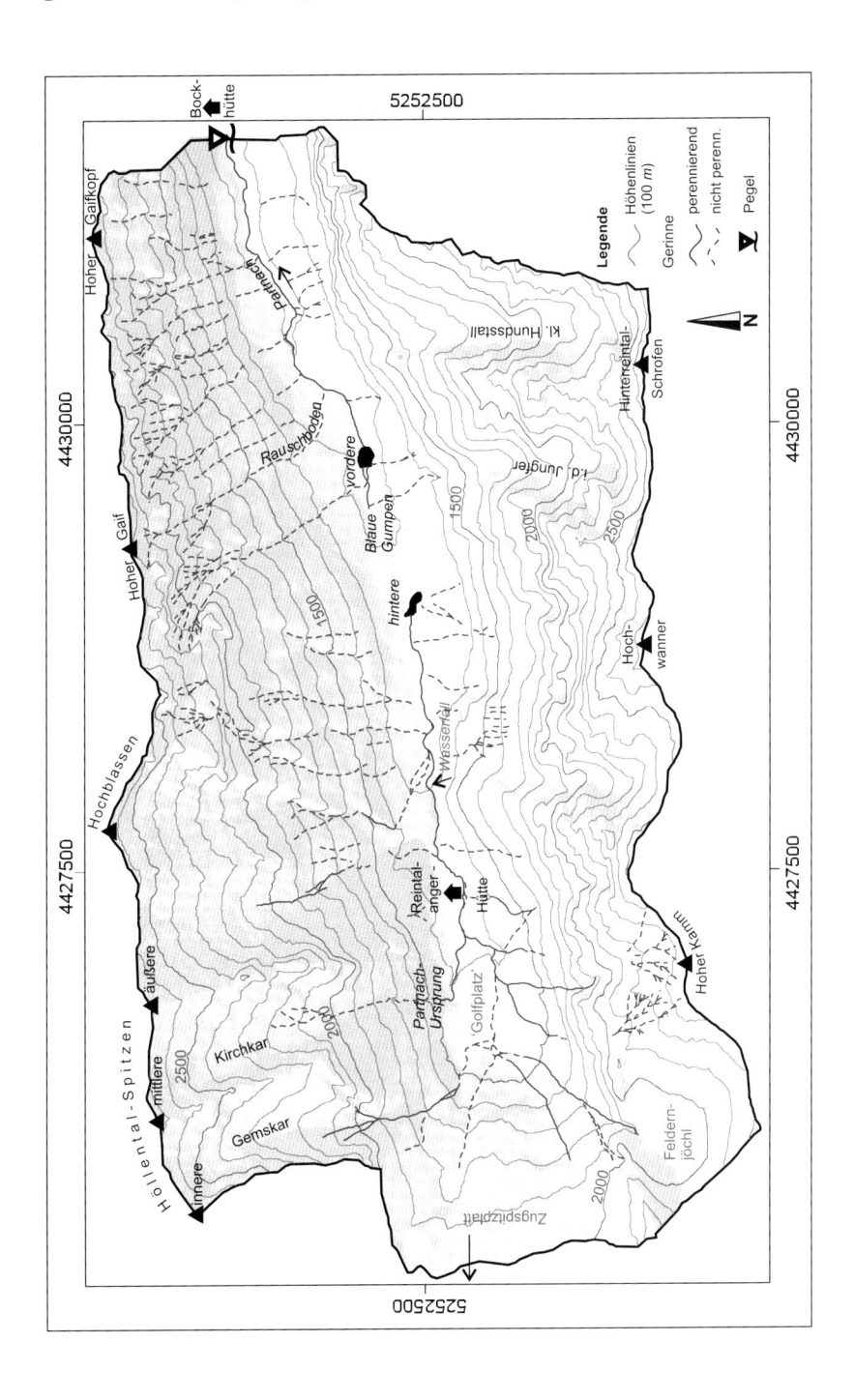

Von den begrenzenden Graten im Norden und Süden in Richtung auf die Talmitte schließt sich beiderseits zunächst eine Zone mit einigen sich N-S erstreckenden Karen an, die durch hohe Grate voneinander getrennt sind und Hängetäler bilden. Diese Zone ist vom Tal aus nicht einsehbar, weshalb die in dieser Arbeit festgestellten Befunde nur für den inneren Bereich des Reintals, der als Trogtal ausgeprägt ist, gelten können. Von der glazialen Formung zeugen daneben zahlreiche Moränenablagerungen, mit deren zeitlicher Stellung sich HIRTLREITER (1992) ausführlich befasst.

Der Talquerschnitt ist stark asymmetrisch mit nahezu lotrechten Wänden auf der rechten und gestreckten Steilhängen auf der linken Talseite. Am Wandfuß auf der rechten Talseite befinden sich zahlreiche große Hangschuttkegel (engl. *talus cones*), die streckenweise zu Hangschuttdecken (engl. *talus sheets*) verschmolzen sind. Das Trogtal ist nach den Untersuchungen der Bonner SEDAG-Gruppe auf nahezu der Hälfte der Fläche mit 30 bis über 70 m Sediment verfüllt (SCHROTT ET AL. 2003).

Die hohe Reliefenergie von etwa 1700 m fördert das Auftreten gravitativer geomorphologischer Prozesse: Zwei Bergstürze auf der rechten, steilen Talflanke, die in historische Zeit datiert werden konnten (AD 1400-1600, SCHROTT ET AL. 2002), führten zur Abdämmung der Partnach und zur Bildung von periodisch wassererfüllten Becken (Vordere und Hintere Blaue Gumpe), die in der Folgezeit bis über 15 m mächtig alluvial verfüllt wurden. Dieser Prozess dauert rezent noch an. SCHROTT ET AL. (2002) berechnen auf der Basis von AMS^{14}C-Datierungen außerordentlich hohe Sedimentationsraten von 18-27 mm/a. Regelmäßiger Steinschlag in der Größenordnung 0,07-0,23 $kg \cdot m^{-2} \cdot a^{-1}$ sorgt für die Rückverwitterung der Wände (0,03-0,09 mm/a, vgl. auch BECHT 1995; SASS 1998) und stetige Schuttzufuhr (KELLER & MOSER 2002). Fluvialer Sedimenttransport in den Seitengerinnen der Partnach ist aufgrund der starken Verkarstung des Wettersteinkalks und der Präsenz großer Lockermaterialdepots eher eine Ausnahmeerscheinung, erreicht aber in Reißen auf den großen rechtsseitigen Schuttkegeln Größenordnungen von etwa 6 mm/a (HAAS, HECKMANN & WICHMANN unpubl.; BECHT ET AL. 2005). Infolge von Starkniederschlägen werden jedoch auf beiden Talseiten große Mengen von Schutt durch Muren z.T. bis ins Hauptgerinne transportiert. Die großen Hangschuttkörper werden durch solche Ereignisse stark angeschnitten (z.B. ein Ereignis im

Böden

Juni 2003 mit ca. 12500 t Schutt, davon gelangte über die Hälfte bis in die Partnach; BECHT ET AL. 2005) und überformt. KOCH (2005) weist mithilfe dendrochronologischer Methoden für eine benachbarte Murbahn auf der rechten Talseite ein Rekurrenzintervall von etwa 20 Jahren nach.
Die Lawinentätigkeit ist stark auf die linke Talseite konzentriert. Sie wird in Abschnitt 7.1 ausführlicher behandelt.

Die von den Seiten in die Partnach eingetragenen Feststoffe werden wegen zahlreicher Sedimentsenken (Vordere/Hintere Blaue Gumpe, Versickerung der Partnach aufgrund von Karsterscheinungen und mächtiger Lockermaterialansammlungen) rezent nur zu einem geringen Teil aus dem Einzugsgebiet heraustransportiert. 94% der Sedimentfracht der Partnach am Pegel Bockhütte (83 t/km^2, Zeitraum 28.5.-13.10.2001) bestehen nach den Messungen der Hallenser SEDAG-Gruppe aus gelösten Stoffen (UNBENANNT 2002).

5.3   Böden

Die folgenden Angaben und Auswertungen (Abbildung 5.5) beziehen sich auf die von KOCH (2005) angefertigten Bodenkartierungen (Abbildungen 5.6 und 5.7).

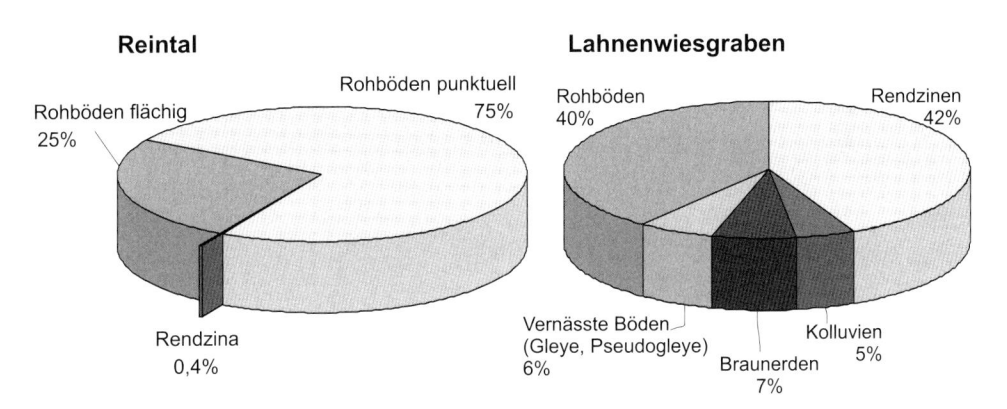

Abb. 5.5: Verbreitung von Bodentypen in den Untersuchungsgebieten. Auswertung der Kartierungen von KOCH (2005)

5.3.1 Lahnenwiesgraben

Neben großflächig verbreiteten Rohböden (40 % des Gebietes; Syroseme und Lockersyroseme mit z.T. mächtiger Fels- und Skeletthumusauflage) findet sich im Untersuchungsgebiet Lahnenwiesgraben ein oft kleinparzelliges Mosaik aus Flächen mit weiter entwickelten Bodentypen. Den häufigsten Bodentyp mit den größten zusammenhängenden Flächenanteilen (42 %) stellen Rendzinen dar, mehr oder weniger entwickelte Braunerden finden sich zusammenhängend vor allem im östlichen, niedriger liegenden Bereich des Einzugsgebietes (insgesamt 7%). Verbreitet gehen Rendzinen und Braunerden kleinräumlich ineinander über. 5% der Böden werden von KOCH als Kolluvien angesprochen. Eine wichtige Rolle spielen flächenübergreifend die lehmig-tonigen Substrate, die als Residuallehme der Kalkverwitterung bezeichnet werden können. Zahlreiche Flächen weisen zudem dauerhafte Vernässung durch Grund- oder Hangzugwasser auf. Gleye und Pseudogleye finden sich auf etwa 6% des Untersuchungsgebietes. Die Durchfeuchtung des Bodens verändert die geotechnische Stabilität des Substrats und erleichtert an einigen Stellen die Erosion durch Lawinen.

5.3.2 Reintal

Aufgrund seines alpinen Charakters (fast 50% der Oberfläche befinden sich in der alpinen und nival-/subnivalen Stufe) sind die Böden des Reintals nicht so entwickelt wie im Lahnenwiesgraben. Der weitaus größte Teil (75%) der Oberfläche besteht aus Fest- oder Lockergesteinen ohne flächige Bodenauflage (nur punktuelle oder inselhafte Vorkommen von Rohböden). Flächenhaft verbreitete Rohböden mit zum Teil mächtigen Humusauflagen sind vor allem auf den Waldstandorten (bis in Höhen von etwa 1800 m ü.NN, Krummholz bis 2050 m ü.NN) zu finden. Die Bodenkarte des Reintals (KOCH 2005) weist nur an wenigen Stellen (<1 % der Fläche) Rendzinen mit geringmächtigen Ah-Horizonten auf.

Böden

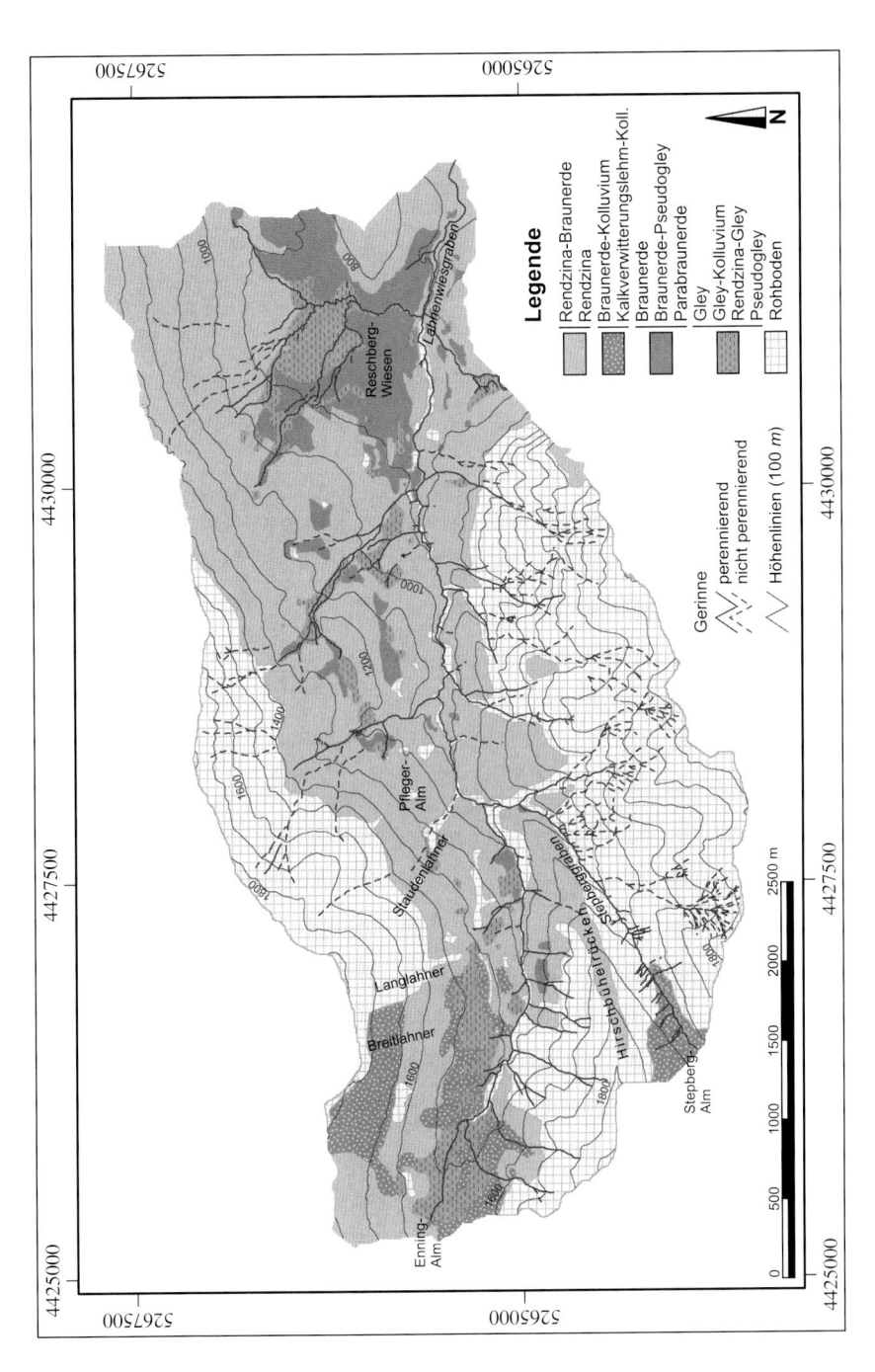

Abb. 5.6: Bodenkarte Lahnenwiesgraben, Aufnahme von KOCH (2005)

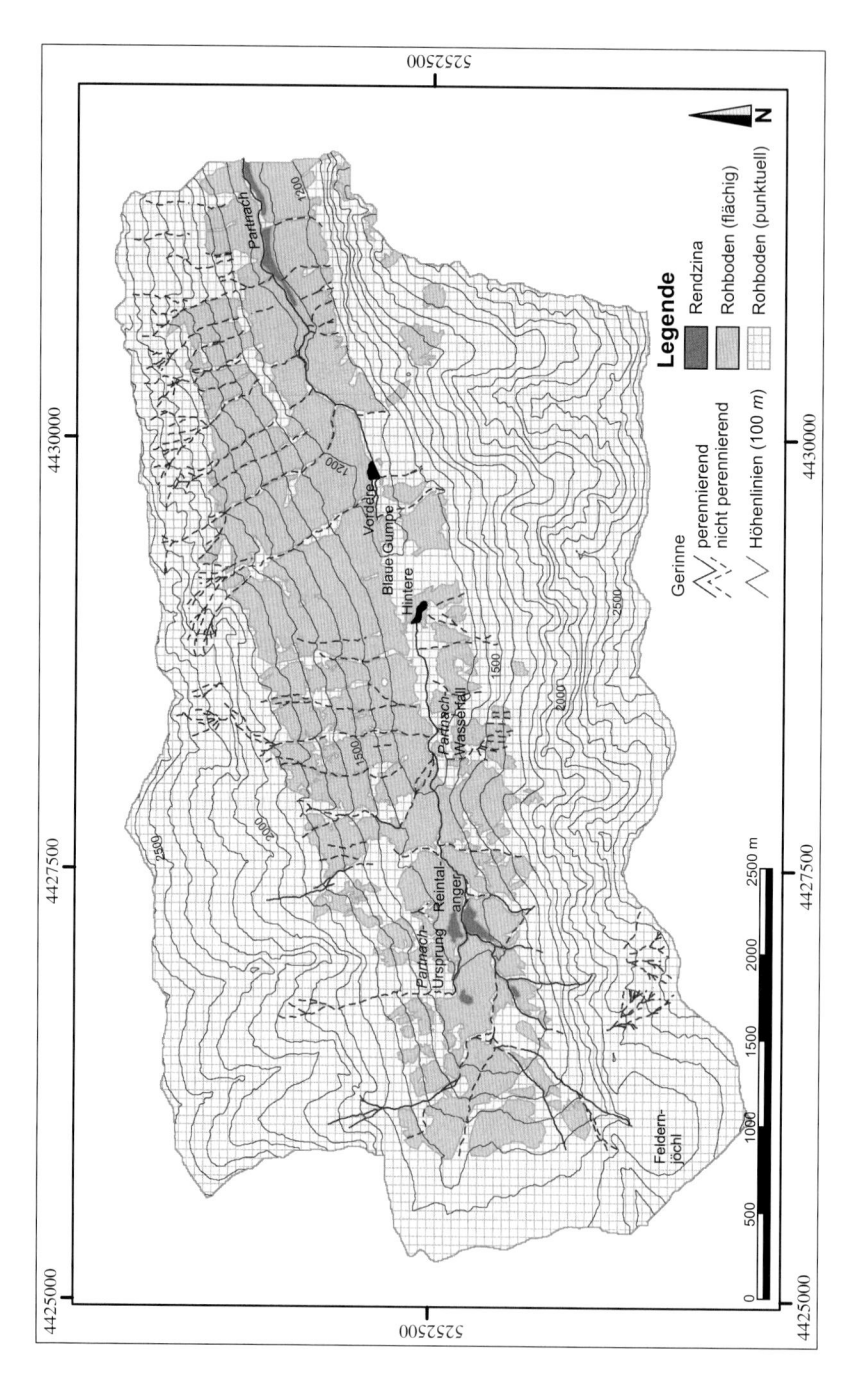

Abb. 5.7: Bodenkarte Reintal, Aufnahme von KOCH (2005)

5.4 Vegetation

Die Vegetation beeinflusst das Lawinengeschehen vor allem durch die Modifikation der Oberflächenrauigkeit. Dies geht aus der Literatur, zum Teil auch aus den eigenen Beobachtungen im Gelände sowie aus den Modellergebnissen (vgl. Kapitel 10.4.1) hervor. Umgekehrt wird die Vegetation auch stark durch die Lawinentätigkeit beeinflusst (vgl. BOZHINSKIY & LOSEV 1998). Die durch Lawinen in die natürliche Vegetation geschlagenen Schneisen besitzen eine wichtige ökologische Funktion als Biotop (PATTEN & KNIGHT 1994) sowie als Übergangsraum („Korridor" in der Terminologie der Landschaftsökologie, vgl. BUTLER 2001) zwischen den (hoch-)alpinen und subalpin-montanen Höhenstufen (BUTLER ET AL. 1992).

In diesem Abschnitt werden zunächst die in den Vegetationskarten (Abbildungen 5.8 und 5.9) verwendeten Vegetationseinheiten und ihre Interaktion mit dem Lawinengeschehen dargestellt, bevor die Vegetationszusammensetzung in den Einzugsgebieten beschrieben wird.

- Wald (Misch- und Nadelwald):
  Zahlreiche Veröffentlichungen handeln von sogenannten Waldlawinen, die unter Wald entstehen, wo sie zur Schädigung der Vegetation und auch zu Bodenerosion führen können (ZENKE & KONETSCHNY 1988, KONETSCHNY 1990, MAUKISCH ET AL. 1996, STREMPEL ET AL. 1996). Untersuchungen in Kanada haben ergeben, dass Kahlschläge im Rahmen der forstwirtschaftlichen Waldnutzung dazu führen können, dass Lawinengefahr überhaupt erst entsteht (MCCLUNG 2001a). Zwar stabilisieren Baumstümpfe und Holzreste zunächst die Schneedecke, nach dem Zerfall dieser Reste jedoch können je nach Hangtopographie durchaus Lawinen entstehen (etwa nach 10 Jahren; WEIR 2002). MCCLUNG (2001a) nennt als mögliche lawinenbedingte Schäden in Kahlschlaggebieten unter anderem:

  - Zerstörung der randlichen Waldgebiete, dadurch Vergrößerung der Lichtung
  - Regelmäßige Lawinentätigkeit unterdrückt und verhindert das Nachwachsen junger Bäume
  - Bodenerosion bis aufs Anstehende (hiermit wird ein Wiederbewuchs nachhaltig verhindert)

- Erosions-Folgeschäden (Sedimenttransport in Gerinne, Rutschungen, Murgänge)

Im Rahmen der vorliegenden Arbeit wurden keine Lawinen beobachtet, die in geschlossenen Waldbeständen außerhalb von Lichtungen anreißen. Ab einer Dichte von 200 Baumstämmen pro Hektar mit $> 16\ cm$ Stammdurchmesser ist von einer effektiven Verhinderung von Lawinen aufgrund inhomogener Schneedecke auszugehen (SCHWEIZER ET AL. 2003). In beiden Untersuchungsgebieten ist der Einfluss von Lawinen auf den Wald in Form von Lawinenschneisen sowie gefällten, geknickten oder in charakteristischer Weise geschädigten Bäumen deutlich zu erkennen.

- Krummholz, Sträucher, Jungwuchs:
Krummholz (Latschenkiefer *Pinus mugo*) kann durch Schnee niedergedrückt werden, so dass ab einer gewissen Schneemächtigkeit (> 1-$2\ m$) Oberlawinen entstehen können. Der Schnee in Erdbodennähe wird durch die Pflanzen derart verankert, dass keine Grundlawinen ausgelöst werden. Gleichwohl konnten Reste von Latschen und niederer, strauchartiger Vegetation (z.B. Gebüsch aus jungen Grünerlen *Alnus viridis*) vielerorts auf Ablagerungsflächen von Grundlawinen festgestellt werden. Dies spricht dafür, dass in der Lawinenzugbahn auch diese Vegetationsformen von der Lawinentätigkeit zum Teil schwer geschädigt werden können.

- Grasbewuchs:
Zahlreiche Grundlawinen reißen auf grasbewachsenen Hängen an. Vor allem das sogenannte „Lahnergras" (Sammelbegriff für langhalmige Gräser wie das Bunte Reitgras *Calamagrostis varia* und den Immergrünen Hafer *Avena parlatorei*, SCHAUER 1975) wird durch den Schnee auf die Bodenoberfläche gedrückt und schafft durch die stark geminderte Rauigkeit ideale Gleitbahnen für Schneebewegungen. Ähnliche Eigenschaften besitzen die Schwingel-Arten *Festuca picturata* und *Festuca nigrescens* sowie das Zarte Straußgras *Agrostis schraderana* (mdl. Mitt. Profs. LEINS, Heidelberg und KARRER, Wien). Wenn kurzhalmiges oder horstförmiges Gras (z.B. Knäuelgras *Dactylis glomerata*, Rasenschmiele *Deschampsia caespitosa*, Borstgras *Nardus stricta* oder das Weiße Straußgras *Agrostis stolonifera*, SCHAUER 1975) in der Schneedecke festfriert, kann es unter Umständen dazu kommen, dass die sich kriechend, gleitend oder lawinenartig bewe-

gende Schneedecke ganze Bodenschollen mit dem Gras ausreißt. Ebenso ist es möglich, dass gleitender Schnee horstförmig wachsende Gräser mitsamt Bodenschollen durch Druck aus dem umgebenden Boden heraushebelt.

- Vegetationsfreie Flächen:
  Bei vegetationsfreien Flächen ist die Rauigkeit des Oberflächensubstrats für die Initiation der Schneebewegung und die Lawinenauslösung ausschlaggebend. Auf schuttbedeckten Flächen wird nach eigenen Beobachtungen die Schneedecke durch die unregelmäßige Oberfläche insoweit stabilisiert, dass im allgemeinen keine Grund-, sondern Oberlawinen entstehen (vgl. auch BECHT 1995), wohingegen dies auf glatten, nicht zu steilen Felsflächen nicht auszuschließen ist.

Tab. 5.2: Zusammensetzung der Vegetation (Anteil [%]) in den beiden Untersuchungsgebieten im Vergleich

Vegetationsklasse	Lahnenwiesgraben	Reintal
Vegetationsfrei (Locker- und Festgestein)	3	47
Lückenhafte (Pionier-) Vegetation	5	16
Grasbewuchs	14	9
Sträucher, Büsche, Jungwuchs	5	1
Krummholz	15	16
Mischwald	32	4
Nadelwald	27	8

5.4.1 Lahnenwiesgraben

Das Einzugsgebiet des Lahnenwiesgrabens ist in weiten Teilen (insgesamt rund 59% der Oberfläche) mit Misch- oder Nadelwald bestanden, der bis in Höhen von 1567 (Mischwald) bzw. 1844 m ü.NN (Nadelwald) vorkommt. Krummholz kommt bis in eine Höhe von etwa 1930 m ü.NN vor. Im Bereich von Lawinenstrichen weicht der Wald jedoch weit zurück, z.B. am Stauden-, Breit- und Langlahner (siehe Abb. 5.8). An mehreren anderen Stellen (z.B. am Nordhang des Hirschbühelrückens und am Brünstelsgraben) wurde der Wald während des Untersuchungszeitraumes direkt durch Lawinen geschädigt. Auf beträchtlichen Flächen ist der Wald seit Beginn der Untersuchungen durch

Windwurf und anschließende holzwirtschaftliche Maßnahmen (zuletzt 2003) gänzlich verschwunden. Etwa 20% der Oberfläche werden von Krummholz (*Pinus mugo*), Büschen oder Jungwuchs bestockt, während ca. 14% mit Gras bewachsen sind (Tabelle 5.2). In der Vegetationskarte wird hierbei nicht zwischen Weiden, Mähwiesen und sonstigen Grasflächen unterschieden. Schneegleiten und die Entstehung von Grundlawinen sind im Lahnenwiesgraben deutlich auf grasbewachsene Hänge konzentriert (vgl. Kapitel 7.1 und 10).

5.4.2 Reintal

Im Untersuchungsgebiet Reintal stocken Misch- und Nadelwald (zusammen 12%) bis in eine Höhe von etwa 1700 bzw. 1800 m ü.NN. (einzelne Vorkommen), Latschen (16%) erreichen ihr höchstes Vorkommen bei knapp 2075 m ü.NN (Tabelle 5.2). LEHMKUHL (1989) kartiert die Waldgrenze in ostalpinen Untersuchungsgebieten bei etwa 2000-2050 m ü.NN, MEURER (1984) setzt die „allgemeinklimatische natürliche Waldgrenze" in den nördlichen Randalpen bei etwa 1700 m an.

Lawinenstriche sind im Reintal sehr deutlich ausgeprägt als Schneisen durch die mit Latschen oder Wald bestandenen Hänge sichtbar, vor allem auf der orographisch linken Talseite (siehe Abbildungen 5.9 und 8.6 mitte). An mehreren Stellen wurde der Wald in den letzten Jahren durch Lawinen, insbesondere Staublawinen, geschädigt oder zerstört. Nur im östlichen Teil sind größere zusammenhängenden Flächen mit Gräsern bewachsen, im übrigen Teil des Gebietes kommen solche Flächen eher inselartig vor, insgesamt machen sie nur 8% der Oberflächen aus. Der alpine Charakter des Reintals wird darin deutlich, dass zwei Drittel der Oberfläche vegetationslos oder (unterhalb von 2500 m ü.NN) lediglich mit Pioniervegetation bewachsen sind.

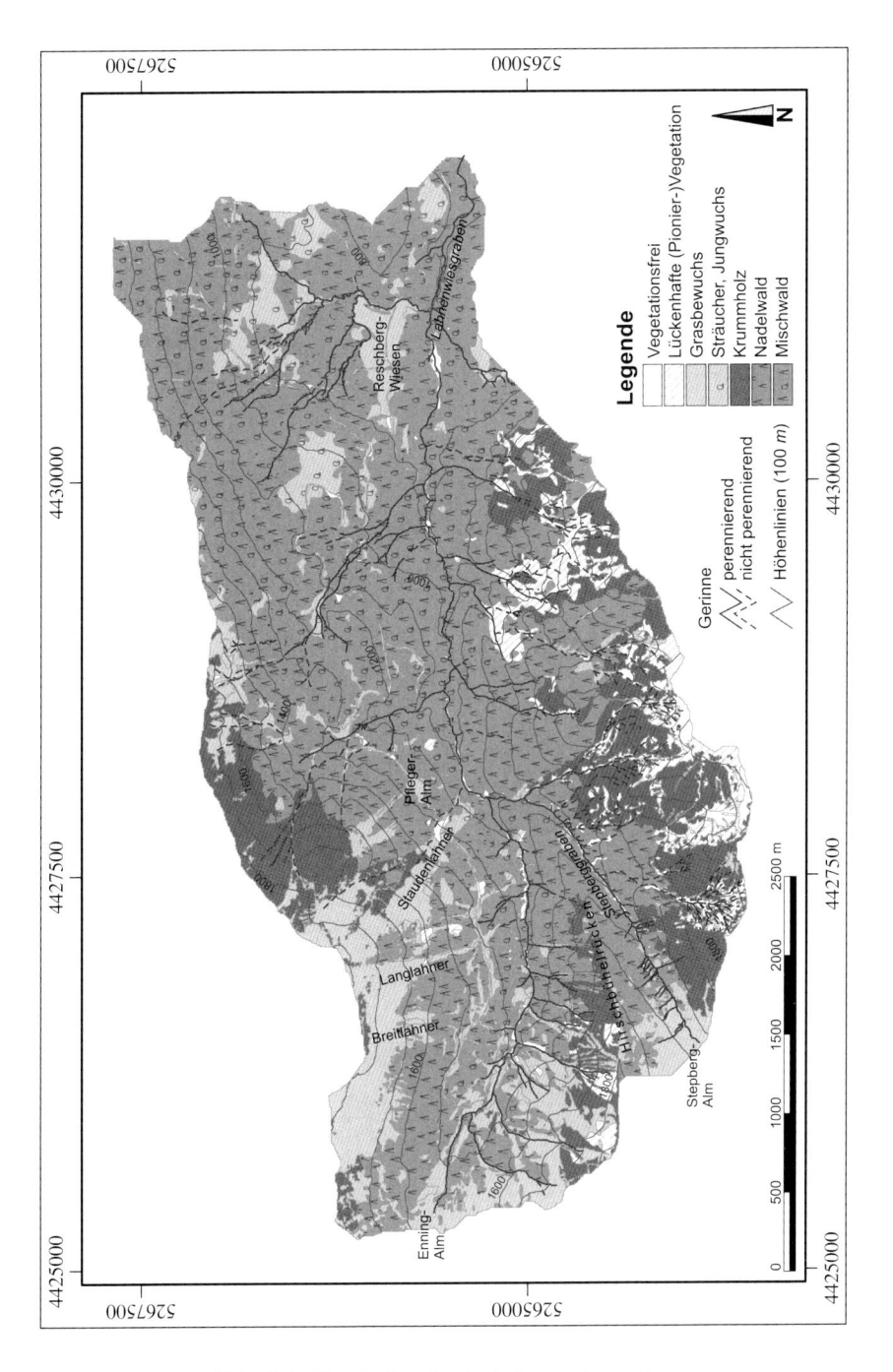

Abb. 5.8: Vegetationskarte Lahnenwiesgraben

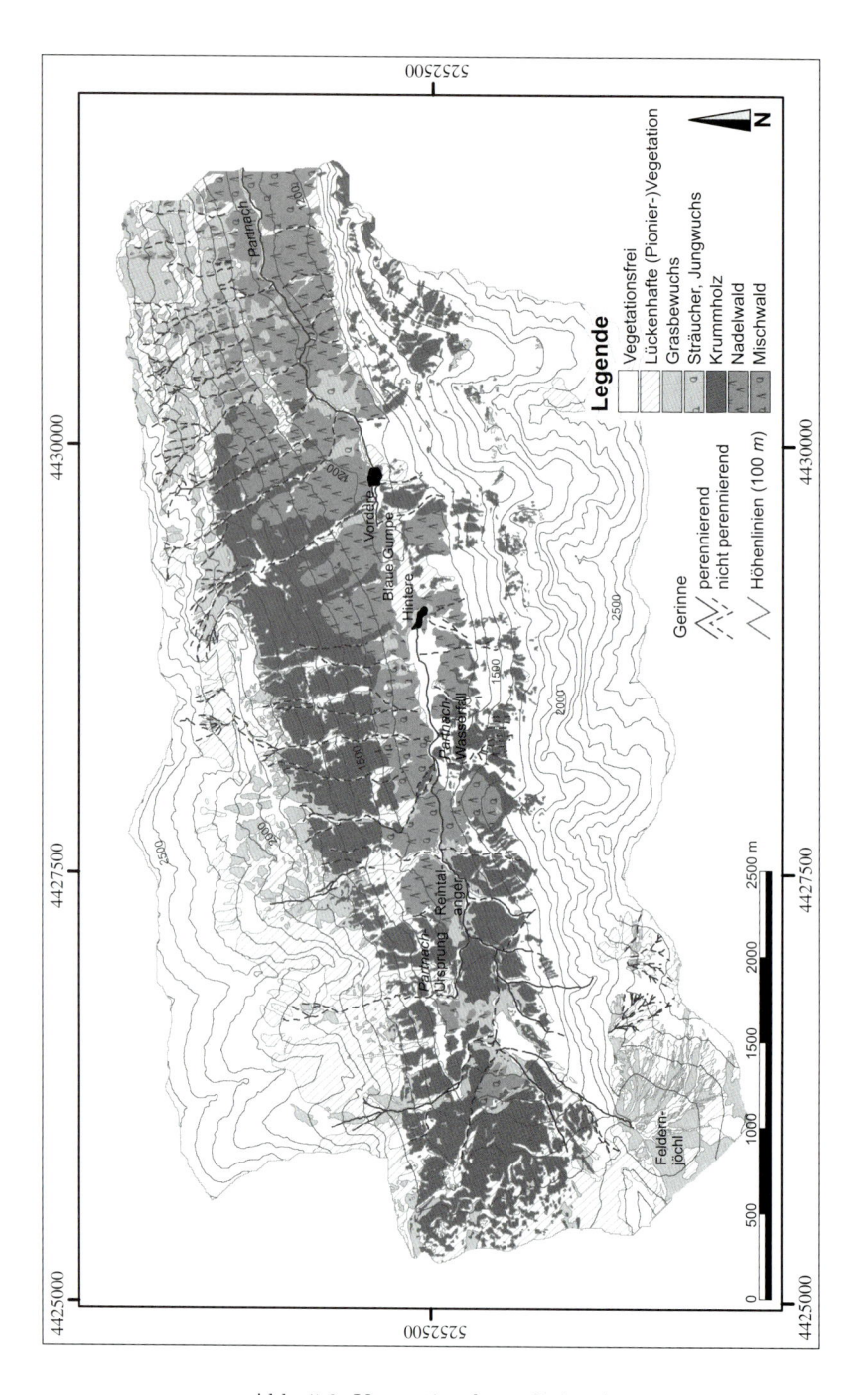

Abb. 5.9: Vegetationskarte Reintal

5.5 Klima

Dieser Abschnitt konzentriert sich im wesentlichen auf diejenigen Klimaelemente, die für die Bildung von (Grund-)Lawinen, ihre Magnitude und Frequenz von Interesse sind. Neben der Schneehöhe sind dies vor allem das Auftreten von Warmluftperioden (siehe Abschnitt 5.5.2.2) und Regen auf Schnee (siehe 5.5.2.3). Obwohl es auch in den Herbstmonaten nach den ersten Schneefällen zum Abgang von Grundlawinen kommen kann - ein solches Ereignis trat im Oktober 2003 auf -, ist mit dem Auftreten des weitaus größten Teiles der Grundlawinen im Frühjahr zu rechnen (vgl. GARDNER 1970, ROMIG ET AL. 2004). Der bereits erwähnte Tiroler Historiker MATTHIAS BURGKLEHNER notierte dazu: „*Die größte Gefahr ist in Frieling, dann wann der Schnee feicht und naß ist*" (fide ERNEST 1981). Während für hochwinterliche (Ober-)Lawinen der Neuschneezuwachs der letzten $72\,h$ als kritisches Maß für die Lawinenbildung angesehen wird (z.B. SALM ET AL. 1990), ist Neuschnee für die Magnitude von Grundlawinen eher unwichtig, da bei Grundlawinen die Schneedecke in gesamter Mächtigkeit abgeht. Nur 3 von 21 Gleitschneelawinen (14%) in der Untersuchung von LACKINGER (1987) gehen auf die Überlastung der Schneedecke durch Neuschnee zurück. Die von CLARKE & MCCLUNG (1999) aufgenommenen Grundlawinen wurden nur zu 4-12% durch Neuschneefall ausgelöst, während je 30-60% durch Schneeschmelze oder Regen bedingt wurden. Gleichwohl wurde eine Auswertung der Neuschneesumme zur besseren Charakterisierung des allgemeinen Lawinen-Klimas (z.B. MOCK & BIRKELAND 2000) der Untersuchungsregion vorgenommen. Das Lawinenklima ist Gegenstand einiger Arbeiten: FITZHARRIS & SCHAERER (1980) analysieren die Witterungsabfolge bedeutender Lawinenwinter und deren Frequenz, FITZHARRIS & BAKKEHØI (1986) geben einen Überblick über Großwetterlagen, Zirkulationsindizes und Luftdruckanomalien im Zusammenhang mit Lawinenwintern in Norwegen.

Einige Arbeiten beschäftigen sich vor dem Hintergrund der Lawinenvorhersage mit dem Zusammenhang zwischen der Witterungssituation und der Auslösung von Lawinen. Sind die Auslösezeitpunkte nebst der schneehydrologischen und meteorologischen Situation für möglichst viele Ereignisse bekannt, kann die Wahrscheinlichkeit eines Lawinenabgangs beispielsweise nach dem *nearest neighbour*-Verfahren quantifiziert werden (vgl. z.B. GASSNER & BRABEC 2002, ROMIG ET AL. 2004). Im Rahmen dieser Untersuchung fehlt vor allem die Kenntnis der exakten Auslösezeitpunkte, sodass keine Untersuchungen über allgemeine Betrachtungen hinaus möglich sind. Mithilfe der datierten Befliegungen kann jedoch grundsätzlich festgestellt werden, dass die auf den Luftbildern sichtbaren Grundlawinen jeweils im Zuge eines Warmlufteinbruchs ausgelöst worden sein müssen, gegebenenfalls auch in Verbindung mit flüssigem Niederschlag auf die Schneedecke.

5.5.1 Allgemeine Klimafaktoren

5.5.1.1 Temperaturen

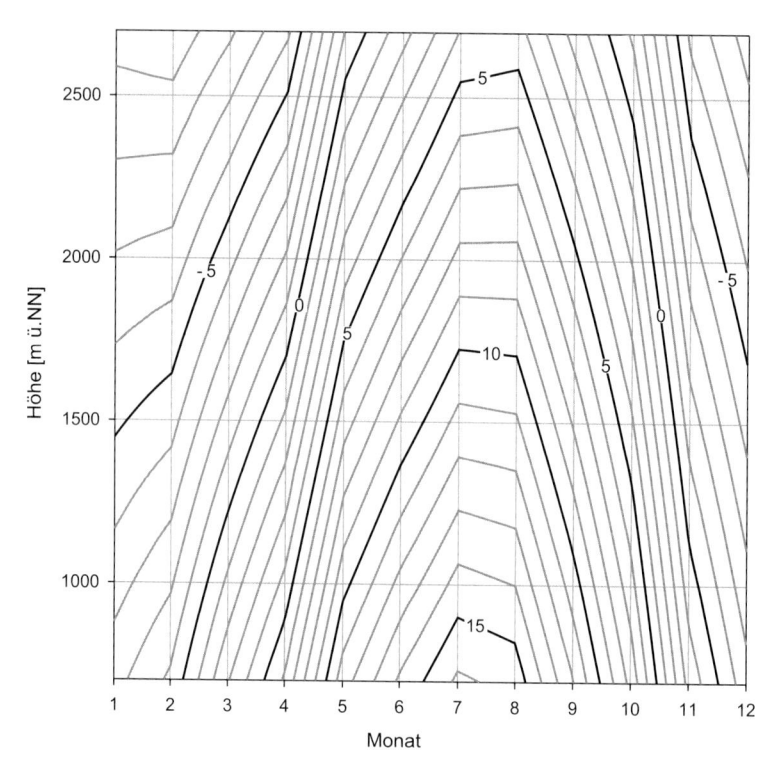

Abb. 5.10: Isothermen der Monatsmitteltemperaturen in der Untersuchungsregion (Periode 1973-2002); Erläuterungen im Text.

Klima   51

Für die Stationen Garmisch (719 m ü.NN) und Zugspitze (2960 m ü.NN) des Deutschen Wetterdienstes (DWD) ergeben sich aus der Datenbank Jahresmitteltemperaturen von 6,9 bzw. -4,5 °C. Aus den monatlichen Mittelwerten errechnet sich ein Temperaturgradient von durchschnittlich 0,5 K/100m mit einem ausgeprägten Jahresgang (vgl. auch HENDL 2002). Mithilfe der mittleren monatlichen Gradienten wurde eine Isothermenkarte (Äquidistanz 1 K) der langjährigen Monatsmitteltemperaturen für jede Höhe in der Untersuchungsregion erstellt (Abb. 5.10). Das in den Wintermonaten häufige Vorkommen von Absinkinversionen wird anhand der niedrigeren Gradienten deutlich. WITMER (1984) geht von der Höhenlage dieser Inversionen in zwei Höhenniveaus, $\simeq$ 1050 und $\simeq$ 1350 m ü.NN aus. Das modellierte Monatsmittel erreicht in den Lawinenanrissgebieten z.B. des Lahnenwiesgrabens (ca. 1600-1800 m ü.NN) durchschnittlich im April die 0 °C-Grenze, was für den Beginn der Schneeschmelze von Bedeutung ist. Kein Ort in der Untersuchungsregion bleibt im Hinblick auf die langjährigen Monatsmittel ganzjährig unterhalb von 0 °C. Eine ausführlichere Betrachtung der Lufttemperaturen, insbesondere von Warmlufteinbrüchen, findet sich in Abschnitt 5.5.2.2.

5.5.1.2 Niederschlag

Aus Karten der jährlichen Niederschlagshöhe von BAUMGARTNER ET AL. (1983) gehen für die Untersuchungsgebiete Werte zwischen 1600 und 2000 mm/a hervor, mit tendenziell höheren Werten für das Reintal (LWG: 1600-2000 mm, RT: 2000 mm). Die mittleren Jahressummen (unterschiedlich lange Perioden) der in der SEDAG-Datenbank vertretenen DWD-Klimastationen liegen unabhängig von der Meereshöhe der Station im Bereich von 1540±28 mm, lediglich die Zugspitze erreicht mit etwa 2081 mm (Periode 1973-2002) einen signifikant höheren Wert. An dieser Stelle muss allerdings angemerkt werden, dass die Niederschlagsmessung im Hochgebirge, insbesondere an stark windexponierten Stellen wie Berggipfeln, mit starken Unsicherheiten behaftet ist (vgl. z.B. BECHT 1995, VEIT 2002).
Aus den Jahressummen von Garmisch-Kaltenbrunn (860 m ü.NN) und Zugspitze (2960 m ü.NN) errechnet sich eine theoretische Zunahme von 23,6 mm/100 m. WALENTOWSKY ET AL. (2001, nach verschiedenen Quellen) gehen von einer Zunahme der Jahresniederschläge im Bayerischen Alpengebiet von etwa 39 mm/100 m aus, FLIRI (1974) gibt den Gradienten mit

20 $mm/100m$ an. Abbildung 5.11 zeigt den Jahresgang der monatlichen Niederschlagssummen an den DWD-Wetterstationen Garmisch-Kaltenbrunn und Zugspitze (Periode 1973-2002). Der Jahresgang ist an der Talstation deutlich ausgeprägt. Das sommerliche, durch konvektive Niederschläge bedingte Maximum übersteigt sogar das sekundäre Niederschlagsmaximum auf der Zugspitze, die zusätzlich ein frühjährliches und ein spätherbstliches Maximum aufweist.

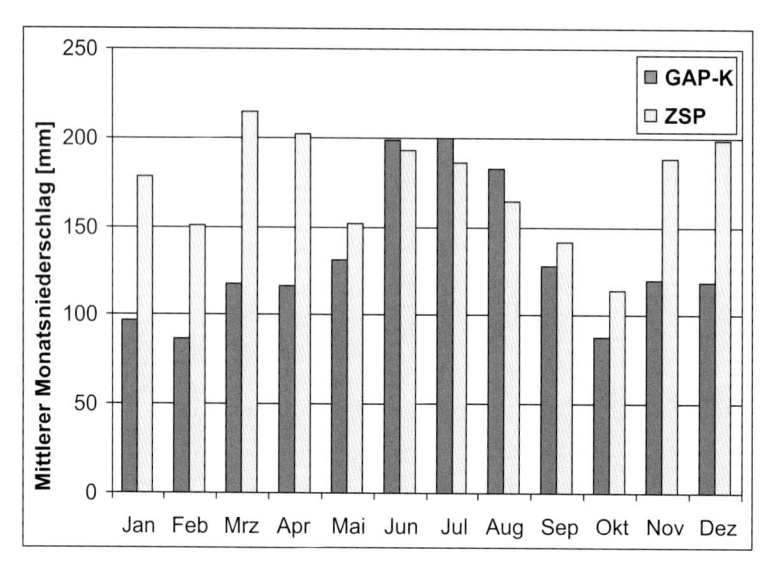

Abb. 5.11: Monatsmittel des Niederschlags an den DWD-Stationen Garmisch-Kaltenbrunn (860 m ü.NN) und Zugspitze (2960 m ü.NN) (Periode 1973-2002)

5.5.2 Faktoren des Lawinenklimas

5.5.2.1 Schneedecke und Neuschnee

Für die Darstellung in Abbildung 5.12 wurden die mittleren monatlichen Schneehöhen [cm] der Periode 1973-2002 an drei benachbarten, aber unterschiedlich hoch gelegenen DWD-Stationen (Garmisch-Partenkirchen 719 m ü.NN, GAP-Kaltenbrunn 860 m ü.NN, Zugspitze 2960 m ü.NN) ausgewertet. Aus den jeweiligen Mittelwerten lässt sich für jeden Monat eine Potenzfunktion der Form $y = a \cdot x^b$ ableiten, die den Verlauf der mittleren monatlichen

Schneerücklage mit der Höhe beschreibt. Die Potenzfunktionen geben die gemessenen mittleren monatlichen Schneehöhen in diesem Falle besser wieder als lineare Funktionen, die in der Literatur für tägliche Schneehöhen eingesetzt werden (WITMER 1984, STÄHLI ET AL. 2000, 2001). Die prinzipielle Anwendbarkeit des Verfahrens wurde mithilfe von Daten der mittlerweile eingestellten DWD-Station Kreuzeckhaus (1652 m ü.NN) getestet, von der Daten von 1985-1987 vorliegen. Die Ergebnisse der Regressionsfunktionen, die anhand der Daten der übrigen DWD-Stationen für denselben Zeitraum erstellt wurden, weichen von den tatsächlichen Monatsmitteln der Station Kreuzeckhaus im Mittel um 9,4 $\pm$ 3 cm (maximal um 31 cm) ab, meist wird die Schneemächtigkeit überschätzt. Für den Zweck einer groben Übersicht über die mittleren Schneeverhältnisse erscheint das Verfahren dennoch als geeignet.

Die Ergebnisse der Regressionsfunktionen der Periode 1973-2002 für den Höhenbereich 700-2700 m ü.NN sind in Abbildung 5.12 als 10 cm-Isopachen dargestellt; sie sind lediglich als Richtwerte zu verstehen und geben nicht die wahre Schneehöhe auf einem Hang in den Untersuchungsgebieten wieder (hier spielen wesentlich mehr Faktoren als nur die Höhe eine Rolle, z.B. Exposition und Hangneigung), sie sind auch nicht über den genannten Höhenbereich hinaus extrapolierbar. Modellierte Schneehöhen unter 10 cm wurden auf 0 gesetzt; damit kann die 10-cm-Isopache näherungsweise als die temporäre Schneegrenze interpretiert werden. Sie steigt im Spätsommer im Mittel bis etwas über 2500 m ü.NN an. Da die vereinfachte Modellrechnung die wahren Schneehöhen meist überschätzt, muss mit einer Lage der mittleren Schneegrenze in etwas größeren Höhen gerechnet werden. MESSERLI (*fide* WILHELM 1975) gibt sie für die Alpen mit 2700-3200 m ü.NN an, wobei die höheren Grenzlagen eher in den Zentralalpen zu finden sind; nach WILHELM (1975) liegt sie am Säntis (Schweizer Nordalpen) bei 2500 m ü.NN, LEHMKUHL (1989) setzt sie in seinen ostalpinen Arbeitsgebieten bei etwa 2800 m ü.NN an. Der Anstieg der Schneegrenze aufgrund der Schneeschmelze vollzieht sich deutlich langsamer als der winterliche Aufbau der Schneedecke, was mit energetischen Überlegungen zu erklären ist (WILHELM 1975).

In den Höhenbereichen, in denen die Anrisse von Grundlawinen beobachtet wurden (1600-1800 m ü.NN im Gebiet Lahnenwiesgraben), liegt die mittlere Schneehöhe in den Monaten Februar-April zwischen 50 und 150 cm. Anhand

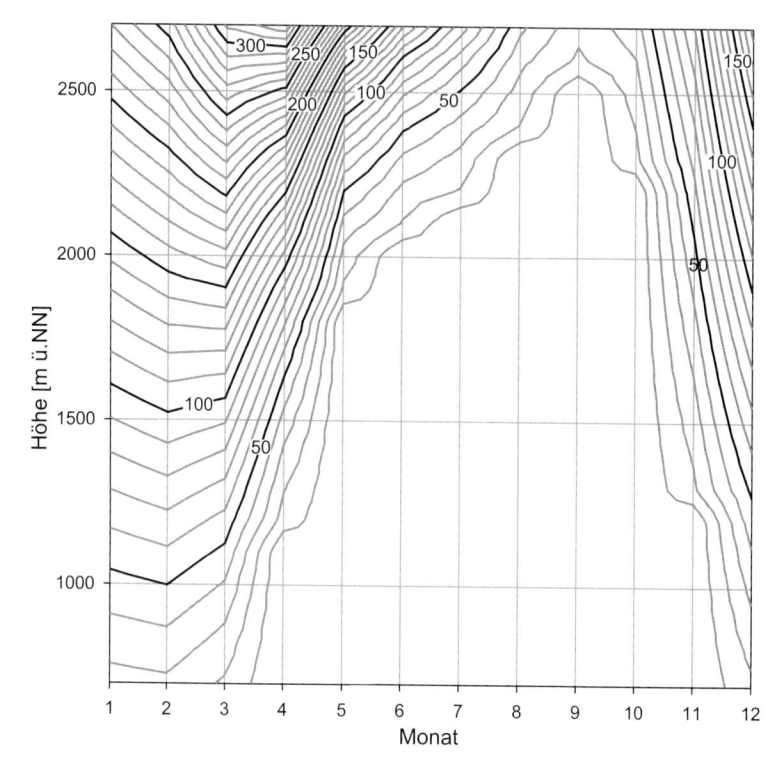

Abb. 5.12: Isopachen der mittleren monatlichen Schneehöhe in der Untersuchungsregion (Periode 1973-2002). Erläuterungen im Text.

des Isopachenverlaufs ist zu erkennen, dass die Schneedecke unterhalb von etwa 1800 m ü.NN im Monat Februar ihre maximale Höhe erreicht, darüber erst im März. Die Schneeschmelze tritt am stärksten zwischen März und Mai in Erscheinung, wenn die Monatsmitteltemperaturen die 0 $°C$-Grenze erreichen bzw. überschreiten (vgl. Abschnitt 5.5.1.1).

Abbildung 5.13 gibt einen Überblick über die täglichen Schneehöhen an der LWD-Station Osterfelder (1800 m ü.NN, siehe Abbildung 5.1) während der Monate Januar-April im Untersuchungszeitraum 2000-2003. Generell sind alle Verteilungsmaße der Schneerücklage jedes Monats im Jahr 2000 höher als in den Folgejahren. Im Jahr 2001 wird die maximale Mächtigkeit der Schneedecke erst im April erreicht (2000: März, 2002: März, 2003: Februar).

Klima

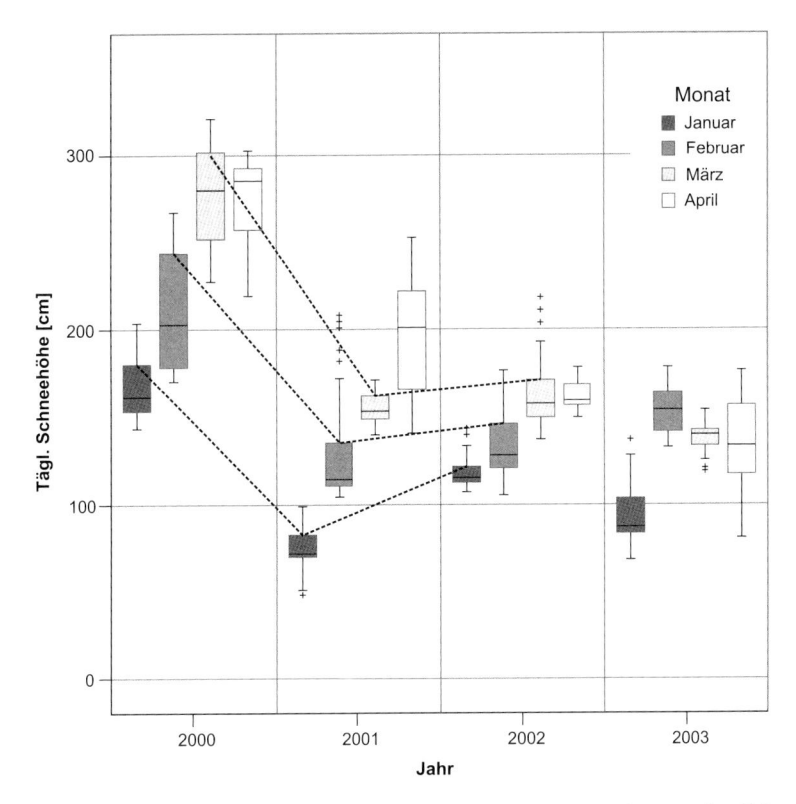

Abb. 5.13: Verteilungen der täglichen Schneehöhe der Monate Januar-April im Zeitraum 2000-2003, LWD-Messstation Osterfelder, 1800 m ü.NN. Die 75%-Quantile der Verteilungen sind zur Verdeutlichung der zeitlichen Entwicklung miteinander verbunden.

Im Vergleich zu den modellierten Mittelwerten der Periode 1973-2002 (Abbildung 5.12) liegen die am Osterfelder gemessenen Monatsmittel im Jahr 2000 deutlich darüber, die Werte der übrigen Jahre entsprechen in etwa dem Durchschnitt.

Die Neuschneesumme über drei Tage ist ein elementarer Faktor für die Auslösung von hochwinterlichen (Ober-)Lawinen (SALM ET AL. 1990) und ein wichtiger Bestandteil des Lawinenklimas. Aus Tabelle 5.3 ist zu ersehen, dass in der Untersuchungsregion hohe Dreitagessummen erreicht werden können. Nach den Richtwerten des Eidgenössischen Schnee- und Lawinenforschungsinstituts (*fide* SPREITZHOFER 2000, vgl. auch SCHWEIZER ET AL. 2003) steigt die Lawinengefahr bereits bei Werten von 30-50 *cm* lokal, ab 50-80 *cm* regional deutlich an, zwischen 80 und 120 *cm* herrscht allgemein große Lawinengefahr. Extreme Neuschneefälle mit Dreitagessummen oberhalb von 120 *cm* führen zu extremer Lawinengefahr; bekannte Lawinengebiete weisen außerordentliche Reichweiten auf, oder es kommt in bislang nicht betroffenen Gebieten zur Auslösung von Großlawinen. Der Anstieg der maximalen Dreitagessumme mit der Höhe ü.NN wird von SALM ET AL. (1990) mit etwa 5 $cm/100\,m$ angegeben (BARBOLINI ET AL. 2002: 4 $cm/100\,m$), aufgrund der Daten der Stationen Garmisch-Kaltenbrunn und Zugspitze errechnet sich für die Untersuchungsregion ein mittlerer Gradient von 5,9 $cm/100\,m$. Nach SPREITZHOFER (2000) nehmen maximale $24h$-Neuschneefälle in Österreich mit einer Rekurrenz von etwa 50 Jahren mit genau dieser Rate zu. Hohe Neuschneesummen finden

Tab. 5.3: Monatliche Statistiken der 3-Tages-Neuschneesumme [cm] an den DWD-Stationen GAP-Kaltenbrunn und Zugspitze. Der Anstieg der maximalen 3-Tages-Summe mit der Höhe wird durch den Gradienten [cm/100m] angegeben.

Station	GAP-Kaltenbrunn (860 m ü.NN)		Zugspitze (2960 m ü.NN)		
Periode	1979-2002		1973-2002		
Monat	Mittelwert	Maximum	Mittelwert	Maximum	Maximum Gradient [cm/100m]
Jan	8,1	125	20,6	240	5,5
Feb	7,6	110	20,9	183	3,5
Mrz	7,1	100	26,8	255	7,4
Apr	3,5	85	24,8	265	8,6
Mai	0,1	15	11,7	205	9,0
Jun	0,0	0	10,6	200	-
Jul	0,0	0	5,4	220	-
Aug	0,0	0	3,5	140	-
Sep	0,0	0	8,8	110	-
Okt	0,3	30	10,7	99	3,3
Nov	4,7	58	19,0	140	3,9
Dez	7,5	70	23,6	200	6,2
Jahr	3,2	125	15,5	265	5,9

Klima

sich prinzipiell vor allem in Staulagen; die von SPREITZHOFER (2000) ermittelten österreichischen Maxima liegen zwischen 195 cm (Sonnblick, 3105 m ü.NN), 206 cm (Schröcken, 1263 m ü.NN) und 224 cm (Rudolfshütte, 2304 m ü.NN). Anhand des in Tabelle 5.3 aufgeführten mittleren Gradienten kann abgeschätzt werden, dass die maximalen Dreitagessummen in den relevanten Höhenlagen der Untersuchungsgebiete im Bereich von etwa 180 cm liegen. Die maximalen Neuschneesummen an der Station Zugspitze übertreffen in den Monaten März und April das von RIORDAN (1970, *fide* SPREITZHOFER 2000) überlieferte weltweiten Maximum von 249 cm; sie sind mit Vorsicht zu interpretieren.

5.5.2.2 Warmlufteinbrüche

Winterliche Warmlufteinbrüche werden als Witterungsepisoden mit positiven Tagesmitteltemperaturen definiert, die Zeiträume mit negativen Temperaturen unterbrechen. Höhere Tagesmitteltemperaturen kommen vor allem auch dann zustande, wenn die nächtlichen Tiefstwerte nicht tief unter 0 $°C$ liegen. In solchen Situationen kommt es nicht zu erneutem Durchfrieren und damit verbundener Restabilisierung der Schneedecke, was während der Schneeschmelze (aufgrund von Einstrahlung und advektiver Wärmezufuhr) zu erhöhter Gefahr durch Nassschneelawinen führen kann. Eine wichtige Rolle spielen Föhn-Episoden, die in Garmisch (Periode 1959-1970) im Mittel an 48,3 Tagen im Jahr vorkommen und deutliche Maxima in den Monaten Januar-April aufweisen (ATTMANNSPACHER 1981, vgl. auch die Werte der Station Oberstdorf, Tabelle 5.4).

Aus einer Zeitreihe mit Tagesdurchschnittstemperaturen können Zeitpunkt, Dauer, mittlere und maximale Temperatur sowie die Temperatursumme über die Zeitdauer von solchen Episoden einfach extrahiert werden (SAGA-Modul `Timeline`; HECKMANN 2003). Der letztgenannte Wert mag als besonders aussagekräftig gelten, da er sowohl von der Dauer der Warmluftperiode als auch der Höhe der auftretenden Tagesmittel abhängig ist.
Die in Tabelle 5.4 dargestellten Daten zeigen ein sprunghaftes Ansteigen aller Vergleichswerte (Zeilen 2-6) ab dem Monat März. Warmlufteinbrüche sind demnach im März und April, gleichzeitig Monate mit potenziell mächtiger Schneedecke, häufiger, länger und wärmer als in den beiden ersten Monaten.

Tab. 5.4: Statistik über Warmlufteinbrüche in der Untersuchungsregion in $\simeq 1700$ m ü.NN (Werte hochgerechnet aus Daten der DWD-Station Garmisch-Partenkirchen mit dem jeweiligen Monatsmittel des Gradienten der Tagesmitteltemperatur, Periode 1973-2002). Letzte Zeile: Mittlere Anzahl der Föhnstunden an der Station Oberstdorf (810 m ü.NN) aus HENDL (2002).

	Januar	Februar	März	April
Anzahl 1973-2002	46	40	71	61
Mittl. Anzahl [a^{-1}]	1,53	1,33	2,37	2,03
Mittl. Dauer [d]	3,7	3,8	5,4	6
Mittl. Temperatursumme [$°C$]	9,9	11,8	22,4	29,3
Max. Temperatursumme [$°C$]	56,7	55,7	162,4	154,8
Mittl. Föhn-Häufigkeit [$h/Monat$]	10,7	9,6	11,5	14,2

Die Föhnhäufigkeit im Januar ist höher als im Februar; dies schlägt sich auch in der höheren Anzahl von Warmlufteinbrüchen nieder, die durch typische Witterungsverläufe wie das Weihnachtstauwetter und eher geringmächtige Schneebedeckung bedingt werden. In den Monaten März und April nimmt die Föhnhäufigkeit wieder zu. Warmluftepisoden, die im Mai beginnen, gehen nicht in die Analyse mit ein, da häufig bereits im Mai die sommerliche Warmluftperiode ohne neuerliche Tage mit Mitteltemperaturen unter 0 $°C$ einsetzt.

5.5.2.3 Regen auf Schnee (RAS)

Für die Genese von Grundlawinen ist das Fallen von Regen auf die Schneedecke von entscheidender Bedeutung (CLARKE & MCCLUNG 1999, siehe Abschnitt 2.3.2). Für die Ableitung solcher Niederschlagsereignisse aus der Klimadatenbank gelten in der vorliegenden Arbeit folgende Bedingungen:

- In den Monaten Januar-April ist vereinfachend davon auszugehen, dass in den relevanten Höhen eine Schneedecke vorhanden ist. In den folgenden Monaten ist dort im Mittel mit starker bis vollständiger Ausaperung zu rechnen (vgl. Abbildung 5.12)

- Mindestens 2 mm Niederschlag (Tagessumme) und kein Neuschnee an der DWD-Wetterstation GAP-Kaltenbrunn

Klima

- Tagesmitteltemperatur in Höhen von 1600-2000 m ü.NN (berechnet aus den Werten der Station Garmisch-Partenkirchen und den monatlichen Temperaturgradienten) mindestens 0 °C. Die Tagesmitteltemperatur gibt nur in beschränktem Maße Auskunft über den Temperaturverlauf, wird aber als Indikator verwendet (vgl. auch FERGUSON 2000)

Mit diesen Kriterien wurden die Klimamessreihen im Zeitraum 1979-2002 ausgewertet. Auf die Ungenauigkeit aufgrund der Verwendung mittlerer monatlicher Temperaturgradienten wird nochmals hingewiesen. Ebenso sind positive Tagesmitteltemperaturen kein sicherer Indikator für Regen, da Schnee auch bei positiven Lufttemperaturen fallen kann (im Extremfall bis in den zweistelligen Bereich; bei Temperaturen von 1 °C fallen noch etwa 27% des Gesamtniederschlags als Regen, bei 4 °C sind es 99%; LLIBOUTRY 1964 *fide* WILHELM 1975). Die modellierten Werte können daher nur als Anhaltspunkte dienen. Bergstationen, anhand deren Daten man eine bessere Statistik erstellen könnte, sind in den relevanten Höhenbereichen kaum vorhanden.

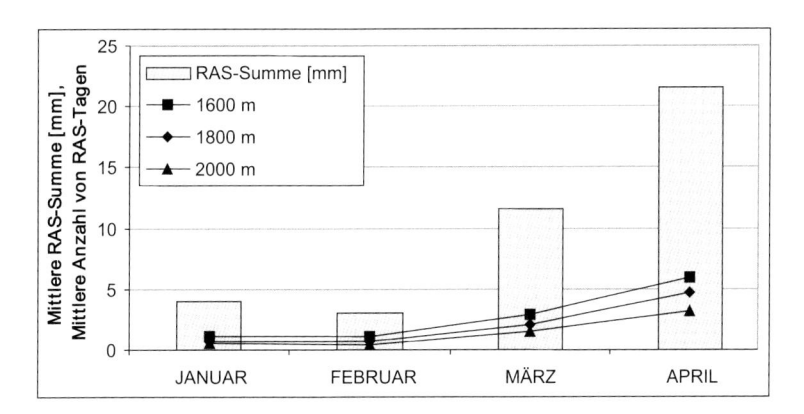

Abb. 5.14: Mittlere Häufigkeit (Datenpunkte) und Ergiebigkeit ($[mm]$, Säulen) von Regen-auf-Schnee-Ereignissen in der Untersuchungsregion, Periode 1979-2002. Weitere Erklärungen im Text.

In Abbildung 5.14 ist die durchschnittliche Anzahl von Regen-auf-Schnee-Ereignissen in unterschiedlichen Höhen dargestellt. Die angegebene Regensumme bezieht sich auf die DWD-Station GAP-Kaltenbrunn (860 m ü.NN), berechnet aus allen Tagen, an denen dort Niederschlag ≥ 2 mm, aber kein Neuschnee verzeichnet wurde und in Höhen von 1800 m positive Tagesmittel angenommen werden. Während Häufigkeit und Regensumme im Hochwinter generell niedrig sind, steigen beide Parameter im März und April stark an (die Regensumme in Januar und Februar entspricht weniger als 5% des mittleren monatlichen Niederschlags, im April bereits 20%). Die mittlere Häufigkeit von Regentagen liegt in diesen Monaten zwischen < 3 (Januar, Februar) und > 5 (März, April). Der einzige dem Autor bekannte Vergleichswert ist die Arbeit von ZUZEL & GREENWALT (1985, *fide* FERGUSON 2000), die eine mittlere jährliche Anzahl von 5 RAS-Ereignissen für Nordost-Oregon angeben.

Auch diese Ergebnisse untermauern die Aussage, dass die Bedingungen für die Entstehung von Nassschnee- bzw. Grundlawinen in der Untersuchungsregion in den Monaten März und April am günstigsten sind.

Teil II

Quantifizierung der Sedimentbilanz

6 Methodik

Das Untersuchungskonzept für die Erfassung der Sedimentfracht von Grundlawinen wird in Abbildung 6.1 schematisch dargestellt. Die einzelnen Arbeitsschritte im Gelände, im Labor und für die rechnergestützte Auswertung werden in den folgenden Abschnitten erläutert.

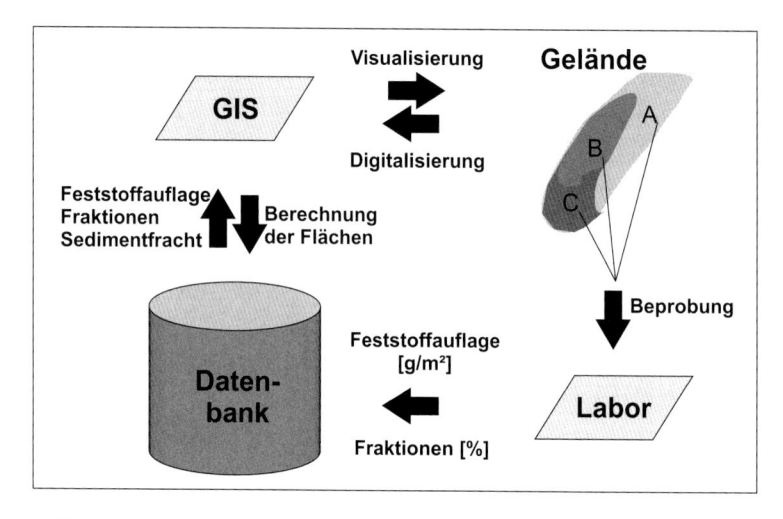

Abb. 6.1: Schema der methodischen Vorgehensweise für die Quantifizierung des Beitrags von Grundlawinen zum Sedimenthaushalt

6.1 Geländeaufnahme und Beprobung

Abhängig vom Verlauf der Schneeschmelze und der Zugänglichkeit der Untersuchungsgebiete werden alle erkennbaren Ablagerungsgebiete von Grundlawinen im Frühjahr kartiert und beprobt. Grundlawinenablagerungen werden anhand folgender Kennzeichen identifiziert:

- Völlig oder teilweise schneefreie Anrissgebiete und Lawinenbahnen; dies ist trotz fortschreitender Schneeschmelze mindestens daran festzustellen, dass benachbarte Hänge gleicher Höhenlage und Exposition noch eine Schneedecke aufweisen. Meist weist eine Abbruchkante in der Schneedecke auf die Anrisszone hin, schneefreie Flächen unterhalb der Anrisszone zeigen Spuren der Überfahrung durch die Lawine.

- Bedeckung der aus Lawinenschnee hoher Dichte bestehenden Ablagerung mit Grob- und/oder Feinsediment sowie Vegetationsresten. Die Entstehung dieses Phänomens wird in Kapitel 14.1.2 diskutiert. Sowohl im Reintal als auch im Lahnenwiesgraben waren zum Zeitpunkt der Aufnahme praktisch alle sedimentführenden Lawinenschneeablagerungen im Untersuchungszeitraum entsprechend beschaffen. Die einzige signifikante Ausnahme im Bezug auf die Charakteristika des Lawinenschnees bildet die Lawine L01-RG (große, teils gerundete Schneeblöcke). Das von dieser Lawine transportierte Material befand sich in den Zwischenräumen zwischen den Schneeblöcken. Da allein bei dieser Lawine zum Ende der Schneeschmelze Erosions- und Akkumulationsgebiete genau und flächendeckend kartiert werden konnten, ist ihr ein eigener Abschnitt (7.6) gewidmet.

6.1.1 Kartierung

Als Kartiergrundlage dienten vergrößerte, laminierte Orthophotos (Maßstab 1:5000-1:1500), die mit einem Permanentstift im Gelände gut und dauerhaft beschrieben werden können. Kartiert wurden die Umrisse der Lawinenschneeablagerungen, untergliedert in Teilflächen, die dem visuellen Eindruck nach gleichermaßen (homogen) von Sediment bedeckt waren. Etwa ein Drittel (LWG: 38%, R: 32%) der Ablagerungen wurde nicht unterteilt, da keine eindeutige Abgrenzung in unterschiedlich bedeckte Teilflächen möglich war; dies war meist bei kleinen Ablagerungsflächen der Fall. Die Hälfte der Ablagerungen (LWG: 48%, R: 51%) wurde in zwei oder drei Teilflächen aufgeteilt, im Extremfall wurden bis zu 10 (LWG; R: 5) Teilflächen unterschieden.

Die Fläche der kartierten Lawinenablagerungen [m^2] dient zur Abschätzung der Ereignis-Magnitude (Tabelle 6.1). Diese sollte eigentlich an die Masse des Lawinenschnees gekoppelt sein, was aber kaum zu realisieren ist (BIRKELAND & LANDRY 2002). Die in Kanada bzw. den USA gängigen Klassifizierungen für die Magnitude von Lawinen richten sich ähnlich wie die Mercalli-Scala für Erdbeben nach typischen Schäden, stellen aber erfahrungsgemäß eine plausible Einteilung dar, die auch mit typischen Schneemassen, Sturzbahn-Längen und Impaktdrücken vereinbar ist (McCLUNG 2003). Zwar wird die Fläche der Ablagerung entscheidend durch die lokale Topographie bedingt, jedoch ist bei kleinen Ereignissen weniger Lawinenschnee vorhanden, der auch zu kleineren Ablagerungen führt. Umgekehrt werden die Ablagerungen, auch wenn sie z.B. in einer engen Runse liegen, durch ein größeres Schneevolumen auch größer (mindestens lateral). Auch bei JOMELLI & BERTRAN (2001) wird die Lawinenmagnitude (bzw. das Schneevolumen) über die Ablagerungsfläche geschätzt; HELSEN ET AL. (2002) berechnen das Volumen von Murereignissen mithilfe einer empirischen Beziehung mit der Fläche der Ablagerung auf einem Kegel.

Tab. 6.1: Klassifikation der Lawine nach Ereignismagnitude im Vergleich zur Kanadischen Klassifikation (z.B. MCCLUNG 2003). Die Größen Fläche $[m^2]$ und Masse $[t]$ beziehen sich auf den Lawinenschnee.

Magnitude	Fläche $[m^2]$	Masse $[t]$	Mag.	typ. Masse	typ. Länge	typ. Druck
2	100	65	2	$10^2 t$	$100\ m$	$10\ kPa$
2,5	320	208	2			
3	1000	650	2			
3,5	3200	2080	3	$10^3 t$	$1000\ m$	$100\ kPa$
4	10000	6500	3			
4,5	32000	20800	(4)	$10^4 t$	$2000\ m$	$500\ kPa$
Vorliegende Arbeit			Kanadische Klassifikation			

Um die hier verwendete Klassifikation mit der Kanadischen Klassifikation vergleichen zu können, werden die Schneemassen typischer Lawinenablagerungen (Logarithmus der Ablagerungsfläche, gerundet auf 0,5) unter der Annahme einer mittleren Schneemächtigkeit von $1\ m$ und einer Dichte von $650\ kg/m^3$ (eigene Messungen) geschätzt. Die Auswahl dieser Magnitudenklassen führt zu scheinbar willkürlichen Klassengrenzen bei Fläche und Masse, die daraus berechnet werden (Tabelle 6.1); sie dient nur dem Vergleich der Klassifikationen. Die Ergebnisse der flächenbasierten Klassifikation bilden nur den mittleren Teil des Magnitudenspektrums der Kanadischen Klassifikation ab, wobei die kleinsten Ereignisse mit Massen unter $10^2 t$ fast schon der kanadischen Magnitude 1 (Masse $< 10 t$, Lauflänge $10\ m$, Impaktdruck $1\ kPa$) zugeordnet werden könnten. Die größten beobachteten Flächen entsprechen näherungsweise der kanadischen Magnitude 4. Magnitude 5 (Masse $10^5\ t$, Lauflänge 3000

m, Impaktdruck 1 MPa) wurde während des Untersuchungszeitraums definitiv nicht erreicht. Da die Flächengröße eine ausreichende und nachvollziehbare Abstufung von Ereignismagnituden ermöglicht, erscheint sie in Ermangelung einer besseren Datengrundlage zur Klassifikation im Rahmen dieser Arbeit als geeignet.

6.1.2 Fehlerabschätzung der Kartierung

Anhand von Punkten und Flächen, die sowohl auf einem der Winter-Orthophotos als auch auf den Kartierungen eindeutig identifizierbar und vergleichbar waren, wurde eine Abschätzung der Kartiergenauigkeit vorgenommen. Zur Feststellung der Lagegenauigkeit wurden 14 Punkte mit ihren Koordinaten aus Karte und Luftbild verglichen. Das Ergebnis zeigt Lagefehler zwischen 6 und 40 m ($\bar{x}$=23 m, $s = 12\ m$, $n = 14$). Der Vergleich von Flächengrößen erbrachte eine Abweichung von durchschnittlich 21±31% (Median mit n=5, geschätzt mit einer Methode zur Schätzung des Medians bei kleinen Stichproben; SACHS 1999). Dies zeigt, dass die projizierte Fläche bei der Kartierung tendenziell überschätzt wurde (HECKMANN ET AL. 2005).

Die Genauigkeit der Kartierungen ließe sich durch den Einsatz tachymetrischer oder dGPS-Vermessung erheblich verbessern; in Anbetracht der Genauigkeitsanforderungen auf der einen und des Mehraufwandes im Gelände auf der anderen Seite wird dies jedoch nicht als unbedingt notwendig erachtet.

6.1.3 Beprobung

Alle in der Literatur vorgeschlagenen Methoden zur Quantifizierung der Sedimentfracht von Lawinen beruhen auf dem Prinzip, dass auf einer Teilfläche des Ablagerungsbereiches die Schuttfracht gravimetrisch oder volumetrisch durch Beprobung bestimmt und danach auf die Gesamtfläche hochgerechnet wird.

Bei Beprobung nach dem Abtauen des gesamten Lawinenschnees ist es unerheblich, wie die Sedimentpartikel im Lawinenschnee verteilt waren. Je nach Oberflächensubstrat, insbesondere auf Schutthalden, ist die nachträgliche Festlegung der genauen Ausdehnung der Lawinenablagerung problematisch. Während ACKROYD (1986, 1987) jeweils 1 m^2 gleichmäßig mit Schutt bedeckter Grasflächen beprobt, werden von LUCKMAN (1978a) vor dem Winter gesäuberte große Blöcke als Testflächen herangezogen (vgl. auch

LUCKMAN 1978b). LUCKMAN (1978a) und GARDNER (1983b) bringen Polyethylen-Platten (GARDNER: 2,25 m^2) auf Schutthalden an, um auf ihnen die Schuttablagerung durch Lawinen zu messen. Bei den Messungen von GARDNER wird auch der Sedimenttransport durch Steinschlag und kleinere Muren mit einbezogen.

Im Verlauf der Frühjahresablation schmelzen Lawinenablagerungen aufgrund ihrer großen Masse deutlich verzögert ab (BOZHINSKIY & LOSEV 1998). Die bei den Feldarbeiten in den Untersuchungsgebieten immer wieder gemachte Beobachtung, dass die Sedimentfracht der Oberfläche der Lawinenschneeablagerung aufliegt (Abbildung 6.2 a und b; vgl. auch BECHT 1995, JOMELLI 1999a), wird von den meisten anderen Autoren nicht bestätigt. Im allgemeinen wird von „schmutzigem Schnee" gesprochen, an dessen Oberfläche sich im Zuge der Ablation der Schutt anreichert (vgl. z.B. RAPP 1960, ACKROYD 1986). Bei fortgeschrittener Schneeschmelze werden die Oberflächen der Lawinenschneeablagerungen auf unterschiedliche Weise beprobt. RAPP (1960) vermisst die gröbsten Schuttartikel bis >0,5 m Kantenlänge komplett, die Bestimmung des Volumens der Bestandteile zwischen 0,2 und 0,5 m Größe erfolgt stichprobenartig, für die feineren Fraktionen erfolgt die Beprobung von Testflächen (0,25 m^2) und die Hochrechnung auf das gesamte Ablagerungsgebiet. GARDNER (1970) legt zwei rechtwinklig zueinander angeordnete Profillinien mit einer Breite von 30 cm über die Lawinenablagerung. Die darauf liegenden Schuttpartikel werden ausgemessen und daraus das Gesamtvolumen der Lawinenfracht ausgerechnet. GARDNER geht von einer Überschätzung des Volumens aus, die durch die Nichtbeachtung von im Restschnee enthaltenem Schutt kompensiert wird.

Die Beprobung des gesamten Volumens der Lawinenschneeablagerung ist nur bei sehr kleiner Mächtigkeit realisierbar. GARDNER (1983a) bestimmt das Schuttvolumen in einer Lawinenablagerung durch Auszählen der gröbsten Partikel und Hochrechnen einer Probe von 1m^2 über der gesamten Schneemächtigkeit (nur 35 cm). BELL ET AL. (1990) bestimmen die Schuttmasse auf dem bzw. im Lawinenschnee sowohl durch Oberflächenproben (900 cm^2) als auch würfelförmige Tiefenproben (27 dm^3), wobei keine Aussage über den Ablationszustand der Ablagerung gemacht wird. Die Ergebnisse wurden durch den Autor verglichen (HECKMANN ET AL. 2002): Die Tiefenproben

Geländeaufnahme und Beprobung

enthalten im Mittel lediglich 6,6% ($s=6,2\%$, $n=16$) der Masse der Oberflächenproben. Dieser geringe Anteil rechtfertigt nach Einschätzung des Autors nicht die unbedingte Annahme einer Sedimentverteilung über das Gesamt-Schneevolumen. Bei sehr großen Schneevolumina trägt gleichwohl auch diese Masse signifikant zur Gesamt-Schuttmasse bei.

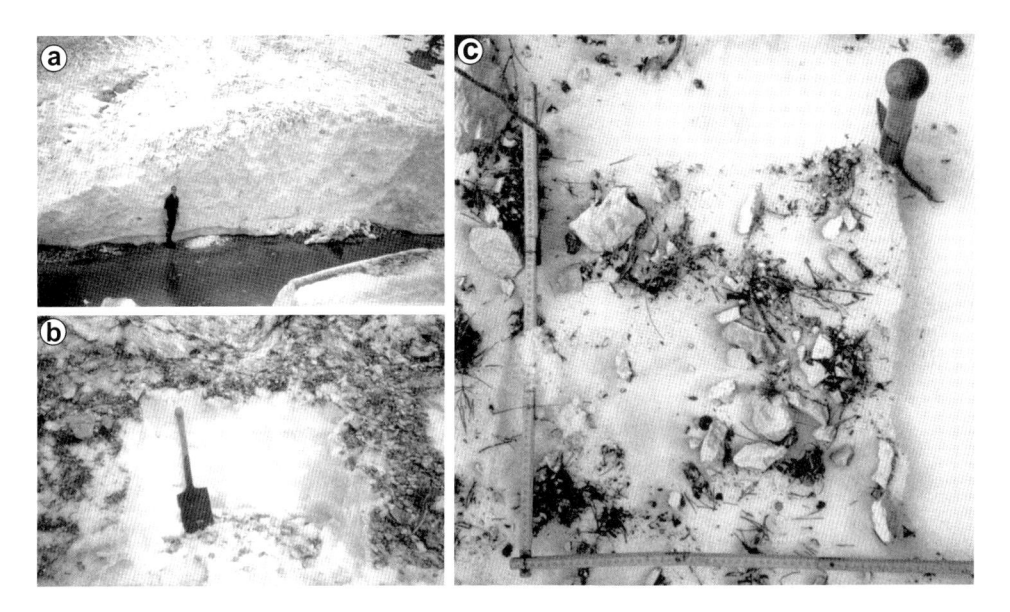

Abb. 6.2: Natürlicher (a) und künstlicher (b) Anschnitt von Lawinenschneeablagerungen, Frühjahr 2001. Sowohl Ablagerungen von großer Mächtigkeit (a, Lokalität Sperre, Lahnenwiesgraben) als auch geringmächtige Ausläufer von Lawinenschnee (b, Lokalität R-OW, Reintal) weisen Schuttbedeckung, aber keinen Schuttgehalt auf. Bild c zeigt eine Probenahmefläche (0,25 m^2) auf der Oberfläche einer Lawinenablagerung im Arbeitsgebiet Lahnenwiesgraben.

Im Rahmen dieser Arbeit kommt im wesentlichen die von BECHT (1995) beschriebene Methode zur Anwendung (ähnlich auch bei JOMELLI & BERTRAN 2001). Die Lawinenschneeablagerungen werden zunächst visuell in unterschiedlich stark schuttbedeckte Teilflächen eingeteilt. Auf jeder ausgeschiedenen Teilfläche wird eine Stelle mit einer Fläche von 0,25 m^2 für die Beprobung ausgewählt, die dem Augenschein nach eine für diese Fläche durchschnittliche Bedeckung aufweist (Abbildung 6.2 c). Mit einer Beprobungsfläche von 0,25

m^2 wird ein Kompromiss zwischen Repräsentativität und Transportabilität der Probenvolumina und -massen eingegangen. Ähnlich wie bei RAPP (1960) werden eventuell vorhandene größere Steine und Blöcke auf größeren Flächen gesondert erfasst und noch im Gelände gewogen, so dass ein Grobanteil in kg/m^2 angegeben und zur Schuttfracht der jeweiligen Teilfläche(n) addiert werden kann. Eventuell auftretende größere Bodenschollen werden einzeln vermessen und ihr Gewicht mit einer Dichte von 1800 kg/m^3 geschätzt (vgl. 7.2 und RAPP 1960); dieses Gewicht wird dann der Bodenfraktion (<2 mm, siehe Tabelle 6.2) zugeordnet.

6.1.4 Fehlerabschätzung der Massenbestimmung

Um für die Angabe der Sedimentbedeckung einen Fehler abschätzen zu können, wurden 8 Lawinenschneeablagerungen in beiden Untersuchungsgebieten mehrfach beprobt. Messgröße für die Genauigkeit der Methode ist die prozentuale Abweichung jeder einzelnen Probenmasse vom arithmetischen Mittel aller auf der Teilfläche oder der Schneeablagerung genommenen Proben. Zur Erfassung eines möglichst repräsentativen Streuungsmaßes wurden für die Mehrfachbeprobungen Probenahmepunkte ausgewählt, die dem Augenschein nach durchschnittliche, über- und unterdurchschnittliche Bedeckung mit Sediment aufwiesen. Mehrfachbeprobungen wurden sowohl auf Teilflächen mit homogener Feststoffauflage als auch auf Lawinenablagerung ohne Einteilung in solche Teilflächen durchgeführt. Aus den Abweichungen ergibt sich ein Fehler von ±34% ($\sigma_{\bar{x}} = 4\%$, n=21) für homogen bedeckte Teilflächen. Die von BECHT (1995) auf ±30% geschätzte Genauigkeit der Methode wird anhand dieser Daten sehr deutlich bestätigt (HECKMANN ET AL. 2005). Auf Lawinenablagerungen, die nicht sinnvoll zu unterteilen waren, schwanken die Probenmassen um ±73% ($\sigma_{\bar{x}}$= 21%, n=9) um den jeweiligen Mittelwert. Die Ausweisung von homogen bedeckten Teilflächen führt somit zu einer deutlich genaueren Angabe der Feststoffauflage.

6.2 Laboranalysen

Die Proben von den Lawinenschneeablagerungen werden zunächst im Trockenschrank bei 105 °C bis zur Gewichtskonstanz getrocknet. Im Anschluss wird das Gesamtgewicht bestimmt. Eine erste Siebung bestimmt die groben

Fraktionen >63 *mm*, 20-63 *mm* und 6,3-20 *mm*. Eventuell ausgesiebte grobe Vegetationsreste werden dem restlichen Probenmaterial wieder zugeführt. Diese Menge (oder im Falle zu großen Volumens ein möglichst großes Aliquot) der verbliebenen Probe wird im Muffelofen 2 Stunden lang bei 430 °C verascht, um die organischen Bestandteile zu vernichten. Die Masse der Aliquots lag im Mittel bei 25% (s=27%, n=160) der Gesamtmasse (HECKMANN ET AL. 2002). Der Glühverlust wird als Masse der Vegetationsreste interpretiert. Nach der Veraschung erfolgt eine letzte Siebung mit der Maschenweite 2 *mm*. Die Gesamtmasse kann somit in Fraktionen unterteilt werden (Tabelle 6.2), die für jeden Lawinenstrich gesondert bilanziert werden können. Die granulometrische Zusammensetzung ermöglicht eine grobe Charakterisierung der transportierten Lockersedimente (Kapitel 7.3).

Tab. 6.2: Fraktionen der Sedimentproben nach der Laboranalyse und ihre Interpretation

Fraktion		Interpretation
> 63 *mm*	Steine (X)	
20-63 *mm*	Grobgrus (gG)	Grobmaterial, i.W. Schutt
6,3-20 *mm*	Mittelgrus (mG)	
2-6,3 *mm*	Feingrus (fG)	
< 2 *mm*	Sand (S) + Schluff (U) + Ton (T)	Feinmaterial, bodenbürtig
Glühverlust		Vegetationsreste

6.3 Datenhaltung und GIS-gestützte Quantifizierung

Zur Verwaltung und Analyse der im Labor gewonnenen Ergebnisse wurde unter `MS Access` eine Datenbank eingerichtet, die zu jeder Teilfläche die entsprechenden Daten (Abschnitt 6.2) enthält. Mithilfe von Abfragen können aus dieser Datenbank Auswertungen für Einzugsgebiete, Teileinzugsgebiete, einzelne Lawinenablagerungen oder Teilflächen derselben erstellt und exportiert werden.

Die Kartierung der Lawinenschneeablagerungen und ihrer Teilflächen wurde nach der Feldaufnahme in digitale Form überführt, so dass für jedes Beobachtungsjahr und jedes Untersuchungsgebiet eine Datei (ArcView-Shapefile) im Vektorformat existiert. Um die gemessenen Probenmassen von den Probenahmeflächen auf Teilflächen oder Lawinenablagerungen hochrechnen zu können, muss zunächst die Flächengröße der einzelnen Teilflächen berechnet werden. Die automatisch angegebene Flächengröße kann hierzu nicht verwendet werden, da sich die wahre Oberfläche F_w mit zunehmender Hangneigung immer mehr von der in die Kartenebene projizierten Fläche F_p unterscheidet. Für jede Teilfläche wird im GIS aus dem DHM eine mittlere Hangneigung ϕ ermittelt, die dann mit der projizierten Fläche in Formel 6.1 eingesetzt wird. Aufgrund dieses Verfahrens können die bilanzierten Größen in der vorliegenden Arbeit etwas von den bislang publizierten Werten (HECKMANN ET AL. 2002, HECKMANN & BECHT 2005) abweichen.[1]

$$F_w = \frac{F_p}{cos\phi} \qquad (6.1)$$

Ein Vergleich der hierdurch erhaltenen korrigierten Flächengrößen mit den entsprechenden projizierten Flächen anhand einer Stichprobe (LWG) ergab, dass die wahre Oberfläche im Mittel um 13% größer ist als die projizierte Fläche ($\sigma_{\bar{x}} = 0,8\%, n = 57$).

Anhand der berechneten Oberflächen F_w können nun die Massen der einzelnen Fraktionen und die Gesamtmasse der Proben von den Probenahmeflächen (0,25 m^2) auf die jeweiligen Teilflächen hochgerechnet und durch Summieren die Sedimentfrachten der einzelnen Lawinen ermittelt werden. Die Ergebnisse werden als Attributtabelle an die räumlichen Datensätze angehängt, so dass die Feststoffauflagen für jede kartierte Fläche ebenso wie die gesamte Sedimentfracht jedes Ereignisses im GIS zur weiteren (räumlichen) Auswertung zur Verfügung stehen.

---

1 Hier wurde die Korrektur anhand von Rasterkarten der Teilflächen ermittelt.

7 Ergebnisse der Messungen

7.1 Lawinentätigkeit im Untersuchungszeitraum

7.1.1 Lahnenwiesgraben

Die Lawinentätigkeit im Lahnenwiesgraben zeigt sehr starke räumliche und zeitliche Variabilität (Abbildung 7.1, Tabelle 7.1). Insgesamt wurden im Zeitraum 1999-2003 auf etwa 0,5% der Einzugsgebietsfläche Lawinenablagerungen beobachtet. Die im Verlauf des Untersuchungszeitraums kartierten Grundlawinen lassen sich zwei Regionen innerhalb des Tals zuordnen, die sich in erster Linie im Bezug auf die Exposition unterscheiden:

- Gebiet A: Die nord- bis nordostexponierten Hänge am Hirschbühelrücken zwischen Enning-Alm im Westen und Stepbergeck im Osten. Häufigere Abgänge von Schneerutschen, die aufgrund ihrer geringen Reichweite nicht unter die Definition von Lawinen *sensu stricto* fallen, sind auf dem lang gestreckten Hang zwischen Enningalm und Rotem Graben zu verzeichnen. Im Quellgebiet des Roten Grabens in einem karähnlichen Kessel unterhalb des Krottenköpfels kommen Schneerutsche vor, die bisweilen als Lawine bis über 600 m den Roten Graben herunterfließen (vgl. 7.6). Die häufigsten Lawinenabgänge wurden im Gerinne östlich des Hirschbichelgrabens (Lokalität „Sperre") kartiert, hier ging in jedem Jahr des Untersuchungszeitraumes eine sedimentbeladene Grundlawine ab. Bemerkenswert sind auch die Waldlawinen unmittelbar westlich dieses Gerinnes. In den beiden letztgenannten Gebieten wurden im Rahmen des Erosionsschutzes Lawinenverbauungen in Form hölzerner Dreifußkonstruktionen erstellt, die den Anbruch von Lawinen verhindern sollen (mdl. Mitt. ROBL (Murnau), HILDEBRANDT (Murnau)). Kleinere bzw. weniger häufige Ereignisse wurden auf den teilweise im Wald gelegenen Hängen weiter östlich kartiert.

- Gebiet B: Die süd- bis ostexponierten Hänge zwischen Felderkopf im Westen und Brünstelskopf im Osten. Hier finden sich die häufigsten Anbrüche im oberen Einzugsgebiet des Brünstelsgrabens, das zum Großteil ostexponiert und zu einem kleineren Teil sogar nordostexponiert ist. In diesem Gebiet haben größere Lawinenereignisse Waldschäden hervorgerufen, zuletzt 1999 (GERST 2000). KOCH (2005) hat nördlich des Forstweges geschädigte Bäume mit dendrogeomorphologischen Methoden (vgl. BRYANT

72 Ergebnisse der Messungen

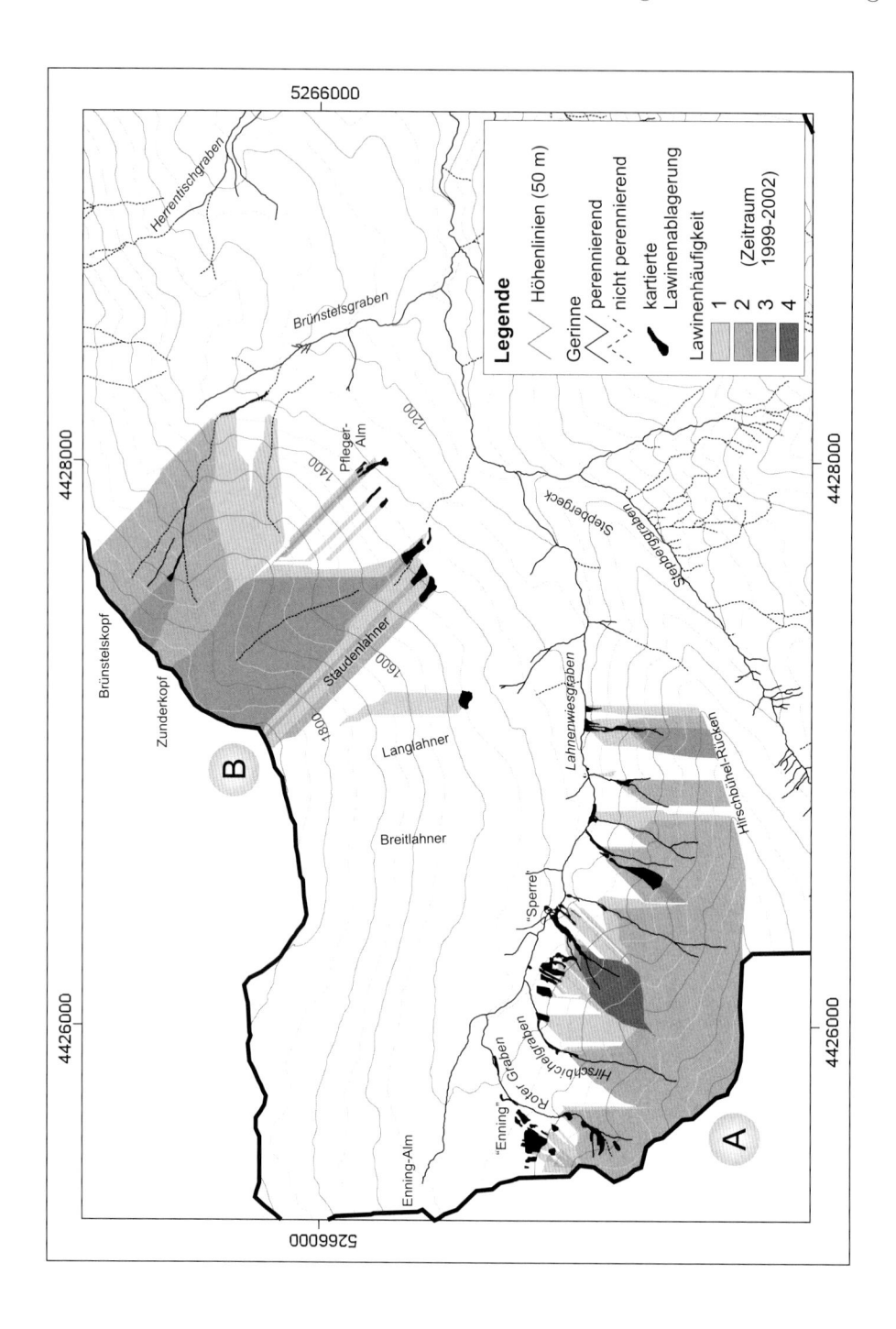

ET AL. 1989, RAYBACK 1998) untersucht und konnte größere, flächendeckende Schadereignisse in den Jahren 1983, 1992 und 1999 nachweisen. Nahe der Anrisszone konnten 8 Ereignisse in knapp 100 Jahren nachgewiesen werden (1908 (?), 1930, 1938, 1947, 1977/78, 1983, 1992, 1999), was einer Rekurrenz von etwa 12 Jahren entspricht. Weiter westlich sind Waldschneisen festzustellen, die auf eine Verebnungsfläche bei der verfallenen Pflegeralm auslaufen. Außer den kartierten Ereignissen deuten auf Grasflächen abgelagerte Steine und Vegetationsreste auf die Tätigkeit von sedimentführenden Lawinen hin. Der Laubwaldbestand unmittelbar hangaufwärts der Verebnung ist aufgrund des Stammdurchmessers der Bäume als sehr alt anzusehen. Es wird berichtet, man habe früher die Gebäude der Pflegeralm des öfteren nach Lawinenschaden wieder aufbauen müssen (mdl. Mitt. KELLER 2003). Im westlich anschließenden Lawinenstrich Staudenlahner wurden im Untersuchungszeitraum Ereignisse kartiert. Ein Luftbildvergleich zeigt, dass die unteren Regionen dieses Lawinenstriches im Jahr 1960 nur spärlich mit jungen Bäumen bestockt waren, während die Vegetationsbedeckung auf der Aufnahme von 1999 und auch aktuell deutlich kräftiger und dichter erscheint. Ein Großereignis mit signifikanter Schädigung der Vegetation ist demnach seit über 40 Jahren nicht vorgekommen. Die als Waldschneisen sichtbaren Lawinenstriche Lang- und Breitlahner waren während des Untersuchungszeitraumes nicht aktiv. Im Luftbildvergleich zeigt auch der Langlahner in jüngerer Zeit eine deutliche Verdichtung der Vegetation. Ähnliches gilt für die untersten östlichen Ausläufer des Breitlahners. Detaillierte dendrochronologische und -geomorphologische Analysen wären zur genaueren Bestimmung der historischen bis (sub-)rezenten Lawinentätigkeit speziell in diesen Teilen des Untersuchungsgebietes wünschenswert.

Die Exposition steuert die Grundlawinenentstehung im Lahnenwiesgraben über die unterschiedliche Sonneneinstrahlung und die Lage relativ zur Hauptwindrichtung. Auf den Schatthängen, die gleichzeitig zum Großteil im Wind-

---

Abb. 7.1: Hydrologische Einzugsgebiete von Lawinenablagerungen (LWG) und ihre Anrisshäufigkeit während des Untersuchungszeitraums. Aufgrund der zahlreichen, in den einzelnen Jahren u.U. leicht differierenden Einzugsgebiete wurde auf eine graphische Trennung der einzelnen Einzugsgebiete verzichtet.

Tab. 7.1: Statistische Auswertung der Fläche [m^2] und Lage (Exposition der Prozessgebiete) von sedimentführenden Lawinenschneeablagerungen im Untersuchungsgebiet Lahnenwiesgraben in den Jahren 1999-2003; Daten 1999 von GERST (2000)

Jahr	Anzahl	Min	Max	Median	log_{10}: $\bar{x} \pm \sigma$	Exposition S/SO	N/NO
1999	5	2400	13400	3132	3,66 ± 0,31	50%	50%
2000	19	500	21400	2990	3,44 ± 0,41	33%	67%
2001	30	100	4100	710	2,8 ± 0,41	17%	83%
2002	7	700	8300	1590	3,33 ± 0,34	17%	83%
2003	1	/	/	3600	3,56	0%	100%
gesamt	62	100	21400	1480	3,11 ± 0,49	23%	77%

schatten liegen, akkumuliert mehr Schnee, während auf den südexponierten Hängen die Sonneneinstrahlung bereits frühzeitig zur Ausaperung durch Ablation und Sublimation führt. Während der Feldarbeiten waren diese Hänge meist schon vollständig aper. Die Bildung größerer Grundlawinen findet im Lahnenwiesgraben bevorzugt auf den nordexponierten Hängen statt (Tabelle 7.1), wo eine mächtigere Schneedecke liegt, die während der Schneeschmelze aufgrund der Lufttemperatur und der Perkolation von Schmelz- oder Niederschlagswasser homogenisiert und instabil wird. Kommt ein Warmlufteinbruch und/oder Regen der Ausaperung der südexponierten Hänge zuvor, ist auch hier mit der Tätigkeit von Grundlawinen zu rechnen. Die von GARDNER (1970) beschriebene Lawinensituation im Gebiet des Lake Louise (Kanadische Rocky Mountains) ist mit der Situation im Lahnenwiesgraben insofern zu vergleichen, dass auch dort die höchste Aktivität von Lawinen während der frühjährlichen Schneeschmelze auf nord- bis südostexponierten, abgeschatteten Leehängen zu verzeichnen war.

7.1.2 Reintal

Die Verbreitung von Sediment transportierenden Lawinenereignissen im Reintal ist zwar ebenso wie im Lahnenwiesgraben zeitlich und räumlich variabel, aber nicht so großen Schwankungen unterworfen. Im Gegensatz zum Lahnenwiesgraben können die Ereignisse im Reintal nicht sicher dem Typ Grundlawine *sensu stricto* zugeordnet werden, da vom Tal aus nicht feststellbar ist, ob sich die Lawinen direkt auf dem Untergrund lösen oder als

Oberlawine anbrechen und im Verlauf der Zugbahn mit dem Oberflächensubstrat in Kontakt kommen.

Die Formung durch Lawinen findet nach einer geomorphologischen Kartierung von Sedimentspeichern auf etwa 1 % der Fläche des Trogtales (innerer Bereich des Untersuchungsgebietes, jeweils bis zum Erreichen des Anstehenden) statt, wobei über 70% der betroffenen Gebiete Indikatoren für hohe bis mittlere Aktivität aufweisen (SCHROTT ET AL. 2002, 2003). Die genannte Kartierung enthält allerdings nur 5 derartige Hangbereiche, während die vorliegende Arbeit auf über 30 Lawinenstrichen einen Sedimenttransport nachweist. Der Anteil der Flächen mit Sedimentablagerungen durch Lawinen liegt, bezogen auf die gesamte Einzugsgebietsfläche, bei 1,3%.

Im Hinblick auf die kartierten Ereignisse (Abbildung 7.2, Tabelle 7.2) kann das Untersuchungsgebiet in zwei Teilgebiete unterteilt werden:

- Gebiet A: Auf der südexponierte Talseite schließt sich ein Lawinenstrich an den nächsten an. In den meisten Teilgebieten traten im Beobachtungszeitraum zwei bis drei Mal Sediment führende Lawinen auf. Die Lawinenstriche auf dieser Talseite sind anhand der Schneisen in der Vegetationsbedeckung (Wald und Krummholzbestände, vgl. Abbildungen 5.9 und 8.6 mitte) deutlich sichtbar. Westlich der Gerinne „Rauschboden" und „Vordere Gumpe" (R-VG) wurden einige Hektar Wald durch die Einwirkung von Staublawinen zerstört, die sich im Verlauf von Steilstufen aus Trockenschneelawinen entwickeln können.

- Gebiet B: Die nordexponierte Talseite ist zum Großteil durch nahezu senkrechte Steilwände gekennzeichnet, aus deren Teileinzugsgebieten im Untersuchungszeitraum nur sehr vereinzelt Lawinen abgegangen sind. Im Bereich der Steilwände kann sich aufgrund des hohen Gefälles nur wenig Schnee ansammeln, so dass es nicht zur Bildung von Lawinen kommen kann. Nur im westlichen Bereich (SW Reintalanger) traten häufiger Lawinen auf.

Da die Anrissgebiete der Lawinen reliefbedingt nicht vom Tal aus einsehbar sind und keine Luftbilder von Winterbefliegungen existieren, konnten keine Anrisslinien kartiert werden. Auf der südexponierten Talseite liegen sie mit hoher Wahrscheinlichkeit unmittelbar unterhalb der Mündungen der Hängetäler ins Haupttal, dort befindet sich auf glatten Felsflächen (das Schichtfallen

76　Ergebnisse der Messungen

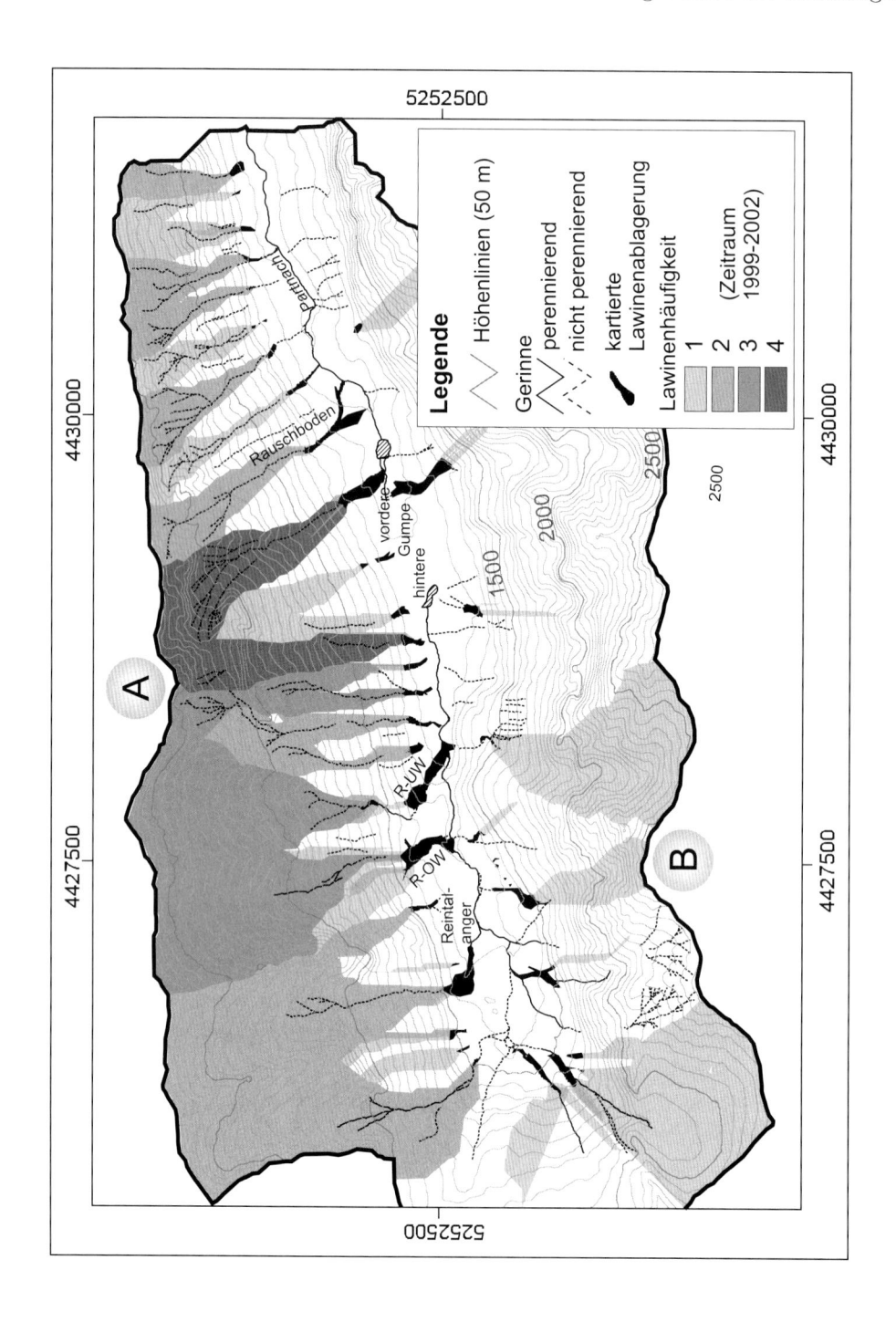

verläuft hier parallel zum Gefälle der Hänge) und grasbewachsenen Steilhängen eine Vielzahl potenzieller Anrissflächen (vgl. Abschnitt 10.4.2). Die in Karte 7.2 eingezeichneten hydrologischen Einzugsgebiete der kartierten Ablagerungen geben somit die realen Prozessgebiete der Lawinen unzureichender wieder als dies im Untersuchungsgebiet Lahnenwiesgraben der Fall ist.

Tab. 7.2: Statistische Auswertung der Fläche [m^2] und Lage von sedimentführenden Lawinenschneeablagerungen im Untersuchungsgebiet Reintal in den Jahren 1999-2002; Daten 1999 von GERST (2000)

Jahr	Anzahl	Min	Max	Median	log_{10}: $\bar{x} \pm \sigma$	Exposition S/SO	N/NO
1999	5	2400	26000	4450	3,82 ± 0,43	80%	20%
2000	21	600	30400	3610	3,65 ± 0,49	100%	0%
2001	25	500	22700	1860	3,37 ± 0,47	76%	24%
2002	11	700	17100	4210	3,63 ± 0,44	55%	45%
gesamt	62	500	30400	3500	3,53 ± 0,48	78%	22%

Auch im Reintal lassen sich die Gebiete unterschiedlicher Lawinentätigkeit anhand der Hangexposition voneinander abgrenzen. Allerdings spielt die Exposition hier eine grundlegend andere Rolle als im Lahnenwiesgraben, wo Einstrahlung und Windschatten die ausschlaggebenden Faktoren sind. Die nordexponierten Hänge sind mehrheitlich viel zu steil für die Lawinenentstehung. Die größere Schneemenge in den vermuteten Anrissgebieten in Höhen von über 2000 m (deutlich höher als die meisten kartierten Anrisse im Lahnenwiesgraben) kompensiert die schnellere Ausaperung auf südexponierten Hängen, so dass die Einstrahlung als auslösender Faktor im Reintal möglicherweise deutlicher zum Tragen kommt als im Lahnenwiesgraben.

Abb. 7.2: Hydrologische Einzugsgebiete von Lawinenablagerungen (RT) und ihre Anrisshäufigkeit während des Untersuchungszeitraums. Vgl. Anmerkung zu Abbildung 7.1

7.1.3 Magnitude und Frequenz

Von WOLMAN & MILLER (1960) anhand des fluvialen Sedimenttransports entwickelt, stellt das Konzept von Magnitude und Frequenz sowohl für geomorphologische Fragestellungen als auch für die Naturgefahrenforschung eine wichtige Grundlage dar. Anhand der statistischen Wiederkehrdauer von Ereignissen mit bestimmter Magnitude lassen sich beispielsweise Risiken (z.B. HERGARTEN 2004) und die Notwendigkeit von Schutzmaßnahmen quantitativ abschätzen. Im Hinblick auf den Sedimenttransport kann bei bekannter Frequenz von Ereignissen bestimmter Transportkraft gezeigt werden, welche Art von Ereignis am meisten zur langjährigen Sedimentbilanz des betreffenden Prozesses beiträgt (z.B. EATON ET AL. 2003).

Die Aussagekraft von Magnitude und Frequenz ist von einer Reihe grundlegender Annahmen, vom Betrachtungsmaßstab und vom Beobachtungszeitraum abhängig. Je länger z.B. der Beobachtungszeitraum, desto sicherer ist theoretisch die Schätzung von Rekurrenzintervallen, desto wichtiger ist jedoch auch die Annahme stationärer Bedingungen (d.h. die Abwesenheit von Systemveränderungen, zum Beispiel durch Klimawandel oder Änderung der Sedimentverfügbarkeit) während dieser Zeit. Gerade die Annahme der Klimakonstanz ist jedoch angesichts der nachgewiesenen Klimaschwankungen im Holozän und des aktuellen Klimawandels[1] hoch problematisch. Die Reaktion der Lawinentätigkeit und ihrer geomorphologischen Konsequenzen auf Klimaschwankungen schlägt sich in der Verwendung von Lawinenablagerungen als Sedimentarchiv nieder (z.B. BLIKRA & SELVIK 1998). JOMELLI (1999b) und JOMELLI & BERTRAN (2001) weisen beispielsweise eine erhöhte mittlere Ereignismagnitude bzw. Reichweite für den Zeitraum der Kleinen Eiszeit nach.

Sollen Überschreitungswahrscheinlichkeiten für bestimmte Prozessmagnituden in einem Untersuchungsgebiet angegeben werden, genügt ein Histogramm für die im Beobachtungszeitraum beobachteten Ereignismagnituden. Ein solches Diagramm wird in der angloamerikanischen Literatur als

---

[1] vgl. z.B. das Gutachten einer Regierungskommission zur Auswirkung auf Naturgefahrenprozesse in der Schweiz (OcCC 2003)

„*frequency-size-relationship*" bezeichnet (z.B. BIRKELAND & LANDRY 2002). Die Beziehung zwischen Magnitude und Frequenz auf einem Teilgebiet, z.B. einem bestimmten Lawinenstrich, kann daraus allerdings nicht direkt abgeleitet werden - solche Angaben werden auf der Basis von historischen Daten, Sedimentarchiven, lichenometrischer oder dendrochronologischer Methoden ermöglicht. So ermitteln HELSEN ET AL. (2002) die Magnitude-Frequenz-Beziehung für Muren im Einzugsgebiet eines Murkegels in den französischen Alpen mithilfe einer geomorphologischen Kartierung und lichenometrischer Datierungen. Die Ergebnisse dieser Untersuchung fügen sich gut in die Analyse von VAN STEIJN (1996) ein, wo Magnitude-Frequenz-Beziehungen sowohl für einzelne Einzugsgebiete als auch für ganze Regionen angegeben werden. Da die Datenlage bei Lawinen vielerorts, zumindest in besiedelten oder vom Menschen genutzten Gebieten, erheblich besser einzuschätzen ist, liegt hier eine Reihe zum Teil sehr umfangreicher Untersuchungen vor (z.B. HAMRE & MCCARTHY 1996, SMITH & MCCLUNG 1997a, BIRKELAND & LANDRY 2002, MCCLUNG 2003). Die mittlere Magnitude auf einem Lawinenstrich kann auf der Basis einer ausreichend großen Stichprobe auf Zusammenhänge mit den Eigenschaften des Prozessgebietes (z.B. Neigung, mittlere Schneehöhe) untersucht werden. MCCLUNG (2003) erhält zwar signifikante Korrelationen der mittleren Magnitude mit Geofaktoren (positiv mit Höhenlage der Anriss- und Ablagerungsgebiete, Vertikaldistanz und Windindex, negativ mit der Neigung des Lawinenstriches und dem Typ von Lawinenstrich und Anrissgebiet), diese Geofaktoren steuern die Magnitude jedoch nicht in allen Untersuchungsgebieten gleich stark. Auf ähnliche Weise kann die Magnitude von Muren über Faktoren wie Lithologie, Einzugsgebietsgröße und Gefälle empirisch abgeschätzt werden (D'AGOSTINO & MARCHI 2001). Auch die mittlere Ereignisfrequenz auf den Lawinenstrichen eines Untersuchungsgebietes korreliert prinzipiell mit Geofaktoren des Prozessgebietes. Die Arbeit von MCCLUNG (2003) zeigt signifikante Korrelationen mit Windindex, Höhe und Neigung von Anriss- und Auslaufgebiet, Neigung der Lawinenbahn und dem 30jährigen Maximum des jährlichen Wasseräquivalents (positiv) sowie mit der Rauigkeit im Anrissgebiet (negativ).

Obgleich in der vorliegenden Arbeit in jedem Untersuchungsgebiet weniger als 65 Ereignisse über einen Zeitraum von maximal 5 Jahren für die Auswertung zur Verfügung stehen, sollen einige Aspekte im Bezug auf Magnitude und

Frequenz an dieser Stelle aufgegriffen werden. Die Ergebnisse müssen jedoch aufgrund des kurzen Beobachtungszeitraums, in dem mit einiger Sicherheit nicht das gesamte Spektrum möglicher Schneemächtigkeiten (und somit potenzieller Grundlawinen-Magnitude) und auslösender Faktoren abgedeckt ist, mit der gebotenen Vorsicht interpretiert werden. Ein Teil der Untersuchungen (Mittlere Magnituden für jeden Lawinenstrich, Beziehung zwischen mittlerer Magnitude und Frequenz) wurde nur im Untersuchungsgebiet Reintal durchgeführt, da hier mehrere Lawinenstriche während des Untersuchungszeitraumes mehrfach aktiv waren. Insgesamt wurden im Reintal 34 im Zeitraum 1999-2002 aktive Lawinenstriche kartiert.

7.1.3.1 Ereignismagnituden

Wie bereits in Abschnitt 6.1.1 angeführt, wird die Fläche der Lawinenschneeablagerung als Proxydatum für die Magnitude des Ereignisses verwendet. In beiden Untersuchungsgebieten weisen die während der Beobachtungszeit kartierten Ablagerungsflächen eine Lognormalverteilung auf (KS-Anpassungstest, SACHS 1999). Auch für die mittleren Ereignismagnituden der Lawinenstriche (Reintal, n=34 mit 1-4 Ereignissen 1999-2002) kann eine Lognormalverteilung angenommen werden. Die gleichen Ergebnisse im Bezug auf die Häufigkeitsverteilung der mittleren Magnitude zeigt auch die Untersuchung von etwa 25000 Lawinenereignissen (15-24 Jahre andauernde Beobachtungen von 194 Lawinenstrichen in vier Gebieten im kanadischen Bundesstaat British Columbia), die nach der kanadischen Klassifikation eingeteilt werden. Diese Klassifikation beinhaltet einen logarithmischen Anstieg der Schneemasse mit der Magnitude, mit dem Resultat, dass die mittlere (kanadische) Ereignismagnitude auf Lawinenstrichen in einem Untersuchungsgebiet normalverteilt ist (MCCLUNG 2003).

Im Bezug auf die mittlere jährliche Magnitude ist in beiden Untersuchungsgebieten ein paralleler Trend angedeutet (Tabellen 7.1 und 7.2). Nach einem deutlichen Absinken der mittleren Magnitude zwischen 1999 und 2001 (bei gleichzeitig ansteigender Ereignishäufigkeit) erfolgt zum Jahr 2002 eine deutliche Vergrößerung (bei geringerer Anzahl). Wie aus Abbildung 5.13 (Abschnitt 5.5.2.1, Seite 55) hervorgeht, liegt der Entwicklung der Schneerücklage an der LWD-Messstation Osterfelder (1800 m ü.NN) in den Jahren 2000-

2002 zumindest in den Monaten Januar-März ein ähnlicher Trend zugrunde. Grundsätzlich erreichen die Lawinen im Reintal über den gesamten Untersuchungszeitraum (jährliche Mittelwerte und Gesamtmittel) deutlich größere Ablagerungsflächen bzw. Magnituden. Der Unterschied ist statistisch hochsignifikant und kann schlüssig mit der höheren Schneemächtigkeit im Reintal erklärt werden.

7.1.3.2 Frequenz

Aufgrund umfangreicher Untersuchungen kann man Betrachtungen zur Frequenz von Lawinen auf einem Lawinenstrich zugrundelegen, dass es sich dabei um einen Poisson-Prozess handelt (FOEHN 1975, SMITH & MCCLUNG 1997a, MCCLUNG 1999, 2000). Größere Ereignisse sind hinreichend selten und vor allem voneinander unabhängig (die Auslösung einer Lawine im Jahr n hat keinen Einfluss auf die Lawinentätigkeit im Jahr $n+1$). Im Rahmen dieser Arbeit gilt es zunächst einzuschätzen, welche Aussage über die Frequenz auf der Basis der 5jährigen Beobachtungen überhaupt getroffen werden kann. Die Poissonverteilung gibt für die Wahrscheinlichkeit, in diesen 5 Jahren genau ein Ereignis mit 1-, 2-, 5- oder 10jährlicher Rekurrenz zu beobachten, Werte von 3% (20%, 37%, 30%) an. Die Wahrscheinlichkeit der Beobachtung eines 50- oder 100jährlichen Ereignisses liegt bei 9% bzw. 5%. Es macht also im Umkehrschluss keinen Sinn, anhand der kurzen Beobachtungsdauer auf eine geringere als etwa 10-20jährliche Aktivität eines Lawinenstrichs schließen zu wollen, da bereits die Beobachtung eines Ereignisses auf einem einmal in 50 Jahren aktiven Lawinenstrich mit 9% relativ unwahrscheinlich ist. Diese Schlussfolgerung hat des Weiteren Konsequenzen für die Interpretation des statistischen Dispositionsmodells (vgl. Abschnitt 10), denen die kartierten Anrissgebiete von maximal 6 Jahren (Luftbilder + Kartierungen im Gelände) zugrundeliegen.

7.1.3.3 Beziehung von Magnitude und Frequenz

BIRKELAND & LANDRY (2002) zeigen anhand von 3093 Lawinen (32 Lawinenstriche; Untersuchungszeitraum: 21 Jahre) in einem etwa 10 km^2 großen Gebiet in den Elk Mountains in Colorado/USA, dass die Abnahme der Häufigkeit von Lawinen mit größerer Magnitude (US-Klassifikation) mit einer Potenzfunktion (*power-law*) beschrieben werden kann. Ähnliche

Ergebnisse erhalten ROSENTHAL & ELDER (2003) für die Breite der Anrisslinien von Schneebrettlawinen. Die Autoren werten diese Tatsache als Indiz dafür, dass der Lawinentätigkeit ähnlich wie Erdbeben, Rutschungen und Waldbränden die Gesetzmäßigkeiten der selbstorganisierten Kritikalität (einen reichhaltigen Überblick gibt HERGARTEN 2002) zugrundeliegen. Demnach resultiert ein Systemzustand „am Rande der Stabilität" aufgrund von sich langsam aufbauenden Störungen (im Falle der Lawinen z.B. durch Neuschnee, Prozesse der Schneemetamorphose oder -schmelze) in Ereignissen mit einer charakteristischen Beziehung von Magnitude und Frequenz (*frequency-size distribution*), vielfach in Form einer Potenzfunktion (vgl. MALAMUD & TURCOTTE 1999).

Sind die Parameter einer solchen Magnitude-Frequenz-Beziehung bekannt, können auf der Basis von Beobachtungen kleinerer und mittlerer Ereignisse Rückschlüsse auf die Häufigkeit von größeren und selteneren Ereignissen gezogen werden (MALAMUD & TURCOTTE 1999, BIRKELAND & LANDRY 2002). Für Naturgefahrenprozesse wie Rutschungen, Erdbeben und Waldbrände zeigen MALAMUD & TURCOTTE (1999) an Untersuchungen in Gebieten unterschiedlicher Größe und Ausstattung eine deutliche Übereinstimmung in den Parametern der Verteilung, die jeweils typisch für den betreffenden Prozess zu sein scheint. HERGARTEN (2004) diskutiert Implikationen dieser Ergebnisse für die Risikoforschung.

In einem doppelt logarithmischen Diagramm, bei dem auf der Abszisse die Magnitude M (logarithmisch) und auf der Ordinate der Logarithmus der Zahl der Ereignisse $\geq M$ abgetragen wird, lässt sich eine Regressionsgerade der Form $y = a - b \cdot x$ berechnen. Die Verteilung ist skaleninvariant, d.h. das Verhältnis der Anzahl von Ereignissen, die bestimmte Magnituden M_1 bzw. M_2 (mit $M_2 = \lambda \cdot M_1$) übertreffen, ist unabhängig vom absoluten Wert der Magnituden (HERGARTEN 2003). Der Parameter b der Regressionsgeraden sollte eine für den jeweiligen Prozess charakteristische Größenordnung aufweisen, während a die regionale Aktivität des Prozesses quantifiziert. Im Falle von Erdbeben liegt b typischerweise zwischen 0,8 und 1,2 (FROHLICH & DAVIS 1993 *fide* HERGARTEN 2003). Gute Übereinstimmungen im Größenbereich von b finden sich beispielsweise auch für Waldbrände (z.B. 1,3-1,5) und Rutschungen (2,3 bis 3,3) (MALAMUD & TURCOTTE 1999).

Lawinentätigkeit im Untersuchungszeitraum

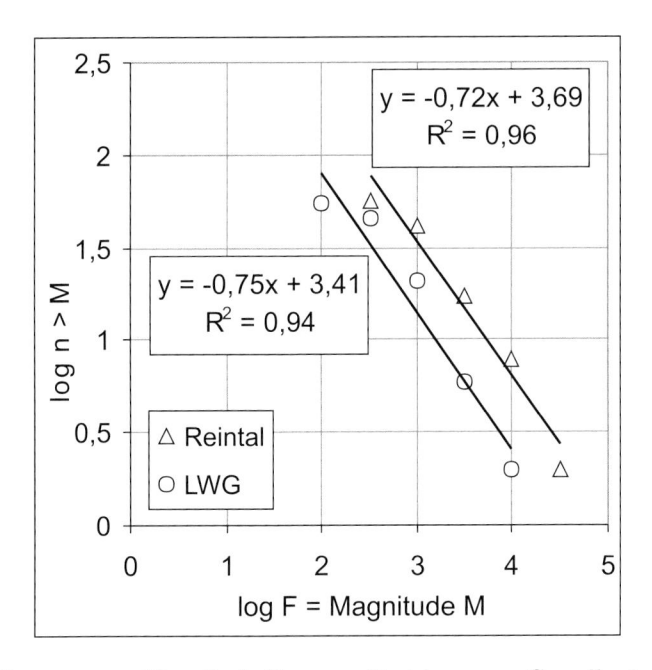

Abb. 7.3: Diagramm zur Magnitude-Frequenz-Beziehung von Grundlawinen. Es zeigt die Abnahme der (kumulierten) Häufigkeit bei ansteigender Magnitude (Klassifikation auf der Basis der logarithmierten Ablagerungsfläche) in Form einer Potenzfunktion (Gutenberg-Richter-Beziehung). Erklärung des Diagramms im Text.

Für die Magnitude der kartierten Lawinenereignisse (Logarithmus der Ablagerungsfläche, jeweils auf 0,5 auf- oder abgerundet) in beiden Untersuchungsgebieten lässt sich zeigen, dass zwischen der Magnitude M und dem Logarithmus der Zahl der Ereignisse, die diese Magnitude erreichen oder übersteigen ($\log n \geq M$), eine lineare Beziehung besteht (Abbildung 7.3). Diese sogenannte „Gutenberg-Richter-Beziehung" wurde anhand der Magnituden (Richter-Skala) von Erdbeben in einem bestimmten Gebiet erstmals formuliert (GUTENBERG & RICHTER 1954). Die Steigungen der Regressionsgeraden in Abbildung 7.3 liegen mit Werten von -0,72 und -0,75 in der gleichen Größenordnung wie in den von BIRKELAND & LANDRY (2002) veröffentlichten langjährigen Untersuchungen (-0,84, -0,74, -0,70 und -0,54). Diese auf den ersten Blick frappierende Übereinstimmung sollte dennoch aus folgenden Gründen nicht überinterpretiert werden:

a) Als Magnitude wurde der Logarithmus der Ablagerungsfläche gewählt, während die Vergleichsparameter auf der Magnitude nach US-Klassifikation beruhen. Das genaue Verhältnis zwischen den beiden Klassifikationen und der „wahren" Magnitude (Schneemasse oder -volumen) ist nicht bekannt.
b) Die vorliegende Arbeit verwendet kumulative Magnitude-Frequenz-Beziehungen, während BIRKELAND & LANDRY (2002) die absoluten Häufigkeiten für jede Magnitudenklasse verwenden. Für ein solches Vorgehen liegen allerdings zu wenige Beobachtungen vor, die Anpassung einer Potenzfunktion an die vorhandenen Daten gelingt ohne Kumulierung erheblich schlechter. Dies beinhaltet gravierende Einschränkungen, da die Klassenhäufigkeiten im kumulierten Fall voneinander abhängig sind (HERGARTEN 2002, 2003, mdl. Mitt. MALAMUD 2004).

Aufgrund der im Vergleich zu den zitierten Arbeiten viel zu geringen Stichprobengröße kann aus den Daten nicht mehr als eine tendenzielle Aussage gewonnen werden. Trotz dieser Einschränkungen stellt das Ergebnis einen sehr interessanten Hinweis auf mögliche Eigenschaften des untersuchten Prozesses dar und wurde aus diesem Grund auch in die vorliegende Arbeit aufgenommen. Mit einer größeren Datenmenge und den z.B. in HERGARTEN (2002) beschriebenen Vorgehensweisen könnten die genannten Probleme im Rahmen einer tiefergehenden Analyse besser angegangen und die Ergebnisse fundierter interpretiert werden. Mit einer gesicherten Magnitude-Frequenzbeziehung und in Kenntnis der Einflussfaktoren auf die Form der Potenzfunktion wird eine Quantifizierung der Lawinenaktivität oder des Sedimenttransports über längere Zeiträume erheblich verbessert, da nicht der Mittelwert eines Beobachtungszeitraums, sondern eine an die empirischen Daten angepasste theoretische Verteilung zur Schätzung verwendet werden. Ähnliche Überlegungen wurden bei der Schätzung langfristiger Abtragsraten in Kapitel 12.2 umgesetzt.

7.2 Sedimentfrachten

Im Bezug auf die Ablagerung können aus den Messdaten zwei Größen ermittelt und miteinander verglichen werden:

- Die Summe des transportierten Sediments (*sediment yield*) als Bilanzgröße des Sedimenthaushalts

Sedimentfrachten

- Der Bedeckungsgrad der Lawinenschneeablagerungen:
  Dieser Wert kann für jede homogen bedeckte Teilfläche angegeben werden und gibt Auskunft über die auf einem Quadratmeter akkumulierte Masse. Er kann auch als mittlerer Bedeckungsgrad auf die gesamte Ablagerung hochgerechnet werden. Aus dem Volumen der abgelagerten Sedimente läßt sich die durchschnittliche Höhe der Ablagerung, z.B. in mm/Ereignis berechnen. Das Volumen wird mittels eines Schätzwertes für die Dichte aus der Masse ermittelt.

Während für den Sedimenthaushalt der Betrag der transportierten Masse relevant ist, ermöglicht der Bedeckungsgrad (bzw. die Masse des Sediments pro m^2 Ablagerungsfläche) Aussagen im Hinblick auf die Formung. Um eine Akkumulationshöhe angeben zu können, muss die Dichte des abgelagerten Materials bekannt sein. Da Lockermaterial abgelagert wird, und Vegetationsreste aufgrund der Zersetzung langfristig keinen relevanten Anteil an der Höhe der Akkumulation haben, wird zur Berechnung der Ablagerungsmächtigkeit ausschließlich die Masse der mineralischen Substanz (kg/m^2) mit einer angenommenen Lagerungsdichte von ρ_l =1800 kg/m^3 herangezogen. Dieser Wert liegt etwas über dem von reinem Kalkstein bei Kugelpackung ($2,7\ g/cm^3 \cdot 0,6 = 1,62\ g/cm^3$) und am unteren Ende des Wertebereichs für Moränen (als Korngrößengemisch: 1,78-1,96 g/cm^3 nach SCHEFFER & SCHACHTSCHABEL 1982); er stellt eine konservative Schätzung dar (mdl. Mitt. TRAPPE 2004). RAPP (1960) berechnet mit dem Wert 1,8 g/cm^3 das Gewicht von gemessenen Lockermaterial-Volumina (z.B. für die Prozesse Solifluktion und *talus creep*). Die mittlere Akkumulationsmächtigkeit [mm] für jede Lawine errechnet sich aus dem Gesamtgewicht der mineralischen Substanz, der angenommenen Lagerungsdichte und der Gesamtoberfläche der Ablagerung.

Die Verteilungen der Messwerte (Sedimentfracht [kg]) aus beiden Untersuchungsgebieten für die Jahre 1999-2002 sind in Abbildung 7.4 als Boxplots dargestellt. Die durchgezogene Linie in den Boxen markiert den Median, die Boxen umschließen die Werte zwischen dem 25% und dem 75%-Quantil. Die äußeren Grenzen der senkrechten Linien zeigen das 10% bzw. 90%-Quantil an, die restlichen Werte werden als Einzelpunkte gezeichnet.

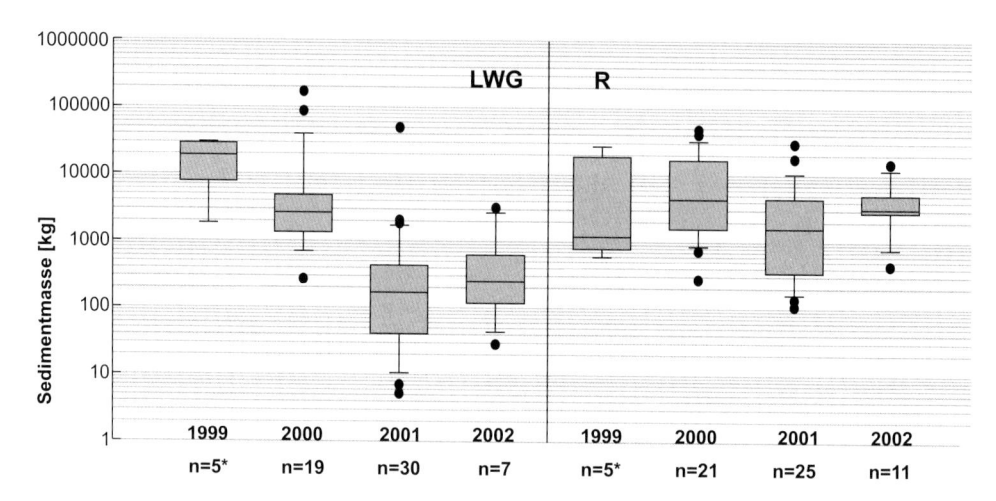

Abb. 7.4: Verteilungen der Sedimentfracht von Lawinen im LWG (links) und im Reintal (rechts) für den Zeitraum 1999-2002. Daten 1999 von GERST (2000)

Aus den Diagrammen geht eine große räumliche und zeitliche Variabilität der Sedimentfracht hervor. Insbesondere im Untersuchungsgebiet Lahnenwiesgraben führen die Reaktion auf die meteorologischen Verhältnisse und die Heterogenität der Geofaktoren zu starken Veränderungen der Sedimentfracht von Jahr zu Jahr. Die Unterschiede in den Verteilungen der Jahre 1999-2002 sind im Reintal hingegen deutlich geringer, die Mediane bleiben trotz merklicher Schwankungen in derselben Größenordnung. Für eine Erklärung der geringeren Variabilität kommen die Homogenität des Reintals hinsichtlich der Geofaktoren und die aufgrund der größeren Höhenlage weniger variierende Schneerücklage in Frage.

Die Obergrenzen der Verteilungen (90% und 75%-Quantile) weisen in beiden Tälern wie die bereits diskutierten Ereignishäufigkeiten und -magnituden (Abschnitt 7.1) einen parallelen Trend auf. Hinsichtlich des 90%-Quantils beispielsweise erfolgt in beiden Gebieten in den Jahren 2000 und 2002 ein Anstieg, im Jahr 2001 hingegen ein Absinken relativ zum Vorjahr. Die Obergrenze des Kernbereiches der Verteilung (75%-Quantil) sinkt zwischen 1999 und 2001 ab und steigt im Jahr 2002 etwas an. Betrachtet man nur die im Rahmen der vorliegenden Arbeit erhobenen Daten (2000-2002), zeigen alle aus den Diagrammen abzuleitenden Verteilungsmaße denselben Verlauf, wobei im Reintal das 25%-Quantil und die unteren Extremwerte im Jahr 2002 die Werte für 2000 übertreffen. Hieraus kann auf den Einfluss überregional wirksamer Faktoren geschlossen werden, die zwar keine zwingende Konsequenzen für Einzelereignisse haben müssen, sich aber auf der Einzugsgebietsebene merklich auf die Verteilung der Messwerte auswirken.

Die statistische Analyse der Daten ergab, dass die Sedimentfrachten in beiden Tälern lognormal verteilt sind (Komolgorov-Smirnoff-Anpassungstests; vgl. BAHRENBERG ET AL. 1990, SACHS 1999). Die Mittelwerte der Untersuchungsgebiete unterscheiden sich signifikant voneinander, wobei im Reintal durchschnittlich größere Massen pro Ereignis transportiert werden: Die mittlere Sedimentfracht eines Ereignisses wird aus den Stichprobenverteilungen auf 0,3-1,3 t im Lahnenwiesgraben und 1,8-3,9 t im Reintal geschätzt[2]. Die Tabellen 7.3 und 7.4 enthalten für jedes Jahr des Beobachtungszeitraumes die Anzahl der beobachteten Lawinenereignisse, die Ereignisse mit dem kleinsten und größten Sedimenttransport sowie den Median der Messwerte. Mittelwert und Standardabweichung der Lognormalverteilung werden ebenfalls aufgeführt.

Die Gesamtsumme entspricht der Sedimentbilanz des Prozesses im jeweiligen Jahr. Dieser Wert ist extremen Schwankungen unterworfen, da er sowohl von der Anzahl der Ereignisse als auch von ihrer Magnitude (auch im Bezug auf die Sedimentfracht) abhängig ist. Auch hier sind die Daten aus dem Reintal (46-240 t/a) durch bedeutend geringere Variabilität gekennzeichnet (LWG: 5-324 t/a).

Aus den Sedimentfrachten der beprobten Ereignisse errechnen sich mittlere Ablagerungsmächtigkeiten, die von Bruchteilen von Millimetern bis über 10 mm reichen. Die Verteilungen in Abbildung 7.5 beziehen sich auf die niedrigsten (von 0 verschiedenen) und höchsten in einem Ablagerungsgebiet aufgetretenen Ablagerungsmächtigkeiten (z.B. Teilflächen), während die mittlere Mächtigkeit aus dem Gesamt-Sedimentvolumen und der Gesamtfläche der jeweiligen Lawinenablagerung berechnet wird. Pro Ereignis werden demnach im Untersuchungsgebiet Lahnenwiesgraben im Mittel[3]

---

[2] 95%-Konfidenzintervalle des Mittelwertes

[3] Lognormalverteilung, 95%-Konfidenzintervalle des Mittelwertes

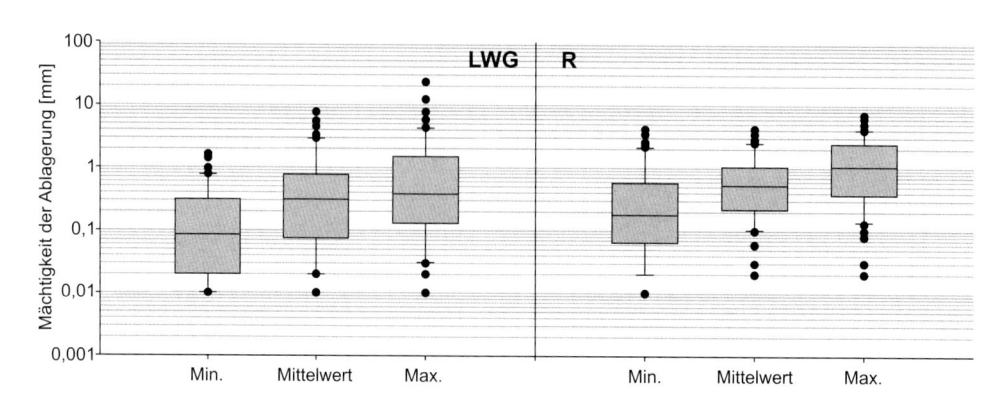

Abb. 7.5: Übersicht über minimale (> 0), mittlere und maximale Mächtigkeit [mm] der pro Lawinenereignis abgelagerten Sedimente in beiden Untersuchungsgebieten. Während sich Minima und Maxima auf Teilflächen der Lawinenablagerungen beziehen, bezieht sich die mittlere Mächtigkeit auf das Volumen der Sedimentfracht im Verhältnis zur Gesamtfläche.

0,16-0,53 mm, im Reintal 0,36-0,75 mm Sediment abgelagert, die maximale Ablagerungsmächtigkeit auf einer Teilfläche einer Ablagerung beläuft sich im Mittel[3] auf 0,42-1,32 mm im Lahnenwiesgraben und 0,85-1,87 mm im Reintal. Während diese Mittelwerte im Reintal durchweg höher als im Lahnenwiesgraben sind, finden sich dort mit 7,7 mm (Mittlere Ablagerung) bzw. 23,1 mm (Maximum) die höchsten gemessenen lokalen (Extrem-)Werte. Durch räumliches Übereinanderlegen (Addition) der jährlichen Ablagerungsmächtigkeiten des gesamten Untersuchungszeitraums im GIS und Division durch die Anzahl der Jahre erhält man eine Vorstellung von der Größenordnung der Akkumulationsraten, wenn auch mit gravierenden Einschränkungen im Bezug auf den kurzen Beobachtungszeitraum. Die Berechnung ergibt Werte von <0,01-2,21 mm/a im Lahnenwiesgraben sowie 0,01-1,38 mm/a im Reintal.

Die Verteilung der Sedimente auf den Ablagerungsgebieten (z.B. die räumliche Konzentration) kann über den Prozess der Erosion bzw. der Remobilisierung Aufschluss geben. Einige Befunde hierzu werden in den folgenden Abschnitten diskutiert. Die räumliche Verteilung der Sedimentfracht wird nur kurz angesprochen, eine umfassendere Analyse möglicher Einflussfaktoren erfolgt in Abschnitt 13.2.

7.2.1 Lahnenwiesgraben

Tab. 7.3: Durch Lawinen abgelagertes Sediment (Gesamtmasse, inkl. Vegetationsreste) im Untersuchungsgebiet LWG 1999-2003. *(Der Sonderfall L01-RG ist nur in der Gesamtsumme enthalten (75 t), siehe 7.6). Daten 1999 von GERST (2000).

Jahr	Anzahl	Summe [t]	Min [kg]	Max [kg]	Median [kg]	log_{10}: $\bar{x} \pm s$
1999	5	90	1800	30200	18850	4,09 ± 0,50
2000	19	324	300	170100	2400	3,53 ± 0,70
2001	30	13*	7	2000	170	2,15 ± 0,83
2002	7	5	30	3200	250	2,42 ± 0,65
2003	1	5	/	4700	/	3,67
gesamt	61	512*	7	170100	450	2,68 ± 0,99

Da die räumliche Verteilung aller Ablagerungen in einer einzigen Karte des Untersuchungsgebietes aus Maßstabsgründen nur schlecht darstellbar ist, erfolgt die Diskussion anhand ausgewählter Beispiele. Im Lahnenwiesgraben bieten sich hierfür zwei Teilgebiete an:

a) Im Einzugsgebiet des Roten Grabens und dem westlich anschließenden Hangbereich „Enning" (östl. Enning-Alm; Abbildung 7.6, links) fanden die Ereignisse mit den höchsten Sedimentfrachten statt.

b) Im Bereich „Sperre" (Abbildung 7.6, rechts) befinden sich sowohl der Lawinenstrich mit der höchsten beobachteten Frequenz als auch kleinere Schneerutsche, zum Teil unter Wald.

Im Gebiet „Enning" westlich des Roten Grabens wurden im Jahr 2000 auf einer Lawinenablagerung (L00-6) insgesamt 170 t Material bilanziert. Teilweise wurden ganze Bodenschollen im Verbund erodiert und transportiert, so dass auf einigen Teilflächen Ablagerungen von über 40 kg/m^2 (das entspricht bei einer Dichte von 1800 kg/m^3 etwa einer Mächtigkeit von 23 mm) zu finden waren. Auch aufgrund des Transports von Bodenschollen ist die Mächtigkeit der Ablagerungen räumlich sehr unterschiedlich ausgeprägt, was in Verbindung mit Viehgangeln und den Ablagerungen früherer Ereignisse in einer relativ unruhigen Mikrotopographie der betroffenen Hänge resultiert. Die Ablagerungsmächtigkeiten der Lawine L00-6 werden durch kleinere Ereignisse auf demselben Hang bei weitem nicht erreicht.

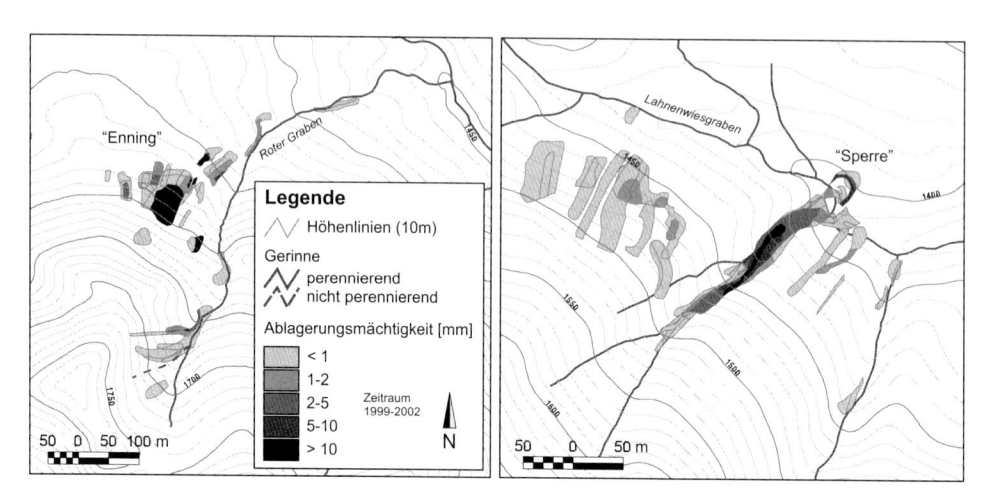

Abb. 7.6: Detailkarten von Lawinenablagerungen in den Gebieten „Roter Graben" (links) und „Sperre" (rechts), Untersuchungsgebiet Lahnenwiesgraben. Dargestellt sind die aufsummierten Ablagerungsmächtigkeiten der Jahre 2000-2003

Die maximalen Ablagerungsmächtigkeiten der Lawine „Sperre" sind aufgrund mehrerer Ereignisse deutlich auf einen Bereich unmittelbar oberhalb des Schwemm- und Lawinenkegels und auf der gegenüberliegenden Seite des Sperrenbeckens konzentriert. Der Bereich maximaler Mächtigkeit beginnt in einem Abschnitt der Runse, der in Moränenmaterial (laut geol. Karte Fernmoräne) eingeschnitten ist, während die Flächen hangaufwärts durch anstehendes Gestein (Aptychenschichten, teilweise geringmächtig mit Hangschutt überdeckt) gekennzeichnet sind. Zuweilen haben stark sedimentbedeckte Teilflächen der Lawinenschneeablagerungen einen deutlich langgestreckten Grundriss und nehmen ihren Ursprung unmittelbar unterhalb der Substratgrenze. Das Prozessmodell (Kapitel 11) weist zudem für den Übergang in diesen Abschnitt gleichzeitig die höchsten Durchgangshäufigkeiten (dies deutet auf eine starke Konvergenz der Fließwege hin) und tendenziell die höchsten Fliesshöhen des Lawinenschnees auf - Faktoren, die für eine verstärkte Erosionstätigkeit in diesem Bereich sprechen. Das transportierte Material setzt sich aus Derivaten des Moränenmaterials zusammen, wobei jedoch ein deutlich erkennbarer Anteil von Gras darauf hinweist, dass auch ein Materialtransport aus dem oberen Prozessgebietes erfolgt. Auch die Blaiken im oberen Einzugsgebiet deuten darauf hin, dass die Lawine in ihrem gesamten Prozessareal erosiv tätig sein kann (vgl. Abschnitt 12.2). Aufgrund der hohen Lawinenfrequenz in Verbindung mit fluvialen Prozessen (hier: vor allem Umlagerung der aufgeschütteten Sedimente auf dem Kegel) und Uferrutschungen ist hier von einer sehr effektiven geomorphologischen Tätigkeit auszugehen. Eine multitemporale Vermessung des Kegels „Sperre" in den Jahren 2001, 2002 und 2003 erbrachte Oberflächenänderungen im Zentimeter- bis Dezimeterbereich, die angesichts der eher geringen Mächtigkeiten des auf den Lawinen transportierten Materials entweder rein fluvialer Herkunft sind oder für die dominierende Formung durch „*bulldozing*" (JOMELLI & BERTRAN 2001) der Lawinen sprechen.

Die Waldlawinen auf den Flächen westlich dieses Bereichs weisen den Messungen zufolge keine besonders hohen Akkumulationsmächtigkeiten auf. Sedimente, die in charakteristischer Weise am Fuß von Bäumen abgelagert wurden, sind jedoch ein deutliches Indiz für die geomorphologische Aktivität von Grundlawinen. Im östlichen Teil dieser Fläche wurden durch Lawinen im Untersuchungszeitraum zahlreiche Büsche aus den vorhandenen Grünerlenbeständen (*Alnus viridis*) entwurzelt und hangabwärts transportiert. Eine solche Schädigung der Vegetation kann die Entwicklung oder Wiederansiedelung des Waldes nachhaltig beeinträchtigen (zur Problematik von Waldlawinen vgl. ZENKE & KONETSCHNY 1988, KONETSCHNY 1990). Im Zuge der Schutzwaldsanierung und des Erosionsschutzes wurden daher einige Hangbereiche beidseits des Gerinnes mit hölzernen Dreifußkonstruktionen zur Verhinderung von Schneebewegungen verbaut. Im Verlauf des Untersuchungszeitraumes wurden einige Anrisse unterhalb der verbauten Flächen beobachtet, die Anrissfrequenz vor der Verbauung ist nicht bekannt.

7.2.2 Reintal

Im Reintal finden sich maximale Ablagerungsmächtigkeiten (2000-2002: Maximum=7 *mm*, vgl. Abbildung 7.5) auf mehreren Lawinenstrichen, sie sind nicht wie im Untersuchungsgebiet Lahnenwiesgraben auf einige wenige Gebiete beschränkt.

Tab. 7.4: Durch Lawinen abgelagertes Sediment (Gesamtmasse, inkl. Vegetationsreste) im Untersuchungsgebiet Reintal 1999-2002. Daten 1999 von GERST (2000).

Jahr	Anzahl	Summe [t]	Min [kg]	Max [kg]	Median [kg]	log_{10}: $\bar{x} \pm s$
1999	5	46	600	26800	1200	3,48 ± 0,77
2000	21	240	300	47900	4390	3,70 ± 0,62
2001	25	101	100	29800	1600	3,14 ± 0,69
2002	11	52	400	15000	3170	3,52 ± 0,42
gesamt	62	439	100	47900	3100	3,42 ± 0,67

In Abbildung 7.7 sind die Ablagerungen der Lawinen R-OW und R-UW westlich bzw. östlich des Partnach-Wasserfalls detailliert dargestellt (vgl. auch Abbildung 7.2). Das Gebiet maximaler Akkumulation zieht sich bei der Lawine R-0W an der orographisch linken (östlichen) Seite des Lawinenstriches entlang, hier liegt die Vermutung eines Prallhangeffekts nahe. Infolge der Überfließung eines Rückens im Jahr 2001 (nach Südosten ausgreifender Lobus am unteren Ende der Lawinenablagerung) wurden größere Mengen Lockermaterial lokal eng begrenzt mit einer Mächtigkeit von durchschnittlich 2-7 mm abgelagert. Im gesamten Ablagerungsbereich von R-OW sind „*perched boulders*" stark vertreten (vgl. Abbildung 8.6).
Bei der Lawine R-UW ist anhand des Ablagerungsgebietes darauf zu schließen, dass die Lawine knapp oberhalb der Höhenlinie 1500 die Tiefenlinie verläßt und über den im Anschluss gestreckten Hang weiterfließt. Besonderheiten im Umriss der Ablagerungen, die Rückschlüsse auf den Prozess der Erosion oder Remobilisierung von Sedimenten zulassen, sind wie bei den meisten Flächen nicht zu erkennen.

Allgemein ist die räumliche Verteilung homogen bedeckter Teilflächen im Bezug auf die Gesamtfläche einer Lawinenablagerung nicht generell als regelhaft zu beurteilen (vgl. auch JOMELLI 1999a). Stellenweise kann die Lage von Zonen besonders hoher Akkumulation jedoch gut mit Faktoren wie der Geometrie der Sturzbahn oder der Verortung von Sedimentquellen erklärt werden.

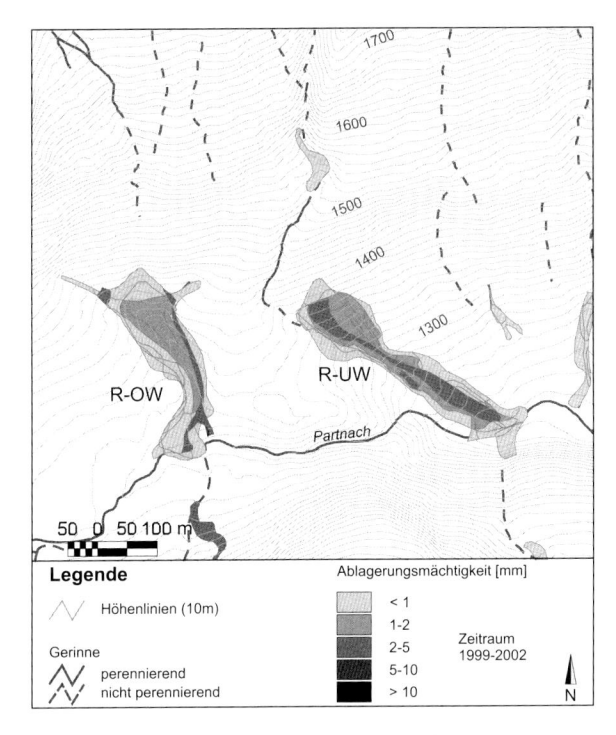

Abb. 7.7: Detailkarte von Lawinenablagerungen auf den Lawinenstrichen R-OW (westl.) und R-UW (östl.), Untersuchungsgebiet Reintal. Dargestellt sind die aufsummierten Ablagerungsmächtigkeiten der Jahre 2000-2002.

7.3 Zusammensetzung der abgelagerten Sedimente

Die Zusammensetzung der transportierten Sedimente wird aus den granulometrischen und organometrischen Analysen abgeleitet (Abschnitt 6.2). Gemeinsamkeiten und Unterschiede sind skalenabhängig, d.h. die mittlere Zusammensetzung aller Proben auf Einzugsgebietsebene bleibt von Jahr zu Jahr weitgehend konstant, während sich die Sedimente auf einzelnen Lawinenstrichen im selben Untersuchungsgebiet deutlich voneinander unterscheiden können. Aus Abbildung 7.9 geht hervor, dass im Untersuchungsgebiet Lahnenwiesgraben höhere Organikanteile und geringerer Schuttgehalt > 2 mm auf den höheren Anteil boden- und vegetationsbedeckter Flächen in der subalpinen Höhenstufe hinweisen, während die Sedimente im Reintal zu über 90% aus Schuttpartikeln > 2 mm bestehen. Die unterschiedlichen

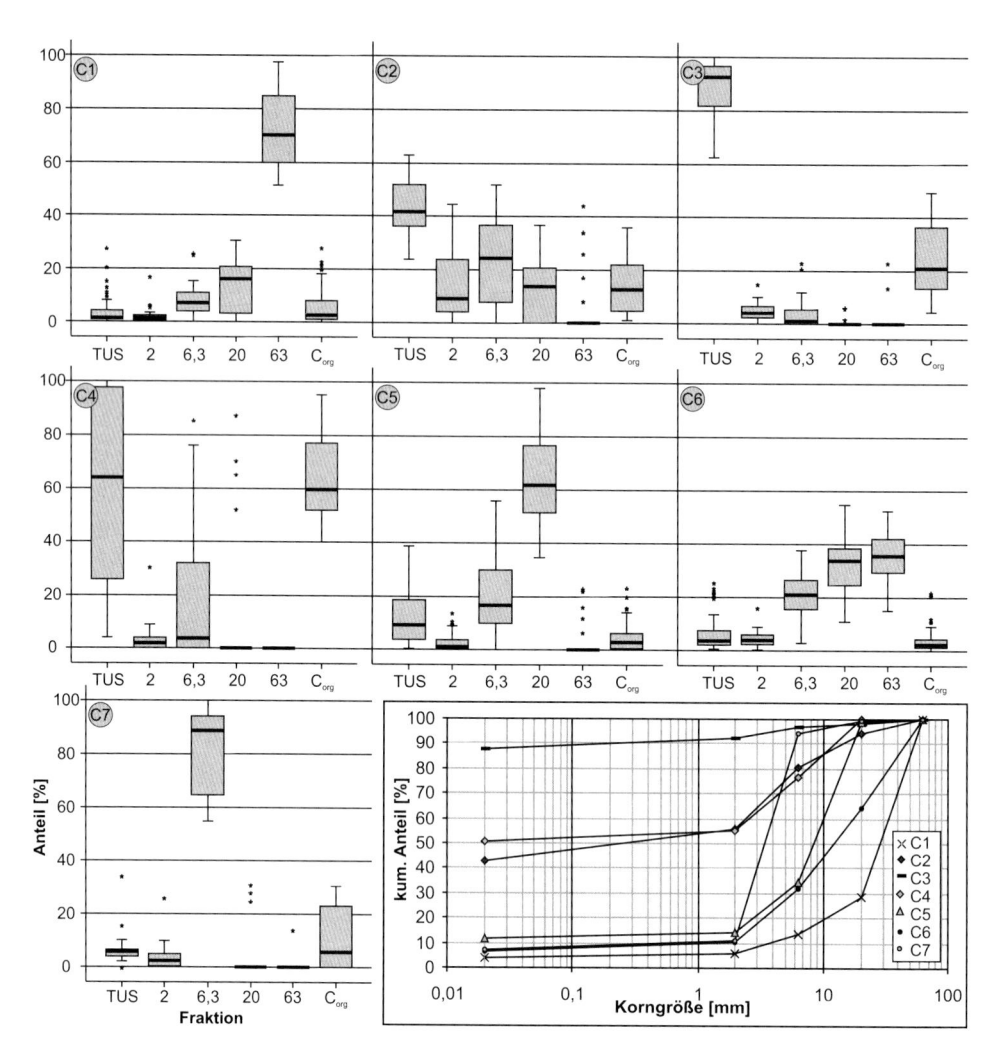

Abb. 7.8: Zusammensetzung von 270 Sedimentproben von Lawinenablagerungen aus beiden Untersuchungsgebieten, anhand einer Clusteranalyse in 7 charakteristische Gruppen (C1-C7) eingeordnet. Rechts unten sind die Summenkurven der Clusterzentren (normiert auf 100%) dargestellt.

Charakteristika der Untersuchungsgebiete im Hinblick auf Lithologie, Böden und Vegetation spiegeln sich damit deutlich in der Zusammensetzung der Sedimente wider.

Um einen Überblick über die Eigenschaften der durch Lawinen abgelagerten Sedimente und ihre raum-zeitliche Verteilung zu erhalten, wurden die Ergebnisse der Korngrößen- und Organik-Analysen der einzelnen Proben ($n=270$) mittels einer Cluster-Analyse (vgl. z.B. BAHRENBERG ET AL. 2003) in 7 Gruppen mit ähnlicher Korngrößenverteilung eingeteilt. Die Anzahl wurde anhand einer hierarchischen Cluster-Analyse (Methode: *linkage* zwischen Gruppen) unter SPSS festgesetzt, die Klassifikation erfolgte mithilfe einer Clusterzentren-Analyse (*quick cluster*). Eine zur Kontrolle durchgeführte Diskriminanzanalyse zeigt eine sehr gute Trennung der Proben durch die gebildeten Cluster an (bei Kreuzvalidierung werden etwa 90% der Proben korrekt zugeordnet). In Abbildung 7.8 sind die prozentualen Anteile der einzelnen Fraktionen für die 7 Cluster dargestellt. Anhand der typischen Summenkurven (Cluster-Zentren, normiert auf 100%) lassen sich die durch die Clusteranalyse zugewiesenen Gruppen miteinander vergleichen.

Die Cluster 1, 5, 6 und 7 zeichnen sich durch geringe Feinmaterialanteile aus, Unterschiede bestehen hier nur im Hinblick auf die Anteile der gröberen Korngrößenfraktionen. Die Cluster 6 und 7 unterscheiden sich beispielsweise hinsichtlich ihrer Sortierung und im Anteil der gröbsten Korngrößenklasse: Cluster 7 weist mit einem deutlichen Modus bei 6,3 mm und einem geringen Anteil >63 mm eine erheblich bessere Sortierung auf als Cluster 6, bei dem die Korngrößenklassen zwischen 2 und 63 mm eher gleich verteilt sind. Cluster 5 ist durch etwas höhere Anteile an Feinsedimenten (im Mittel etwa 10%), einen deutlichen Modus bei 20 mm und ebenfalls recht gute Sortierung gekennzeichnet. Vor allem bei den gut sortierten Typen C5 und C7 besteht die Möglichkeit, dass sie entweder von sehr homogen verwitternden Gesteinen herrühren oder von Sedimenten abgeleitet sind, die ihrerseits durch einen selektiv transportierenden Prozess abgelagert wurden. Die Cluster 2 und 4 repräsentieren schlecht sortierte Sedimente (z.B. Hangschutt oder Moränenmaterial) mit in etwa gleichem Fein- und Grobanteil; sie unterscheiden sich vor allem im Organikgehalt (Cluster 4 weist mit > 40% sehr hohe Organikanteile auf). Die Proben im Cluster

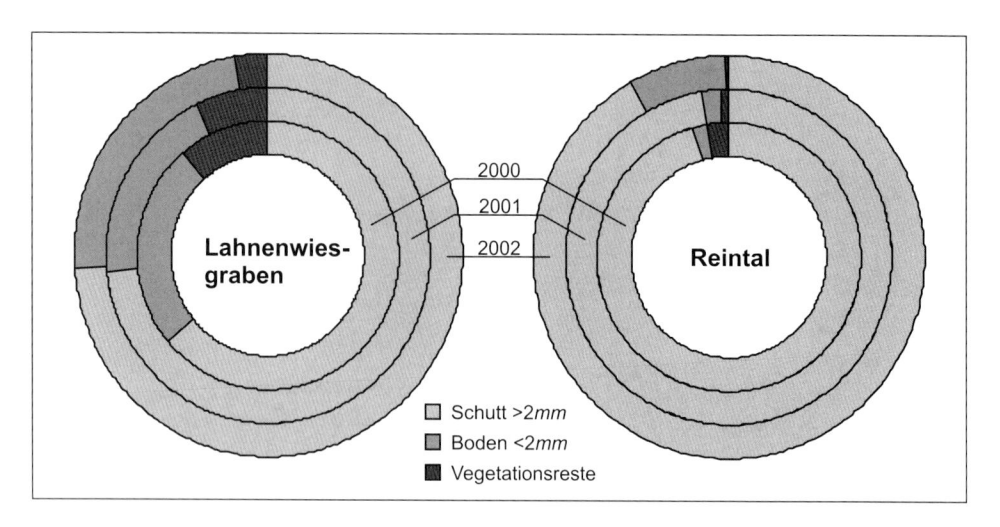

Abb. 7.9: Prozentuale Zusammensetzung (Anteile von Schuttpartiken, Feinmaterial (i.W. Boden) und Vegetationsreste) der durch Lawinen transportierten Sedimente in den Jahren 2000-2002.

3 setzen sich nahezu ausschließlich aus Feinmaterial mit mittlerem bis hohem Organikanteil zusammen. Aufgrund der Verbreitung von Proben, die dem Typ C3 zugeordnet werden können (s.u.), entspricht dieser Typ den lehmigen Verwitterungsprodukten der kalkigen bis mergeligen, überwiegend jurassischen Sedimentgesteine des Lahnenwiesgrabens (vgl. Abschnitte 5.2.1 und 5.3.1).

Während die Clusterhäufigkeiten im Bezug auf die Probenanzahl relativ gleichmäßig verteilt sind (C1:20%, C2: 9%, C3: 7%, C4: 7%, C5: 32%, C6: 18%, C7: 7%), fallen die Anteile an der Sedimentfracht eines Jahres in den Untersuchungsgebieten wie auch auf einzelnen Lawinenstrichen sehr unterschiedlich aus. Hinsichtlich der Gesamt-Sedimentfracht (Abbildung 7.10) ist festzustellen, dass im Reintal deutlich die Cluster dominieren, die relativ grobe Sedimente repräsentieren (C1, C5, C6 und C7). Feinsedimente vom Typ C2 und C4 machen nur einen Bruchteil der Sedimentfracht aus, C3 ist im Reintal nicht vertreten. Im Untersuchungsgebiet Lahnenwiesgraben sind die überwiegend von Feinmaterial dominierten Cluster 2-4 mit bis zu 50% an der Sedimentfracht beteiligt. Über den gesamten Untersuchungszeitraum

Zusammensetzung der abgelagerten Sedimente 97

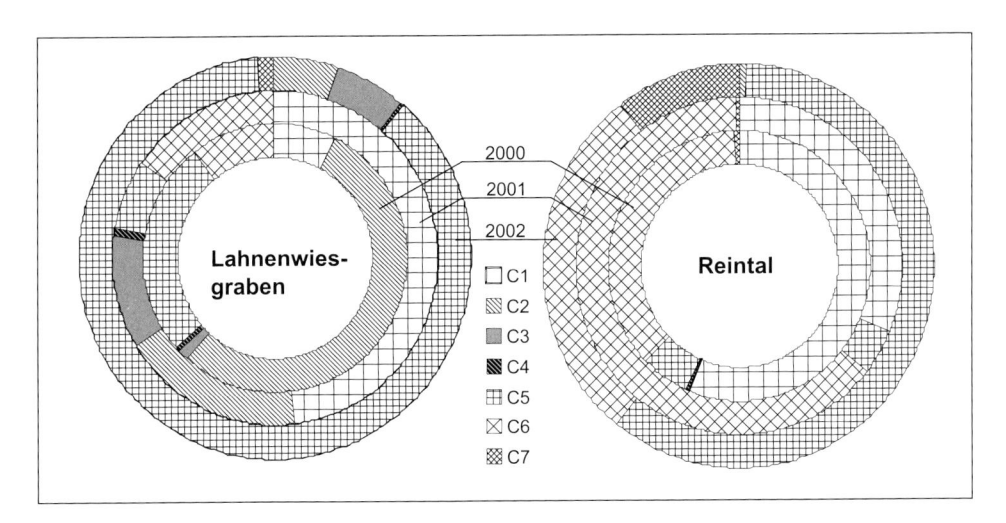

Abb. 7.10: Prozentuale Zusammensetzung (Anteile von Sedimenten von charakteristischer Korngrößenzusammensetzung, Cluster 1-7; vgl. Text) der durch Lawinen transportierten Sedimente in den Jahren 2000-2002.

stellen jedoch auch hier die gröberen Sedimente den weitaus größten Anteil, wobei Typ C6 deutlich weniger zur Sedimentfracht beiträgt als im Reintal.

Generell spiegelt sich der Einfluss von Boden, Lithologie und Vegetation in der räumlichen Verteilung der Sedimente unterschiedlichen Typs wieder. Beispielsweise ist die Ablagerung von eher schlecht sortierten Sedimenten mit relativ hohem Feinmaterial- und Organikgehalt (Typ C4) im Untersuchungsgebiet Lahnenwiesgraben deutlich auf Lawinenstriche mit Waldanteil konzentriert (westlich und östlich „Sperre" sowie zwischen Staudenlahner und Pflegeralm). Die Verbreitung des Typs C3 (nahezu reines Feinmaterial mit geringerem bis mittleren Gehalt an Vegetationsresten; im Reintal nicht vertreten) ist ausschließlich auf das Gebiet westlich der Lokalität „Sperre" beschränkt und umfasst das Einzugsgebiet des Roten Grabens und den westlich anschliessenden Hang „Enning". Diese Flächen sind im Wesentlichen deckungsgleich mit der Verbreitung von anstehenden Aptychen- und Allgäuschichten (Lias-Fleckenmergel). Die Verbreitung der anderen Typen ist im Untersuchungsgebiet Lahnenwiesgraben nicht eindeutig lokal konzentriert und wechselt auch zum Teil von Jahr zu Jahr (siehe nächster Absatz). Im

Tab. 7.5: Variabilität der Korngrößenzusammensetzung ausgewählter Lawinenablagerungen (Jahre 2000-2003). Aufgeführt ist neben der Masse der transportierten Sedimente [t] der prozentuale Anteil der Sedimenttypen (Cluster C1-C7, vgl. Text) an der Sedimentfracht. Die zugehörigen Verteilungen der Fraktionen sind in Abbildung 7.8 dargestellt.

Lawinenstrich	Jahr	Sedimentfracht [t]	Cluster						
			C1	C2	C3	C4	C5	C6	C7
R-OW (oberhalb Partnach-Wasserfall)	2000	6	60,9					34	5,1
	2001	30	59,2					40,8	
	2002	10					100		
R-UW (unterhalb Wasserfall)	2000	48	58,3				4,7	37	
	2001	18						100	
	2002	3					100		
R-HG (Hintere Gumpe)	2000	4	65,5					34,5	
	2001	1						100	
	2002	3					100		
R-VG (Vordere Gumpe)	2000	11					65	30,9	4,1
	2001	< 1		90,8			9,2		
	2002	5					100		
L-SP (Sperre)	2000	27	5,2	50,6			3,4	40,8	
	2001	2		92,4	3,5		4,1		
	2002	< 1					100		
	2003	5		70,8	5,2		24		
L-EN (Enning)	2000	170	4,4	94,9			0,2	0,4	0,1
	2001	< 1				31,6	68,4		
	2002	< 1		62,5	37,6				

Reintal sind Sedimente der Typen C1, C5, C6 und C7 ohne erkennbare Regelhaftigkeit im Raum verteilt, die übrigen Typen sind nicht (C3) oder nur sehr wenig (C4 auf drei, C2 nur auf zwei Flächen) vertreten.

Tabelle 7.5 zeigt Gemeinsamkeiten und Unterschiede in der Zusammensetzung der Sedimente auf der Maßstabsebene einzelner Lawinenstriche während der Jahre 2000-2003. Die über mehrere Jahre beprobten Lawinen im Reintal (Zeilen 1-4) weisen eine relativ homogene Sedimentzusammensetzung auf. Die relativ häufig zu beobachtende Aufteilung der Sedimente auf die

Cluster 1 ($\simeq$ 60-65%) und 6 ($\simeq$ 30-35%) wird in den Jahren 2001 und 2002 ausschließlich durch die Typen C5 oder C6 vertreten, von denen letzterer im Mittel grobkörniger und etwas schlechter sortiert ist.

Die Sedimente der beiden Ablagerungsgebiete im Gebiet Lahnenwiesgraben zeigen eine hohe Variabilität im Beitrag der einzelnen Cluster zur Sedimentfracht in den einzelnen Jahren. Während der Großteil der Ereignisse im Wesentlichen Sediment des Typs C2 und C3 transportiert, treten im Jahr 2001 (Enning) bzw. 2002 (Sperre) deutliche Verschiebungen im Korngrößenspektrum auf; die durchweg kleineren Sedimentfrachten setzen sich hier aus deutlich gröberem Material zusammen. Mit Ausnahme des Jahres 2002 gehören die Sedimente an der Lokalität Sperre mehrheitlich dem Typ C2 an. Da das Anstehende im oberen Einzugsbereich (Aptychenschichten) kaum von mobilisierbarem Lockermaterial überdeckt ist, spricht diese Zusammensetzung für die Herkunft der Sedimente aus der am Unterhang auftretenden Fernmoräne. Im Umkehrschluss stützt das Vorkommen dieses Lockergesteins die Interpretation des Clusters 2 als Moränenderivat. Möglicherweise wurde das aus Moränenmaterial bestehende Ufer des Gerinnes im Jahr 2002 nicht durch die Lawine erodiert, z.B. aufgrund von lokaler Schneebedeckung. Dafür spricht neben der Verschiebung im Korngrößenspektrum (C2 $\Rightarrow$ C5) die geringe Sedimentfracht in diesem Jahr, die deutlich kleiner als in den übrigen Jahren ausfällt.

Diese Befunde lassen die Schlussfolgerung zu, dass die Zusammensetzung der Sedimente zum einen deutlich von den Gegebenheiten im Prozessgebiet beeinflusst wird, dass sie aber auch zu einem hohen Grad von zufälligen Einflussfaktoren abhängig ist. Hierzu zählen beispielsweise der exakte Verlauf und die Schneebedeckung der Lawinenbahn zum Zeitpunkt des Ereignisses. Ist eine potenzielle Sedimentquelle von Schnee bedeckt, der nicht erodiert wird, oder existiert eine durch die Lawine selbst produzierte Gleitschicht aus komprimiertem Nassschnee (vgl. GARDNER 1983a, JOMELLI & BERTRAN 2001), so kann die Sedimentfracht der Lawine geringer ausfallen und/oder eine im Vergleich zu früheren Ereignissen auf demselben Lawinenstrich deutlich veränderte Zusammensetzung aufweisen. Diese Überlegungen zeigen deutlich, dass auch die Höhe der Sedimentfracht zu einem gewissen Teil zufälliger Natur ist. Im Bezug auf die Abhängigkeit der Sedimentfracht von den verschiedenen Geofaktoren sei auf das Kapitel 13 (speziell Abschnitt 13.2) verwiesen.

7.4　Variabilität von Aktivität und Sedimentfracht

Die geomorphologische Tätigkeit von Lawinen ist wie ihr Auftreten hoch variabel in Raum und Zeit (LUCKMAN 1977). Die zeitliche Variabilität der Lawinenaktivität wird aus den großen Unterschieden hinsichtlich der Lawinenhäufigkeit, sowohl für jeden Lawinenstrich als auch für die gesamten Untersuchungsgebiete, deutlich. Es gibt Lawinenstriche, die im Untersuchungszeitraum in jedem Jahr aktiv waren, während in einigen nur einmal eine Lawine abging. Wieder andere Gebiete sind aufgrund von Indizien (Waldschneise, Ablagerungen, Ortsbezeichnung) mit einiger Sicherheit als Lawinenhänge anzusprechen, in denen aber im Untersuchungszeitraum keine Aktivität zu beobachten war.

Die zeitliche Variabilität des Sedimenttransportes durch Lawinen kann anhand derjenigen Lawinenstriche untersucht werden, die während des Untersuchungszeitraums mehr als einmal aktiv waren. Für diese Analyse wurden 9 Lawinenstriche (LWG:3, R:6) mit mindestens drei Ereignissen im Zeitraum 1999-2003 ausgewählt. Zwei Lawinenstriche (alle Reintal) waren vier Mal aktiv, einer („Sperre", LWG) weist 5 kartierte und beprobte Ereignisse auf. Während die Fläche der 9 Ablagerungen lediglich um durchschnittlich 45% um den jeweiligen Mittelwert schwankt (12-75%), schwankt die Gesamtmasse um durchschnittlich 90% (50-133%) um den jeweiligen Mittelwert. Ähnliche Schwankungsbreiten zeigt der Wert für die durchschnittliche Bedeckung ($[g/m^2]$, somit auch die Mächtigkeit der Akkumulation pro Ereignis) mit etwa 82% (38-132%). Die Variabilität von Sedimentauflage und Gesamtmasse wird anhand der Streuungsbalken in Abbildung 7.11 für jeden untersuchten Lawinenstrich veranschaulicht[4].

Eine Analyse der Streuung der Daten, die der Abbildung 7.11 zugrunde liegen, zeigt, dass sich die Schwankung der Sedimentfracht auf einem Lawinenstrich von Jahr zu Jahr (zeitliche Variabilität) etwa in derselben Größenordnung bewegt wie die Schwankung der Sedimentfracht eines Jahres von Lawinenstrich zu Lawinenstrich (räumliche Variabilität). Die jährlichen Sedimentfrachten von 7 Lawinenstrichen weisen beispielsweise Standard-

---

[4]　Die Streuungsbalken zeigen die mittlere Abweichung vom Mittelwert an, nicht die Spannweite

Variabilität von Aktivität und Sedimentfracht

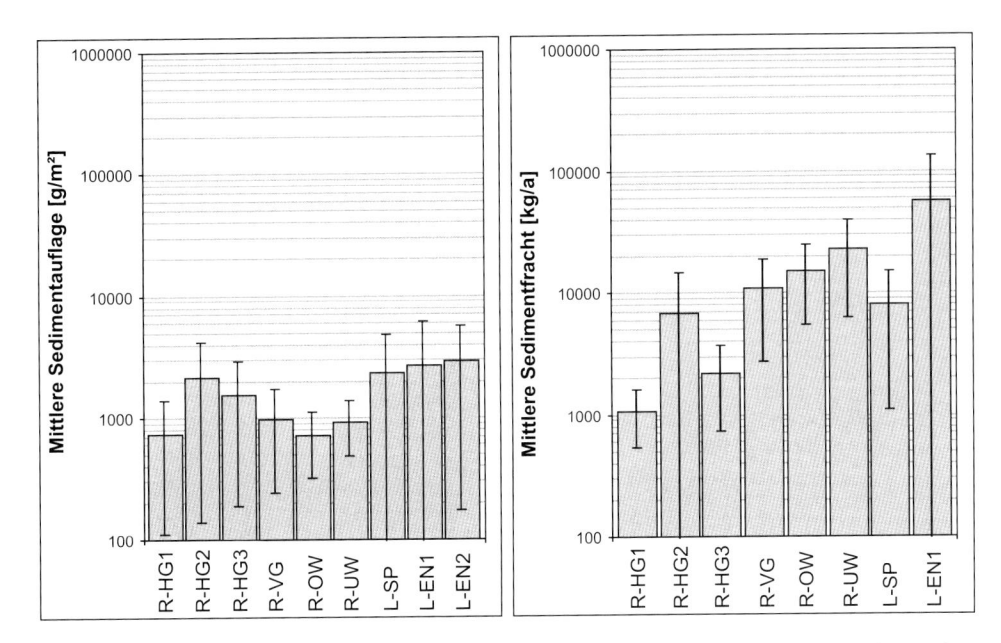

Abb. 7.11: Variabilität von Sedimentauflage (links) und transportierter Masse (rechts) auf 9 Lawinenstrichen in beiden Untersuchungsgebieten (Untersuchungszeitraum 1999-2003). Die Balken geben die mittlere Abweichung vom Mittelwert an.

abweichungen von 773-20447 kg auf, während die Standardabweichung der Sedimentfrachten eines Jahres von Lawinenstrich zu Lawinenstrich bei 435-16526 kg liegt. Die entsprechenden Variationskoeffizienten (Standardabweichung dividiert durch den Mittelwert) errechnen sich zu 0,99-2,64 für die zeitliche bzw. 1,04-2,05 für die räumliche Variabilität.

Unter der Voraussetzung, dass a) die zeitliche Variabilität von klimatischen Faktoren (z.B. Schneerücklage, vgl. BECHT 1995) bestimmt wird, und b) die räumliche Variabilität von den Geofaktoren der Prozessgebiete abhängig ist, lässt sich aufgrund des beschriebenen Befundes nicht festlegen, welcher Faktorenkomplex die Variabilität der Sedimentfracht signifikanter beeinflusst. Um die Hypothese (a) zu belegen, kann beispielsweise analysiert werden, ob die Schwankungen auf den Lawinenstrichen von Jahr zu Jahr systematisch sind, d.h. dem gleichen Trend folgen.

Tab. 7.6: Tendenz der Sedimentfrachten im Vergleich zum jeweiligen Vorjahr auf 9 ausgewählten Lawinenstrichen

Jahr	R-OW	R-UW	R-HG1	R-HG2	R-HG3	R-VG	L-SP	L-EN1	L-EN2
1999									
2000			+	+	+	-	+		
2001	+	-	+	-	-	-	-		
2002	-	-			+	+	-	+	-
2003						+			

Eine Übersicht über die jährliche Sedimentfracht auf den genannten 9 Lawinenstrichen zeigt keine völlig einheitliche Tendenz (Tabelle 7.6). Die Sedimentfrachten des Jahres 2000 liegen zum Großteil über denen von 1999, die Massen von 2001 sind überwiegend kleiner als im Vorjahr. Die Tendenz 2002 ist nicht eindeutig bestimmbar. Die Betrachtung von jährlicher Gesamtbilanz und Lageparametern der Verteilung der Sedimentfrachten pro Ereignis zeigt in beiden Untersuchungsgebieten eindeutig die gleiche Tendenz (vgl. Abbildung 7.4); nach Einschätzung des Autors liegen somit Indizien vor, die die Hypothese stützen, nach der übergeordnete, z.B. klimatische Faktoren, Auswirkungen auf die Lawinentätigkeit und ihre geomorphologischen Folgen haben. Allerdings muss auch die Wirkung lokaler sowie zufälliger Faktoren, z.B. Schneeüberdeckung oder -freiheit der Lawinenbahn sowie Variationen in den Eigenschaften des Lawinenschnees, in die Erklärung der zeitlichen Variabilität einbezogen werden. In Kapitel 13.2 werden mögliche Einflussfaktoren auf Abtrag und Sedimentfracht näher untersucht.

7.5 Berechnung des Abtrags

Soll aus dem gemessenen Sedimenttransport eine Aussage über den durch Lawinen geleisteten Hangabtrag gewonnen werden, muss die Sedimentmasse jedes Ereignisses auf eine Fläche bezogen werden. Damit ist der Abtrag eine skalenabhängige Größe. In der Literatur werden Denudationsraten ($kg/m^2 \cdot a$ oder mm/a), sofern sie überhaupt angegeben werden, unter Bezugnahme auf verschiedene Flächen berechnet, was die Vergleichbarkeit erschwert. BECHT (1995) bezieht aufgrund der Schwierigkeit, das Prozessgebiet von Einzelereignissen zu rekonstruieren, die transportierte Masse zur Berechnung

Berechnung des Abtrags

der Denudationsrate von Lawinen auf die Fläche des Felseinzugsgebietes (wie ANDRÉ 1990), des unvergletscherten Gebietes (wie RAPP 1960) oder auf das gesamte Untersuchungsgebiet. In einem Fall wird die Sedimentfracht auf das Anrissgebiet von Lawinen bezogen.

Um Vergleiche mit anderen Arbeiten zu ermöglichen, wird in der vorliegenden Arbeit zunächst die Summe der in einem Jahr durch Lawinen transportierten Sedimentmassen unter Ausschluss organischer Bestandteile auf die Fläche des jeweiligen Untersuchungsgebietes bezogen (Tabelle 7.7). Die Abtragswirkung von Lawinen liegt danach bei <1 bis etwa 20 $t/km^2 \cdot a$. Dies entspricht einer Erniedrigung um maximal 0,01 mm/a, wenn man davon ausgeht, dass es sich bei dem abgetragenen Material bereits um Lockermaterial (ρ=1800 kg/m^3) handelt, bei Festgestein (ρ=2700 kg/m^3) einem noch geringeren Wert.

Tab. 7.7: Feststoffspende $[t/km^2 \cdot a]$ bzw. $[g/m^2 \cdot a]$ bezogen auf die Fläche der Untersuchungsgebiete. Die Werte für 1999 wurden aus den Daten von GERST (2000) berechnet.

Tal	1999	2000	2001	2002	2003
LWG	5,2	19,63	5,22	0,28	0,27
R	2,6	13,30	5,79	3,01	—

Abbildung 7.12 verdeutlicht die beiden in der vorliegenden Arbeit verwendeten Ansätze zur Berechnung der Feststoffspende bzw. des Abtrags. Ein beliebiges Teileinzugsgebiet (hier: das hydrologische Einzugsgebiet einer Lawinenablagerung) wird durch die Aktivität aller an der Sedimentkaskade beteiligten geomorphologischen Prozesse erodiert und dadurch erniedrigt. Dies geschieht auf der gesamten Fläche, die u.U. erheblich größer ist als das von der Lawine tatsächlich überfahrene Gebiet. Bezieht man die Masse des am Ausgang des Einzugsgebietes bilanzierten Lockermaterials auf die Fläche des hydrologischen Einzugsgebietes, entspricht das Ergebnis nicht der Tieferlegung allein durch die Lawine. Vielmehr wird dadurch derjenige Anteil an der gesamten im Einzugsgebiet erodierten Masse (bzw. an dem gesamten Betrag der Erniedrigung) quantifiziert, der durch Lawinen aus dem Einzugsgebiet heraustransportiert wird (Abbildung 7.12 links). Auch bei der Berechnung des Abtrags im Bezug auf das Prozessareal der Lawine ist Lockermaterial enthalten, das durch andere Prozesse aus dem Einzugsgebiet

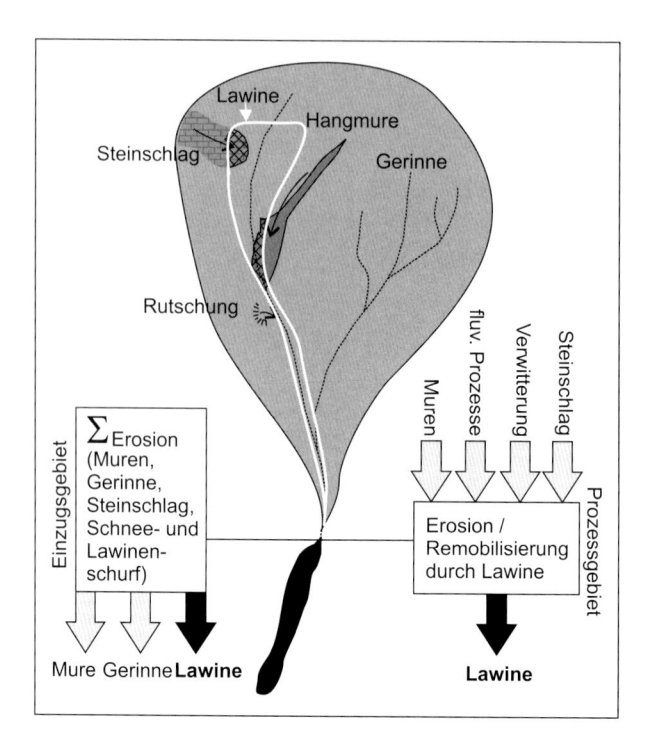

Abb. 7.12: Die Berechnung des Abtrags durch Lawinen im Bezug auf das hydrologische Einzugsgebiet der beprobten Ablagerung (links) und das eigentliche Prozessgebiet (rechts), das entweder kartiert oder modelliert werden kann.

in die Tiefenlinie bzw. in das Prozessgebiet gelangt oder dort in Sedimentspeichern vorrätig ist. Da die von der Lawine transportierten Sedimente jedoch ausschließlich im Prozessareal erodiert bzw. remobilisiert werden, erhält man einen realistischeren Eindruck von der Abtragsintensität des Prozesses (Abbildung 7.12 rechts). Auch hier wird die Dichte von Lockergestein (1800 kg/m^3) verwendet, da Lawinen in erster Linie als remobilisierendes Agens von bindigem (Boden) und nicht-bindigem (Schutt) Sediment gesehen werden müssen (vgl. LUCKMAN 1977, 1978a).

An dieser Stelle wird der Abtrag zunächst im Bezug auf die hydrologischen Einzugsgebiete der Lawinenablagerungen berechnet, da diese im GIS relativ unkompliziert mittels des DHM bestimmt werden können. Das Prozessmodell wird in Abschnitt 12.2 zur Berechnung des Abtrags im (potenziellen) Prozessareal der Lawinen verwendet.

Die hydrologischen Einzugsgebiete der Lawinenablagerungen wurden mit dem SAGA-Modul **Catchment** (HECKMANN 2003) mit dem einfachen D8-Algorithmus (O'CALLAGHAN & MARK 1984) ausgehend von den n höchstgelegenen Rasterzellen der jeweiligen Ablagerungsfläche bestimmt. Die Beschränkung auf die höchstgelegenen Rasterzellen verhindert, dass tributäre Teileinzugsgebiete hinzugezählt werden, die erst weiter unten am Hang seitlich in die Lawinenbahn einmünden, aus denen die Lawine aber nicht gekommen sein kann. Auf diese Weise wird die Differenz zwischen dem modellierten Einzugsgebiet und dem tatsächlichen Prozessgebiet sinnvoll beschränkt.

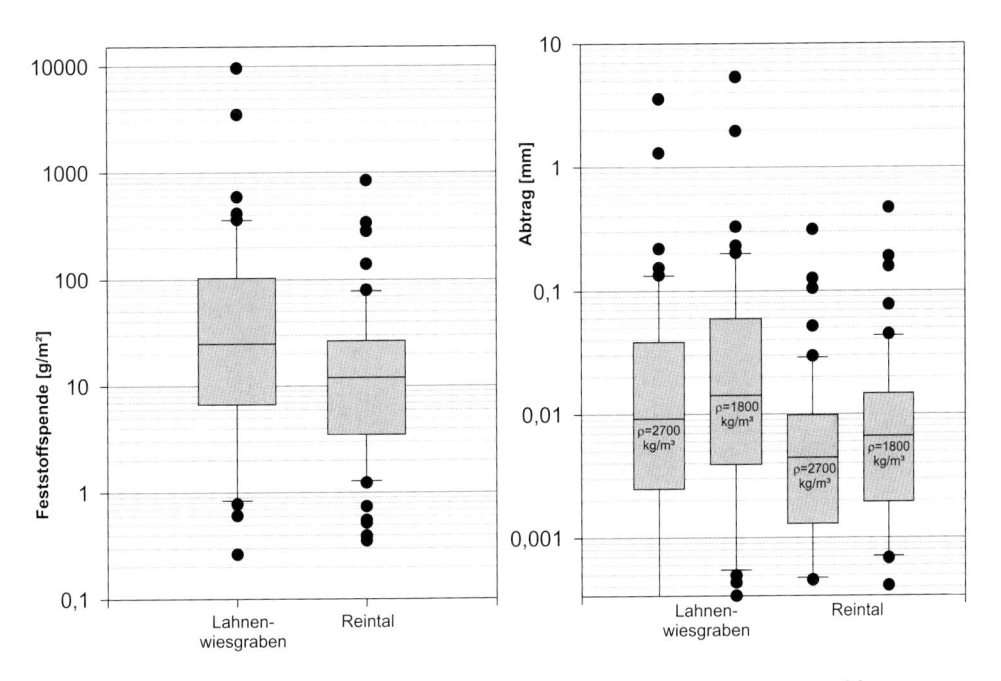

Abb. 7.13: Unter Bezug auf das hydrologische Einzugsgebiet von Lawinenablagerungen berechnete Feststoffspenden [g/m^2] (= [t/km^2]; links) und Abtragswerte [mm] (rechts) für beide Einzugsgebiete. Die Abtragswerte sind für Lockermaterial (Dichte 1800 kg/m^3) bzw. Festgestein (Dichte 2700 kg/m^3) berechnet.

Die Feststoffspenden wurden zunächst für alle beprobten Ereignisse getrennt ermittelt. Es zeigt sich, dass nach Entfernung zweier Ausreisser (3500 g/m^2 und 9600 g/m^2, beide in kleinen Einzugsgebieten im LWG) auch diese Werte lognormal verteilt sind (Komolgorov-Smirnoff-Anpassungstest, SACHS 1999). Die Mittelwerte sind im Reintal aufgrund der zum Teil erheblich größeren Einzugsgebiete (vgl. Abbildung 7.2) niedriger als im Lahnenwiesgraben. Obwohl sich die Verteilungen aus den beiden Untersuchungsgebieten (Abbildung 7.13) signifikant voneinander unterscheiden, gilt dies nicht für die Mittelwerte (T-Test für unabhängige Stichproben gleicher Varianz, SACHS 1999). Die mittlere (Median, $n = 122$) Denudationsrate eines Ereignisses, bezogen auf das Einzugsgebiet der beprobten Ablagerung, liegt somit bei etwa 14 g/m^2 (entspricht der Einheit t/km^2) und ist in 90% der beobachteten Fälle größer als 1,1 g/m^2. Der Anteil von Lawinen an der Denudation von Teileinzugsgebieten ist mit meist deutlich weniger als 0,1 mm pro Ereignis als gering anzusehen.

7.6 Fallstudie „Roter Graben"

Im Frühjahr 2001 wurden bei den Geländearbeiten im Lahnenwiesgraben-Einzugsgebiet stark sedimentführende Lawinenablagerungen im Bachbett des Roten Grabens (RG) aufgenommen, die sich deutlich von den anderen Schneeablagerungen unterschieden. Der Lawinenschnee bestand aus zugerundeten Blöcken von einigen *dm* Durchmesser (*snowball deposits* nach JOMELLI & BERTRAN 2001). Diese Form der Ablagerung entspricht dem Typ F2H3 der Internationalen Klassifikation (vgl. Tabelle 2.1) und entsteht beim Abgang von Nassschneelawinen mit mäßigem bis hohem Wassergehalt (BOZHINSKIY & LOSEV 1998, mdl. Mitt. SOVILLA 2002). Hierbei zerlegt sich ein abgehendes Schneebrett in kleinere Bestandteile, die sich aber während des Abgangs wieder zu größeren Aggregaten zusammenballen können. Das mitgeführte Sediment befindet sich teils in den Zwischenräumen zwischen den Schneeblöcken, teils ist es an der Oberfläche der Aggregate festgefroren.

Abb. 7.14: Sturzbahn und Ablagerungsgebiet der Lawine L01-RG. Die zusammengeballten Schneeablagerungen haben eine Mächtigkeit von bis zu 3-4 m. Deutliche Erosionserscheinungen sind auf beiden Seiten der Lawinenbahn zu erkennen (Erosionskante im Detailphoto rechts). April 2001 (Photos: V. Wichmann)

Abbildung 7.14 zeigt Aufnahmen des Ablagerungsgebietes und deutliche Erosionsspuren in der unteren Zugbahn, wie sie zur Zeit der ersten Geländeaufnahme (April 2001) angetroffen wurden. Teile der Zugbahn waren von einer dünnen (10^0-10^1 cm mächtigen) Schicht stark kompaktierten, partiell feinsedimenthaltigen Schnees verkleidet. Dieses Phänomen ist aus der Literatur bekannt und kann die Bodenoberfläche vor (weiterer) Erosion durch die Lawine schützen (GARDNER 1983b); nach JOMELLI & BERTRAN (2001) bildet sich diese Gleitschicht aufgrund von Reibungswärme während des Lawinenabganges. Im Juli 2001 wurde nach dem Abschmelzen des größten Teils des Lawinenschnees das Ausmaß der Sedimentverlagerungen sichtbar. An zwei Stellen des Lawinenstriches war der Boden großflächig sehr tiefgründig erodiert, was an der Stufenhöhe der Erosionskanten (50 bzw. 80 cm) abgemessen werden konnte (Abb. 7.15, links), während im unteren Teil des Ablagerungsgebietes flächenhaft überwiegend lehmiges, mit Steinen durchsetztes Material abgelagert wurde (Abb. 7.15, rechts).

Abb. 7.15: Durch Lawinenschurf eines Ereignisses im Gebiet „Roter Graben" erzeugte Erosionskante (links) und Sedimentablagerungen (rechts). Juli 2001 (Photos: T. Heckmann)

Die betroffenen Flächen wurden auf vergrößerten Orthophotos (Maßstab 1:1250) kartiert und die jeweilige Höhe der Reliefveränderung abgeschätzt, so dass die Volumina des erodierten bzw. abgelagerten Sediments berechnet werden konnten. Aufgrund der Lage der Erosionskanten auf den Gerinneeinhängen wurde den zugehörigen Erosionsflächen jeweils die Hälfte der

Tab. 7.8: Bilanzierung von Erosion und Akkumulation im Prozessgebiet der Lawine L01-RG („Roter Graben") auf der Grundlage der Kartierung von Erosions- und Akkumulationsbereichen.

Reliefveränderung [cm]	Oberfläche [m^2]	Volumen [m^3]	Gewicht [t]
-40 bis -30	30	9,1 - 12,2	(Lagerungsdichte:
-25 bis -20	72	14,3 - 17,9	1,8 t/m^3)
-25 bis -10	26	2,5 - 6,5	
-10 bis -5	46	2,3 - 4,6	
-5 bis -2	211	4,2-10,6	
-1 bis 0	204	0 - 2	
Gesamt Erosion		32,6 - 53,8	
Σ	**589**	~**43,2**	~**77,76**
0 bis 2	141	0 - 2,8	
2 bis 5	306	6,1 - 15,3	
5 bis 15	61	3,0 - 9,1	
15 bis 20	24	3,5 - 4,7	
20 bis 25	75	14,9 - 18,6	
25 bis 30	2	0,6 - 0,7	
50	2	1	
Gesamt Akkumulation		29,2 - 52,3	
Σ	**610**	~**40,7**	~**73,26**

Kantenhöhe als mittlerer Erosionsbetrag zugewiesen. Die Gerinneseiten im Anstehenden, die erkennbar frische Schurfspuren aufwiesen, wurden mit einem Abtragswert von maximal 1 cm (Schwankungsbereich 0-1 cm, s.u.) versehen. Die digitalisierten Flächen wurden mit der Formel 6.1 korrigiert, um die wahre Oberfläche in steilem Gelände zu erhalten. Tabelle 7.8 fasst die Ergebnisse für Flächen mit Erosions- bzw. Akkumulationserscheinungen zusammen. Für die Abschätzung und Klassifizierung der Reliefveränderung im Gelände wurden, angepasst an die verschiedenen Flächen, unterschiedlich große Vertrauensbereiche angegeben, so dass die Endergebnisse für die verlagerten Volumina einen Fehlerbereich von ±10 m^3 (etwa 20-25%) aufweisen. Die berechneten Ergebnisse für Erosion und Akkumulation zeigen eine sehr gute Übereinstimmung, so dass insgesamt von einer korrekten Bilanzierung ausgegangen werden kann. Die zugehörigen Massen wurden mit einer angenommenen Lagerungsdichte von 1,8 t/m^3 berechnet. Für die Lawine kann demnach eine Sedimentbilanz von etwa 42 m^3 (75t) aufgestellt werden. Insgesamt wurden etwa 1210 m^2 des Lawinenstriches erkennbar überformt, das entspricht etwa 11% des kartierten Prozessgebietes der Lawine RG-01, aber weniger als 1% des hydrologischen Teileinzugsgebietes.

Wie die Kartierung (Abbildung 7.16) zeigt, konzentrieren sich die Erosionserscheinungen auf zwei Abschnitte des Prozessareals. Der untere Abschnitt (Detailkarte a) weist einen großen Lawinenschurf von etwa 100 m^2 Fläche mit einer Erosionskante von 50 cm Höhe auf (Abbildung 7.15, links). Das Ablagerungsgebiet für die transportierten Sedimente beginnt unmittelbar hangabwärts dieses Erosionsbereiches. Flächenhaft sind die Ablagerungen zwischen 5 und 20 cm mächtig (Abb. 7.15, rechts). Stellenweise erreichen einzelne Bodenschollen jedoch auch Mächtigkeiten von bis zu 50 cm. Im oberen Abschnitt (Detail b) finden sich leichte Schurfspuren an der orographisch rechten Gerinneseite, wo die Lawine durch einen engen Einschnitt im Anstehenden verläuft. Am Ausgang dieses stark kanalisierten Abschnittes wurde in einer Verflachung der mit etwa 80 cm Stufenhöhe größte Erosionsbetrag gemessen. Die Schurfbereiche auf der linken Gerinneseite ähneln morphologisch Uferrutschungen, jedoch finden sich unterhalb der Anrissbereiche keine korrelaten Ablagerungen.

Während Lawinenschnee in der gesamten unteren Hälfte des Prozessgebietes zur Ablagerung kam, sind die Sedimentablagerungen auf das kartierte Gebiet begrenzt. Diese Tatsache belegt, dass die Erosion von Sedimenten in der Zugbahn in erster Linie an der Front erfolgt und dass die Sedimente bis zum Stillstand der Lawine transportiert werden. Anderenfalls müssten die Ablagerungen über einen größeren Bereich verteilt sein, beispielsweise in den flacheren Abschnitten unmittelbar nördlich der Detailkarte b. Im Gelände wurden jedoch nur kleinere Grassoden mit anhaftendem Boden ausserhalb der kartierten Ablagerungsbereiche vorgefunden.

Abb. 7.16: Geomorphologische Kartierung im Einzugsgebiet „Roter Graben" mit dem Prozessareal der Lawine L01-RG. Die Detailkarten zeigen Erosions- und Akkumulationsbereiche, auf deren Basis die Sedimentbilanz des Ereignisses ermittelt werden konnte. Kartierung der Vernässungsbereiche, Rinnen und Steinschlaggebiete: Geländepraktikum Uni Göttingen (August 2003) unter Mithilfe von VOLKER WICHMANN, FLORIAN HAAS & MICHAEL BECHT

Fallstudie „Roter Graben" 111

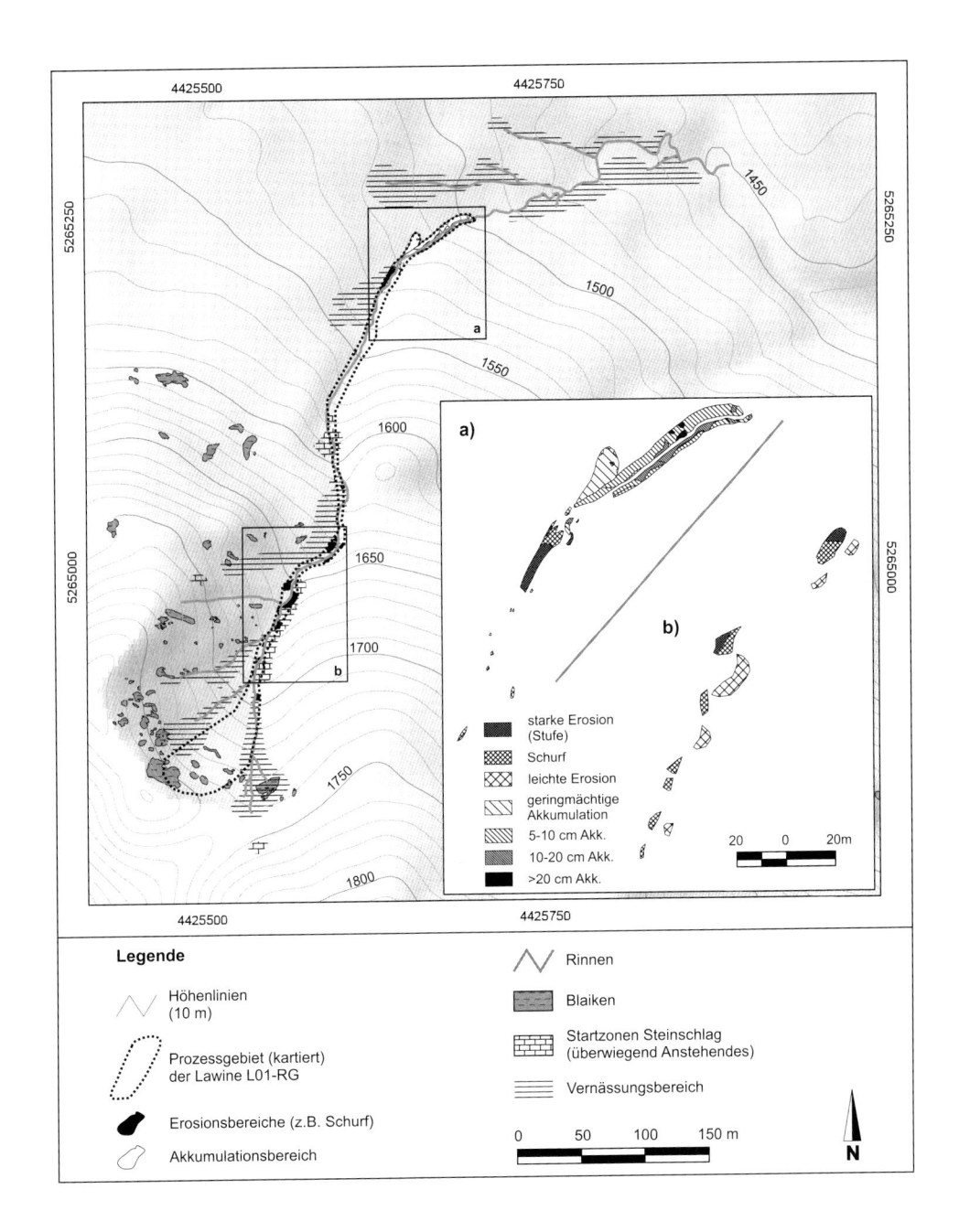

Das Prozessgebiet ist durch zum Teil kleinräumig wechselnde Geologie und Böden gekennzeichnet. Das Oberflächensubstrat besteht weitgehend aus lehmigen Schichten von teilweise großer Mächtigkeit. Die Bodenkarte von KOCH (2005) verzeichnet Rohböden im oberen Bereich, ansonsten Rendzinen und Braunerde-Kolluvium. Einige steile Abschnitte des Roten Grabens verlaufen im Anstehenden (Abbildung 7.16), wo Doggerkalk und Aptychenschichten angeschnitten werden. Deutliche Vernässungserscheinungen können in der Mitte und im unteren Teil des Prozessgebietes beobachtet werden. Sie sind hauptsächlich mit dem Vorkommen der Allgäuschichten (Lias-Fleckenmergel) assoziiert. In den genannten Bereichen liegen auch die Flächen mit den mit Abstand höchsten Erosionsbeträgen (Detailkarten a und b in Abbildung 7.16). Zahlreiche Blaiken im obersten Teil belegen die hohe Suszeptibilität für durch Schneebewegungen bedingte Erosionserscheinungen. Die Lawinenerosion im Prozessgebiet ist jedoch nicht allein an diese Substrate gekoppelt, Erosionsmarken finden sich auch in anderen Teilen des Prozessgebietes, zum Teil auch im Anstehenden; sie sind dort lediglich schwächer ausgeprägt. Aus diesen Befunden läßt sich schließen, dass lehmige und/oder vernässte Böden besonders anfällig für die Lawinenerosion sind, dass sie aber nur die Stärke und nicht das Vorkommen von Erosion beeinflussen. Die für die Erosivität der Lawine maßgeblichen Faktoren werden mithilfe einer Modellsimulation anhand der hier vorgestellten Lawinenkartierung in Abschnitt 13.1 analysiert.

8 Formung durch Lawinen in den Untersuchungsgebieten

Eine Schwierigkeit bei der Beurteilung der Relevanz von Lawinen für die Formung in einem Gebiet mithilfe einer Kartierung charakteristischer (Ablagerungs-)formen liegt darin, dass diese meist selten in Reinform vorkommen. Andere Formungsprozesse überlagern und maskieren die geomorphologische Aktivität von Lawinen, so dass aus der geringen Verbreitung typischer Formen nicht auf die Abwesenheit oder mangelnde Intensität des Prozesses, sondern nur auf die Seltenheit von Lokalitäten geschlossen werden kann, an denen Lawinen tatsächlich den dominierenden Formungsprozess darstellen (LUCKMAN 1978a). Der Vergleich der Karte der sedimentführenden Lawinenereignisse im Reintal (Abbildung 7.2) mit der Speicherkartierung von SCHROTT ET AL. (2002, 2003) zeigt eindeutig, dass das Prozessgebiet drastisch unterschätzt werden kann, wenn im Sommer der Zustand der Flächen für die Identifikation und Beurteilung der wirksamen Prozesse und Prozesskombinationen genutzt wird. Die Identifikation des potenziellen Prozessgebietes durch ein Modell stellt zudem einen Schwerpunkt der vorliegenden Arbeit dar, so dass auf die flächendeckende Kartierung von Lawinenformen verzichtet wurde. Die folgenden Abschnitte zeigen am Beispiel von einzelnen Lokalitäten auf, welche nivalen Formungsprozesse in den Untersuchungsgebieten auftreten. Das Phänomen der Blaikenbildung (Abschnitt 8.1), die Impaktformung an der Lokalität „Sperre" (Abschnitt 8.2) sowie die morphometrische Unterscheidung von Lawinenablagerungen und Schuttkegeln (Abschnitt 8.3) werden detaillierter untersucht.

8.1 Erosionsformen

Die im Untersuchungsgebiet Lahnenwiesgraben vorrangig ins Auge fallenden Erosionsformen, deren Entstehung mit gleitenden bis lawinenartigen Schneebewegungen in Verbindung gebracht werden können, sind Blaiken (Abbildung 8.1; vgl. Abschnitt 3.1). Nach einer Kartierung auf Orthophotos von 1960 und 1999 sind diese Formen auf einer Fläche von 22,7 bzw. 12,5 *ha* vertreten, dies entspricht einer Netto-Abnahme von fast 50% im Verlauf von 39 Jahren. Auch BECHT (1995) konstatiert anhand einer Luftbildanalyse für ein Gebiet in den Nördlichen Kalkalpen (Kesselbachtal) einen Rückgang um 21% zwischen 1952 und 1990. Diese Tendenz kann dennoch nicht als

Abb. 8.1: Hänge mit ausgeprägter Blaikenbildung im Bereich „Roter Graben" (links) und „Enning" (rechts). Aus zwei Aufnahmen zusammengesetztes Panoramabild, Juli 2001. Photos: T. Heckmann

allgemeingültig angesehen werden, da sich die Blaikenflächen aufgrund von Extensivierung und Reduzierung der Nutzung vielfach auch ausdehnen können (MÖSSMER 1985, NEWESELY ET AL. 2000). Die vergleichende Luftbildkartierung von BLECHSCHMIDT (1990) ergibt für die Zeit zwischen 1963 und 1983 eine Netto-Zunahme der Blaikenfläche zwischen 8% und 192%, in wenigen Untersuchungsgebieten errechnet sich eine Netto-Abnahme von 13-46%.

Die Gesamtheit der im Lahnenwiesgraben-Einzugsgebiet kartierten Blaiken ist zu 90% in Höhen >1400 m auf im Mittel 34° geneigten, grasbewachsenen Hängen (93% der Flächen sind 24-48° geneigt) anzutreffen. Ähnliche Werte findet BLECHSCHMIDT (1990) im östlichen Karwendel und Vorkarwendel (89% bzw. 82% auf Hängen mit 25-39° Neigung). 82% der Blaikenflächen befinden sich auf Flächen mit Rohböden, etwa 13 % auf Rendzinen und 5% auf Kolluvien. Nach EIDT & LÖHMANNSRÖBEN (1996) finden sich Schneeschurfflächen häufig auf Rendzinen, treten aber auch auf anderen Bodentypen auf; eine ursächliche Verknüpfung des Schneeschurfes mit dem Bodentyp erscheint nicht möglich. In diesem Punkt ist vielmehr fraglich, ob nicht die Aktivität geomorphologischer Prozesse den Bodentyp in erheblich

Erosionsformen

stärkerem Ausmaß beeinflusst als der Bodentyp die Prozesse. Der Einfluss topographisch-morphologischer sowie vegetationskundlicher Faktoren auf die Prozesse wird auch von den genannten Autoren als dominant angesehen.

Die Berechnung der *failure rate* (Abschnitt 10.2.2) für die Verbreitung von Blaikenflächen (1960 und 1999) auf den unterschiedlichen Gesteinseinheiten ergibt ein deutlicheres Bild. Vier der 17 Gesteinseinheiten auf der Geologischen Karte GK25 weisen eine *failure rate* $\gg$ 1 auf, d.h. sie sind auf Blaikenflächen im Verhältnis zu ihrem Vorkommen im Gesamtgebiet stark überrepräsentiert (Tabelle 8.1).

Tab. 8.1: *failure rates* für unterschiedliche geologische Einheiten der GK25

Geologische Einheit	*failure rate*
Doggerkalk	17,2
Aptychenschichten	13,9
Bunte Hornsteinschichten	11,9
Lias-Fleckenmergel (Allgäu-Sch.)	6,5
Plattenkalk	1,4

Die Ergebnisse dieser Analyse weisen darauf hin, dass bei günstiger Hangneigung das Bodensubstrat auf bestimmten Gesteinen besonders anfällig für die Erosionsprozesse ist, die zur Blaikenbildung führen. Im Gebiet LWG sind dies insbesondere die lehmigen Verwitterungsdecken auf den jurassischen Kalken und Mergeln. An einigen Stellen neigen diese Substrate zur Vernässung, was ihre Suszeptibilität gegenüber der Blaikenbildung weiter verstärken kann (Schneeschurf kommt nach EIDT & LÖHMANNSRÖBEN 1996 dennoch überwiegend auf nicht hydromorphen Böden vor). Ein ähnlicher Zusammenhang kann aufgrund der Geländebeobachtungen auch für die Bodenerosion durch Lawinen angenommen werden.

Die Konzentration der Blaikenflächen hinsichtlich der Höhe und der Neigung (insbesondere letztere) lässt auf ähnliche Einflussfaktoren wie für die Lawinenbildung schließen. Bei Berechnung eines Dispositionsmodells (CF-Modell, siehe Abschnitt 10.3) für Blaiken haben die in diesem Modell signifikanten Hangneigungsklassen sowie weitere drei Geofaktorenklassen (Wölbungsparameter) in etwa denselben CF-Wert wie im Lawinenmodell (Abbildung 8.2),

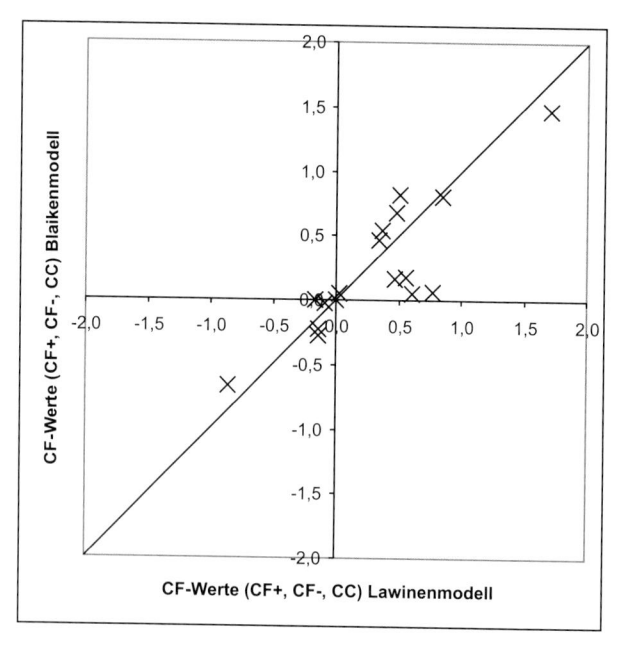

Abb. 8.2: Vergleich der berechneten CF^+, CF^- und CC-Werte eines Dispositionsmodells für Blaiken mit den entsprechenden Parametern des Lawinen-Dispositionsmodells (vgl. Abschnitte 10 und 10.4.1).

sodass sich die Vermutung erhärtet, dass der Blaikenbildung wenigstens zum Teil dieselben Faktoren zugrundeliegen wie der Lawinenentstehung.

Durch Schneegleiten und lawinenartige Bewegungen der Schneedecke kann Sediment an der Front der sich bewegenden Schneescholle aufgeschoben werden. Diese Aktivität haben JOMELLI & BERTRAN (2001) treffend als „bulldozing" bezeichnet. Im Untersuchungsgebiet Lahnenwiesgraben finden sich auf zwei Steilhängen deutliche Hinweise auf diese Art der Formung durch Schneebewegungen. Abbildung 8.3 zeigt wallartig aufgeschobenes Oberflächensubstrat auf dem Steilhang zwischen der Enningalm und dem Roten Graben (links) und einen Ausschnitt einer großen Blaike unmittelbar östlich der Lawinenrunse „Sperre" (rechts). Die Blaikenentstehung ist gleichwohl ein komplexer Prozess, bei dem außer der Schneebewegung noch bodenphysikalische und -hydrologische Gesichtspunkte eine Rolle spielen; des Weiteren können

Halme von Gräsern in der Schneedecke festfrieren, so dass bei einem Abgleiten größerer Teile der Schneedecke ganze Bodenschollen aus dem Verbund gelöst und disloziert werden können (vgl. Abschnitte 2.3 und 5.4).

Im Unterschied zu den durch „bulldozing" aufgeschobenen Wülsten können durch Lawinenerosion auch longitudinale, d.h. sich in Fließrichtung der Lawine erstreckende, Vollformen aus aufgeschobenem Sediment gebildet werden. Diese Formen werden als „*avalanche debris tails*" bezeichnet (LUCKMAN 1977) und zu den Erosionsformen gezählt. JOMELLI & BERTRAN (2001) erklären ihre Entstehung mit der Bildung longitudinaler Scherflächen, die sich durch die seitliche Abbremsung des Lawinenschnees in der Auslaufzone bilden. In diesen Zonen kann lockeres, bindiges oder nicht bindiges Sediment abgeschert und aufgepresst werden. Häufig finden sich „*debris tails*" auch im Lee größerer Blöcke, die von der Lawine überfahren, aber nicht bewegt werden (LUCKMAN 1977). Abbildung 8.4 zeigt ein Beispiel aus dem Untersuchungsgebiet Reintal. Der dort abgebildete Lawinenstrich VG („Vordere Gumpe") wurde während des Untersuchungszeitraums in jedem Jahr überfahren, sein Ablagerungsgebiet ist aufgrund der Lage unterhalb eines deutlich ausgeprägten Lawinenstriches als Lawinenschuttkegel oder -fächer, gegebenenfalls mit episodischer fluvialer Überformung, zu bezeichnen (vgl. 8.3). Auch die deutlich sichtbaren „*debris tails*" sind ein Indiz für diese Ansprache (vgl. Abschnitt 3.1).

Abb. 8.3: Formung durch Aufschieben von Sediment an der Front einer Gleitschneescholle (links), resultierende Formen in der Lockermaterialauflage eines durch Lawinen und Gleitschnee überformten Steilhangs. Frühjahr 2000 (links), Sommer 2000 (rechts). Photos: V. Wichmann

Abb. 8.4: „*Avalanche debris tail*" im Auslaufbereich des Lawinenstrichs „Vordere Gumpe" im Untersuchungsgebiet Reintal. Blickrichtung hangaufwärts. Die Schuttakkumulation ist parallel zur Fließrichtung der Lawine ausgebildet. Juli 2002. Photo: T. Heckmann

8.2 Formung durch Impakt

Einige Lawinenstriche im Untersuchungsgebiet LWG haben keine definierten Auslaufbereiche mit flacherer Hangneigung, sondern münden direkt aus der Sturzbahn in ein Gerinne ein. Diese Konstellation ist entscheidend für die Bildung von Impaktformen (CORNER 1980). Der Sedimenttransport durch Lawinenimpakt soll anhand eines Beispiels (Lawinenstrich „Sperre", Abbildung 8.5) quantifiziert werden. Die in diesem Gebiet in jedem Jahr des Beobachtungszeitraums aktive Lawine ist in den Jahren 2001 und 2003 in ein Sperrenbecken der Lahnenwiesgraben-Verbauung geflossen, wobei der Lawinenschnee auch den Gegenhang bis mehrere Meter über dem Wasserspiegel des Sperrenbeckens erreichte. Dies wird anhand der zum Teil schwer geschädigten Vegetation in diesem Bereich deutlich. In den Jahren 2000 und 2002 muss die Lawine deutlich langsamer gewesen sein: Es gibt

Formung durch Impakt 119

Abb. 8.5: Impakt der Lawine L03-SP in das Staubecken einer Murverbauung des Lahnenwiesgrabens. Die Markierung (Blick auf den Gegenhang) bezeichnet aus dem Sperrenbecken herausgeschleudertes Sediment auf Lawinenschnee. Frühjahr 2003. Photo: V. Wichmann

hier keine Indizien für ein trägheitsbedingtes Auflaufen auf den Gegenhang, stattdessen fand eine Umlenkung der Hauptmasse der Lawine nach rechts in das Hauptgerinne statt.

Im Falle eines Impakts in das Sperrenbecken werden größere Mengen an Sediment aus dem Becken auf den Gegenhang befördert; die Herkunft der Sedimente ist aufgrund der Korngrößenzusammensetzung (ausschließlich Sand, Schluff und Ton) und aufgrund des Gehaltes an subaquatisch zersetzten Vegetationsresten (z.B. schwarzgefärbte Fichtennadeln) klar belegbar. In den Jahren 2001 und 2003 sind in Summe etwa 8 t Sediment (2001: $\sim$4,2 t; 2003: $\sim$3,5 t) aus dem Sperrenbecken auf den Gegenhang geschleudert worden, in beiden Fällen ist das erheblich mehr als das durch die Lawine selbst transportierte Sediment (2001: $\sim$2 t; 2003: $\sim$1,1 t). Das auf dem relativ steilen Gegenhang akkumulierte Sediment bleibt zum Teil dort liegen und wird durch Gräser überwachsen und stabilisiert, kann jedoch auch durch Abspülung wieder in den Lahnenwiesgraben transportiert werden. Inwiefern die Entfernung von Sedimenten aus dem Sperrenbecken durch Lawinen die Verfüllung desselben verzögert, kann nicht quantitativ angegeben werden.

8.3 Akkumulationsformen

In den Untersuchungsgebieten fehlen die eindeutig bestimmbaren Akkumulationsformen der alpinen Stufe („*avalanche boulder tongues*") weitgehend. Aufgrund fehlender Spuren anderer Prozesse sind lediglich zwei Teilgebiete als reine Lawinenkegel oder *fan type*-Lawinenschuttzungen anzusprechen; das Vorkommen solcher Formen wird auch von LUCKMAN (1977) in die subalpine Höhenstufe gestellt. Es handelt sich um die Schuttkegel im Bereich der aufgelassenen Pfleger-Alm (Lahnenwiesgraben, Abbildung 8.6 links) und auf der linken Flanke des Reintals auf der Höhe der Vorderen Blauen Gumpe (Abbildung 8.6 mitte). Andererseits sind charakteristische Indizien für Lawinenablagerungen recht häufig anzutreffen; auf dieser Grundlage hat die Bonner SEDAG-Gruppe im Rahmen der geomorphologischen Kartierung der Sedimentspeicher im Reintal angefertigt (SCHROTT ET AL. 2002, 2003). Zu diesen Indizien gehören Vegetationsreste und Schuttpartikel unterschiedlicher Korngröße, die als meist geringmächtige Auflage auf vegetationsbedeckten und -freien Hangfußbereichen zu finden sind. Aufgrund des Abschmelzens des Lawinenschnees wird durch die Lawine transportierter Schutt langsam auf der Erdoberfläche abgesetzt, wodurch einzelne Partikel in sehr instabilen Positionen auf größeren Blöcken zu liegen kommen können („*perched boulders*"; RAPP 1960, GARDNER 1970, JOMELLI 1999a, Abbildung 8.6 rechts). Generell können Steine allerdings auch durch andere Prozesse auf diese Weise abgelagert werden, vor allem wenn sie auf einer Schneedecke zu liegen kommen. Dies gilt vor allem für den proximalen Bereich von Ablagerungskörpern wie z.B. Schuttkegeln (JOMELLI 1999a, JOMELLI & FRANCOU 2000). In den Ablagerungsbereichen der Lawinen im Reintal sind solche *perched boulders* jedoch so häufig, dass sie vielerorts als diagnostisches Kriterium verwendet werden können. Im Untersuchungsgebiet Lahnenwiesgraben, wo unbewachsene Schuttflächen seltener sind, finden sich eher die oben beschriebenen Auflagen aus Vegetationsresten, Bodenschollen und Schuttpartikeln. Bindiges Lockermaterial bedeckt die alte Oberfläche flächenhaft mit scharfen Grenzen (vgl. Kapitel 7.6, Abbildung 7.15). Abbildung 8.6 zeigt typische Lawinenablagerungen im Lahnenwiesgraben (links) und Reintal (mitte, rechts).

Nach den Untersuchungen von JOMELLI in den französischen Hochalpen besitzen Lawinenschuttablagerungen sehr charakteristische morphometrische Eigenschaften, so dass sie anhand recht einfacher Parameter von anderen,

Akkumulationsformen

Abb. 8.6: Typische Akkumulationsfazies in Lawinenablagerungsgebieten im Lahnenwiesgraben („Pflegeralm", links) und im Reintal (mitte, rechts). In der linken Abbildung sind einzelne, von Lawinen transportierte Vegetationsreste mit Kreisen markiert. Deutlich sichtbar ist auch die Schuttauflage (Begrenzung, Pfeile). Mitte: Lawinenstrich R-VG, Rechts: *perched boulder* im Lawinenstrich R-OW. Photos M. Becht (links), T. Heckmann (mitte, rechts)

z.B. durch Steinschlagakkumulation gebildeten Formen unterschieden werden können (JOMELLI 1999a, JOMELLI & FRANCOU 2000). Im Folgenden wird der Verlauf der Hangneigung auf den kartierten Ablagerungsflächen in beiden Untersuchungsgebieten ausgewertet:

Aus den Geländemodellen wurde für den jeweils höchstgelegenen Punkt einer Ablagerung die Tiefenlinie nach unten bis zum Ende der Ablagerung extrahiert. Bei Lawinenstrichen mit mehreren Ablagerungen im Untersuchungszeitraum wurde die größte kartierte Ausdehnung ausgewählt. Für jeden Punkt auf diesen Längsprofilen wurden die Horizontaldistanz zum Beginn der Ablagerung, die Höhe und die lokale Hangneigung abgespeichert. Aus diesen Angaben können die Gefällsverhältnisse im Ablagerungsbereich berechnet werden. Die Messwerte für beide Täler ($n = 2120$) sind normalverteilt mit $\overline{\phi} = 22,5° \pm 0,2$.

Um die verschieden langen Ablagerungen miteinander vergleichen zu können, wurde die Horizontaldistanz auf das Intervall $[0; 1]$ normiert. In Abbildung 8.7 ist der mittlere Verlauf der Hangneigung für 27 Lawinenablagerungsgebiete im Lahnenwiesgraben (links) und 36 im Reintal (rechts) über der normierten Horizontaldistanz abgetragen. Die grauen Balken bezeichnen die Spannweite der aufgetretenen Hangneigungen. Es zeigt sich, dass die Formen konkav sind (Hangneigung nimmt in Form eines Polynoms zweiten Grades stetig ab). Hieraus kann jedoch noch nicht automatisch auf Lawinenablagerungen erkannt werden, da sich einerseits viele Ablagerungen in Gerinnen (mögliche Überformung durch fluviale Prozesse und Muren) befinden, und andererseits die Untersuchungen von JOMELLI & FRANCOU (2000) Lawinenschuttzungen, also Vollformen betreffen, die aus den SEDAG-Untersuchungsgebieten nicht bekannt sind. Dennoch erfolgt an dieser Stelle ein Vergleich mit den Werten aus den Arbeiten von JOMELLI & FRANCOU (2000) und JOMELLI & BERTRAN (2001).

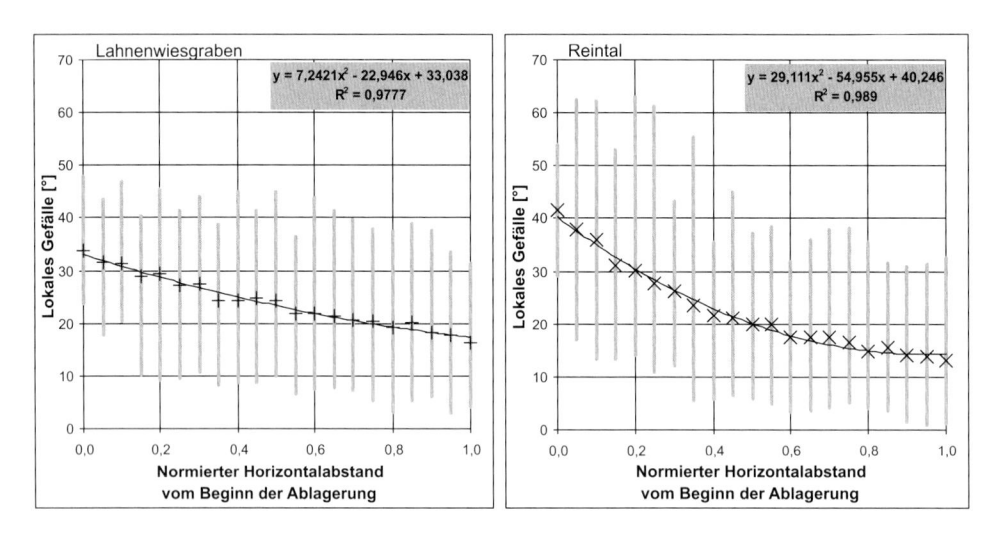

Abb. 8.7: Standardisierte Längsprofile der Hangneigung von 27 Lawinenablagerungen im LWG und 36 im Reintal

Die Hangneigung am höchsten Punkt der Ablagerung liegt im Schnitt bei 34° im Lahnenwiesgraben (41° im Reintal). Diese Werte korrespondieren sehr gut mit den Angaben von JOMELLI & BERTRAN (2001; 32°-39° apikale Hangneigung für Lawinenablagerungen) und JOMELLI & FRANCOU (2000; 29°-33° für Lawinenschuttzungen). Das durchschnittliche distale Gefälle (im Auslaufbereich) der Lawinenablagerungen beträgt 16° (LWG) bzw. 13° (RT), bei JOMELLI & BERTRAN (2001) 19°-33° (6°-17°, JOMELLI & FRANCOU 2000). LUCKMAN (1978a) bestimmt aus 21 Lawinenkegeln ein mittleres Gefälle von 20° (16-26°), wobei größere Ablagerungen tendenziell flacher sind als kleinere. Diese Beobachtung trifft grundsätzlich auch auf das distale Gefälle der Lawinenkegel im Reintal zu, die signifikant größer sind als die im Lahnenwiesgraben (vgl. Abschnitt 7.1.3.1). Hierbei ist jedoch zu beachten, dass in den Untersuchungsgebieten deutliche Unterschiede hinsichtlich der Geometrie der Talhänge und vor allem der Auslaufbereiche existieren (LWG: Kerbtal, RT: Trogtal).

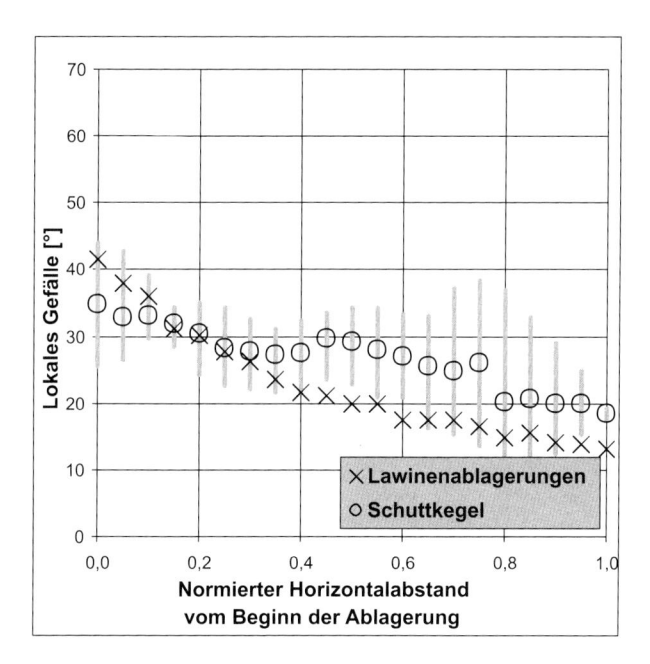

Abb. 8.8: Standardisierte Längsprofile der Hangneigung von 36 Lawinenablagerungen und 3 Schuttkegeln (Reintal) im Vergleich

Vergleicht man das mittlere standardisierte Längsprofil der 36 Lawinenablagerungen im Reintal mit dem dreier „reiner" Schuttkegel (Abbildung 8.8), so wird vor allem im mittleren Bereich deutlich, dass die Schuttkegel mehr oder weniger konstant im Hangneigungsbereich zwischen 24° und 30° angesiedelt sind, während die Neigung der Hänge mit Lawinenablagerungen kontinuierlich abnimmt. Die Lawinenablagerungen sind mit einer mittleren Hangneigung von 22,5° insgesamt flacher als die Schuttkegel (mittlere Hangneigung von 26,7°). Die Vergleichswerte aus den französischen Hochalpen liegen bei 29°-34° für Schuttkegel und 18°-23° für Lawinenschuttzungen (JOMELLI & FRANCOU 2000).

8.4 Interaktion mit anderen Prozessen

Im Kaskadensystem des Sedimenttransportes interagieren einzelne Prozesse derart miteinander, dass Sediment, welches von einem Prozess transportiert und abgelagert wird, von einem anderen wieder mobilisiert und weitertransportiert werden kann. Ereignisse mit hoher Formungsintensität können das Prozessgefüge aus dem Gleichgewicht bringen. So konnte von HAAS ET AL. (2004) gezeigt werden, wie Murereignisse den fluvialen Sedimenttransport im Untersuchungsgebiet LWG nachhaltig, d.h. über einen längeren Zeitraum hinweg beeinflussen. LUCKMAN (1992) stellt Interaktionen zwischen Muren und Lawinen in den Schottischen Highlands fest, wobei die Lawinen in erster Linie das durch Muren abgelagerte Sediment weiterverlagern und die Murformen überarbeiten. Nach den Untersuchungen von BARDOU & DELALOYE (2004) erhöhen Lawinenschneeablagerungen einerseits die Murgefahr, da die Schneeschmelze erhebliche Wassermengen zusätzlich zum Niederschlag bereitstellt; des Weiteren können Sedimente, die auf Lawinenschnee zu liegen kommen, über den Schnee abgleiten und in Gerinne gelangen, in denen sie hochmobil sind und zu Murabgängen führen können. Andererseits kann in einigen Fällen auch auf einen risikomindernden Einfluss geschlossen werden, da die Auflast des Lawinenschnees Lockermaterial konsolidieren kann und den mobilisierenden Effekt von Regentropfen („*splash*") ausschaltet. ACKROYD (1987) konstatiert allgemein, dass die Erosion durch Lawinen Auswirkungen auf die geomorphologische Stabilität und den Sedimentaustrag aus betroffenen Einzugsgebieten hat.

An dieser Stelle soll ein Beispiel für eine nival-fluviale Kaskade gegeben werden, anhand dessen die Beeinflussung fluvialer Prozesse durch Lawinen quantitativ gezeigt werden kann. Auf einer relativ kleinen Fläche unmittelbar östlich des Lawinenstriches „Sperre" finden starke Schneebewegungen und gegebenenfalls auch kleinere Grundlawinen statt. Die unmittelbaren geomorphologischen Folgen im Anrissgebiet sind auf Abbildung 8.3(rechts) deutlich zu erkennen. Abbildung 8.9 zeigt ein orthorektifiziertes Senkrechtluftbild des Gebietes vom 18. März 1999 (SLU Gräfelfing). Eingezeichnet sind zusätzlich die Lage der Sedimentfalle SP2 (65 l-Maurerwanne in einem kleinen Gerinne, siehe z.B. BECHT 1995, HAAS ET AL. 2004), ihr hydrologisches Einzugsgebiet sowie die Ablagerungsfläche der Grundlawine L01-SP2. Das Luftbild zeigt eine ähnliche Situation bezüglich der Lage des Prozessgebietes, wie sie auch im Jahr 2001 angetroffen werden konnte.

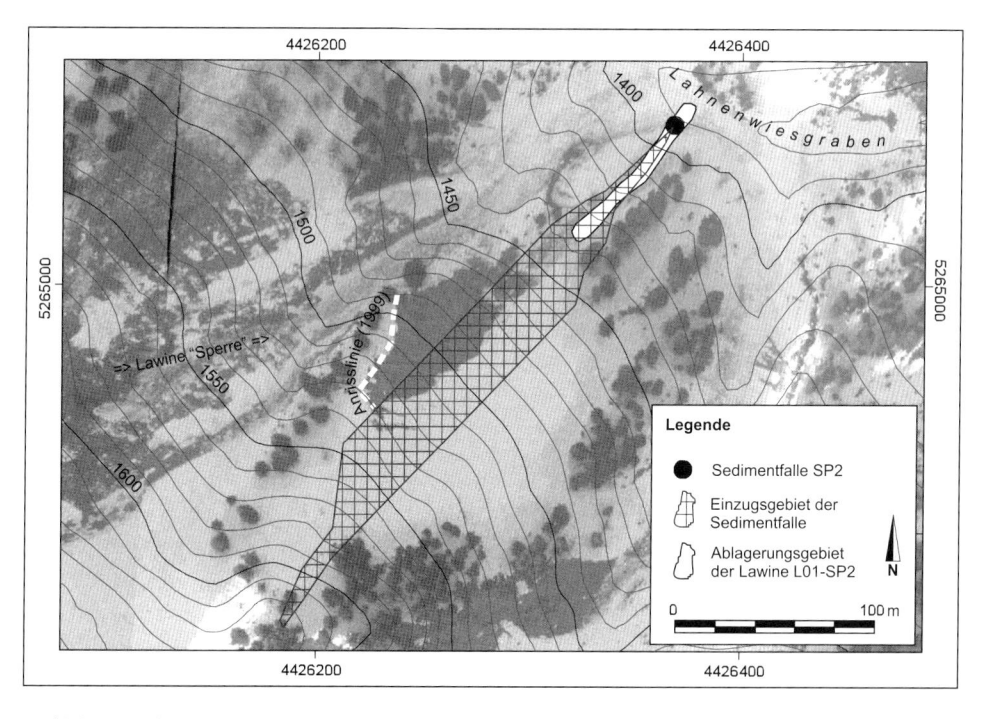

Abb. 8.9: Orthorektifiziertes Luftbildmosaik des Gebietes „Sperre" vom 18.03.1999 (Bilder: SLU Gräfelfing). Eine ähnliche Situation lag im Frühjahr 2001 vor (Lawinenablagerung L01-SP2). Zusätzlich eingezeichnet ist die Sedimentfalle SP2 mit ihrem hydrologischem Einzugsgebiet.

Mit der Sedimentfalle SP2 werden seit Juni 2000 wöchentliche Sedimentfrachten ermittelt. Um die Reaktion des Sedimenttransports auf den Lawinenabgang im Frühjahr 2001 unabhängig vom Einfluss von Niederschlagsereignissen darstellen zu können, werden diese Messergebnisse zu denen einer anderen Sedimentfalle ohne Lawinentätigkeit ins Verhältnis gesetzt. Als Referenz für diesen Vergleich wurde die benachbarte Sedimentfalle SG2 in einem rechtsseitigen Seitengerinne des Lahnenwiesgrabens (etwa 850 m östlich) ausgewählt. Ihr Einzugsgebiet ist zwar im Unterschied zu SP2 weitgehend bewachsen (Wald, Krummholz) und etwa doppelt so groß, stimmt aber hinsichtlich Höhenlage, Neigung, Exposition, Geologie und Böden mit SP2 weitestgehend überein.

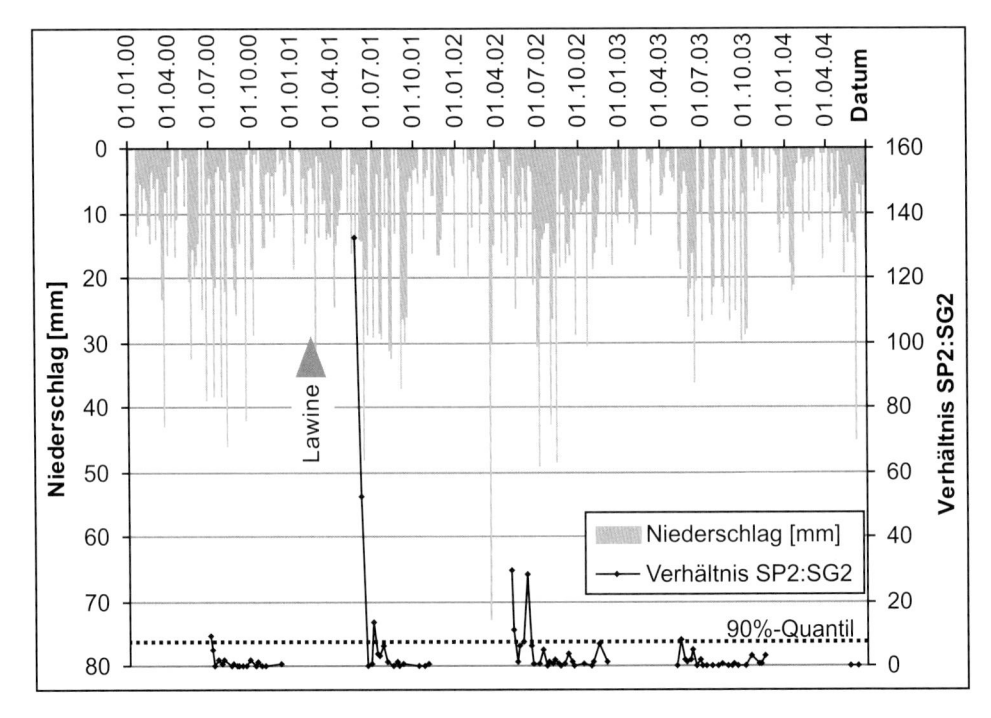

Abb. 8.10: Verhältnis des fluvialen Sedimenttransports (meist wöchentliche Beprobungsintervalle) in den Sedimentfallen SP2 und SG2 und tägliche Niederschlagshöhen an der DWD-Station Garmisch. Das Verhältnis der Sedimentfrachten SP2:SG2 ist während der Schneeschmelze 2001 deutlich größer als im übrigen Zeitraum.

Das Diagramm in Abbildung 8.10 stellt das Verhältnis des gemessenen Sedimenttransportes SP2:SG2 zusammen mit den Niederschlagssummen der Beprobungsintervalle (DWD-Station Garmisch) für den Untersuchungszeitraum 2000-2004 dar. Die Daten zeigen, dass das Einzugsgebiet der Wanne SP2 generell stärker auf die Schneeschmelze reagiert als das der Wanne SG2. Dies wird in erhöhten Verhältnissen von etwa 10:1 bis 30:1 in der Zeit der Schneeschmelze deutlich. Während dieser Zeit überschreiten die Werte die 90%-Perzentilgrenze ihrer Verteilung (gerissene Linie in Abbildung 8.10). Das Verhältnis ist auch bei hohen Niederschlägen leicht erhöht, erreicht aber nicht die Dimension der Ablationsperiode. Dies mag daran liegen, dass das Einzugsgebiet der Wanne SP2, auch wegen der Erosion durch Schneegleiten und Lawinen, kaum eine Boden- und Vegetationsdecke aufweist und deshalb durch Oberflächenabfluss stärker erodiert werden kann. Im Normalfall ist das Verhältnis eher ausgeglichen, 56 % der Werte ($n = 81$) sind kleiner oder gleich 1 (Median $\tilde{x} = 0,77$; Mittelwert $\overline{x} = 4,79$).

Im Frühjahr 2001 kam es zu einem kleineren Grundlawinenabgang (L01-SP2), durch den etwa 200 kg Sediment transportiert wurden. In Reaktion darauf wurde in der Wanne SP2 deutlich erhöhte Sedimentfracht gemessen. Für die ersten zwei Beprobungswochen liegt das Verhältnis SP2:SG2 bei 133 bzw. 53 (Pfeile in Abbildung 8.10). Diese Werte liegen deutlich über dem „Normalfall" für die Schneeschmelze. Als Ursachen hierfür kommen direkt durch die Lawine mobilisiertes Material, verstärkter fluvialer Abtrag auf den durch die Lawine erodierten Flächen sowie eine kleine Rutschung in den Moränensedimenten am Gerinnerand in Betracht. Die Rutschung kann ihre Ursache in der Überfahrung durch die Lawine oder in der Durchfeuchtung durch tauenden Lawinenschnee haben, so dass die Folgen der Lawine L01-SP2 sowohl direkter als auch indirekter Natur sind. In jedem Fall wirkt sich die Störung des Systems durch die Lawine auch noch auf das folgende Jahr 2002 aus, in dem ebenfalls deutlich erhöhte Sedimentfrachten zu verzeichnen sind. Erst im Jahr 2003 erreicht das Verhältnis SP2:SG2 wieder die Größenordnung des Jahres 2000.

Die Sedimentdynamik auf Flächen, die von Schnee- und Lawinenschurf betroffen sind, ist Gegenstand einiger Forschungsarbeiten. STOCKER (1985) wertet den sommerlichen Sedimentaustrag durch Abspülung von unterschiedlich gearteten Blaikenflächen in der Kreuzeckgruppe (Kärnten) aus. Der mittlere Abtrag (55 Messungen) liegt bei 23,42-32,57 $g/m^2 \cdot d$ (Minimum 0,71-0,96, Maximum 582,55-865,67 $g/m^2 \cdot d$). Auch die Messungen von BECHT (1995) ergeben erhöhte Erosionsbeträge auf vergleichbaren Testflächen. BECHT (1994) setzt das Verhältnis des Abtrags von Erosionsflächen zu bewachsenen Flächen mit etwa 3:1 an. KOHL ET AL. (2001b) simulieren ein extremes Starkregenereignis von 100 mm/h auf Blaikenflächen (hier: geschüttete Strassenböschungen mit 35° Neigung) und messen Abtragsraten von bis zu 200 $kg/ha \cdot min$ auf unbewachsenen und etwa 2 $kg/ha \cdot min$ auf bereits wiederbewachsenen Flächen. Der Beregnungsversuch mit gleicher Intensität auf Feinsedimente, die durch eine Lawine abgelagert wurden, erbrachte Erosionsraten von 14-20 $kg/ha \cdot min$. Die Situation in diesem Fall ähnelt der im Bereich des Roten Grabens (Lahnenwiesgraben, vgl. Abschnitt 7.6) nach Abgang einer Grundlawine im Jahre 2001. Es ist davon auszugehen, dass die von KOHL ET AL. (2001b) gemessenen extremen Erosionsraten nicht nur für Akkumulationsflächen gelten, sondern auch auf eine nachhaltig erhöhte Abtragsdynamik in den durch Lawinenschurf entblößten Bereichen hinweisen. Dies gilt insbesondere für Flächen, die nach der Störung noch nicht wieder bewachsen sind.

Die Nutzung der gefährdeten Areale in Form von Viehhaltung (Kühe, Schafe; in Abbildung 8.1 ist im oberen Teil eine Schafherde zu sehen) kann sich je nach Intensität deutlich negativ auf die Entwicklung der betroffenen Gebiete auswirken, da die entblößten Flächen durch die Bestoßung offengehalten und erweitert werden (siehe auch den Übersichtsartikel von EVANS 1998). Viehgangeln können den Prozess des Schneegleitens durch die Erhöhung der Bodenrauigkeit jedoch auch verhindern.

Wie sehr Schneeschurf und die folgende Abspülung die Wiederbesiedelung von betroffenen Flächen erschweren können, kann zumindest qualitativ an Beispielen im Gebiet Lahnenwiesgraben gezeigt werden. So zeigt der Zustand des Erosionsschurfes im Roten Graben zwei Jahre nach dem Ereignis vom Frühjahr 2001 keinen flächendeckenden Wiederbewuchs. Auf dem Photo von Juli 2003 (Abbildung 8.11) treten lediglich einige Gräser und Schachtelhalme (*Equisetum sp.*) hervor. Auch die zahlreichen Blaiken im oberen Einzugsgebiet des Roten Grabens (vgl. Abbildung 8.1) und an der gesamten Nordseite

Interaktion mit anderen Prozessen   129

Abb. 8.11: Erosionsschurf im Bereich des Roten Grabens (LWG) im August 2003 (vgl.
Ansicht im Juli 2001, Abbildung 7.15). Photo T. Heckmann.

des Hirschbühelrückens weisen kaum Anzeichen für einen Wiederbewuchs auf.
Die Verbauungsmaßnahmen der Schutzwaldsanierung in diesem Bereich beschränken sich aus Kostengründen weitgehend auf die Verhinderung weiterer Waldschäden (mdl. Mitt. ROBL 2004; vgl. LEUENBERGER & FREY 1987). Daher ist auf weiten Flächen mit weiterer Ausdünnung der Boden- und Vegetationsdecke sowie erhöhter Sedimentdynamik durch die Persistenz oder Neubildung von Blaiken zu rechnen. Vielfach, auch auf den südexponierten Hängen des Lahnenwiesgrabens, ist die Bodendecke aufgrund des Schnee- und Lawinenschurfes so stark geschädigt und ausgedünnt, dass Festgestein entweder direkt an der Oberfläche oder nur wenige *cm* darunter ansteht. Eine Ansiedelung neuer Vegetation ist an diesen Stellen deutlich erschwert. Das Auftreten von Blaiken kann demnach den Eintrag von Sedimenten in das fluviale System deutlich und nachhaltig erhöhen. Auf Gesteinen, die im Zuge der Verwitterung in kleine Fragmente zerlegt werden (z.B. Hauptdolomit), ist bei entsprechendem Starkregen sogar die Gefahr der Bildung von Hangmuren ausgehend von Blaikenflächen gegeben (BIRKENHAUER 2001).

Teil III

Modellierung

9 Modellkonzept

*Do not fall in love with your model
(it will not love you back!)*
(MULLIGAN & WAINWRIGHT 2004)

Sowohl vor dem Hintergrund einer Gefahrenzonierung als auch für die Verortung und quantitative Analyse von Sedimentkaskaden muss das potenzielle Prozessgebiet (auch als Prozessareal oder Prozessdomäne zu bezeichnen) bekannt sein. Das Prozessgebiet gravitativer Massenbewegungen besteht aus Anrisspunkten, -linien oder -flächen, der Sturzbahn und dem Auslaufgebiet, in dem der Prozess zum Stillstand kommt. Die Aufgabe eines Modells zur Ausweisung des potenziellen Prozessgebietes von Lawinen ist es demnach, potenzielle Anrissgebiete und davon ausgehend sowohl die Ausbreitung auf dem Hang als auch die Reichweite zu bestimmen.

In der vorliegenden Arbeit wird die Fragestellung nach dem Prozessgebiet um geomorphologische Aspekte erweitert, aufgrund derer gegebenenfalls andere Anforderungen an die Modellierung gestellt werden als im Rahmen einer Gefahrenzonierung. Es geht hierbei zum einen um den Mechanismus und die Einflussfaktoren der Lawinenerosion; in Kenntnis dieser Faktoren wird eine Zonierung des Prozessareals, d.h. die räumliche Differenzierung von Erosions-, Transport- und Ablagerungsbereich möglich. Zum anderen sollen verschiedene Geofaktoren des Prozessgebietes auf Zusammenhänge mit Sedimentfracht und Abtragsleistung untersucht werden, um die geomorphologische Tätigkeit nicht nur im Hinblick auf ihre räumliche Verbreitung und funktionale Rolle für die Sedimentkaskaden, sondern auch quantitativ regionalisieren zu können. Wie in Kapitel 3 dargelegt, besteht hinsichtlich beider Fragenkomplexe erheblicher Forschungsbedarf. Aufgrund dieses Defizits kann nicht auf vorhandene Ansätze zurückgegriffen werden, um die Modellierung der geomorphologischen Aktivität direkt in ein Prozessmodell zu implementieren. Die Ergebnisse der Modellierung können aber zur Beantwortung der Kernfragen beitragen (Kapitel 13).

Konzeptionell besteht der Modellansatz aus drei Teilmodulen (Abbildung 9.1):

- Ein Dispositionsmodell (Kapitel 10, SAGA-Modul `CF_Dispo` (HECKMANN 2003)) zur Ausweisung möglicher Lawinenanrissgebiete. Bei dem in dieser Arbeit gewählten Ansatz werden die Geofaktorenkombinationen auf bekannten Anrissflächen zur Kalibrierung eines statistischen Dispositionsmodells verwendet.

- Ein Prozessmodell (Kapitel 11, SAGA-Modul `PCM Particle` (HECKMANN 2004)), das die Ausbreitung und Reichweite der Lawinen ausgehend von den bekannten oder durch das Dispositionsmodell besimmten Startzellen berechnet; daraus ergibt sich das (potenzielle) Prozessgebiet.

- Modelle zur Bestimmung der geomorphologischen Aktivität (Kapitel 13). An dieser Stelle erfolgt die Analyse von Einflussfaktoren auf die Zonierung des Prozessgebietes in Erosions-, Transport- und Ablagerungsgebiet anhand von modellierten Prozesseigenschaften (Ergebnisse des Prozessmodells). Die Geofaktoren im Prozessgebiet bilanzierter Ereignisse werden

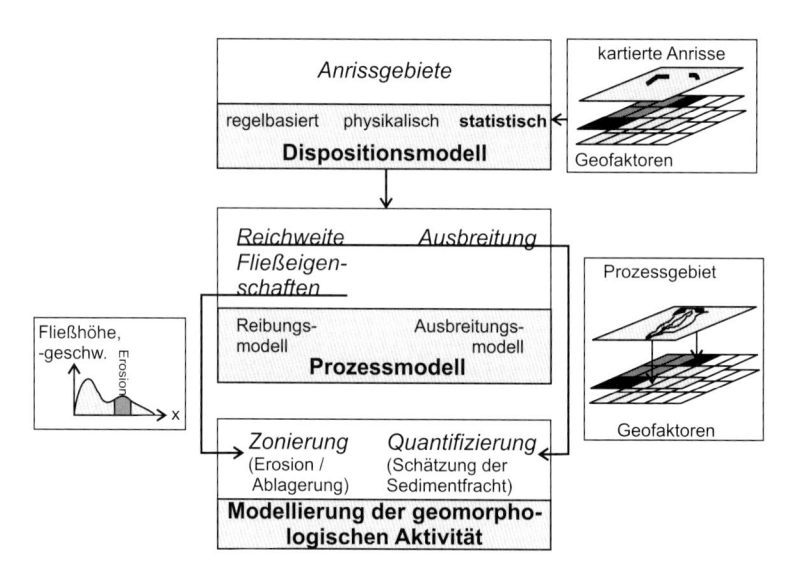

Abb. 9.1: Konzept zur Modellierung der geomorphologischen Aktivität von Lawinen mit den Teilmodellen (Modulen) Disposition, Prozess und Geomorphologie

empirisch auf Zusammenhänge mit Sedimentfracht und Abtragsleistung untersucht. Auf der Basis dieser Erkenntnisse kann im Zuge weiterführender Arbeiten eine Implementierung von Erosions-Ablagerungs-Modulen erfolgen.

Die Datenbasis im Untersuchungsgebiet Lahnenwiesgraben ist in vielerlei Hinsicht für die Untersuchung und Modellierung von Lawinen geeigneter als die entsprechenden Daten im Reintal. Vor allem ist hier zu nennen, dass die Lawinenanrisse im Lahnenwiesgraben im Gegensatz zum Reintal weitgehend bekannt sind, und somit eine erheblich bessere Möglichkeit zur Modellvalidierung gegeben ist. Die Resultate der anderen Teilmodelle werden hiervon massiv beeinflusst. Zusätzlich liegen aus dem Untersuchungsgebiet Lahnenwiesgraben erheblich mehr und differenziertere Datensätze für die weitere Analyse vor. Aus diesen Gründen konzentrieren sich die Analysen im Hinblick auf die Modellkalibrierung und -validierung auf den Lahnenwiesgraben, während auf das Reintal weniger ausführlich eingegangen werden kann.

10 Dispositionsmodell

10.1 Einleitung

Die Bereitschaft von Wasser, Schnee, Eis und Gestein, sich unter dem Einfluss der Schwerkraft hangabwärts zu bewegen, wird in der Naturgefahrenforschung als Disposition bezeichnet (KIENHOLZ 1995). Dispositionsmodelle beantworten die Frage, von welchem Gebiet (Punkt, Linie, Fläche) ein geomorphologischer Prozess seinen Ausgang nehmen kann; es wird also die Disposition eines Gebiets für die Entstehung des betreffenden Prozess beurteilt (HEGG 1997).

ZIMMERMANN ET AL. (1997) beschreiben das Konzept der Dispositionsmodellierung für gravitative Naturgefahrenprozesse, indem sie zwischen der Grund- und der variablen Disposition eines bestimmten Ortes unterscheiden. Die Grunddisposition einer räumlichen Einheit, z.B. einer Rasterzelle, ist im wesentlichen zeitlich invariat, während die variable Disposition sich mit der Zeit ändern kann und sich zur Grunddisposition addiert. Das System ist zugleich einer zeitlich schwankenden Belastung durch äußere Faktoren, z.B. klimatische Variablen, ausgesetzt. Überschreiten die Disposition und die äußere Belastung einen Schwellenwert, kommt es zur Auslösung des Prozesses. Überträgt man dieses Konzept auf die für diese Arbeit relevanten nassen Grundlawinen (Abbildung 10.1), stellen die langfristig invariaten Geofaktoren Topographie (Höhe, Neigung, Wölbung, Exposition) und die mittelfristig invariate Vegetationsbedeckung die Grunddisposition dar. Höhe und Eigenschaften der Schneedecke steuern die variable Disposition, die sich im Modell zur Grunddisposition addiert. Es ist des weiteren von einem Schwellenwert der Variablen „Schneedecke" auszugehen, unterhalb dessen keine Auslösung von Lawinen möglich ist (Abschnitt 2.3.2). Das System der Schneedecke am Hang kann durch klimatische Einflüsse (Warmlufteinbrüche und Regen auf Schnee) destabilisiert werden, die zur Auslösung von Lawinen führen können. Die in dieser Arbeit vorgestellten Ergebnisse sind mithin ausdrücklich als Grunddispositionen zu verstehen, da sie nur auf dem Einfluss mittel- bis langfristig invariater Geofaktoren beruhen. In Abbildung 10.1 wird deutlich, dass im Modell weder extreme Belastung des Systems durch Trigger-Ereignisse noch besonders hohe Disposition allein zwingend zur

Einleitung

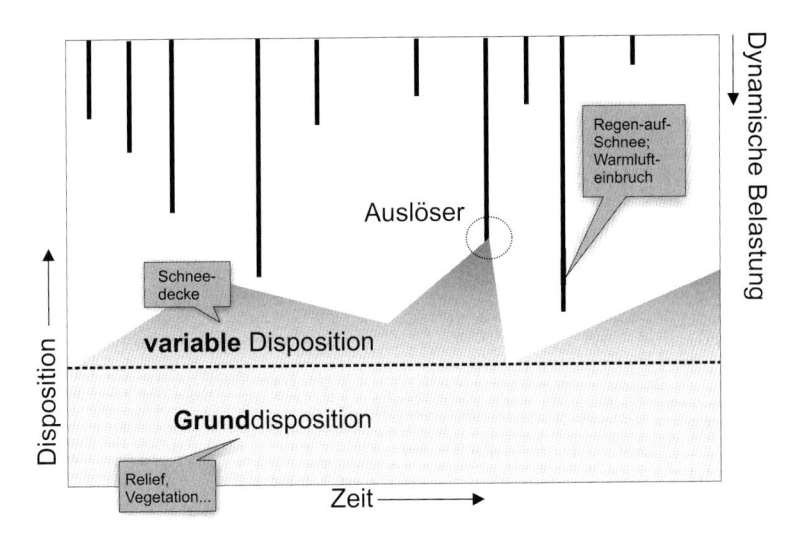

Abb. 10.1: Konzept der Dispositionsmodellierung, nach ZIMMERMANN ET AL. (1997), verändert

Auslösung des Prozesses führen, sondern dass hohe Disposition und Trigger zusammen wirken.

Die Erforschung von Lawinen als Naturgefahr ist in erster Linie auf die Modellierung der Gefahrenzonen, insbesondere auf die Reichweite von Ereignissen in bekannten Lawinenstrichen ausgerichtet. Die Tatsache, dass Lawinenkatastrophen vergangener Jahre (z.B. Galtür 1999, vgl. AMMANN 2000, HEUMADER 2000, FUCHS 2002), bei denen eigentlich hinreichend bekannte Lawinenstriche zwar im gewohnten Gebiet aktiv wurden, aber eine unerwartet hohe Reichweite entwickelten und bislang sicher geglaubte Siedlungen überfuhren, unterstreicht die Notwendigkeit dieser Konzentration.

Zahlreiche Experten sind der Meinung, dass die Anrissgebiete wiederkehrender Lawinen räumlich kaum variieren. Die Untersuchung von LACKINGER (1987) kommt beispielsweise zu dem Schluss, dass die Anrisslinien von Gleitschnee-Lawinen oft an der selben Stelle und sogar mit dem selben Umriss auftreten. GHINOI ET AL. (2002) hingegen führen an, dass auch nach 100 Jahren der Lawinenbeobachtung zwischen 1970 und 1999 noch etwa ein Drittel der verzeichneten Lawinen im österreichischen Sölden auf Flächen anrissen, auf denen bislang noch keine Anrisse beobachtet worden waren.

Im Untersuchungsgebiet Lahnenwiesgraben geht aus den Beobachtungen der Jahre 1999-2004 und sporadischen Winterluftbildern hervor, dass die Lawinenanrisse, die in mehreren Jahren auf dem gleichen Hang beobachtet wurden, sich höchstens im Hinblick auf ihre Ausdehnung und nicht hinsichtlich ihrer Lage am Hang unterscheiden. Unter Berücksichtigung des kurzen Beobachtungszeitraums kann dies allerdings nur als Hinweis gewertet werden.

Selbst wenn in einer Region die Anrissgebiete von Lawinenstrichen bekannt sind, ist also ein Anreißen an bislang unbekannten Stellen nicht auszuschliessen. Für eine umfassende Dokumentation von Anrissgebieten wird zudem ein ausreichend langes Beobachtungsintervall vorausgesetzt, um auch selten aktive Bereiche zu erfassen. Dies ist (lässt man die Möglichkeiten der Fernerkundung außer Acht) nur dann praktikabel, wenn die Anrissgebiete von besiedeltem bzw. erschlossenem Gebiet aus langfristig gut einsehbar sind. Beide Voraussetzungen, Aufenthalt möglicher Beobachter und Sichtbarkeit, sind in Hochgebirgsregionen nur eingeschränkt gegeben. Für die Ausweisung von Prozessarealen bzw. Gefahrenzonen in der Fläche, also auch in unbesiedeltem Gebiet, müssen demnach potenzielle Anrissgebiete anhand eines Modells ausgewiesen werden. GRUBER & SARDEMANN (2003) berichten, dass eine solche Modellierung zum Beispiel im Winter 2001/02 nötig gewesen wäre, als die alte St. Gotthard-Straße nach der durch einen Brand bedingten Schließung des St. Gotthard-Tunnels geöffnet werden musste: Die am stärksten gefährdeten Straßenabschnitte hätten mithilfe eines Dispositionsmodells identifiziert werden können.

Die Eintragungen im Bayerischen „Informationssystem Alpine Naturgefahren" (IAN) und anderen Lawinenkatastern beziehen sich zumeist nur auf bekannte Schadenslawinen, d.h. Ereignisse, die in der Vergangenheit zu Bedrohung von oder Schaden an Menschen, Gebäuden und Infrastruktur geführt haben. Nach den historischen Untersuchungen von BARNIKEL (2004a) existieren vielerorts in diversen Archiven Hinweise auf Schadenslawinen, die nicht im aktuellen Lawinenkataster verzeichnet sind. Vorbehaltlich des Nachweises, dass Dispositionsmodelle auch die Anrissgebiete dieser „historischen" Ereignisse auszuweisen im Stande sind, müssten die Gefahren(hinweis-)karten mancherorts um die Ergebnisse von Dispositionsmodellen ergänzt werden.

Neben der Lokalisierung der Anrissgebiete ist auch die Bestimmung ihrer (potenziellen) Größe von Interesse. So bestimmt die Fläche des Anrissgebiets zusammen mit der lokalen Schneehöhe die (initiale) Masse der Lawine, von der die Reichweite maßgeblich abhängt (HUTTER 1996). Damit ist die Ausweisung potenzieller Anrissgebiete eine wichtige Voraussetzung zur Bestimmung der Lawinengefahr für einen bestimmten Ort (MAGGIONI & GRUBER 2003). In den Arbeiten von SMITH & MCCLUNG (1997a), MAGGIONI & GRUBER (2003) und MCCLUNG (2003) wird die Beziehung zwischen den Eigenschaften von Anrissgebieten und der Frequenz und/oder Magnitude der Lawinen analysiert. BARBOLINI ET AL. (2002) untersuchen die Auswirkung der unsicheren Festlegung von Anrissgebieten auf die Ergebnisse von Simulationsmodellen zur Gefahrenzonierung.

Auch im Rahmen der Modellierung von Lawinen im Sinne der Themenstellung dieser Arbeit ist es wünschenswert, dass auf längere Sicht alle potenziellen Prozessgebiete der Lawinen bekannt sind, nicht nur diejenigen, die während des vergleichsweise kurzen Beobachtungszeitraumes eine Lawinenaktivität aufwiesen. In Abschnitt 7.1.3 wurde gezeigt, dass die Beobachtung von Ereignissen auf Lawinenstrichen geringer Frequenz innerhalb von nur 5 Jahren als relativ unwahrscheinlich zu beurteilen ist.

10.2 Ansätze zur Modellierung der Disposition

Im Bereich Naturgefahren werden GIS-gestützte Dispositionsmodelle mit unterschiedlichen Ansätzen verwendet (vgl. z.B. CARRARA & GUZETTI 1995). Da man die Gefahrenprozesse aus ökonomischen, ökologischen oder landschaftsästhetischen Gründen nicht immer und an jedem Ort verhindern kann, bestehen die wichtigsten Maßnahmen unter anderem darin, durch intelligente Nutzungsplanung Bevölkerung und Infrastruktur so weit wie möglich aus der Gefahrenzone herauszuhalten. Die Entscheidung über Schutzmaßnahmen sollte daher möglichst auf der Grundlage einer fundierten Risikoabschätzung getroffen werden. Die Ausweisung von Gefahrenzonen im Rahmen des Risikomanagements ist, wie bereits erläutert, entscheidend an die korrekte Identifizierung von Entstehungsgebieten gebunden.
Unabhängig vom modellierten Prozess lassen sich Dispositionsmodelle in regelbasierte, statistische und physikalische Modelle einteilen.

10.2.1 Regelbasierte Modelle, Expertensysteme

Oft können menschliche Experten aufgrund ihres angehäuften Wissens und der im Laufe von Jahren bis Jahrzehnten gewonnenen Erfahrung das Verhalten eines Systems und/oder seiner Teile recht gut vorhersagen. Die Entwicklung sogenannter Expertensysteme ermöglicht es, den Erfahrungsschatz von Experten in einer Datenbank vorzuhalten und auf das gewünschte Problem anzuwenden. Im Computer erfolgt keine quantitative Berechnung des natürlichen Systems, sondern es wird systematisch Expertenwissen angewandt, das in symbolischer Form, z.B. in Form von Wenn-Dann-Regeln, den menschlichen Überlegungsprozess nachvollzieht (vgl. BUISSON & CHARLIER 1989). Das Expertensystem besteht aus einer Wissensdatenbank, in der das Expertenwissen in Form mehr oder minder einfacher Regeln abgelegt wird, sowie einem Interpreter, der die Aufgaben des Nutzers lösen kann. Die Interpretation von Eingangsdaten und die Anwendung der vom Experten aufgestellten Regeln kann anhand harter (*crisp*) oder weicher (*fuzzy*) Kriterien erfolgen. Ein wissensbasiertes Expertenmodell zur räumlichen Festlegung potenzieller Lawinenanrisse ist ELSA („*étude des limits de sites avalancheux*"), das am CEMAGREF in Grenoble entwickelt wurde (BUISSON & CHARLIER 1989). Das Modell von ZISCHG ET AL. (2004) zur Berechnung des Lawinenrisikos beinhaltet in den Berechnungsschritten, die Disposition und Auslösung betreffen, Expertenwissen. Die entsprechenden Regeln werden „unscharf", d.h. nach einem *fuzzy logic*-Ansatz umgesetzt.

Im einfachsten Fall eines Expertensystems werden aufgrund des Expertenwissens Regeln für die Ausweisung „gefährlicher" Gebiete anhand bestimmter Wertebereiche von Geofaktoren aufgestellt, die mithilfe der GIS-Funktionalitäten recht einfach auf Rasterdatensätze, z.B. Digitale Geländemodelle, angewendet werden können. CIOLLI & ZATELLI (2000) definieren so das „morphologische Risiko" eines Gebietes für Lawinenanrisse über die Hangneigung ($>28°$ und $<55°$), deren Änderung ($>10°$ hangaufwärts) und eine Minimalfläche von 625 m^2. Zusätzlich können nach Experteneinschätzung festgelegte Schutzfaktoren für unterschiedliche Vegetationsklassen hinzugenommen werden. Das von HEGG (1997) verwendete Dispositionsmodell für Lawinen arbeitet mit den gleichen Neigungsgrenzwerten, die Startzonen müssen ferner waldfrei und höher als 900 m ü.NN gelegen sein.

10.2.2 Statistische Modelle

Statistische Dispositionsmodelle beruhen - wie im Übrigen auch die Erfahrung von Experten und die von ihr abhängigen regelbasierten Modelle - auf der Annahme, dass die Auslösung eines Prozesses in Gegenwart und Zukunft unter denjenigen Umständen wahrscheinlicher ist, die bereits in der Vergangenheit zu Instabilität geführt haben. Allen Methoden (vgl. CARRARA & GUZETTI 1995, BINAGHI ET AL. 1998) ist gemeinsam, dass zunächst Anrissgebiete (z.B. von Rutschungen, Muren, Lawinen) im Gelände oder von Luftbildern kartiert werden. Problematisch ist der Umstand, dass Daten unterschiedlicher Skalenniveaus, räumlicher Auflösung und Genauigkeit integriert werden müssen. Für die meisten Verfahren müssen die Geofaktoren in klassifizierter Form vorliegen. Hierzu müssen Datensätze, die kontinuierliche Werte (z.B. Hangneigung) enthalten, klassifiziert werden; andere Daten liegen *per definitionem* in kategorialer Form vor (z.B. Vegetationsklassen). Nach der Klassifikation erfolgt die Analyse der Beziehungen zwischen Geofaktorenklassen und bekannten Anrissgebieten mithilfe unterschiedlicher statistischer Verfahren. Anschließend kann das Untersuchungsgebiet in Untereinheiten mit unterschiedlicher Disposition eingeteilt werden (vgl. CLERICI ET AL. 2002). Zu den statistischen Methoden zur Analyse der Anrissbedingungen gehören unter anderem die multivariate lineare oder logistische Regression (z.B. MARK & ELLEN (1995) für Muren, JAEGER (1997) und LEE & MIN (2001) für Rutschungen) zwischen dem Auftreten der Naturgefahr und der Geofaktorenkombination in den Startzonen. Mithilfe der Diskriminanzanalyse kann versucht werden, jede räumliche Einheit (Rasterzellen, morphometrische Einheiten, *zero order*-Einzugsgebiete etc.) aufgrund ihrer Geofaktorenkombination einer Gruppe „Startzone" oder „keine Startzone" zuzuordnen (z.B. Rutschungsmodell von BAEZA & COROMINAS 2001). Ein Nachteil solcher Verfahren ist, dass die komplexen statistischen Analysen meist nicht innerhalb eines GIS durchgeführt werden können, sondern dass Daten in ein Statistikpaket wie SPSS exportiert und die Ergebnisse reimportiert werden müssen.

Eine weitere Gruppe statistischer Modelle bestimmt die bedingte Wahrscheinlichkeit für einen Anriss unter der Voraussetzung des Auftretens bestimmter Geofaktorenkombinationen (CLERICI ET AL. 2002). Alle Arbeits-

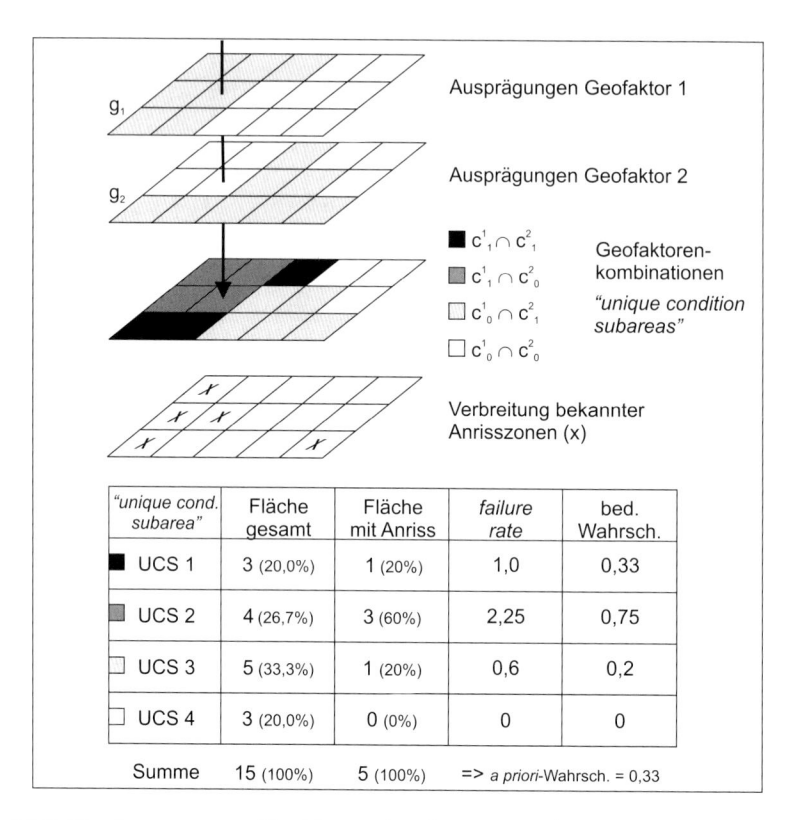

"unique cond. subarea"	Fläche gesamt	Fläche mit Anriss	*failure rate*	bed. Wahrsch.
■ UCS 1	3 (20,0%)	1 (20%)	1,0	0,33
▨ UCS 2	4 (26,7%)	3 (60%)	2,25	0,75
☐ UCS 3	5 (33,3%)	1 (20%)	0,6	0,2
☐ UCS 4	3 (20,0%)	0 (0%)	0	0
Summe	15 (100%)	5 (100%)	=> *a priori*-Wahrsch. = 0,33	

Abb. 10.2: Bestimmung von Geofaktorenkombinationen (*unique condition subareas*) und Berechnung von *failure rate* und bedingten Wahrscheinlichkeiten

schritte von der Dateneingabe bis zur Ergebnisvisualisierung können hierbei innerhalb eines GIS durchgeführt werden. Mithilfe des GIS werden zur Berechnung bedingter Wahrscheinlichkeiten zunächst aus den vorhandenen Informationsschichten räumliche Untereinheiten mit einheitlicher Geofaktorenkombination, sogenannte „*unique condition subareas* (UCS)" (CHUNG ET AL. 1995), gebildet; auch andere räumliche Einheiten sind denkbar, z.B. morphometrisch bestimmte Hangabschnitte. Nach der Zählung der Rasterzellen jeder einzelnen UCS ist die Fläche jeder vertretenen Geofaktorenkombination bekannt. Für jede dieser Kombinationen wird festgestellt, wie viele Rasterzellen zugleich in der Rasterkarte bekannter Startzonen vertreten sind. Aus dem Verhältnis zwischen der Anzahl der Startzonen innerhalb einer UCS und der Gesamtzahl ihrer Rasterzellen errechnet sich ein Dichtewert, der als bedingte Wahrscheinlichkeit interpretiert werden kann. Abbildung 10.2 veranschaulicht die Vorgehensweise anhand eines einfachen Beispiels mit zwei Geofaktoren mit jeweils 2 Klassen.

Einige Untersuchungen beschäftigen sich allein mit der Verteilung von Geofaktoren auf bekannten Lawinenanrissgebieten, ohne danach den Versuch zu unternehmen, anhand der gewonnenen Erkenntnisse potenzielle Anrissgebiete auszuweisen (z.B. KONETSCHNY 1990, STREMPEL ET AL. 1996). Es ist auch nicht zulässig, allein aufgrund dieser Verteilungen Schlüsse über bevorzugte Anrissgebiete zu ziehen. Dies lässt sich anhand eines Beispiels illustrieren: Wird festgestellt, dass Grasvegetation 90% der Fläche von Lawinenanrissen ausmacht, ist aber diese Vegetationsklasse auch auf 90% des Gesamtuntersuchungsgebietes vorhanden, ist die Verbreitung von Gras für die Lawinenentstehung offensichtlich irrelevant bzw. wird auf den übrigen Flächen durch andere, wichtigere Faktoren in ihrer Bedeutung überlagert. Um festzustellen, ob ein Faktor (bzw. eine Ausprägung eines Faktors) für die Lawinenentstehung relevant ist, muss der Anteil dieses Faktors auf Anrissflächen F_A zum Anteil am Gesamtgebiet F_G ins Verhältnis gesetzt werden (Gleichung 10.1, vgl. auch Abbildung 10.2). Dieses Verhältnis wird als *failure rate* FR bezeichnet (ANIYA 1985). Werte >1 deuten darauf hin, dass der fragliche Faktor (z.B. die betreffende UCS) auf Anrissflächen häufiger als im Gesamtgebiet vorkommt, also für das Auftreten des Prozesses relevant ist. JAEGER (1997) verwendet diesen Ansatz zur Datenanalyse im Vorfeld der logistischen Regression zur Erstellung von Dispositionskarten für Rutschprozesse.

$$FR = \frac{F_A}{F_G} \qquad (10.1)$$

Eine neue Generation statistischer Modelle basiert auf Methoden der künstlichen Intelligenz, des *„uncertain reasoning"* (CHEN 2003). Diese berücksichtigen die Tatsache, dass bei Datenerhebung und Berechnung ein unbekannter Anteil an Nicht-Wissen („*ignorance*") eine Rolle spielt. EJSTRUD (2001) liefert eine gut verständliche Diskussion solcher Verfahren am Beispiel archäologischer Fragestellungen (hier geht es um die Ausweisung der „Disposition" von Flächen für das Vorhandensein prähistorischer Siedlungen aufgrund von Umweltbedingungen). Für die Dispositionsmodellierung von Naturgefahren werden von BINAGHI ET AL. (1998) und REMONDO ET AL. (2003) zahlreiche Varianten aus dem Bereich des „*soft computing*" angeführt, darunter „*favourability functions*", Neurale Netzwerke, *fuzzy logic* und Genetische Algorithmen. Die vergleichende Betrachtung der einzelnen Methoden würde den Rahmen dieser Arbeit sprengen. Mit der *certainty-factor*-Methode wurde gleichwohl eine Methode aus dem Bereich „*favourability functions*" zur Dispositionsmodellierung von Grundlawinen gewählt (s.u.).

10.2.3 Physikalisch basierte Modelle

Die Spannungsverhältnisse und die eventuelle Überschreitung der Stabilität der Schneedecke können durch sogenannte physikalisch basierte Modelle berechnet werden, denen physikalische Gleichungen zugrunde liegen. Allerdings beinhalten diese in der Regel eine Fülle von Parametern, über die Annahmen getroffen werden müssen, da ihre Größe nicht einfach gemessen oder modelliert werden kann. Zusätzlich ist die Stabilität der Schneedecke nach den Erkenntnissen der Forschung räumlich hoch variabel (BIRKELAND ET AL. 1995), wodurch es praktisch unmöglich wird, für jedes Teilgebiet eines Hanges realistische Angaben über den Wert der Parameter zu machen. Wenn Wertebereiche bzw. Verteilung der Parameter bekannt sind oder abgeschätzt werden können, kann man die Lösung der Gleichungssysteme mit stochastischen Verfahren kombinieren (CHERNOUSS & FEDORENKO 1998). Die Berechnungen werden wiederholt durchgeführt, jedes Mal mit anderen, zufällig aus der jeweiligen Verteilung ausgewählten Parameterwerten (Monte-Carlo-Simulation). Als Ergebnis kann für jede Untereinheit des Hanges angegeben werden, wie oft während der Simulation kritische Werte für Instabilität erreicht wurden. SCHILLINGER ET AL. (1998) berechnen die Stabilität eines Schneebretts auf einem virtuellen Modellhang unter Berücksichtigung von Scher- und Bruchfestigkeit. Es existieren auch einfachere physikalisch basierte Modelle, die auf dem *infinite slope*-Prinzip beruhen und ähnlich wie bei entsprechenden Rutschungsmodellen sogenannte Sicherheitsfaktoren (*factors of safety*), d.h. Quotienten aus Scherfestigkeit und Scherkräften, berechnen (z.B. JAMIESON & JOHNSTON 1993). Nach SCHWEIZER ET AL. (2003) ist diese Methode bei Lawinen erfolgreich, die durch Skifahrer oder hohe Neuschneesummen ausgelöst werden, ist aber für andere Lawinentypen (z.B. mit verzögerter Auslösung oder graduellem Schneedeckenaufbau) unbrauchbar.

Generell bietet sich eine physikalisch basierte, deterministische Modellierung der Stabilität der Schneedecke eher bei der gutachterlichen Betrachtung einzelner Hänge an. In diesem Fall können umfangreiche Messungen am ehesten ein realistisches Bild von den Modellparametern erzeugen (BINAGHI ET AL. 1998). Aufgrund der relativen Einfachheit statistischer Verfahren bei gleichzeitiger Zuverlässigkeit wird im Rahmen dieser Arbeit auf die Umsetzung physikalisch basierter Dispositionsmodelle verzichtet.

10.3 Modellierung der Lawinendisposition mit dem CF-Modell

10.3.1 Berechnung und Interpretation des *Certainty Factor*

Das CF-Modell (CF=*Certainty Factor*) wurde ursprünglich zur Behandlung der Unsicherheit in regelbasierten Modellen entwickelt. CHEN (2003) berichtet beispielsweise von der Anwendung im Bereich der Diagnose von Blutkrankheiten. Der genannte Autor verwendet das Modell zur räumlichen Ausweisung potenzieller Erzvorkommen, die Anwendungen durch BINAGHI ET AL. (1998) und REMONDO ET AL. (2003) auf Hanginstabilität (Rutschungen) ist der in dieser Arbeit geforderten Modellierung sehr ähnlich. Im Rahmen des SEDAG-Projektes wurde der Ansatz durch den Autor erstmals für die Dispositionsmodellierung von Lawinen umgesetzt (SAGA-Modul CF_Dispo (HECKMANN 2003)). Die Methode wurde auch für Schuttströme verwendet (KELLER ET AL. 2005).

Der *Certainty Factor* misst die Veränderung der Gewissheit, mit der eine Hypothese angenommen werden kann, wenn man eine bestimmte Information hinzuzieht:

> "the certainty factor at each pixel p [...] is defined as the change in certainty that a proposition is true [...] from without the evidence to given the evidence [...] at p for each data layer" (BINAGHI ET AL. 1998, S. 80)

Die Vorteile des CF-Modells liegen darin, unterschiedlichste Datentypen und Skalenniveaus verarbeiten zu können (BINAGHI ET AL. 1998). Des weiteren wird nicht die Disposition für eine feststehende Kombination aus Geofaktoren (UCS, vgl. Abbildung 10.2) berechnet, sondern für jede Ausprägung jedes

Analog CF^+ wird bei CHEN (2003) ein Wert $CF^- \in [-1; 1]$ berechnet, der für jede Ausprägung c_k^i eines Geofaktors g^i die *a-priori*-Wahrscheinlichkeit mit der bedingten Wahrscheinlichkeit $p(L| * c_k^i)^2$ vergleicht. Entsprechend bedeutet ein CF^- nahe 1, dass die Sicherheit, einen Lawinenanriss zu treffen, mit der Abwesenheit der Bedingung c_k^i ansteigt.

Die Differenz $CC = CF^+ - CF^-$ wird als Kontrast bezeichnet (CHEN 2003). Der Kontrast $CC \in [-2; 2]$ ist demnach das Maß für die Stärke des Zusammenhangs zwischen der betreffenden Geofaktorenklasse und dem Auftreten eines Anrisses, bzw. für die Sicherheit, mit der auf diesen Zusammenhang geschlossen wird.

Die mit der Gleichung 10.4 berechneten Werte für CF^+ bzw. CF^- gelten jeweils für eine Geofaktorenkategorie. Um eine Karte mit der Disposition für Lawinenanrisse darstellen zu können, müssen für jede Rasterzelle die einzelnen CF^+ bzw. CF^- der dort vorhandenen Geofaktorenkombination miteinander verrechnet werden.

Bezeichnet man die CFs der an einer Rasterzelle Z vorhandenen Geofaktorenklassen $c_k^1, c_k^2, ..., c_k^n$ mit $CF_1^+, CF_2^+, ..., CF_n^+$, so werden die CFs schrittweise miteinander kombiniert:

Zuerst CF_1^+ mit CF_2^+ zu $CF_{1,2}^+$, danach $CF_{1,2}^+$ mit CF_3^+ zu $CF_{1,2,3}^+$ und letztlich zum kombinierten *certainty factor* $CF_{Z(1,2,...,n)}^+$.

Für die Kombination gelten die Regeln in Formel 10.5, die resultierenden kombinierten CF^+ werden analog den einfachen CF^+ interpretiert (Tabelle 10.1), aus den kombinierten CF^+ und CF^- errechnet sich für jede Rasterzelle der Kontrast CC.

$$CF_{1,2}^+ = \begin{cases} CF_1^+ + CF_2^+ - CF_1^+ \cdot CF_2^+ \\ \text{wenn} \quad CF_1^+ \geq 0 \text{ und } CF_2^+ \geq 0 \\ \\ \frac{CF_1^+ + CF_2^+}{1 - \min(|CF_1^+|, |CF_2^+|)} \quad \text{wenn } CF_1^+ \cdot CF_2^+ < 0 \\ \\ CF_1^+ + CF_2^+ + CF_1^+ \cdot CF_2^+ \\ \text{wenn} \quad CF_1^+ < 0 \text{ und } CF_2^+ < 0 \end{cases} \quad (10.5)$$

---

2 sprich: Die Wahrscheinlichkeit für einen Lawinenanriss, wenn die Bedingung c_k^i nicht vorliegt

Abbildung 10.3 (rechts) zeigt, wie sich der kombinierte CF in Abhängigkeit von den Wertekombinationen CF_1 und CF_2 entwickelt. Ist die bedingte Wahrscheinlichkeit für einen der Geofaktoren auf der Rasterzelle Z 0 oder 1 (einer der CF^+ dementsprechend -1 oder 1), wird auch der kombinierte $CF^+_{1,2}$ den Wert 0 bzw. 1 erhalten. Assoziationen zwischen Geofaktoren und Auftreten von Anrissen, die mit „absoluter" Sicherheit getroffen werden, werden also durch das Auftreten von weniger sicheren Faktoren ($CF^+ > -1$ bzw. $CF^+ < 1$) nicht abgeschwächt.

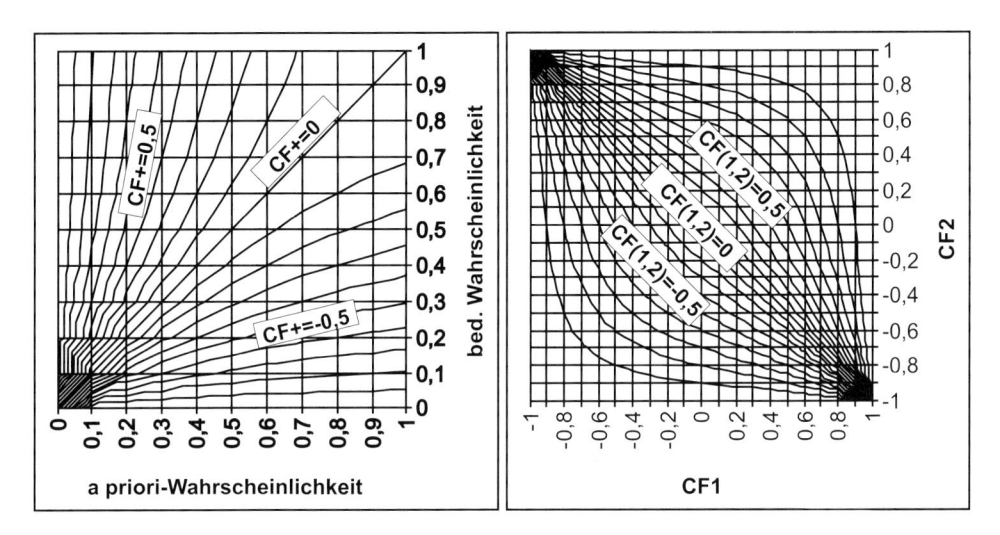

Abb. 10.3: Linien gleicher CF^+-Werte in Abhängigkeit von *a priori*- und bedingter Wahrscheinlichkeit (links); Linien gleicher kombinierter $CF_{(1,2)}$-Werte in Abhängigkeit der Ausgangswerte CF_1 und CF_2 (rechts). Äquidistanz in beiden Diagrammen: 0,1

10.3.2 Bewertung der *Certainty Factor*-Methode

In der Literatur wurde das CF-Modell unter anderem für die Dispositionsmodellierung von Naturgefahren mit Erfolg angewendet (BINAGHI ET AL. 1998, CHEN 2003, REMONDO ET AL. 2003, KELLER ET AL. 2005). Im direkten Vergleich mit einer Diskriminanz- und einer heuristischen Methode hatte ein CF-Modell für Rutschungen die höchste Vorhersagequote (REMONDO ET AL. 2003). Außerdem spricht eine Überlegung dafür, dem CF-Modell den

Vorzug zu geben: Es ist als sehr problematisch anzusehen, dass bei vielen statistischen Methoden (z.B. Regression, aber auch Diskriminanzanalyse) ausgerechnet die abhängige Variable mit den Ausprägungen „Anriss" und „kein Anriss" nicht sicher bestimmt werden kann: Beobachtet man während des Untersuchungszeitraums an einer Stelle einen Anriss, so kann man sich sicher sein, dass unter den dort vorherrschenden Bedingungen Anrisse möglich sind. Wird kein Anriss beobachtet - gerade wenn der Beobachtungszeitraum nur kurz ist -, bedeutet dies im Allgemeinen nicht, dass kein Anriss an dieser Stelle möglich wäre (es sei denn, man kann es aus physikalischen Gründen ausschließen). Aufgrund ähnlicher Überlegungen wird die logistische Regression für die räumliche Modellierung potenzieller prähistorischer Siedlungsplätze von EJSTRUD (2001) kritisiert. Das CF-Modell hingegen analysiert lediglich den Zusammenhang gesicherter Ereignisse (kartierter Anrisse) mit den dort vorhandenen Geofaktoren, die Bedingungen für „kein Anriss" müssen nicht untersucht werden.

Ein weiterer Vorteil des CF-Modells liegt darin, dass die *Certainty*-Faktoren für jede Ausprägung jedes Geofaktors getrennt berechnet werden. Aus der Ergebnistabelle folgt direkt eine Art Rangfolge, anhand derer der Bearbeiter erkennen kann, welche Faktorenklassen statistisch besonders hohe Disposition mit sich bringen und welche einen eher geringen Einfluss haben. Das Konzept der *„unique condition subareas"* hat hingegen den Nachteil, dass einzelne Geofaktorenkombinationen oft in geringer Zahl, bisweilen sogar singulär vorkommen und damit unrealistisch hohe bedingte Wahrscheinlichkeiten berechnet werden. Dagegen kann diese Problematik bei der Klassifizierung einzelner Geofaktoren erheblich abgeschwächt werden.

10.3.3   Datenaufbereitung: Lawinenanrisse

Für das Gebiet Lahnenwiesgraben liegen aus verschiedenen Quellen Informationen über Anrissgebiete von Grundlawinen vor. Im Zuge der Geländearbeiten war es nicht immer möglich, den kartierten und beprobten Lawinen ein Anrissgebiet zuzuweisen, wenn die oberen Hangbereiche zum Zeitpunkt der Geländebegehung bereits vollständig aper waren. Dies gilt vor allem für die Lawinen im südexponierten Bereich des Lahnenwiesgrabens. Aus den jeweils im Frühjahr aufgenommenen orthorektifizierten Senkrechtluftbildern (siehe Abschnitt A.1 im Anhang) konnten jedoch einige Anrisslinien digitalisiert werden, wobei zwischen Gleitschnee- (sogenannten „Fischmäulern") und Lawinenanrissen unterschieden wurde. Da die Lagegenauigkeit der digitalisierten Anrisse höher einzuschätzen ist als die der im Feld kartierten Anrisse (vgl. Kapitel 6.1.1), sind erstere für die Untersuchung besonders wichtig. Die aus allen Anrisslinien (unter Ausschluss der durch Gleitschnee bedingten Zerrspalten) erstellte Rasterkarte enthält im Gesamtgebiet Lahnenwiesgraben 711 Rasterzellen. Da im Untersuchungsgebiet Reintal keinerlei Anrissgebiete kartiert werden konnten (die Anrissgebiete liegen vermutlich oberhalb der Trogschulter und sind daher vom Tal aus nicht einzusehen; entsprechende Luftbilder sind nicht vorhanden), muss das Lawinenmodell vollständig im Einzugsgebiet des Lahnenwiesgrabens entwickelt und danach auf das Reintal übertragen werden (vgl. Abschnitt 10.4.2).

10.3.4 Datenaufbereitung: Geofaktoren

Eine vieldiskutierte Strategie bei der Erstellung „guter" Modelle ist das Prinzip der Sparsamkeit (*principle of parsimony*) im Hinblick auf Modellparameter. Gute Modelle zeichnen sich demnach dadurch aus, mit wenigen, einfachen Parametern möglichst stichhaltige (durch Validierung nachvollziehbare) Resultate zu erzielen (vgl. MULLIGAN & WAINWRIGHT 2004). Die Auswahl der Geofaktoren für ein Dispositionsmodell für Grundlawinen erfolgt zunächst anhand theoretischer Überlegungen. Kann das resultierende Modell nicht hinreichend validiert werden, müssen andere (weniger, mehr) Geofaktoren betrachtet oder der Modellansatz verworfen werden. In der Theorie werden Grundlawinen aufgrund von Spannungen in der Schneedecke ausgelöst, wobei die Stabilität der Schneedecke aufgrund innerer und äußerer Faktoren herabgesetzt ist. Folgende Geofaktoren erscheinen als geeignet für eine Dispositionsmodellierung:

- Relief: Die Spannungsverhältnisse in der Schneedecke werden maßgeblich von der Wölbung und Steilheit des Geländes gesteuert. Ausgehend von digitalen Höhenmodellen sind Hangneigung, Horizontal- und Vertikalwölbung recht einfach zu bestimmen. In SAGA (s. Anhang A.1) können diese Parameter unter Verwendung einer Vielzahl von Methoden berechnet werden (im Rahmen dieser Arbeit nach ZEVENBERGEN & THORNE 1987).

- Vegetation: Die Rauigkeit der Geländeoberfläche ist ein sehr wichtiger Parameter für die Entstehung von Schneegleiten und Grundlawinen. Die Vegetation ist der für die Einschätzung der Oberflächenrauigkeit wohl am einfachsten zu bestimmende Ersatzfaktor. Vegetationseinheiten sind hinreichend gut aus Luftbildern zu kartieren, mithilfe von Klassifizierungsalgorithmen können sie auch aus Fernerkundungsdaten (z.B. Infrarotluftbilder) automatisch abgeleitet werden.

Obwohl sich die Exposition auf die Entstehung von (Grund-)Lawinen deutlich auswirkt, wurde darauf verzichtet, sie als Geofaktor in das Modell aufzunehmen, da die Lawinentätigkeit in beiden Untersuchungsgebieten aus unterschiedlichen Gründen auf jeweils eine Hangexposition konzentriert ist. Finden im Lahnenwiesgraben Lawinenanbrüche vor allem auf nordexponierten Hängen statt, sind die Anbrüche im Reintal auf die südexponierten Hänge konzentriert. Die Exposition ist im Lahnenwiesgraben aufgrund der Beeinflussung der Schneeschmelze eine Mitursache für die Entstehung von Grundlawinen. Im Reintal hingegen liegt der Schwerpunkt der Lawinenentstehung auf den südexponierten Hängen, weil die nordexponierten Hänge zu steil für die Lawinenentstehung sind. Ein im Gebiet Lahnenwiesgraben berechnetes statistisches Modell wäre mithin nicht auf das Reintal anwendbar.

Das Lawinendispositionsmodell von GRUBER & SARDEMANN (2003) verwendet zusätzlich zu den Reliefparametern den aus dem Höhenmodell abgeleiteten Abstand von Graten als Indikatorvariable für Schneeakkumulationen aufgrund von Winddrift. Die Überfrachtung der Schneedecke mit windverdriftetem Schnee, der im Lee von Graten abgelagert wird, spielt allerdings eher für die Entstehung von hochwinterlichen Oberlawinen eine Rolle. Aus diesem Grund findet auch dieser Geofaktor keinen Eingang in das Dispositionsmodell für Grundlawinen.

Auch auf die Meereshöhe als Eingangsparameter wird verzichtet. Sie steuert über die Schneehöhe die (variable) Lawinendisposition. Die Grunddisposition kann höchstens über die Höhenlage, in der die mittlere Schneemächtigkeit unter einem bestimmter Schwellenwert liegt, eingeschränkt werden; HEGG (1997) verwendet beispielsweise eine Mindesthöhe von 900 m ü.NN, da darunter nach Expertenaussage nicht genug Schnee vorhanden ist. Die Abhängigkeit der Schneemächtigkeit von der Meereshöhe ist jedoch nicht überall gleich, sodass sie aus ähnlichen Gründen wie die Exposition nicht in das Modell aufgenommen wird.

10.3.5 Klassifizierung der Rasterdaten

Zunächst muss für alle Datensätze, die noch nicht in kategorialer Form vorliegen, eine Klassifizierung erstellt werden. Die Wahl von Klassenanzahl, -breite und -grenzen erfordert einige Überlegung im Vorfeld. Für die Anzahl der Klassen gibt es Richtwerte, die anhand des Stichprobenumfangs (im Falle der Rasterdatensätze von der Anzahl der Rasterzellen im Untersuchungsgebiet) berechnet werden. Für die Anzahl von etwa 700 Rasterzellen liefert die Formel nach STURGES (BAHRENBERG ET AL. 1990) eine empfohlene Klassenanzahl von $k = 1 + 3,32 \cdot lg(n) \simeq 10$. Zu viele Klassen aufgrund zu kleiner Klassenintervalle führen jedoch im Falle nicht gleichverteilter Daten dazu, dass einige Klassen nur sehr wenige Datensätze enthalten. Wenn nur sehr wenige Rasterzellen in eine Kategorie fallen, werden unrealistische bedingte Wahrscheinlichkeiten $p(L|c_k^i)$ berechnet - im Extremfall, in dem eine Klasse nur eine Rasterzelle umfasst, würde die bedingte Wahrscheinlichkeit auf 100% und der zugehörige CF^+ auf 1,00 anwachsen, was in den meisten Fällen nicht als realistisch anzusehen ist.

10.3.6 Analyse der *failure rate*

Um die Relevanz der ausgewählten Geofaktoren auf die Lawinenbildung zu analysieren, wurde eine *failure rate*-Analyse (JAEGER 1997) durchgeführt. Im Rahmen dieser Analyse wird für jede Kategorie eines Rasterdatensatzes die *failure rate* berechnet (Abbildung 10.2, Gleichung 10.1). Hierfür müssten die Rasterdatensätze mit kontinuierlichen Daten zuerst klassifiziert werden. Dieser Schritt wird mithilfe des SAGA-Moduls FR_Detect (HECKMANN 2003) teilweise umgangen, da die *failure rate* zwar für eine vorgegebene „Klassenbreite", jedoch ohne festgelegte Klassengrenzen durchgeführt wird. Nach Eingabe der gewünschten Klassenanzahl n wird zunächst die Klassenbreite ermittelt, die bei Einteilung des gesamten Wertebereichs in n gleich große Intervall resultieren würde. Das Modul errechnet nun für eine vorher gewählte Anzahl von zufälligen Klassenmittelpunkten mit der vorgegebenen Klassenbreite die jeweilige *failure rate*. Das Ergebnis kann in Diagrammform dargestellt werden (Abbildungen 10.4, 10.5). Die Höhe der erreichten *failure rate* gibt Aufschluss über die relative Wichtigkeit der einzelnen Geofaktoren.

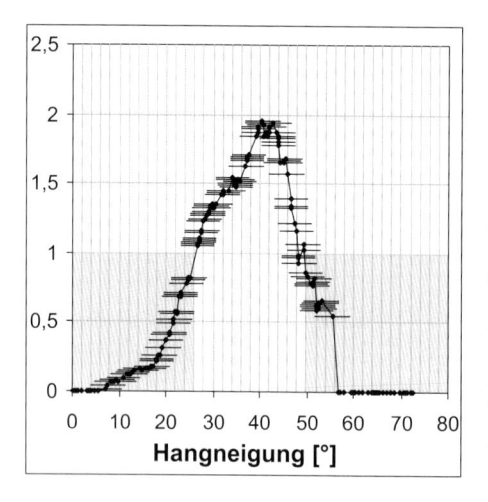

Abb. 10.4: *failure rate*-Analyse für den Geofaktor Hangneigung. Die horizontalen Balken zeigen die Klassenbreite um das zufällig gewählte Klassenmittel an.

Der Wertebereich des jeweiligen Rasterdatensatzes kann der Ordinate entnommen werden, auf der Abszisse ist die *failure rate* abgetragen. Der Wertebereich, der auf Anrissflächen vorkommt, ist durch *failure rates* > 0 gekennzeichnet. Der hinsichtlich der Lawinendisposition relevante Wertebereich, d.h. diejenigen Werte, die auf Anrissflächen im Vergleich zu ihrer Verbreitung im Gesamtgebiet überrepräsentiert sind, ist an *failure rates* > 1 zu erkennen. Ausprägungen der Geofaktoren, die zwar auf Anrissflächen vorkommen, jedoch aufgrund der *failure rate* nicht als relevant erachtet werden, sind in den Abbildungen grau hinterlegt. Aufgrund der Ergebnisse werden die Faktoren Hangneigung, Horizontal- und Vertikalwölbung so klassifiziert, dass die erste und die letzte Klasse den nicht auf kartierten Anrissen repräsentierten Bereich (*failure rate*=0) abdecken, und der übrige Teil in Anlehnung an die aus der Formel von STURGES folgende Klassenanzahl in 10 gleich große Intervalle aufgeteilt wird.

Abbildung 10.4 zeigt deutlich, dass Hangneigungen zwischen 27 und ca. 50° *failure rates* ≥ 1 ergeben, also auf den kartierten Lawinenanrissen gegenüber dem Gesamtgebiet überrepräsentiert sind. Dieser Wertebereich entspricht bis auf wenige Grad Abweichung dem in Expertenmodellen verwendeten Hangneigungsbereich (28-55°, HEGG 1997 und CIOLLI & ZATELLI 2000). Diese Übereinstimmung lässt die Vermutung zu, dass im Hinblick auf die Hangneigung die kartierten Lawinenanrisse den gesamten für die Lawinenbildung relevanten Bereich abdecken, dass also eine repräsentative Stichprobe vorliegt, auf deren Basis eine Abschätzung der Lawinendisposition zulässig ist. Diese Feststellung ist wichtig, weil bei statistischen Modellen im Hinblick auf einen bestimmten Geofaktor nur auf solchen Rasterzellen Disposition

Modellierung der Lawinendisposition mit dem CF-Modell 153

ausgewiesen werden kann, auf denen auch Anrisse kartiert wurden (andernfalls ist die bedingte Wahrscheinlichkeit 0, der CF^+ wird -1). Des Weiteren ist die Hangneigung für die Entstehung von Lawinen der entscheidende Limit-Faktor (die einfachsten Dispositionsmodelle beruhen daher lediglich auf der Ausweisung eines Hangneigungsbereiches, s.o.).

Ebenfalls mit Vergleichswerten aus der Literatur übereinstimmend ist der Bereich mit den höchsten *failure rates* etwa zwischen 38° und 44°. GRUBER & SARDEMANN (2003) berichten von einer mittleren Hangneigung von 40,4° für hochfrequente Lawinenanrisse, anthropogen ausgelöste Lawinen in den Schweizer Alpen brechen im Mittel bei 38,7° an (SCHWEIZER & LÜTSCHG 2001). MCCLUNG (2001a) findet für Schneebrettanbrüche eine mittlere Hangneigung von 37° ± 5° (n=77). Die von BECHT (1995) im Höllental beschriebenen Grundlawinen treten vor allem bei Gefällswerten zwischen 25 und 40° auf. Die Tatsache, dass einige wenige Rasterzellen der kartierten Anrissbereiche in den Hangneigungsbereichen < 20° bzw. > 55° liegen (maximal 10%), ist Ungenauigkeiten bei der Kartierung und im DHM zuzuschreiben. Im Bezug auf die Übereinstimmungen mit den Literaturwerten muss festgehalten werden, dass aus den Daten kein Unterschied zwischen den Grundlawinen, mit denen das Modell trainiert wurde, und anderen Lawinentypen ersichtlich wird.

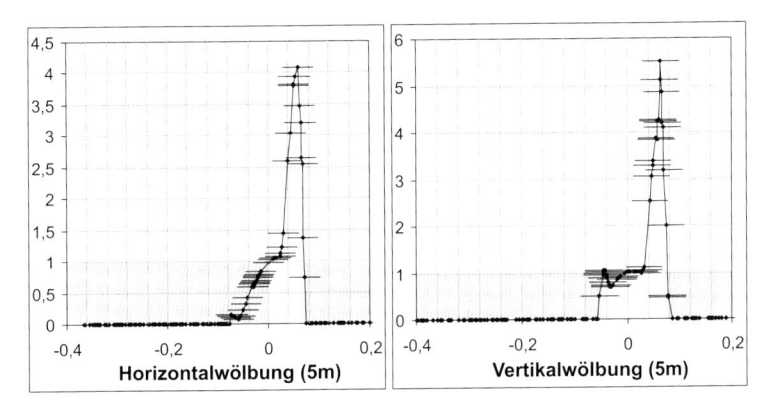

Abb. 10.5: *failure rate*-Analyse für die Geofaktoren Horizontal- und Vertikalwölbung (auf der Basis eines DHM mit 5 m Rasterweite). Die horizontalen Balken zeigen die Klassenbreite um das zufällig gewählte Klassenmittel an.

Die *failure rate*-Analyse der Wölbung (Abb. 10.5) zeigt, dass nicht nur konvexe (Werte > 0) Vertikalwölbungen, sondern auch konvexe Horizontalwölbungen hohe *failure rates* aufweisen. Die Lage von Lawinenanrissen auf vertikal konvex gewölbten Hängen entspricht der Theorie, wonach die Spannungen in der Schneedecke bei konvexer Vertikalwölbung am ehesten so hoch werden, dass die Bruchstabilität eines Schneebrettes überschritten werden kann (SCHWEIZER ET AL. 2003). Durch die Akkumulation von Schnee in horizontal konkaven Formenelementen (Senken, Rinnen) kommt es wegen der Belastung der Schneedecke verstärkt zum Abgang von (Ober-)Lawinen (MCCLUNG 2001a). Aufgrund der Ergebnisse der *failure rate*-Analyse scheinen jedoch horizontal konvexe Hänge die Auslösung von Grundlawinen zu bedingen. Dies kann mit der folgenden Überlegung erklärt werden: Während die Vektoren der hangabwärts gerichteten Zugkräfte auf horizontal gestreckten oder konkaven Hängen parallel verlaufen bzw. konvergieren, divergieren sie auf horizontal konvexen Formenelementen. Die Zugkräfte auf einen zusammenhängenden Teil der Schneedecke auf einem Rücken erhalten beispielsweise zusätzliche Komponenten, die seitlich wirken. Übertragen auf ein Geländemodell mit regelmäßigen Rasterzellen bedeutet dies anschaulich, dass an einer Rasterzelle Zug von mehr als nur einer benachbarten Rasterzelle ausgeübt wird. Auf diese Weise ist die Schneedecke nicht nur in vertikaler, sondern auch in horizontaler Richtung Belastungen ausgesetzt, die bei Überschreitung der internen Stabilität zum Abriss eines Schneebretts führen können. Die Begründung für das unterschiedliche Verhalten der beobachteten Grundlawinen und Oberlawinen im Bezug auf die Wölbung des Anrissgebietes könnte darin liegen, dass Grundlawinen im Gegensatz zu Oberlawinen nicht aufgrund der Überlast durch akkumulierten Schnee (Schneefall und/oder Winddrift), sondern eher durch Versagen der internen Stabilität einer durch Metamorphose homogenisierten, zusammenhängenden Schneedecke zustande kommen.

Die bereits in kategorialer Form vorliegende Vegetationskarte weist nur für Grasflächen eine *failure rate* > 1 auf, es wird für diese Vegetationsklasse ein Wert von 6,4 erreicht. Damit ist die relative Bedeutung der Vegetation bzw. der Oberflächenrauigkeit unter den im Modell vertretenen Geofaktoren am höchsten einzuschätzen. An zweiter Stelle folgen die Wölbungsparameter mit maximalen *failure rates* zwischen 4 und 5,5. Die rechnerische Bedeutung der

Hangneigung ist zwar mit einer maximalen *failure rate* von etwa 2 am geringsten, dies ist aber dem vergleichsweise großen Wertebereich, innerhalb dessen Anrisse vorkommen können, und damit auch der Klassenbreite zuzurechnen.

10.4 Ergebnisse der Dispositionsmodellierung

10.4.1 Lahnenwiesgraben

Das anhand der kartierten Lawinenanrisse und der klassifizierten Rasterdatensätze Hangneigung (NEIG), Horizontalwölbung (HCURV) und Vertikalwölbung (VCURV) sowie der Vegetation (VEG) berechnete CF-Modell weist für 9 der 43 ($\sim 21\%$) Ausprägungen dieser Geofaktoren positive Werte für CF^+ und CC aus (Tabelle 10.2). Der demnach mit dem Vorkommen von Grundlawinen am deutlichsten assoziierte Faktor ist die Vegetationsklasse 3 (Gras). Von einer wichtigen Rolle für diese Oberflächenbeschaffenheit war auszugehen, wenngleich nicht von einem so hohen Abstand zu den nächsten relevanten Faktoren. Der Wertebereich 8 der Horizontalwölbung (konvex; 0,024-0,048) und die Wertebereiche 8 und 7 der Vertikalwölbung (konvex: 0,01-0,054) erzielen ähnlich hohe CF^+- und CC-Werte. Deutlich signifikant sind auch die Hangneigungsbereiche 6-8 ($28 - 46°$). Die letzten Geofaktorenklassen in der Tabelle erhalten deutlich niedrigere CF^+-Werte, wobei eine Horizontalwölbung der Klasse 7 (plan-konvex 0-0,024) noch einen höheren Kontrast CC erreicht, der in der Größenordnung der drei Hangneigungsklassen 6-8 liegt. Die Übersicht über die Geofaktorenklassen mit positiven CF^+-Werten ist frei von gravierenden Widersprüchen (z.B. sehr hohe und sehr niedrige Hangneigungen). Alle übrigen 34 Kategorien haben CF^+-Werte < 1, 22 davon einen CF^+-Wert von -1 (vgl. die komplette Tabelle B.2 im Anhang). Die geringsten Kontrastwerte CC erzielen Hangneigungen $< 10°$ sowie vegetationsfreie und mit Nadelwald bestandene Flächen.

Die Karte der kombinierten CF^+ (Farbkarte 1a; aus Gründen der Darstellbarkeit sind nur Flächen mit $CF^+ \geq 0,7$ dargestellt) zeigt, dass fast allen kartierten Lawinenablagerungen durch das Dispositionsmodell entsprechende Anrissgebiete hangaufwärts zugewiesen werden können. Auch die modellierte Lawinenaktivität ist im wesentlichen auf den Südwesten und einige Hangabschnitte im Norden des Lahnenwiesgraben-Einzugsgebietes konzentriert. Die Form der Bereiche mit hoher Disposition zeichnet im wesentlichen die Vegetationskarte nach, ein Indiz für die große Relevanz grasbewachsener Hänge für die Entstehung von Grundlawinen. In den mit (A) markierten Bereichen decken sich die Bereiche höchster Dispositionswerte mit den hier sehr dicht beieinander liegenden kartierten Anrissen. Dieses Teilgebiet ist in der Detailkarte auf Abbildung 10.6 abgebildet. Im Bereich (B) oberhalb der verfallenen Pfleger-Alm unterhalb des Kleinen Zunderkopfes ist ein zweigeteilter Lawinenstrich anhand der ausgeprägten Schneise im Wald (an dieser Stelle sehr alte Laubbäume) zu erkennen. Der Fuß dieses Hanges ist aufgrund der Topographie und der typischen Ablagerungen von Steinen und Vegetationsresten als Lawinenkegel anzusprechen, es wurden auch einige Lawinenablagerungen dort kartiert. Die Vermutung über die Lage der Anrissgebiete wird durch das Dispositionsmodell hier an einer Stelle bestätigt, an der keine Anrisslinien kartiert waren. Die mit (C) markierten Bereiche weisen zwar erhöhte Disposition am Ort kartierter Lawinenanrisse auf, jedoch im Unterschied zu (A) keine maximalen CF^+. Hieran lässt sich zeigen, dass auch die Bereiche mit lediglich mittleren CF^+-Werten (knapp über 0,7) mögliche Lawinenanrissgebiete sind. Durch ähnlich hohe Dispositionswerte wird die nicht beobachtete, aber durch die Lawinengassen Breit- und Langlahner dokumentierte Lawinenaktivität gekennzeichnet. Im

Tab. 10.2: Teil der Ergebnistabelle für das CF-Modell, Untersuchungsgebiet Lahnenwiesgraben. Gelistet sind nur die Faktorenklassen mit positivem CF^+ bzw. CC, sortiert nach CC. Die gesamte Tabelle findet sich im Anhang B.2.

Geofaktor	Klasse	CF^+	CF^-	CC	**Wertebereich**
VEG	3	0,84	-0,85	1,69	Gras
HCURV	8	0,79	-0,10	0,89	0,024-0,048 (konvex)
VCURV	8	0,79	-0,03	0,82	0,032-0,054 (konvex)
VCURV	7	0,63	-0,18	0,81	0,01-0,032 (konvex)
NEIG	8	0,49	-0,10	0,59	40-46°
NEIG	7	0,37	-0,14	0,51	34-40°
NEIG	6	0,31	-0,11	0,42	28-34°
HCURV	7	0,17	-0,21	0,38	0 - 0,024 (gestreckt-konvex)
VCURV	5	0,11	-0,01	0,12	-0,034 - -0,012 (konkav)
...	...	...	...	...	...

Ergebnisse der Dispositionsmodellierung 157

Gebiet (D) findet sich zu den kartierten Ablagerungen kein durch das Modell ausgewiesenes Anrissgebiet. Im oberen Einzugsgebiet des Herrentischgrabens (E) und an den Hängen des Schafkopfs (F) befinden sich Bereiche hoher Disposition, in denen noch keine Lawinen beobachtet wurden. Das Modell liefert nach diesen Befunden ein weitgehend vollständiges, wenngleich nicht perfektes Bild von der Disposition für Grundlawinen; eine quantitative Validierung wird in Abschnitt 10.5 durchgeführt.

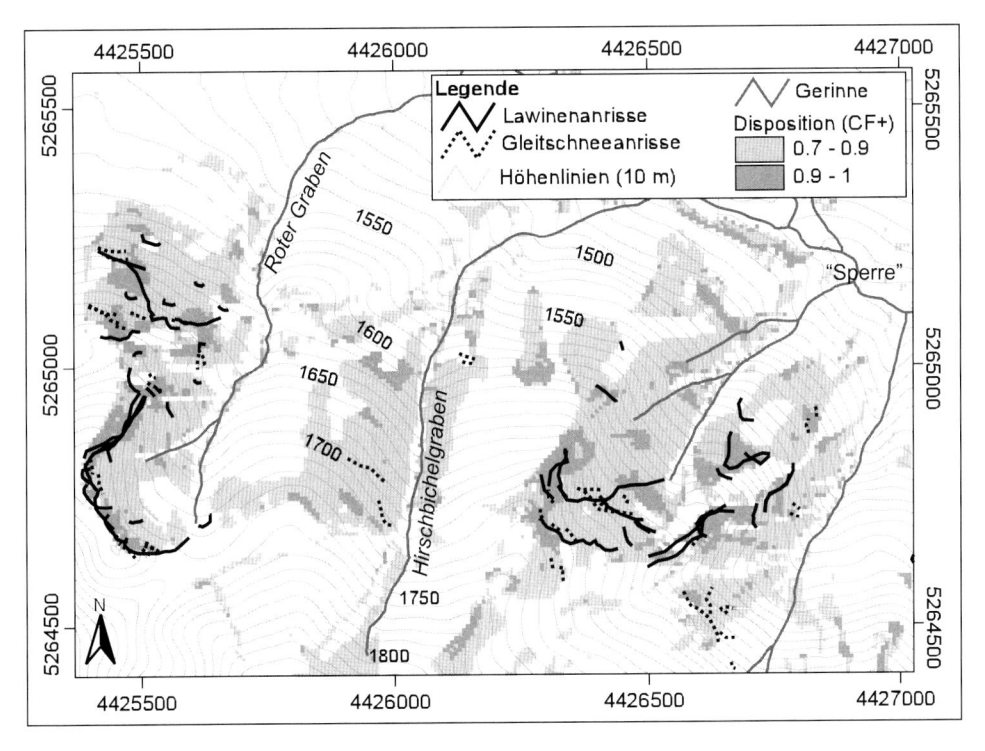

Abb. 10.6: Detailkarte des südwestlichen Teils des LWG. Die Karte zeigt kombinierte CF^+ in den Wertebereichen $0,7-0,9$ und $>0,9$ im Vergleich mit kartierten Anrissen verschiedenen Datums.

In Abbildung 10.6 sind die Bereiche mit CF^+-Werten $> 0,9$ über die aus Luftbildern und im Gelände kartierten Lawinenanrisse und Zerrspalten im Gebiet zwischen dem Roten Graben und der Lokalität „Sperre" gelegt. Sie zeigen eine recht gute Übereinstimmung, so dass sie als potenzielle Startpunkte für hochfrequente, d.h. im Zeitraum von etwa 5 Jahren zu erwartende Grundlawinen gelten können (siehe Abschnitt 10.6). Die Verwendung eines niedrigeren Schwellenwertes (z.B. 0,7) würde zu einer Ausweisung zu großer zusammenhängender Gebiete führen (vgl. Abbildung 10.6).

10.4.2 Reintal

Aufgrund fehlender Informationen über Anrissgebiete müssen die Parameter des CF-Modells aus dem Lahnenwiesgraben unter der Annahme für das Reintal verwendet werden, dass sie für die Lawinenentstehung tatsächlich allgemein gültig sind und nicht spezielle Verhältnisse im Lahnenwiesgraben abbilden. Diese Annahme ist problematisch, gerade im Hinblick auf den Geofaktor Oberflächenrauigkeit, der im Lahnenwiesgraben in erster Linie mit grasbewachsenen Flächen assoziiert ist. Im Reintal hingegen könnten auch glatte Felsflächen auf den talwärts einfallenden Wettersteinkalkschichten ausreichend geringe Rauigkeit für die Auslösung von Grundlawinen aufweisen, auch die grasbewachsenen Flächen könnten aufgrund anderer Artenzusammensetzung oder Substratrauigkeit andere Eigenschaften als im Lahnenwiesgraben besitzen. Des weiteren ist nicht belegbar, ob die im Reintal beobachteten Lawinen tatsächlich Grundlawinen *sensu stricto* darstellen. Gleichwohl ist die Übertragung des LWG-Modells auf das Reintal die einzige Möglichkeit, potenzielle Anrissgebiete auszuweisen. Die in Farbkarte 2a dargestellte Dispositionskarte kann ohne bekannte Anrissgebiete nur qualitativ validiert werden.

Wie im Untersuchungsgebiet Lahnenwiesgraben können auch im Reintal für praktisch alle kartierten Lawinenablagerungen entsprechende potenzielle Anrissgebiete ermittelt werden. Die Anrissgebiete konzentrieren sich wie auch die Ablagerungen auf die südexponierten Hänge (obwohl die Exposition nicht in das Modell eingeht !), mit der Ausnahme der nordexponierten Hänge zwischen dem Feldernjöchl im Westen und der Steilwand östlich der Reintalangerhütte im Osten. Die größten, zudem auch am häufigsten kartierten Lawinenablagerungen auf der südexponierten Talseite (es handelt sich um die Lawinen R-OW und R-UW beidseits des Wasserfalls und R-VG unmittelbar westlich der Vorderen Blauen Gumpe) weisen in ihrem Einzugsgebiet größere zusammenhängende Flächen mit hoher Disposition auf, während die meisten übrigen Ablagerungen eher kleinen und fragmentierten potenziellen Anrissgebieten zugeschrieben werden können. Der größte Teil der Gebiete mit hohem CF^+ befindet sich im Bereich der Trogschulter des Reintals, in den Karen werden aufgrund des fehlenden Graswuchses keine Dispositionsbereiche ausgegeben. Die nordexponierten Steilwände weisen ebenfalls kaum Disposition auf, da hier die Hangneigung für eine ausreichende Akkumulation von Schnee zu hoch ist.

Auffällig sind die großen zusammenhängenden Flächen hoher Disposition im Nordosten des Untersuchungsgebietes, wobei am Hangfuß nur eher kleine Lawinenablagerungen kartiert wurden. Bei den fraglichen Flächen handelt es sich um grasbewachsene Hangbereiche, die zu einem gewissen Teil deutlich unterhalb der Trogschulter liegen. Aufgrund der niedrigeren Höhenlage mit weniger Schneeakkumulation und höherer und früherer Ablation sind zumindest diese Bereiche geringer gefährdet als die höher liegenden Flächen im Bereich der Trogschulter. Es wird deutlich, dass an dieser Stelle offenbar konkurrierende Faktoren die Bedeutung des Graswuchses überlagern.

10.5 Modellvalidierung

Die Validierung eines Modells soll zeigen, ob und wie gut die Ergebnisse der Modellberechnungen mit der Realität übereinstimmen. MULLIGAN & WAINWRIGHT (2004) erläutern grundsätzliche Probleme der Modellvalidierung und führen unterschiedliche Strategien an. Neben der Abschätzung der Plausibilität und dem visuellen Vergleich der Situation in der realen Welt mit den Modellergebnissen, wie er bereits in den Abschnitten 10.4.1 und 10.4.2 vorgenommen wurde, können auch quantitative Maße für die Validität berechnet werden.

Im Kontext der hier verwendeten statistischen Dispositionsmodelle bietet sich an, die Modellparameter zunächst nur anhand eines Teils der kartierten Anrissgebiete zu berechnen (Training) und danach zu testen, ob das Modell die nicht verwendeten Anrisse „vorhersagt" bzw. wiedergibt (Test). Im Gegensatz dazu führt ein Vergleich der Modellergebnisse mit allen zur Berechnung verwendeten Anrissgebieten nicht zu einer Validierung der Vorhersage zuvor unbekannter Ereignisse, sondern lediglich zu einer Art Trefferquote (*goodness of fit* oder Erfolgsrate, vgl. CHUNG & FABBRI 2003), die im Hinblick auf die

Modellvalidierung weniger aussagekräftig ist. Um voneinander unabhängige Datensätze für Training und Test zu erzeugen, können verschiedene Strategien verfolgt werden:

- Trennung der Anrisspopulation im Hinblick auf die Zeit (*time partition* nach CHUNG & FABBRI 2003, *historical data validation* nach MULLIGAN & WAINWRIGHT 2004). Eine Dispositionskarte, die auf den Anrissen eines bestimmten Zeitabschnittes beruht, wird mit den Anrissgebieten eines anderen, späteren Zeitabschnittes im selben Gebiet verglichen.

- Räumliche Trennung (*space partition* nach CHUNG & FABBRI 2003): Das Untersuchungsgebiet wird in ein Trainings- und ein Testgebiet geteilt. Diese Gebiete enthalten damit auch unterschiedliche Anrisszonen. Ist das im Trainingsgebiet berechnete Modell in der Lage, die Anrisse im Testgebiet „vorherzusagen", kann das Modell als validiert gelten.

- Zufällige Trennung (*random partition* nach CHUNG & FABBRI 2003): Anrisse zur Berechnung des Test-Modells werden zufällig ausgewählt. Das resultierende Modell sollte die verbliebenen Anrisse abbilden können.

Im Rahmen der vorliegenden Arbeit wird eine Kombination aus *random partition* und *space partition* verwendet, indem das Untersuchungsgebiet und die Rasterkarte der Anrissgebiete zufällig in zwei Teile geteilt werden, deren Größenverhältnis (z.B. 20% für das Trainings- und 80% für das Testgebiet) frei festzulegen ist (SAGA-Modul `RandSplit`, HECKMANN 2003). Da im beschriebenen Fall sowohl 20% der Anrisszellen als auch 20% des Untersuchungsgebietes als Trainingsdaten abgeteilt werden, bleibt die *a priori*-Wahrscheinlichkeit gegenüber dem Gesamtmodell (alle Anrisse im Gesamtgebiet) in etwa gleich groß. Auch die bedingte Wahrscheinlichkeit hinsichtlich einzelner Geofaktoren kann in etwa gleich groß bleiben, vorausgesetzt die Anrissgebiete des Trainingsdatensatzes besitzen tatsächlich die selben Geofaktorenkombinationen wie im Gesamtgebiet. Würde sich die zufällige Auswahl ausschließlich auf die Rasterkarte der Anrisse beziehen, würde sich unter dieser Voraussetzung sowohl die *a priori*- als auch die bedingte Wahrscheinlichkeit entsprechend verringern. Die proportionale Herabsetzung beider Wahrscheinlichkeiten wirkt sich dann in beschränktem Maße auf die Größe des CF^+ aus (vgl. Abbildung 10.3).

Während die Dispositionskarte (Farbkarte 1a) auf der CF-Modellierung des Gesamtgebiets unter Einschluss aller kartierten Grundlawinenanrisse beruht, werden für die Validierung auf Zufallsbasis zwei Gebiete (Trainingsgebiet A mit 20% der Fläche und damit ~ 142 Anriss-Pixeln, Testgebiet B mit 80% der Fläche) ausgewählt. Im Zuge der Validierung wird das im Gebiet A berechnete Modell auf das Gebiet B angewendet. Erfolgsrate (wie gut geben die Modellergebnisse die zur Berechnung verwendeten Anrisse wieder) und Vorhersagerate (wie gut werden Anrisszonen bestimmt, die nicht in das Modell eingegangen sind) werden mit dem SAGA-Modul `SPMValidate` (HECKMANN 2004) aus der Dispositionskarte und den zu überprüfenden Anrissen berechnet. Bei der Berechnung werden die Rasterzellen der Dispositionskarte nach ihrem Wert absteigend sortiert; in dieser Reihenfolge wird auf jeder Zelle der Inhalt der Dispositionskarte mit dem Inhalt der Anrisskarte verglichen. Wird ein Anriss angetroffen, erfolgt ein Eintrag in eine Tabelle mit dem aktuellen Dispositionswert, der Anzahl der bisher gezählten Anrisszellen und der Anzahl der bisher gezählten Zellen der Dispositionskarte. Aus dieser Tabelle kann am Ende der Berechnung ermittelt werden, welcher Anteil m (in %) der Anrisszellen sich auf die jeweils höchsten n% der Dispositionskarte konzentriert. Bei zufälliger Verteilung von Anrissen gruppieren sich die einzelnen Messpunkte um die Hauptdiagonale. Konzentrieren sich dagegen z.B. 60% der Anrisszellen auf nur 10% der absteigend sortierten Dispositionskarte, liegen also die meisten Anrisse auf Zellen mit besonders hoher Disposition, gilt das Modell als validiert. Das Diagramm zeigt in diesem Falle in der Nähe des Ursprungs einen steilen Anstieg (je weiter sich die Summenkurve von der Hauptdiagonale entfernt, desto aussagekräftiger). Die Steigung der Kurve wird wie folgt interpretiert: Bei zufälliger Verteilung ist sie (nahe) 1; daher gelten nach CHUNG & FABBRI (2003) nur diejenigen Intervalle im Dispositionsspektrum als aussagefähig, innerhalb derer die mittlere Steigung der Vorhersagekurve entweder > 3 oder $< 0,2$ ist.

Im Falle des hier vorgestellten CF-Modells für Grundlawinen zeigt das Diagramm in Abbildung 10.7 die Erfolgskurve (Ausweisung aller Anrisszellen durch ein Modell, was im Gesamtgebiet unter Einbeziehung aller kartieren Anrisse berechnet wurde) und die Vorhersagekurve (Ausweisung der Anrisszellen im Testgebiet B durch ein Modell, was im Trainingsgebiet A berechnet

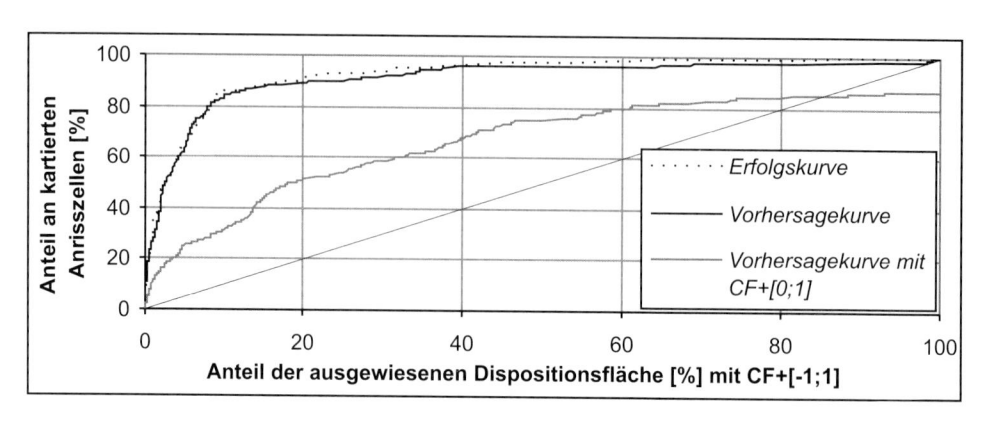

Abb. 10.7: Erfolgs- und Vorhersagekurven zur Validierung des CF-Modells für Grundlawinen anhand der kartierten Anrissgebiete im Untersuchunsgsgebiet Lahnenwiesgraben.

wurde, siehe oben). Zuerst ist festzustellen, dass die Kurven sehr nahe beieinander liegen, was für die Robustheit des Modells spricht. Des Weiteren ist der anfängliche Anstieg der Kurven sehr steil, 84% der kartierten Anrisse (etwa 600 Rasterzellen) liegen auf den obersten 10% aller Dispositionswerte (dies entspricht einem kombinierten $CF+$ von $\geq 0{,}54$). Zur Quantifizierung der Effektivität wird die Kurve wie bei CHUNG & FABBRI (2003) (s.o.) in acht Segmente aufgeteilt, wobei jedes einen gleich großen Anteil (12,5%) der Anrisspixel umfasst. Für die ersten sechs dieser Segmente errechnet sich eine mittlere Kurvensteigung (=*ratio of effectiveness*) zwischen 5 und 76, für das letzte eine Steigung von 0,14. Nur ein Segment weist mit 1,5 eine Steigung auf, die nicht aussagefähig ist.

Dieses Ergebnis deutet auf eine sehr hohe Vorhersagequalität hin. Aufgrund des verwendeten Validierungsansatzes ist allerdings zu beachten, dass sich die Rasterzellen, die zufällig dem Trainings- bzw. Testgebiet zugeordnet werden, in enger Nachbarschaft und damit in sehr ähnlichen topographischen Verhältnissen befinden (räumliche Autokorrelation). In dieser Hinsicht aussagekräftiger wäre eine Validierung, bei der ganze Anrissbereiche, nicht einzelne Rasterzellen, zum Training bzw. Testen des Modells verwendet werden. Für ein solches Verfahren müsste nach Einschätzung des Autors jedoch eine größere Anzahl voneinander verschiedener Anrissgebiete vorliegen, als dies im Untersuchungsgebiet Lahnenwiesgraben der Fall ist. Die erfolgreiche Vorhersage mit der Grundlawinenbildung assoziierter Phänomene (Gleitschnee und Blaiken, s.u.) liefert jedoch zusätzliche Hinweise auf die Qualität des Dispositionsmodells.

Des weiteren ist folgender Umstand mit Vorsicht zu bewerten: Der Anteil von 10% der Vorhersagekurve in Abbildung 10.7 bezieht sich auf die Gesamtfläche der Dispositionskarte, obwohl diese auch Werte < 0 enthält, die der Interpretation des CF-Modells zufolge eigentlich gegen das Auftreten von Lawinenanrissen sprechen. Bezieht man nur $CF^+ > 0$ mit ein, ist die Vorhersagekurve (grau) erheblich flacher (51% der Anrisse liegen jetzt auf den obersten 20% der Dispositionskarte), und es zeigt sich, dass etwa 14% der Anrisse im Testgebiet auf eigentlich als ungefährdet eingestuften Flächen mit $CF^+ < 0$ liegen. Angesichts der Tatsache, dass die für die Auslösung tatsächlich verantwortlichen Gebiete erheblich kleiner sein können als die beobachteten Anrisse (vgl. GRUBER & SARDEMANN 2003), und dass die Anrisskartierung Lagefehler aufweist, kann nach Einschätzung des Autors das Modell mit einer „Trefferquote" von 86% dennoch als zufriedenstellend validiert gelten. Selbst die „schlechteren" Ergebnisse bei strikter Interpretation des CF-Modells sind nicht erheblich unzuverlässiger als das von REMONDO ET AL. (2003) validierte CF-Modell für Rutschungen: Hier finden sich etwa 60% der Rutschungen auf den obersten 20% der Dispositionskarte. Schenkt man der Interpretation des CF^+ nicht allzu großes Vertrauen, kann man auch den gesamten Bereich der Ergebnisse $[-1; 1]$ entweder nach dem Prinzip der gleichen Fläche (*equal area*) oder äquidistant neu klassifizieren (CHUNG & FABBRI 2003) und die daraus resultierenden Klassen als Stufen unterschiedlicher Disposition interpretieren.

Andere Ansätze zur Modellvalidierung führen zu ähnlich guten Ergebnissen. Eine Korrelationsanalyse der kombinierten CF^+-Werte der Rasterzellen im Gesamtgebiet für Modell A (im Trainingsgebiet berechnet) und Modell B (im Testgebiet berechnet) erbrachte, dass 92% der Varianz im Modell B durch das Modell A erklärt wird. Auch die für die Modelle A und B berechneten CF^+-Parameter der einzelnen Geofaktorenklassen korrelieren mit $r^2 \geq 0,95$. Ein auf 20% der Anrisse basierendes Modell kommt damit zu denselben Ergebnissen wie das mit einer erheblich größeren Anzahl berechnete Modell. Dies bezieht sich sowohl auf die einzelnen als auch auf die kombinierten CF-Werte.

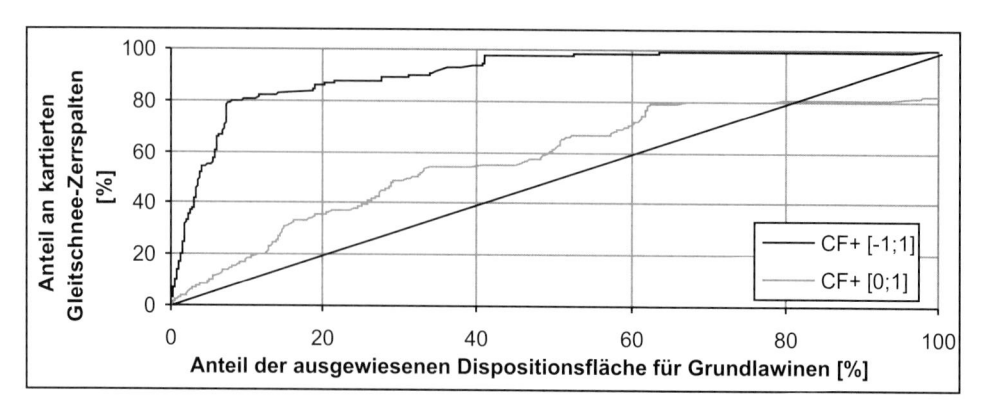

Abb. 10.8: Vorhersage von Gleitschneeanrissen durch das CF-Modell für Grundlawinen

Mithilfe der oben beschriebenen Validierungstechnik kann auch getestet werden, ob sich andere Phänomene, die mit der Schneebewegung in Verbindung gebracht werden (durch Schneegleiten erzeugte Zerrspalten, Blaiken als Konsequenz von Schneebewegungen), mit dem Dispositionsmodell für Grundlawinen „vorhersagen" lassen. Ein entsprechendes Validierungsergebnis wäre ein weiteres Indiz für die enge räumliche und ursächliche Verknüpfung der verschiedenen Prozesse. Wie die Vorhersagekurve in Abbildung 10.8 belegt, lassen sich auch Gleitschneeanrisse (Kartierung aus orthorektifizierten Winterluftbildern) mit dem Lawinenmodell recht gut verorten. Hierbei gilt die gleiche Einschränkung bezüglich der CF^+-Werte (bei einer strengen Interpretation haben fast 20% der Gleitschnee-Anrisszellen einen $CF^+ < 0$, was einer Trefferquote von etwa 80% enstspricht). Ähnlich gute Ergebnisse zeigt der Modelltest mit der Luftbildkartierung von Blaiken (siehe 8).

10.6 Ausweisung von Anrissgebieten für die Koppelung an ein Prozessmodell

Soweit dem Autor bekannt, geht der größte Teil der mit der Gefahrenzonierung befassten Arbeiten von bekannten Anrissgebieten aus und führt keine Koppelung des Prozessmodells mit einem Dispositionsmodell durch (vgl. auch WICHMANN & BECHT 2004). Bei HEGG (1997) werden zunächst potenzielle Anrissgebiete ausgewiesen, von denen ausgehend danach das

Prozessmodell gerechnet wird. GRUBER & SARDEMANN (2003) verwenden eine Kombination von Dispositionsmodell und Prozessmodell zur Ausweisung potenzieller Ablagerungsgebiete hochfrequenter Lawinen vor dem Hintergrund der Permafrostforschung.

Das Dispositionsmodell soll Startpunkte für das Prozessmodell generieren und hat damit eine wichtige Bedeutung für die Ausweisung des potenziellen Prozessraums von Grundlawinen. Daher müssen die Ergebnisse der Dispositionsmodellierung so weiterverarbeitet werden, dass sie als Eingangsdaten für die Prozessmodellierung verwendet werden können. Die Ausweisung aller Rasterzellen mit einem positiven CC oder CF^+ würde einen viel zu großen Teil der Fläche als Startgebiet ausweisen, was wiederum auch zu unrealistischen Prozessarealen führen würde. Ein erster Schritt zur Auswahl geeigneter Startzellen ist die Festlegung eines Schwellenwertes für CF^+, unterhalb dessen die Auslösung einer Lawine als nicht wahrscheinlich genug angesehen wird. Bei einem Schwellenwert von 0,7 würden bereits etwa 80% der Rasterzellen auf kartierten Anrisslinien als Startzellen gewählt (Abbildung 10.7). Da jedoch davon auszugehen ist, dass die kartierten Anrisslinien größer sind als das ursprünglich auslösende Gebiet (GRUBER & SARDEMANN 2003), kann der Schwellenwert durchaus auch höher gewählt werden. Ein Schwellenwert von 0,9 zeigt in einem Gebiet mit zahlreichen gesicherten Anrissen weitgehende Übereinstimmung (Abbildung 10.6), sodass zunächst alle Rasterzellen als potenzielle Startzellen ausgewählt werden, deren kombinierter CF^+ über 0,9 liegt.

Da das Anrissgebiet von Lawinen nicht beliebig klein sein kann, CIOLLI & ZATELLI (2000) wählen beispielsweise eine Mindestgröße von 625 m^2, ist die Auswahl von einzelnen Zellen, die keine weiteren potenziellen Startzellen als Nachbarn haben, nicht sinnvoll. Dieses Problem wird mit einer Filterung gelöst, die für jede Rasterzelle die positiven CF^+-Werte in einer 5x5-Umgebung (entspricht 625 m^2) aufaddiert. Liegt dieser Wert unterhalb von $25 \cdot 0,9 = 22,5$, so wird die Zelle als Startzelle abgelehnt. Nach dieser Prozedur finden sich nur noch wenige Einzelzellen, die das Ergebnis nicht nachhaltig beeinträchtigen.

Es muss an dieser Stelle unterstrichen werden, dass die nun modellierten Startzellen nicht zwingend zur Lawinenauslösung führen - es sprechen lediglich einige Bedingungen mit einer gewissen Sicherheit dafür, die durch den kombinierten CF^+ ausgedrückt werden kann. Aufgrund der Tatsache, dass die Lawinenanrisse von etwa 5 Jahren in das Modell eingegangen sind, soll an dieser Stelle nochmals angemerkt werden, dass auch nur Ereignisse einer entsprechenden Jährlichkeit (vgl. Abschnitt 7.1.3.2) durch das Modell „vorhergesagt" werden. Gleichwohl ist ein Zusammenhang zwischen der Höhe des Certainty Factor und der Anrissfrequenz an einem bestimmten Ort anhand der verwendeten Daten nicht nachweisbar. Betrachtet man beispielsweise die Verteilungen der mittleren CF^+-Summe (5x5-Umgebung) der einzelnen Anrissgebiete, sind signifikante Unterschiede weder zwischen einmaligen und viermaligen noch zwischen den einmaligen und allen übrigen Anrissen vorhanden (2-Stichproben-T-Test mit $\alpha = 0,05$).

11 Prozessmodell

Die Aufgabe eines Prozessmodells für Lawinen ist es, ausgehend von bekannten oder modellierten Lawinenanrissen die Lawinenbahn zu bestimmen. Hierbei ist vor allem der Fließweg entlang der Tiefenlinie, aber auch die laterale Ausbreitung von Interesse. Bei Ereignissen, die Flachstellen überfließen oder ihr Auslaufgebiet auf einem Schwemm-, Mur- oder Lawinenkegel erreichen, müssen zahlreiche potenzielle Fließwege in Betracht gezogen werden. Für die meisten Anwendungen von Lawinenmodellen hat gleichwohl die Reichweite die größte Bedeutung. In der vorliegenden Arbeit wird das Prozessmodell in erster Linie zur Ausweisung des potenziell von Grundlawinen betroffenen Areals (des Prozessareals bzw. der Prozessdomäne) sowie zur Ausgabe von Fließparametern als Basis für weiterführende Auswertungen benötigt. Die genaue Reichweite bestimmter Ereignisse im Sinne einer Gefahrenzonierung spielt aufgrund der Fragestellung eine eher untergeordnete Rolle.

In den folgenden Abschnitten erfolgt eine Erläuterung der gewählten Ansätze zur Modellierung von Prozessweg und Reichweite und des Modellaufbaus. Nach den Ausführungen zur Kalibrierung der Modellparameter (Abschnitt 11.4) erfolgt die Darstellung und Analyse der Ergebnisse (Abschnitt 11.5). Unter Anwendung der Modellergebnisse wird in Kapitel 12 das potenzielle Prozessgebiet analysiert; zur Berechnung des Abtrags werden die Ergebnisse der Quantifizierung aus Teil II mit den Modellergebnissen verknüpft. Teile der Prozessmodellierung spielen für die Analyse der Einflussfaktoren der geomorphologischen Aktivität von Lawinen eine wichtige Rolle (Kapitel 13).

11.1 Modellierung des Prozessweges mit dem *mfdf*-Ansatz nach GAMMA (2000)

Die korrekte Ausweisung von Prozessarealen und Gefahrenzonen ist neben der Reichweite an die korrekte Modellierung des Prozessweges gebunden. Bei Verwendung von Digitalen Höhenmodellen (DHM) auf Rasterbasis wird ein inkrementeller Operator (nach TOMLIN 1990 *fide* DELANGE 2002) benötigt, der die Bewegung einer Masse (Wasser, Sediment, Schnee) bzw. deren Richtung von einer Rasterzelle zur nächsten berechnet. Die Richtungswahl erfolgt aufgrund der Rasterstruktur in 45°-Schritten, was vor allem bei größerer Rasterweite des DHM zu systematischen Fehlern führt. Für die Berechnung des

Fließweges existiert eine Fülle möglicher Ansätze, die in zahlreichen Arbeiten umfassend diskutiert werden (vgl. z.B. TARBOTON 1997, GAMMA 2000). Bei den *„single flowdirection"*-Ansätzen wird einer Rasterzelle nur ein Nachfolger zugeordnet; im Falle von *„multiple flowdirection"*-Ansätzen handelt es sich um mehrere Nachfolger, auf die das Material verteilt werden muss. Hierbei kann beispielsweise eine Gewichtung proportional zum Gefälle vorgenommen werden, das den Nachfolgerzellen mit höherem Gefälle einen höheren Anteil der abfließenden Masse zuordnet. Bei der Modellierung gravitativer Massenbewegungen muss beachtet werden, dass eine Ausbreitung seitlich zum steilsten Gefälle überwiegend auf flachere Abschnitte des Fließweges, beispielsweise auf Mur- oder Lawinenkegel konzentriert ist. Dieser Tatsache trägt das von GAMMA (2000) entwickelte Ausbreitungsmodell *mfdf*[1] Rechnung, das auch in den Arbeiten von WICHMANN & BECHT (2003) und WICHMANN (2006) detailliert besprochen wird. Der Algorithmus berechnet keine Verteilung des Materials von einer Rasterzelle auf mehrere Nachfolger, sondern es wird aus einer Menge potenzieller Nachfolgerzellen eine ermittelt. Diese Wahl erfolgt mithilfe einer Zufallszahl, wobei die Übergangswahrscheinlichkeiten zu den möglichen Nachfolgern nicht gleich groß sind. Anhand von drei Parametern lassen sich Beginn und Stärke der Ausbreitungstendenz sowie die allgemeine Richtungskonstanz des Prozessweges recht genau auf die zu simulierenden Prozesse und die topographischen Verhältnisse des Untersuchungsgebietes abstimmen:

- Das *Grenzgefälle* ϕ_{grenz} (Gleichung 11.1) bestimmt, ab welchem Gefälle überhaupt eine seitliche Ausbreitung möglich ist. Mehrere potenzielle Nachfolgerzellen werden nur für den Fall ausgewiesen, dass der Hang weniger stark geneigt ist als das Grenzgefälle.

- Mithilfe eines *Ausbreitungsexponenten a* (Gleichung 11.2) wird die Stärke der Ausbreitungstendenz gesteuert. Der Parameter bestimmt, wie weit das Gefälle eines potenziellen Nachfolgers von dem des steilsten Nachfolgers abweichen darf, damit diese Zelle noch in die Auswahl möglicher Nachfolger aufgenommen wird. Dieses Kriterium wird vor allem auf Hängen mit Neigungswerten in der Nähe des Grenzgefälles wirksam.

---

[1] multiple flow directions for debris flows

Modellierung des Prozessweges

- Die Wahl eines *Persistenzfaktors* p (Gleichung 11.4) ermöglicht es, die Ausweisung des Prozessweges an Prozesse mit unterschiedlicher Neigung zu Richtungswechseln anzupassen.

Die folgenden Formeln zur Berechnung des Prozessweges orientieren sich an der Notation bei WICHMANN & BECHT (2003).

Ausgehend von einer Startzelle wird zunächst das Gefälle $\phi_i[°]$ zu den acht benachbarten Rasterzellen n_i (mit $i = 1, 2, ..., 8$) im DHM bestimmt, höherliegende Zellen scheiden als potenzielle Nachfolger aus. Das Verhältnis aus dem jeweiligen Gefälle ϕ_i und dem Grenzgefälle ϕ_{grenz} wird als sogenanntes Relativgefälle γ_i berechnet:

$$\gamma_i = \frac{\tan \phi_i}{\tan \phi_{grenz}} \tag{11.1}$$

Anhand des maximalen Relativgefälles $\gamma_{max} = \max(\gamma_i)$ aus Gleichung 11.1 wird in Gleichung 11.2 die Menge N der potenziellen Nachfolger eingeschränkt. Wird $\gamma_{max} > 1$, ist das Gefälle zum steilsten Nachfolger größer als das Grenzgefälle ϕ_{grenz}. Für diesen Fall ist keine seitliche Ausbreitung vorgesehen, so dass die Menge der potenziellen Nachfolger auf die Nachfolgerzelle mit dem steilsten Gefälle γ_{max} beschränkt wird. Auf steilen Hängen oberhalb des Grenzgefälles wird damit derselbe Prozessweg ermittelt wie mit dem D8-Algorithmus (O'CALLAGHAN & MARK 1984). Ist $\gamma_{max} \leq 1$, wird mithilfe des Ausbreitungsexponenten a das sogenannte *mfdf*-Kriterium $(\gamma_{max})^a$ berechnet. Um in der Auswahlmenge N der potenziellen Nachfolger n_i zu verbleiben, muss das Relativgefälle zu der betreffenden Rasterzelle diesen Schwellenwert erreichen oder übertreffen:

$$N = \left\{ n_i \mid \begin{cases} \gamma_i \geq (\gamma_{max})^a & \text{wenn } 0 \leq \gamma_{max} \leq 1 \\ \gamma_i = \gamma_{max} & \text{wenn } \gamma_{max} > 1 \end{cases} \right\} \tag{11.2}$$

Anhand des Gefälles der in der Menge N verbliebenen potenziellen Nachfolger werden proportionale Übergangswahrscheinlichkeiten $p_i \in [0;1]$ berechnet, indem das Gefälle in Richtung i durch die Summe aller in N vorhandenen Gefälle dividiert wird (Gleichung 11.3).

$$p_i = \frac{\tan \phi_i}{\sum_j \tan \phi_j} \quad \text{mit } i,j \in N \tag{11.3}$$

Durch diese Berechnung wird möglichen Nachfolgern mit höherem Gefälle eine höhere Übergangswahrscheinlichkeit zugewiesen. Die Übergangswahrscheinlichkeiten p_i addieren sich zu eins. Durch Kumulierung der Übergangswahrscheinlichkeiten ergeben sich daher Intervallgrenzen, deren Breite der jeweiligen Übergangswahrscheinlichkeit entspricht. Durch Vergleich der Zufallszahl mit den Intervallgrenzen wird die neue Fließrichtung bestimmt (GAMMA 2000).
Die Bestimmung der Fließrichtung erfolgt prinzipiell zufällig, wobei der Zufall durch die Vorauswahl von Nachfolgekandidaten mithilfe des *mfdf*-Kriteriums und die Berechnung der zum Gefälle proportionalen Übergangswahrscheinlichkeiten gelenkt wird. Im Grunde ist die Bewegung hangabwärts, also hin zu niedrigeren Rasterzellen, vorgegeben, während die genaue Fließrichtung in Abhängigkeit vom Gefälle zufällig bestimmt wird. Eine solche, auf einem diskreten Zufallsprozess beruhende (stochastische) Bestimmung der Bewegungsrichtung wird als „*random walk*" bezeichnet (PRICE 1976).

Die Einführung eines Persistenzfaktors p bei der Berechnung der Übergangswahrscheinlichkeiten (Gleichung 11.4) ermöglicht es, gegebenenfalls allzu abrupte Richtungswechsel zu unterbinden, die zu einer unrealistischen Unruhe des Prozessweges führen würden. Dies ist ein wichtige Bedingung für die Modellierung von Massenbewegungen, die sich in unterschiedlicher Weise ausbreiten. Während Steinschlagpartikel durchaus abrupte Richtungswechsel vollziehen können, behalten Muren oder Lawinen aufgrund ihrer Trägheit eher die eingeschlagene Fließrichtung bei. Der Persistenzfaktor ist bei diesen Prozessen vor allem dann hilfreich, wenn die Übergangswahrscheinlichkeiten mehrerer potenzieller Nachfolger aufgrund ähnlichen Gefälles nahezu gleich groß sind. Die Berechnung neuer Übergangswahrscheinlichkeiten erfolgt allerdings nur, wenn die Vorgänger-Fließrichtung i' zu einem in der Menge

N vertretenen Nachfolger führt ($n_{i'} \in N$). In Gleichung 11.3 wird in diesem Fall das Gefälle des potenziellen Nachfolgers in Richtung i' mit dem Persistenzfaktor multipliziert.

$$p_{i'} = \frac{\tan \phi_{i'} \cdot p}{\sum_j \tan \phi_j} \quad \text{mit } i', j \in N \tag{11.4}$$

Die Summe von $\tan \phi_j$ im Nenner von Gleichung 11.4 beinhaltet ebenfalls das mit p multiplizierte Relativgefälle $\tan \phi_{i'}$, so dass sich auch die durch die Persistenz modifizierten Übergangswahrscheinlichkeiten zu 1 addieren. Die Intervallgrenzen der kumulierten Übergangswahrscheinlichkeiten sind nun zugunsten der Zelle $n_{i'}$ verschoben. Auf diese Weise wird die stochastische Ermittlung des Prozessweges durch eine weitere Größe beeinflusst, so dass die Wahl der Richtung i gegebenenfalls abhängig von der Vorgängerrichtung i' wird. Die Modellierung der Fließrichtung hat also ein „Gedächtnis", das in diesem Fall einen Modellschritt zurückreicht. Diese Folge voneinander abhängiger Zufallsprozesse wird als (hier: einstufige) Markov-Kette bezeichnet. GILKS ET AL. (1997) geben einen allgemeinen, anwendungsorientierten Überblick über Markov-Ketten und Monte-Carlo-Verfahren.

Aufgrund des stochastischen Charakters der Fließrichtungsbestimmung führen wiederholte Berechnungen einer längeren Strecke ausgehend von derselben Startzelle zu unterschiedlichen Ergebnissen. Der Grad der räumlichen Abweichung der einzelnen Fließwege wird hierbei von den topographischen Eigenschaften des DHM (Neigung, Wölbung) und den Parameter-Einstellungen für ϕ_{grenz}, a und p bestimmt. Die mehrfache Wiederholung von Zufallsexperimenten mit dem Ziel, statistische Analysen der Ergebnisverteilung vornehmen zu können, wird Monte-Carlo-Simulation genannt (GILKS ET AL. 1997). Sie spielt in zahlreichen wissenschaftlichen Fragestellungen eine wichtige Rolle. Beispielsweise werden Monte-Carlo-Verfahren eingesetzt, um Sensitivitätsanalysen von Modellrechnungen durchzuführen: Man lässt den zu untersuchenden Parameter während zahlreicher Wiederholungen der Berechnung entsprechend einer bestimmten Verteilung variieren und analysiert am Ende der Monte-Carlo-Simulation nicht genau ein Ergebnis, sondern die statistische Verteilung der Modellergebnisse. Damit kann die Auswirkung von Variationen eines oder mehrerer Faktoren auf das Modellergebnis bestimmt werden. Das Verfahren ist ebenso dort von Nutzen, wo der exakte Wert eines Modellparameters nicht angegeben werden kann. Dies ist vor allem bei räumlich verteilten Modellansätzen der Fall, bei denen eine flächendeckende Aufnahme von Geofaktoren nicht möglich ist. Anstelle einer Berechnung mit einem exakten Parameterwert werden zahlreiche Berechnungen durchgeführt, wobei der fragliche Parameter mit definierter Streuung um einen bestimmten Mittelwert variiert wird (z.B. CHERNOUSS & FEDORENKO 1998). Auch im Rahmen der Reichweitenmodellierung werden Monte-Carlo-Verfahren angewendet (z.B. PERLA ET AL. 1984, BARBOLINI ET AL. 2002; vgl. auch Abschnitt 11.3). Im Falle des vorliegenden Ausbreitungsmodells wird der Prozessweg nach dem beschriebenen *random walk*-Verfahren von jedem Startpunkt aus mehrfach modelliert. Die Überlagerung der einzelnen Fließwege stellt die 2D-Ausdehnung des Prozessgebietes als räumliche Verteilung des mehrfach wiederholten Zufallsexperimentes dar.

Für die Anwendung des *random walk*-Verfahrens mit Monte-Carlo-Simulation im Rahmen der Gefahrenzonierung müssen ausreichend viele Simulationen gerechnet werden, damit die resultierende Verteilung ein realistisches Bild der Ausdehnung des Prozessgebietes liefert. Dies ist insbesondere bei stark divergierenden Prozesswegen, z.B. auf Schwemm-, Mur- oder Lawinenkegeln der Fall. Nach GAMMA (2000) werden für eine solche Betrachtung etwa 200 Starts benötigt, wobei für DHM geringerer Auflösung eine niedrigere Anzahl ausreicht. Die realitätsnahe Modellierung der Ausbreitung als wichtige Grundlage zur Ausweisung des potenziellen Prozessgebietes ist aufgrund der Proportionalität der Übergangswahrscheinlichkeiten p_i zum Relativgefälle (vgl. Gleichungen 11.3 und 11.4) stark von der Qualität des verwendeten DHM abhängig (vgl. WICHMANN 2006).

Bei der mehrfach wiederholten Simulation kann für jede Rasterzelle die Anzahl der Simulationen, die passieren, ermittelt und gespeichert werden. Teilt man diese Anzahl durch die Anzahl der gerechneten Starts, erhält man eine relative Durchgangshäufigkeit (GAMMA 2000). Werden mit dem beschriebenen Verfahren mit jedem Simulationsdurchgang Einzelereignisse berechnet, wie dies beispielsweise bei Steinschlag der Fall ist (siehe WICHMANN 2006), kann man diese Durchgangshäufigkeit als eine Art Trefferwahrscheinlichkeit werten. Die Interpretation als Eintretenswahrscheinlichkeit ist hingegen bei der Simulation von Massenbewegungen wie Muren oder Lawinen nicht zulässig. Hierbei werden bei n Simulationen nicht n mögliche Prozessgebiete ausgewiesen, sondern man versucht, das Prozessgebiet eines Ereignisses durch die Monte-Carlo-Simulation anzunähern. Anschaulich betrachtet wird eine Lawine in n Teile aufgeteilt, aus deren kombinierten Trajektorien sich das Prozessgebiet dieses einen Ereignisses zusammensetzt. Bei der Modellierung des Prozessgebietes von Steinschlag sind dagegen zwei Interpretationen möglich: Die Durchgangshäufigkeiten repräsentieren n mögliche Realisierungen eines einzelnen Ereignisses, oder es werden n Einzelereignisse (n einzelne Steine) simuliert. Diese Überlegung liegt dem Partikel-Ansatz zugrunde (vgl. PERLA ET AL. 1984), der in Abschnitt 11.3 näher erläutert wird. Die Kalibrierung der Ausbreitungsparameter für den Prozess Lawine wird in Abschnitt 11.4.1 vorgenommen.

11.2 Modellierung der Reichweite von Fließlawinen

11.2.1 Ansätze der Reichweitenmodellierung

Ähnlich wie bei der Dispositionsmodellierung (Abschnitt 10.2) unterscheidet man unterschiedliche Typen von Prozessmodellen zur Berechnung der Reichweite von Lawinen. Nach KLEEMAYR (1996) können die verschiedenen Ansätze auf einer Skala zwischen den rein empirischen statistischen Modellen und den deterministischen physikalisch-numerischen Modellen eingeordnet werden. Die umfangreiche vergleichende Untersuchung von HARBITZ ET AL. (1998) im Rahmen des EU-Projektes SAME [2] unterscheidet zwischen empirischen und dynamischen Lawinenmodellen. Die folgenden zwei Abschnitte geben, basierend auf den genannten Zusammenstellungen, einen Überblick über statistische/empirische und physikalische/dynamische Modelle, die zur Modellierung der Reichweite von Fließlawinen (Ansätze zur Modellierung von Staublawinen werden aufgrund der Fragestellung der vorliegenden Arbeit nicht berücksichtigt) geeignet sind. BARBOLINI ET AL. (2000) vergleichen die Ergebnisse statistischer und physikalisch basierter Lawinenmodelle anhand von fünf ausgewählten Lawinenereignissen.

---

[2] Snow Avalanche Modelling, Mapping and Warning in Europe

11.2.1.1 Empirische Modelle

Empirische Modelle ermitteln extreme Reichweiten (engl. *runout length* oder *runout distance*) von Lawinenereignissen mithilfe statistischer Analysen, in die Geofaktoren des Prozessgebietes und Lawinenparameter eingehen. Statistische Modelle entstanden aufgrund der Schwierigkeiten, die Vielzahl von Parametern für physikalisch basierte Modelle zu kalibrieren. Nach den grundlegenden Arbeiten von BOVIS & MEARS (1976) und LIED & BAKKEHØI (1980) haben zahlreiche Autoren ähnliche Untersuchungen in unterschiedlichen Gebieten durchgeführt. Demnach korreliert die Reichweite historisch belegter Ereignisse mit verschiedenen Einflussfaktoren, wie beispielsweise der Fläche und Hangneigung des Anrissgebietes sowie der Länge und dem Höhenunterschied der Sturzbahn. Die Modelle lassen sich in zwei Untergruppen einordnen:

- $\alpha - \beta$-Modelle:
  Diese Methode basiert auf einer multiplen Korrelationsanalyse verschiedener Einflussvariablen auf den Winkel α, unter dem der Anriss der Lawine vom distalen Ende der Ablagerung aus gesehen wird (sog. Pauschalgefälle). In den meisten Modellen findet sich vor allem eine signifikante Korrelation mit dem Winkel β, unter dem der Anriss der Lawine von demjenigen Punkt der Lawinenbahn aus gesehen wird, an dem ein Gefälle von $10°$ erreicht bzw. unterschritten wird. Die Lawinenbahn kann zur besseren Berechenbarkeit durch eine mathematische Funktion angenähert werden. Die Bestimmung des Winkels α erfolgt auf der Basis einer multivariaten Korrelation mit verschiedenen Geofaktoren oder einer einfachen Korrelation mit dem Winkel β.
  Beispiele: LIED & BAKKEHØI (1980), LIED & TOPPE (1989), FUJISAWA ET AL. (1993) und FURDADA & VILAPLANA (1998).

- *Runout ratio*-Modelle:
  Zielgröße ist hier das dimensionslose Verhältnis aus zwei Horizontalabständen: Dem Abstand zwischen Anrisszone und $10°$-Punkt (s.o.) und dem Abstand zwischen dem $10°$-Punkt und dem äußersten Punkt der Auslaufzone. Der Punkt der Lawinenbahn, auf dem das Gefälle erstmals $10°$ erreicht, wird somit zur Bezugsgröße für die Bestimmung der extremen Reichweite. Für die Extremwertstatistik erscheint diese Betrachtungsweise geeigneter (MCCLUNG ET AL. 1989). Sie ist im anglo-amerikanischen Raum weiter

verbreitet (BARBOLINI ET AL. 2000).
Beispiele: MCCLUNG ET AL. (1989), MCKITTRICK & BROWN (1993), NIXON & MCCLUNG (1993), SMITH & MCCLUNG (1997b) und KEYLOCK ET AL. (1999).

Eine weitere Gruppe empirischer Modelle schätzt die Reichweite auf unbekannten Lawinenstrichen anhand der Reichweite auf möglichst ähnlichen, bekannten Lawinenstrichen (vgl. HARBITZ ET AL. 1998). Die berechneten Korrelationen gelten in jedem Fall für ein „durchschnittliches" Längsprofil, sie können daher zwar durchaus regional, aber nicht auf Lawinenstriche mit stark unregelmäßigem Längsprofil übertragen werden (vgl. KLEEMAYR 1996). Die Übertragung auf Lawinenstriche außerhalb des Untersuchungsgebietes ist ebenfalls kritisch (MCKITTRICK & BROWN 1993). Zusätzlich ist eine statistische Annäherung an die Eintretenswahrscheinlichkeiten von Reichweiten extremer Ereignisse möglich; zu diesem Zweck wird die *runout ratio* (s.o.) verschiedener extremer Reichweiten an eine theoretische Verteilung (hier: Gumbel-Extremwertverteilung) angepasst (vgl. z.B. MCCLUNG 2001b).
Empirische Modelle berechnen ausschließlich die Reichweite auf der Basis historischer Ereignisse, Aussagen über die Dynamik des Prozesses (Geschwindigkeiten, Druckverhältnisse, Fließhöhen etc.) können nicht getroffen werden. Da davon auszugehen ist, dass die Prozessdynamik die geomorphologische Aktivität der Lawinenereignisse sowohl in räumlicher als auch in quantitativer Hinsicht entscheidend beeinflusst, kommen statistische Modelle im Rahmen dieser Arbeit nicht zur Anwendung.

11.2.1.2 Dynamische Modelle

Dynamische Modelle beschreiben die interne Lawinendynamik in verschiedenen Zeitschritten, die Bewegung der Lawinenmasse als ganzes, oder verwenden kombinierte Ansätze. Zu unterscheiden sind sowohl die Modellannahmen bezüglich des Materials als auch die mathematische bzw. numerische Berechnungsweise (HARBITZ ET AL. 1998). Folgende Untergruppen können gebildet werden:

- Ansätze, in denen die Lawine als Abgleiten einer starren, nicht deformierbaren Masse modelliert wird (*sliding block*):
Die Entwicklung der Geschwindigkeit der Lawine wird auf der Grundlage energetischer Berechnungen (vgl. SCHEIDEGGER 1975, KOERNER 1976)

oder basierend auf der Wirkung von Schwerkraft und Reibungskräften auf die Masse (d.h. das Massenzentrum der Lawine, nicht die Front) der Lawine modelliert. Diese Reibungskräfte sind im ersten dynamischen Modell von VOELLMY (1955) und seinen Derivaten (VSG-Modell, SALM ET AL. 1990; PCM-Modell, PERLA ET AL. 1980) von der Fließgeschwindigkeit abhängig. Die genannten Modelle beschreiben die Bewegung der Lawine in der Initiationsphase recht gut, werden aber aufgrund der relativ einfachen Berechnung auch für die gesamte Lawinenbahn verwendet (HARBITZ ET AL. 1998). Das VSG-Modell dient in der Schweiz als das Standardmodell für die Ausweisung von Gefahrenzonen (SALM ET AL. 1990).

- Kontinuum-Modelle, in denen die Lawine als verformbare Masse modelliert wird, die durch interne Scherprozesse deformiert wird (*deformable body*): Es handelt sich um hydraulische Modellansätze mit unterschiedlichen rheologischen Grundlagen (*constitutive equations*, z.B. Voellmy-Fluid, Criminale-Erickson-Filby-Fluid sowie Bingham- oder Newton'sche Flüssigkeiten, vgl. auch ANCEY 2001) und Ansätze, die die Lawine als granuläres Medium modellieren. Die granulären Modelle beruhen auf dem Ansatz von SAVAGE & HUTTER (1989). Hydraulische Kontinuum-Modelle für Lawinen wurden beispielsweise von NOREM ET AL. (1987) und BARTELT ET AL. (1999) umgesetzt. HARBITZ ET AL. (1998) vergleichen zahlreiche weitere Modelle im Hinblick auf erfolgte Validierung, Art und physikalische Basis der Parameter, Übertragbarkeit und Dimension sowie auf die Fähigkeit, Reichweite, Druckverhältnissen und Fließhöhe zu modellieren.

Da die Parameter der verschiedenen Modelle in unterschiedlichem Grade physikalisch begründet und bestimmbar sind, zum Teil aber empirisch kalibriert werden müssen, decken sich die Definitionen für dynamische (HARBITZ ET AL. 1998) und physikalische (KLEEMAYR 1996) Modelle nicht. Das im Folgenden beschriebene und im Rahmen der vorliegenden Arbeit verwendete PCM-Modell (PERLA ET AL. 1980) ist demnach zwar zu den dynamischen, nicht aber zu den physikalischen Modellen *sensu stricto* zu zählen. ZWINGER (2000) rechnet das in der Schweiz verwendete, eng mit dem PCM-Modell verwandte VSG-Modell (SALM ET AL. 1990) sogar zu den statistischen Modellen. Aufgrund der Tatsache, dass diese Modelle auf physikalischen Grundlagen aufbauen, können sie wohl zumindest als physikalisch basiert bezeichnet werden. Der PCM-Ansatz wurde wegen der relativ einfachen Berechnung innerhalb des

GIS, der Verfügbarkeit einiger Arbeiten im Bezug auf die zu kalibrierenden Parameter sowie der guten Erfahrungen mit dem Modell bei der Simulation von Muren (WICHMANN 2006) gewählt.

11.2.2 Das PCM-Reichweitenmodell (PERLA ET AL. 1980)

Ein gravierender Nachteil der Voellmy- und VSG-Modelle ist die Notwendigkeit, einen Referenzpunkt P auf einem Hang zu bestimmen, ab dem die Lawine abgebremst wird. Damit wird gleichsam der Beginn der Auslaufzone künstlich festgelegt. Nach der Anleitung für das VSG-Modell (die sog. *Swiss Guidelines*) erfolgt die Auswahl des Punktes P an der Stelle im Längsprofil der Lawinenbahn, an der diese ein Gefälle ϕ von 8,8-16,7° erreicht bzw. unterschreitet. Ausgehend von P kann die Auslaufstrecke berechnet werden, wobei Geschwindigkeit und Fließhöhe der Lawine in P bekannt sein müssen (SALM ET AL. 1990). Die Lage von P ist abhängig von der Wahl des Reibungsparameters μ, da gilt: $tan\phi_P \simeq \mu$ (vgl. PERLA ET AL. 1980, SALM ET AL. 1990). Verläuft das Längsprofil mit stetig abnehmendem Gefälle (d.h. mit durchgängig konkaver Vertikalwölbung), ist die Bestimmung von P unproblematisch. Natürliche Längsprofile sind jedoch verbreitet von wechselndem Gefälle, oft gar von Gefällsbrüchen gekennzeichnet, so dass in ihrem Verlauf mehrere theoretische Punkte P existieren (vgl. HEGG 1997). Im Hinblick auf eine Modellierung fällt diese Problematik insbesondere bei hoher Auflösung des DHM deutlich ins Gewicht.

Das nach den Initialen seiner Autoren genannte dynamische Lawinenmodell PCM (PERLA, CHENG & MCCLUNG 1980) beseitigt die problematische *a priori*-Festlegung des Beginns der Auslaufzone. In diesem Modell wird die Entwicklung der Geschwindigkeit im Längsprofil mit der Startzone als Referenz berechnet. Ein weiterer Unterschied zum Voellmy-Modell ist die Behandlung der Lawine als finite Masse (Voellmy berechnet die Bewegung einer „endlosen" Flüssigkeit), wobei deren raum-zeitliche Position auf das Massenzentrum bezogen ist.
Die Modellierung erfolgt auf der Basis der Newton'schen Bewegungsgleichung

$$\frac{d}{dt}(mv) = \Sigma F, \tag{11.5}$$

in der die Änderung des Impulses $(m \cdot v)$ mit der Summe der wirkenden Kräfte F gleichgesetzt wird. Treibende Kraft der Massenbewegung ist die hangabwärts gerichtete Komponente der Schwerkraft,

$$F_G = m \cdot g \cdot sin\phi, \qquad (11.6)$$

berechnet aus der Masse $m[kg]$, der Erdbeschleunigung $g = 9,81[m \cdot s^{-2}]$ und der Hangneigung $\phi[°]$. Die hemmenden Kräfte F_R wirken in entgegengesetzter Richtung. Zu diesen zählen

- der Luftwiderstand, der jedoch bei reinen Fließlawinen vernachlässigbar ist,

- der Widerstand der Schneedecke an der Lawinenfront und

- die Reibung der Lawine an der Grenzfläche zur schneebedeckten (Oberlawinen) oder aperen (Grundlawinen) Erdoberfläche.

Der letzte Parameter ist abhängig von der Normalkraft, also der senkrecht zum Hang wirkenden Komponente der Schwerkraft, und dem Reibungsparameter μ (Gleitreibung, trockene Reibung). Weitere hemmende Kräfte werden im vorliegenden Modell als proportional zur zweiten Potenz der Geschwindigkeit betrachtet und zu einem Widerstandsterm D zusammengefaßt:

$$D(s) = \frac{\mu \cdot m}{r} + \frac{dm}{ds} + k \qquad (11.7)$$

Der Term $\frac{dm}{ds}$ kommt hierbei für den Effekt der Aufnahme von Schnee (engl. *entrainment*) auf. Gleichwohl wird diese Änderung der Masse nicht berechnet, sie geht in der dem Modell zugrundeliegenden linearen Differenzialgleichung 11.8 lediglich in den Reibungsparameter M/D ein, der für die innere Reibung aufgrund des Verhältnisses zwischen Masse und Scherkraft steht (vgl. auch GAMMA 2000). Diese Vereinfachung ist aufgrund der Abhängigkeit der Schneeaufnahme von der Topographie und den Eigenschaften von Schneedecke und Lawine für die große Streuung der ermittelten Reibungsparameter mitverantwortlich (GAUER & ISSLER 2004).

$$\frac{1}{2} \cdot \frac{dv^2}{ds} = g(sin\phi - \mu cos\phi) - \frac{D}{M}v^2 \tag{11.8}$$

mit
v = Geschwindigkeit $[m/s]$
s = zurückgelegter Weg des Massenzentrums $[m]$
$g = 9,81 [m \cdot s^{-2}]$ (Erdbeschleunigung)
μ = Gleitreibungsparameter
ϕ = Hangneigung $[°]$ und
$\frac{D}{M}$ = Verhältnis aus Widerstand D(*drag*) und Masse M.

Da die Parameter μ, ϕ und $\frac{D}{M}$ im Verlauf des Prozessweges variieren, also Funktionen von s sind, kann die Gleichung nicht analytisch gelöst werden. Stattdessen erfolgt die Berechnung der Bewegung des Massenzentrums iterativ auf Segmenten i des Prozessweges, auf denen die genannten Parameter als konstant angesehen werden können. Während GAMMA (2000) den Prozessweg über mehrere Rasterzellen zu einem Segment gleichen Gefälles zusammenfasst, wird in der vorliegenden Arbeit die Strecke vom Mittelpunkt einer Rasterzelle zum Mittelpunkt der nachfolgenden als Segment aufgefasst (Abbildung 11.1, vgl. auch WICHMANN 2006). Die umständliche Bestimmung von Prozessweg-Segmenten entfällt daher, das DHM-Raster wird zur alleinigen Basis der Berechnungen.

Durch Integration von Gleichung 11.8 erhält man Gleichung 11.9. Die Notation bezieht sich hier jeweils auf ein Segment i der Länge L_i, für das bei bekannter Anfangsgeschwindigkeit v_A die Endgeschwindigkeit v_B berechnet werden kann.

$$v_i^B = \sqrt{\alpha_i \cdot M/D_i \cdot (1 - e^{\beta_i}) + (v_i^A)^2 \cdot e^{\beta_i}} \tag{11.9}$$

mit
$\alpha_i = g(sin\phi_i - \mu_i cos\phi_i)$ und
$\beta_i = -2 \cdot \frac{L_i}{M/D_i}$.

Wird der Radikand kleiner als 0, ist die Wurzel nicht definiert. In diesem Fall kommt der Prozess auf dem Segment i zum Stehen. Eine Berechnung der genauen Stop-Position ist möglich (siehe PERLA ET AL. 1980); eine Ausweisung der Auslaufdistanz im *sub grid*-Maßstab wird bei der hohen DHM-Auflösung von $5m$ jedoch für nicht notwendig erachtet.

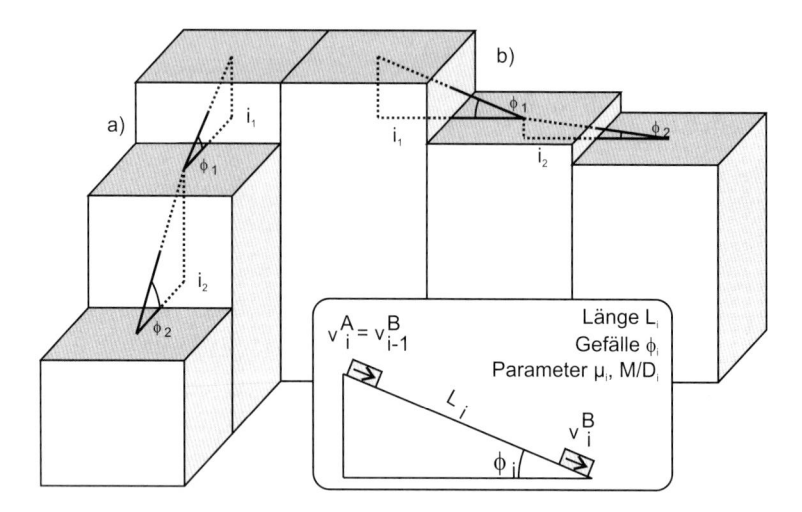

Abb. 11.1: Segmentierung des Prozessweges zwischen den Mittelpunkten der Rasterzellen des DHM. Die Geschwindigkeit v_B am Ende des Segments $i-1$ wird zur Anfangsgeschwindigkeit v_A des Segments i. Für jedes Segment werden Länge L_i und Gefälle ϕ_i berechnet und die Reibungsparameter μ_i und M/D_i vorgehalten.

Kann v_i^B berechnet werden, erfolgt die Modellierung der Fließgeschwindigkeit auf dem nächsten Segment i. Die Endgeschwindigkeit v_{i-1}^B kann jedoch nicht unter allen Umständen als Anfangsgeschwindigkeit v_i^A in Gleichung 11.9 verwendet werden. PERLA ET AL. (1980) führen eine Korrektur auf Basis der Impulserhaltung für den Fall ein, in dem die Hangneigung ϕ_i des neuen Segments kleiner ist als das Gefälle ϕ_{i-1} des Vorgängersegments (Variante b in Abbildung 11.1). In diesem Fall ist

$$v_i^A = v_{i-1}^B \cdot cos(\phi_{i-1} - \phi_i) \tag{11.10}$$

und es erfolgt eine Abbremsung. Diese ist bei geringen Unterschieden zwischen den Segmenten nicht sehr hoch, bei einem Gefällsbruch von 10°-20° verringert sich die Anfangsgeschwindigkeit um 2-7 % (Faktor 0,98-0,93). Ist $\phi_i > \phi_{i-1}$, wird v_{i-1}^B ohne Korrektur als v_i^A übernommen (Abb. 11.1a). Dabei wird angenommen, dass die Lawine bei stark konvexem Verlauf des Längsprofils - insbesondere bei abrupten Gefällsbrüchen - tendenziell vom Hang „abhebt", und dass dadurch die Reibungskräfte verringert werden. Dies kompensiert den Geschwindigkeitsverlust infolge der Impulsänderung (PERLA ET AL. 1980).

Die Kalibrierung der Reibungsparameter μ und M/D auf der Basis theoretischer Überlegungen und beobachteter Reichweiten wird in Abschnitt 11.4 beschrieben. Die Ergebnisse der Modellierung des potenziellen Prozessareals folgen in Abschnitt 11.5*ff*.

11.3 Aufbau des Prozessmodells

Von den existierenden Lawinenmodellen sind nicht alle in der Lage, auf der Basis eines DHM sowohl die (zweidimensionale) Ausbreitung als auch die Reichweite von Fließlawinen zu simulieren. Zu diesen zählen das österreichische Modell SAMOS (vgl. HAGEN & HEUMADER 2000) und das Modell AVAL-2D des SLF/Davos (z.B. verwendet von GRUBER & SARDEMANN 2003). Mit den übrigen Modellen, wie z.B. dem kommerziell vertriebenen AVAL-1D (SLF Davos, CHRISTEN ET AL. 2002) werden Lawinen entlang eines vorgegebenen Profils berechnet (eindimensionale Modellierung). Bei den meisten dieser Programme ist es nötig, in einem GIS vorgehaltene Daten für das Modell aufzubereiten, zu exportieren und die Ergebnisse nach Ende der Berechnungen zu re-importieren, um diese visualisieren und weiter analysieren zu können. Die erforderlichen Konvertierungen stehen einer schnellen und effektiven Analyse entgegen, weshalb eine Koppelung von Prozessweg- und Reichweitenmodellierung innerhalb eines GIS wünschenswert ist. Eine solche Koppelung ist bereits in einigen publizierten Ansätzen realisiert worden, beispielsweise von HEGG (1997) für die Modellierung von Lawinen und im Murmodell *dfwalk* von GAMMA (2000). WICHMANN & BECHT (2004) stellen Modelle für zahlreiche gravitative Prozesse vor, bei denen die Modellierung von Ausbreitung und Reichweite zum Zwecke der Gefahrenzonierung gekoppelt innerhalb eines GIS (SAGA, siehe A.2) erfolgt.

Das im Rahmen der vorliegenden Arbeit entwickelte Modell für Fließlawinen basiert auf folgenden Konzepten und Bausteinen:

- Der *random walk*-Ansatz von GAMMA (2000) zur Bestimmung der Fließrichtung. Der Algorithmus konnte aus dem SAGA-Modul `DF HazardZone` von WICHMANN (2006) übernommen werden.

- Das PCM-Lawinenmodell von PERLA ET AL. (1980) zur Berechnung der Geschwindigkeitsentwicklung und Reichweite.

PERLA ET AL. (1984) konstatieren, dass das PCM-Modell nicht nur auf das Massenzentrum einer Lawine, sondern auch auf einzelne Partikel innerhalb einer Lawine angewandt werden kann. In dieser Studie wird der Abgang einer großen finiten Anzahl von Partikeln entlang eines Längsprofils (1D) berechnet. Durch Variation der Startpunkte innerhalb einer Anrisszone und durch Einführung eines zusätzlichen, zufallsgesteuerten und geschwindigkeitsabhängigen Parameters $\pm vR$ erhält die Simulation den Charakter eines Zufallsexperiments. Das Ergebnis ist nicht eine Reichweite, sondern eine von den Parametern abhängige Verteilung von Reichweiten, die auch als Verteilung von Partikeln im Ablagerungsbereich der Lawine gedeutet werden kann. Im Gegensatz zu PERLA ET AL. (1984) erfolgt in der vorliegenden Arbeit keine Einführung zusätzlicher Parameter (auch diese müssten kalibriert werden). Der Effekt des verwendeten Ansatzes ist aber weitgehend derselbe. Die Partikel auf den Startzellen haben verschiedene Anfangskoordinaten, die simulierten Prozesswege der einzelnen Teilchen weichen deshalb sowie aufgrund des *random walk* voneinander ab. Jeder einzelne Prozessweg ist durch eine eigene Abfolge unterschiedlich steiler Segmente gekennzeichnet, wodurch sich die Geschwindigkeit und die Reichweite jedes Partikels im PCM-Modell unterschiedlich entwickeln. Dadurch wird nicht nur eine Verteilung von Reichweiten, sondern auch der lateralen Ausbreitung des Prozessweges modelliert. Das Ergebnis ist eine Simulation des 2D-Prozessgebietes; das in der vorliegenden Arbeit umgesetzte Modell kann somit als eine 2D-Erweiterung des Ansatzes von PERLA ET AL. (1984) verstanden werden. Als problematisch bei diesem Ansatz ist anzusehen, dass er auf der stark vereinfachenden Annahme beruht, dass sich die Partikel gegenseitig nicht beeinflussen.

Abb. 11.2: Flussdiagramm des Prozessmodells `PCM Particle`

Aufbau des Prozessmodells

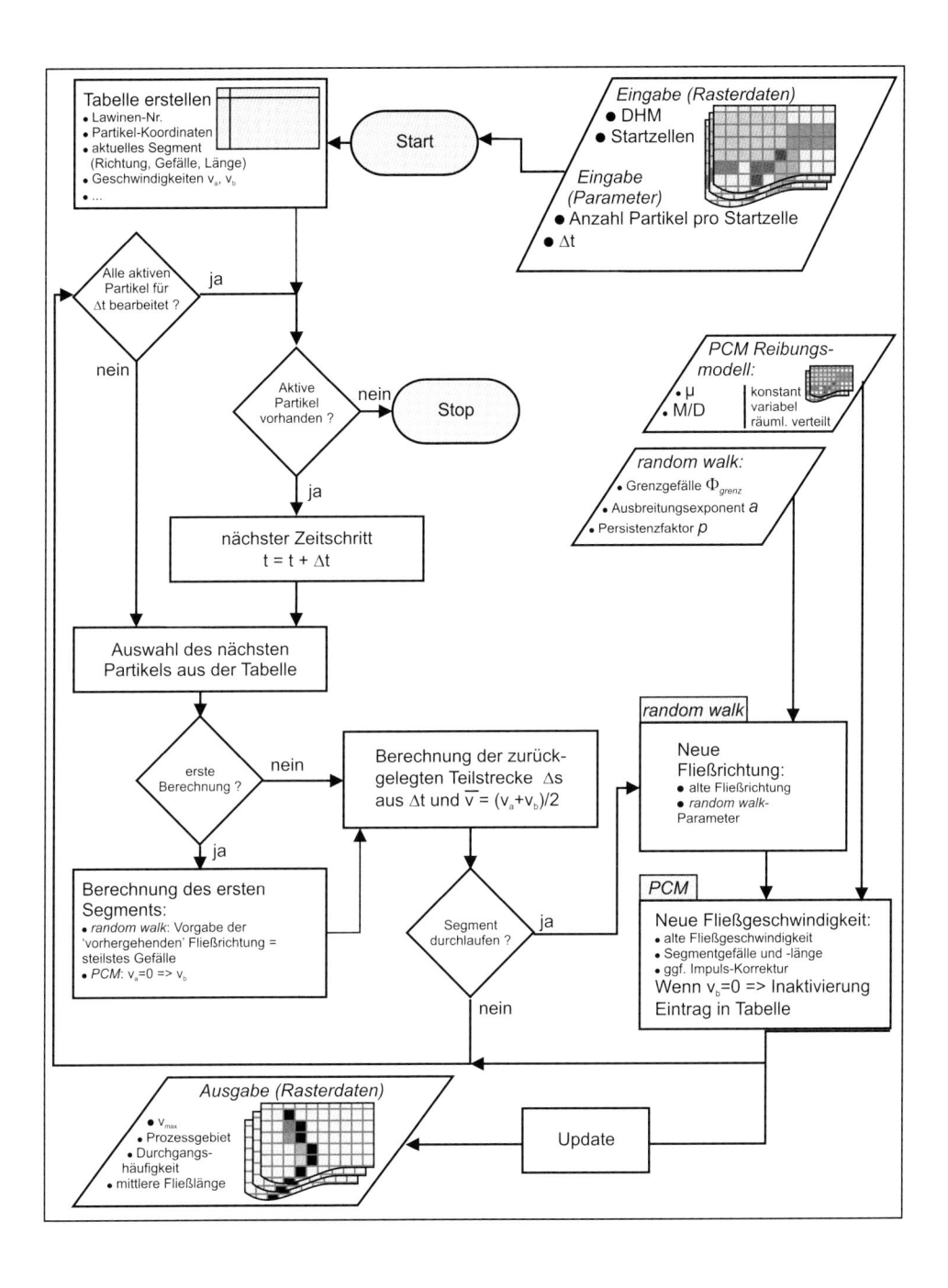

183

Abbildung 11.2 zeigt ein Flussdiagramm des Moduls `PCM-Particle` (HECKMANN 2004). Das Modell benötigt folgende Eingangsdaten:

- Rasterdaten

  - Das Digitale Höhenmodell des Untersuchungsgebietes

  - Eine Rasterkarte der Anrissgebiete (Startzellen). Diese kann manuell erstellt werden, z.B. wenn bekannte Ereignisse nachmodelliert werden sollen. Alternativ kann das Ergebnis einer Dispositionsmodellierung für die Eingabe aufbereitet werden (vgl. Abschnitt 10.6). Ist die Modellierung mehrerer, voneinander getrennter Lawinen gewünscht, müssen die entsprechenden Startzellen mit einer *Integer*-Zahl codiert werden.

- Modellvorgaben

  - Die Anzahl der Partikel, die pro Anrisszelle gestartet werden soll. Dieser Parameter entspricht letztlich der Anzahl der *random walks* im Modul `DF HazardZone` (WICHMANN 2006).

  - Die Größe des Zeitschritts Δt, für den die Bewegung der Partikel auf dem Hang berechnet werden soll

- Parameter für das Ausbreitungsmodell

  - Grenzgefälle ϕ_{grenz}, oberhalb dessen keine Abweichung von der Richtung des steilsten Gefälles zugelassen wird

  - Ausbreitungsexponent a

  - Persistenzfaktor p

- Parameter des Reibungsmodells
  Diese können entweder als Konstanten festgelegt werden, oder räumlich verteilt (d.h. als Rasterdatensatz) eingegeben werden. Für den Parameter μ besteht des Weiteren die Möglichkeit der Berechnung als Funktion der Geschwindigkeit (vgl. PERLA ET AL. 1984).

  - Gleitreibungskoeffizient μ

  - M/D (*mass-to-drag ratio*) = Koeffizient der turbulenten Reibung

Aufbau des Prozessmodells

Als Ergebnisse werden folgende Rasterdaten ausgegeben:

- Das von den modellierten Lawinen überflossene Prozessgebiet. Die Rasterzellen enthalten gegebenenfalls die aus der Karte der Startzellen übernommene Nummer der Lawine, anderenfalls den Wert „1".

- Die Karte der absoluten Durchgangshäufigkeit zeigt, wie viele Partikel während der Modellierung über die betreffende Zelle geflossen sind.

- Die Geschwindigkeitskarte weist für jede Rasterzelle die dort maximal aufgetreten Fließgeschwindigkeit v_{max} aus.

- Die Karte der Fließlänge gibt aus, wie lange die Strecke vom Anrissgebiet zu der betreffenden Zelle im Mittel für alle simulierten Partikel ist. Auf der Basis dieser Karte lassen sich die maximale Fließgeschwindigkeit und andere Parameter am Ende der Modellierung für das Längsprofil (1D) einer modellierten Lawine zusammenfassen.

Zu Beginn der Modellierung wird eine Tabelle erstellt, in der für jedes Partikel ein Datensatz angelegt wird. Neben der Nummer der zugehörigen Lawine werden Datenfelder für Start- und Endkoordinaten, Länge und Gefälle der Segmente und die Fließgeschwindigkeit reserviert. Da die Modellierung für kurze Zeitschritte Δt erfolgt, lässt sich der aktuelle Zustand jedes Partikels in der Tabelle nachschlagen und gegebenenfalls ändern. Ein weiteres Feld zeigt an, ob das Partikel (noch) aktiv ist; dieser Zustand wird zu Beginn vorgegeben und erst geändert, wenn ein Partikel zum Stehen kommt. Im ersten Modellschritt wird die Richtung des ersten Segments berechnet. Da die *random walk*-Funktion eine Vorgängerrichtung benötigt (zur Berücksichtigung der Persistenz), wird die Richtung des steilsten Gefälles als hypothetische Vorgängerrichtung angenommen. Die Ausgabe der *random walk*-Funktion wird in der PCM-Funktion zur Ermittlung der Endgeschwindigkeit v_b des Segments benötigt.

Für jeden Zeitschritt Δt wird im Folgenden jedes Partikel entsprechend der mittleren Geschwindigkeit ($v_m = \frac{v_a+v_b}{2}$) eine kleine Teilstrecke Δs auf „seinem" aktuellen Segment entlangbewegt. Wird die Segmentlänge damit erreicht oder leicht überschritten, wird von der *random walk*-Funktion die Fließrichtung und von der PCM-Funktion die Endgeschwindigkeit des nächsten

Segmentes bestimmt. Mit der Ermittlung neuer Zielkoordinaten können auch die Ergebnis-Grids aktualisiert werden. Kommt das Partikel zum Stehen, wird der entsprechende Datensatz in der Tabelle so gekennzeichnet, dass das Partikel im nächsten Zeitschritt nicht mehr weiterbewegt wird. Diese Schleife wird solange ausgeführt, bis keine „aktiven" Partikel mehr in der Tabelle aufgeführt werden.

Die Verwendung einer mittleren Geschwindigkeit auf kurzen Segmenten, wie sie bei DHM-Rasterweiten von 5 m auftreten, ist zulässig, obwohl die Geschwindigkeit auf den Segmenten nicht linear zu- oder abnimmt. Dies kann anhand von Beispielrechnungen gezeigt werden, bei denen man ein theoretisches Segment mit bestimmter Länge und bestimmtem Gefälle als Abfolge kleiner Streckenteile modelliert (mit v_b am Ende eines Streckenteils = v_a am Anfang des nächsten) und die Gesamtlaufzeit am Schluss mit der Laufzeit vergleicht, die bei der Modellierung des Gesamtsegments mit einer mittleren Geschwindigkeit v_m benötigt wird. Die Berechnung ist unabhängig vom Gefälle des Segments und dem Reibungsparameter μ. Grundsätzlich sind die Laufzeiten für das Gesamtsegment, die mit mittlerer Geschwindigkeit benötigt werden, höher als bei einer Modellierung auf kleinen Streckenteilen. Der Fehler erhöht sich mit kleinerem M/D, mit niedrigerem v_a und mit längeren Segmenten. Für die typischen Segmentlängen bei einer Rasterweite von 5 m (5-10 m) errechnet sich bei Beschleunigung aus der Ruhe ($v_a = 0$) und M/D=100 m ein Fehler von 1,6-3,3%. Liegt v_a bei der Hälfte der erreichbaren Geschwindigkeit v_{term} (vgl. 11.4.2), beträgt der Fehler nur noch 0,1-0,36%. Sind die Segmente länger, erhöht sich der Fehler drastisch. PERLA ET AL. (1984) rechnen zwar nicht mit Zeitabschnitten, verwenden aber dennoch gemittelte Fließgeschwindigkeiten. Der Fehler der Gesamtlaufzeit wird hier mit 2% angegeben, allerdings ist die Segmentlänge mit $1m$ deutlich kürzer als im vorliegenden Modell. Insgesamt ist der Fehler tolerierbar, da v_a und v_b für die meisten Segmente nicht allzuweit auseinanderliegen, so dass der Fehler bei der Mittelwertbildung der Geschwindigkeit der nichtlinear beschleunigten bzw. gebremsten Partikel minimal sein dürfte.

Die Modellierung anhand von Zeitschritten hat den Vorteil, dass zu definierten Zeitpunkten die Verteilung der einzelnen Partikel auf dem Hang ausgewertet werden kann, beispielsweise um eine Näherung für die Fließhöhe zu erhalten (siehe 11.6).

11.4 Kalibrierung der Modellparameter

Unter Kalibrierung wird die Anpassung von Modellparametern verstanden, die zu einer möglichst guten Übereinstimmung von Modellergebnis und Realität führen soll. Physikalisch basierte Parameter können gemessen werden, wobei dem Grad der Erfassung der realistischen räumlichen Variation sowohl durch die maßstabsabhängigen Anforderungen des Modells als auch durch den vertretbaren Aufwand eine natürliche Grenze gesetzt ist. Die Werte empirischer Parameter müssen auf iterativem Wege manuell oder automatisch optimiert werden. Für letztere Strategie stehen Verfahren wie Genetische Algorithmen oder Ansätze aus dem Bereich *fuzzy logic* zur Verfügung (vgl. MULLIGAN & WAINWRIGHT 2004). Besonderes Gewicht muss im Rahmen der Kalibrierung auf sensitive Parameter gelegt werden, also auf Parameter, die durch ihre Variation das Modellergebnis stark beeinflussen. Eine weitere Anforderung ist, dass die zur Kalibrierung des Modells verwendeten Datensätze nicht auch zu dessen Validierung benutzt werden (vgl. Kapitel 10.5).

Die Parameter des Ausbreitungsmodells sind ausschliesslich empirischer Natur, während den Parametern des Reibungsmodells zumindest eine physikalische Basis zugrunde liegt. Allerdings basieren diese in den in der Praxis verwendeten Modellen (z.B. die Empfehlungen der „*Swiss Guidelines*" für das VSG-Modell, SALM ET AL. 1990) nicht auf Messungen, sondern auf der Erfahrung mit zahlreichen Lawinenereignissen (MEUNIER ET AL. 2004). Aus diesem Grund zählt ZWINGER (2000) auch den in dieser Arbeit als physikalisch basiert bezeichneten Ansatz zu den statistischen Modellen. Die Kalibrierung hat in der vorliegenden Arbeit einen relativ großen Stellenwert, da nur vereinzelt Hinweise auf die Parametereinstellungen für nasse Fließlawinen vorhanden sind, und keine ausreichenden Erfahrungen im Bezug auf die Modellierung potenzieller Prozessgebiete auf Einzugsgebietsebene vorliegen.

11.4.1 Parameter des *random walk*-Ausbreitungsmodells

Durch die Wahl der Parameter des Ausbreitungsmodells kann das Prozessmodell auf das Verhalten des modellierten Prozesses eingestellt werden. Wie bei der Kalibrierung des Reibungsmodells ist die Bestimmung der

Ausbreitungsparameter nicht trivial, da die Auswirkung auf die Simulation nur schwer zu quantifizieren ist. GAMMA (2000) verweist lediglich auf Erfahrungswerte, während WICHMANN (2006) anhand von Beispielen detailliert auf die Sensitivität der Fließwegbestimmung von Muren und Steinschlag hinsichtlich der Wahl der Parameter eingeht. Eine Verwendung des Ausbreitungsmodells für Lawinen ist dem Autor nicht bekannt, weshalb an dieser Stelle nicht von Erfahrungswerten ausgegangen werden kann.

Die Auswirkung des Persistenzfaktors wird nicht untersucht, da die Ausdehnung des Prozessgebietes erfahrungsgemäß sensitiver auf Änderungen bei

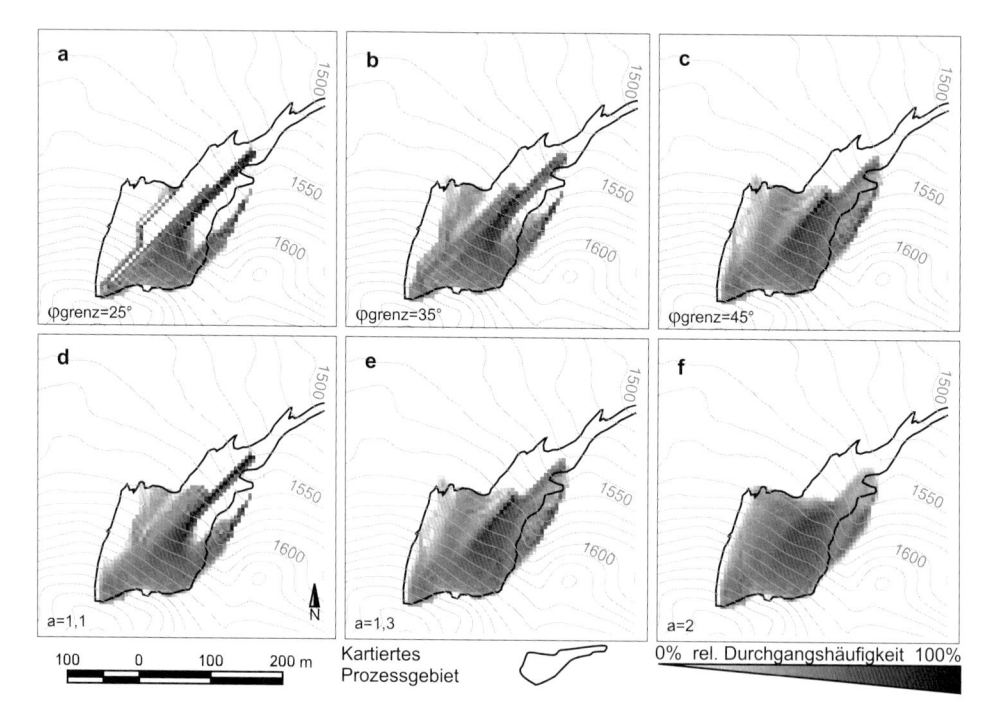

Abb. 11.3: Kalibrierung der Parameter ϕ_{grenz} und a des Ausbreitungsmodells am Beispiel des Lawinenhangs L-EN („Enning"). Die Ausgabe des Modells wird durch das kartierte Prozessgebiet überlagert. Die Simulationsreihe a-c in der ersten Zeile zeigt die Auswirkungen der Änderung des Grenzgefälles ϕ_{grenz} bei konstantem Ausbreitungsexponenten a=1,3; in der zweiten Zeile (d-f) wird der Ausbreitungsexponent a bei konstantem Grenzgefälle $\phi_{grenz}=45°$ variiert. Weitere Erläuterungen im Text.

Grenzgefälle und Ausbreitungsexponent reagiert. Für den Persistenzfaktor wird der von GAMMA (2000) empfohlene und auch von WICHMANN (2006) verwendete Wert von $p = 1,5$ verwendet.

Zunächst wird nach einem sinnvollen Grenzgefälle ϕ_{grenz} für die Modellierung von Lawinen gesucht. Die in der vorliegenden Arbeit behandelten Fließlawinen besitzen ein flächiges Anrissgebiet, so dass nicht ohne weiteres festgestellt werden kann, unterhalb welcher Hangneigung eine Ausbreitung erfolgt. Dies unterscheidet den Prozess von den überwiegend punktförmig anreißenden Muren. Geht man davon aus, dass divergierendes Fließen mit der beginnenden Ablagerung einhergeht, kann die Verteilung der Hangneigung im obersten Abschnitt von kartierten Lawinenablagerungen einen Hinweis auf mögliche Grenzgefälle geben. Betrachtet man nur die höchstgelegenen 20% eines jeden Längsprofils (vgl. Abschnitt 8.3), so liegt das mittlere Gefälle bei 90% der Ablagerungen unterhalb von 45°, Mittelwert und Median liegen bei etwa 33° (Normalverteilung ist gegeben).

Anhand einer Reihe von Simulationen einer Lawine wurde eine Kalibrierung von Grenzgefälle und Ausbreitungsexponenten durchgeführt. Es geht hierbei weniger um die Reproduktion der beobachteten Reichweite als um die Wiedergabe der Grenzen des kartierten Prozessraumes. Die erste Zeile in Abbildung 11.3 zeigt die Ergebnisse dreier Modellrechnungen mit konstantem Ausbreitungsexponenten ($a = 1,3$) und Persistenzfaktor ($p = 1.5$) auf dem Lawinenhang L-EN („Enning", zwischen Enning-Alm und Rotem Graben; eine detaillierte Ansicht findet sich in Abbildung 11.8).

Aufgrund des relativ hohen Gefälles findet bei einem Grenzgefälle ϕ_{grenz} von 25° (Karte a) keine Ausbreitung statt, so dass das Prozessgebiet am Mittel- und Unterhang in drei unrealistisch voneinander abgegrenzte Teilgebiete zerfällt. Bei höherem ϕ_{grenz} (35°, Karte b) verschwindet diese Trennung, der westliche Rand des wahren Prozessgebietes wird jedoch nicht korrekt reproduziert. Erst mit einem Grenzgefälle von 45° (Karte c) verläuft diese Grenze auf dem Geländemodell übereinstimmend mit dem kartierten Prozessgebiet. Um eine flächige Ausprägung des Prozessgebietes bereits im Oberhangbereich sicherzustellen, ist folglich ein hohes Grenzgefälle notwendig.

Die zweite Zeile in Abbildung 11.3 zeigt Ergebnisse einer Simulationsreihe mit konstantem Grenzgefälle $\phi_{grenz} = 45°$ und Persistenzfaktor $p = 1,5$. Karte d zeigt den simulierten Prozessraum mit einem Ausbreitungsexponenten $a = 1,1$. Das Resultat ähnelt im Wesentlichen der Simulation auf Karte b. Die Karten e ($a = 1,3$; Einstellung für die Modellierung von Talmuren, WICHMANN 2006) und f ($a = 2$; Einstellung für Hangmuren, WICHMANN 2006) reproduzieren das wahre Prozessgebiet recht gut. Der Unterschied zwischen e und f besteht darin, dass das Prozessareal bei höherem Ausbreitungsexponenten gleichmäßiger überflossen wird. Dies resultiert in Karte f in einem geringeren Graustufenumfang ohne extrem hohe Durchgangshäufigkeiten.

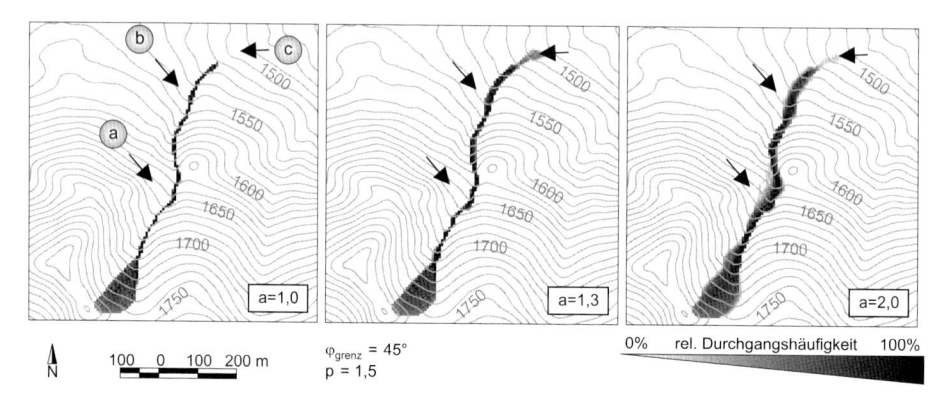

Abb. 11.4: Kalibrierung des Ausbreitungsexponenten a am Beispiel der Runsenlawine L-RG („Roter Graben"). Die drei Karten zeigen das Ausbreitungsverhalten bei verschiedenen Einstellungen: $a = 1$, $a = 1,3$ und $a = 2$. Weitere Erläuterungen im Text.

Die Betrachtung derselben Simulationsreihe für den Lawinenstrich L-RG („Roter Graben", Abbildung 11.4) zeigt, dass die Modellierung mit $a = 2$ (rechtes Teilbild) an mehreren Stellen eine im Hinblick auf die Feldkartierung (vgl. Abbildung 7.16) unrealistische Verbreiterung der Prozessbahn bedingt hat (Pfeile a, b). Durch die ausbreitungsfreie Modellierung ($a = 1$, Teilbild links) können die kartierten Ausbreitungsgebiete bei (a) und (b) nicht modelliert werden. Zusätzlich kommt der Prozess bei strikter D8-Modellierung früher zum Stehen (c). Die Simulation mit mittlerem Ausbreitungsexponenten ($a = 1,3$, Teilbild mitte) reproduziert die kartierten Ausbreitungsgebiete bei (a) und (b) in ausreichender Form. Für die Modellierung der Ausbreitung wird daher die Parameterkombination $\phi_{grenz} = 45°$, $a = 1,3$ und $p = 1,5$ gewählt.

11.4.2 Parameter des Reibungsmodells

11.4.2.1 Allgemeine Betrachtungen

Ein entscheidendes Problem bei der Kalibrierung des Reichweitenmodells aufgrund der bekannten Reichweite von realen Ereignissen liegt in der Gleichung des Modells begründet. Ein und dieselbe Reichweite kann mit theoretisch unendlich vielen Kombinationen der beiden Reibungsparameter erreicht werden (Äquifinalität), die Gleichung hat also eine unendlich große Lösungsmenge für ein vorgegebenes Ergebnis. Aufgrund dieses Sachverhaltes ist es nötig, sich der Größe der Parameter aus mehreren Perspektiven zu nähern. Ein rein induktives Vorgehen im Sinne des Ausprobierens verschiedener Parameterkombinationen, um beobachtete Reichweiten nachzubilden, ist aufgrund der mathematischen Redundanz nicht ratsam. Aufgrund theoretischer Überlegungen (z.B. minimale Hangneigung zur Auslösung von Lawinen) können zumindest Wertebereiche für die Parameter angegeben werden (z.B. $0,1 < \mu < 0,5$ und $10 < M/D < 10^5$, PERLA ET AL. 1980). Sind Randbedingungen konkreter Ereignisse - beispielsweise der Hangneigungsbereich von Anriss- und Ablagerungsgebiet sowie auftretende Fließgeschwindigkeiten - bekannt, so kann man die Größenordnung der Parameter weiter eingrenzen; allerdings ist auch in diesem Falle die eindeutige Bestimmung der Reibungsparameter durch Berechnung nicht möglich (PERLA ET AL. 1980). In den folgenden Abschnitten wird versucht, sich den „wahren" Parametern aufgrund von theoretischen Überlegungen, numerischen Analysen und wiederholten Simulationen anzunähern.

Durch die Parametereinstellung für μ und M/D wird die Beschleunigung bzw. Abbremsung der Lawine auf dem jeweiligen Segment berechnet. Der erste Term unter der Wurzel in Gleichung 11.9 ($\alpha_i \cdot \frac{M}{D} \cdot (1 - e^{\beta_i})$) bestimmt dabei die Geschwindigkeit am Ende eines Segmentes aufgrund der Neigung und der Reibung, während der zweite Term ($v_A^2 \cdot e^{\beta_i}$) den Geschwindigkeitsanteil ausdrückt, den das Vorgängersegment beisteuert (vgl. GAMMA 2000). Aufgrund der wechselnden Gefällsverhältnisse im Verlauf der Lawinenbahn ergibt sich daraus die Reichweite der simulierten Lawine. Lässt man im ersten Term die Länge des Segmentes i gegen unendlich anwachsen[3], so erhält man

---

3   Der zweite Term wird 0 für $L_i \to \infty$

die theoretische maximale Fließgeschwindigkeit auf einem unendlich langen Hangsegment („*infinite slope*") konstanten Gefälles. Diese Geschwindigkeit wird Terminalgeschwindigkeit v_{term} genannt:

$$\begin{aligned} v_{term} &= \lim_{L_i \to \infty} \sqrt{g \cdot (\sin\phi - \mu\cos\phi) \cdot \frac{M}{D} \cdot (1 - e^{\frac{-2L_i}{M/D}})} \\ &= \sqrt{\frac{Mg}{D} \cdot (\sin\phi - \mu\cos\phi)} \end{aligned} \quad (11.11)$$

Durch Variation der Reibungsparameter und des Gefälles ϕ in Gleichung 11.11 lässt sich analysieren, wie sich die Parameter auf die Höhe von v_{term} auf Hängen unterschiedlichen Gefälles auswirken. Abbildung 11.5 beinhaltet drei Diagramme, auf denen Isolinien gleicher Terminalgeschwindigkeit (Isotachen) in Abhängigkeit von Gefälle und M/D für jeweils konstantes μ dargestellt sind.

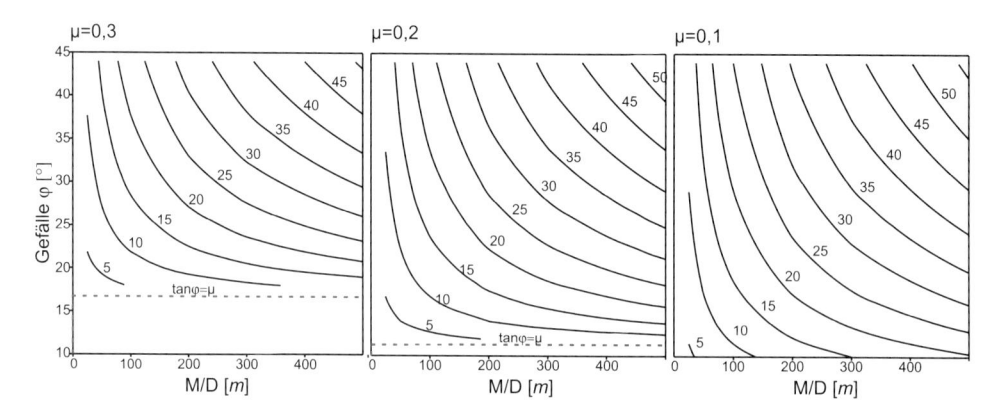

Abb. 11.5: Analyse der Abhängigkeit der Terminalgeschwindigkeit v_{term} vom Gefälle ϕ und den Reibungsparametern μ und M/D. Die drei Diagramme zeigen Isotachen von v_{term} für jeweils konstantes μ bei variablem Gefälle (gemeinsame Ordinate) und variablem M/D (Abszisse).

Die Isotachen verlaufen in steilen Hangbereichen (im oberen Bereich der Ordinate) in etwa parallel zur Ordinate. Dies ist dahingehend zu interpretieren, dass die maximale Geschwindigkeit auf Steilhängen in erster Linie von der Höhe der turbulenten Reibung M/D abhängt. In flacheren Hangbereichen gehen die Isotachen in den waagrechten, abszissenparallelen Verlauf über. Das Gefälle, bei dem Lawinen unabhängig von der Größe von M/D zum Stehen kommen bzw. keine Lawinen losbrechen können, ist abhängig von μ. V_{term} wird 0, sobald der Tangens der Hangneigung denselben Wert hat wie μ (Geraden in Abbildung 11.5 links, mitte). Je näher das Gefälle am Wert $\phi = \arctan \mu$ liegt, desto stärker ist die Biegung der Isotachen zur abszissenparallelen Richtung, und desto weniger hat M/D einen Einfluss auf die Maximalgeschwindigkeit. Bei sehr geringem μ können auf steilen Hängen bei entsprechend hohem M/D sehr hohe Geschwindigkeiten erreicht werden. Generell folgt aus diesen Überlegungen, dass die Reichweite der Lawine vor allem von der Abbremsung im Auslaufgebiet, also von μ abhängig ist. Der Parameter M/D steuert in erster Linie die Maximalgeschwindigkeit auf steilen Hangabschnitten (vgl. auch GAMMA 2000, WICHMANN & BECHT 2003).

11.4.2.2 Abschätzung des Gleitreibungsparameters μ

Die Größenordnung des Reibungsparameters μ lässt sich schätzen, wenn topographische Informationen und Reichweite von einigen Lawinenereignissen vorliegen. Da bei Hangneigungen unterhalb von $\arctan \mu$ keine Beschleunigung auftreten kann, darf der Wert von μ den Tangens der Hangneigung von Anrissgebieten nicht überschreiten. Eine Untergrenze für μ ergibt sich aus der Hangneigung der Auslaufzone; eine Abbremsung bis hin zum Stillstand kann nur erfolgen, wenn das Gefälle deutlich unter den Schwellenwert von $\arctan \mu$ absinkt.

Die Obergrenze von μ wird empirisch anhand der Anrissgebiete und des DHM im Untersuchungsgebiet Lahnenwiesgraben ermittelt. Innerhalb einer Pufferzone von $10\,m$ um die kartierten Lawinenanrisslinien liegt das Gefälle bei 95% aller Messungen oberhalb von $22°$. Der Parameter μ errechnet sich in diesem Fall zu 0,4. Die in Abschnitt 8.3 verwendeten Daten zu den Gefällsverhältnissen (ausschließlich im Bezug auf die Tiefenlinie) der Lawinenablagerungen können auch zur Feststellung des unteren Grenzbereiches von μ verwendet werden. Etwa 95% der Gefällsmessungen auf Lawinenablagerungen in beiden Untersuchungsgebieten ergeben einen Wert $> 6,3°$, dies entspricht einem μ von 0,11.

Anhand dieser Überlegungen und allgemeiner Randbedingungen für die Lawinengenese und -dynamik grenzen PERLA ET AL. (1980) den Wert von μ auf den Bereich 0,1-0,5 ein. Ähnliche Wertebereiche geben GUBLER (1987) mit 0,15-0,5 und ANCEY (2001) mit 0,155-0,4 an. Für Nassschneelawinen ist im Mittel von einer höheren Gleitreibung auszugehen (Tabelle 11.1). Extreme Ereignisse können die Parametergrenzen über die bis zum jeweiligen Eintreten für möglich gehaltenen Werte hinaus ausdehnen. Zur Nachmodellierung von Lawinenereignissen des Katastrophenwinters 1999 in Galtür mit dem Lawinenmodell ELBA mussten Gleitreibungswerte von μ=0,05 (!) anstelle des Standardwerts für Extremereignisse (0,155) verwendet werden, um die beobachteten Reichweiten nachvollziehen zu können (FUCHS 2002). Dies zeigt die Problematik von empirisch kalibrierten Modellen, insbesondere im Kontext der Gefahrenzonierung, deutlich auf.

Tab. 11.1: Gleitreibungsparameter μ für Nassschneelawinen

Gleitreibung μ	Autor
0,31-0,4	AKITAYA (1980)(Grundlawine nach Schneegleiten)
0,15-0,4	MARTINELLI ET AL. (1980)
ca 0,35	ABE ET AL. (1987)
0,3	SALM ET AL. (1990)
0,21-0,35	BLAGOVECHSHENSKIY ET AL. (2002)
0,2-0,6(μ variabel)	MEUNIER ET AL. (2004)

11.4.2.3 Abschätzung des Parameters M/D anhand von maximalen Fließgeschwindigkeiten

Legt man für μ den in den „Swiss guidelines" für alle Nassschneelawinen empfohlenen Wert von 0,3 (SALM ET AL. 1990) zugrunde, und gibt es Anhaltspunkte für die erreichte Fließgeschwindigkeit, so kann numerisch (Gleichung 11.11) oder graphisch (Abbildung 11.5) bestimmt werden, in welcher Größenordnung der Parameter M/D für die korrekte Modellierung liegen muss.

Für Lawinen wird allgemein ein relativ großes Spektrum möglicher Geschwindigkeiten angegeben. Die Zusammenstellung der Werte aus 16 Arbeiten von BOZHINSKIY & LOSEV (1998) ergibt einen Median von 21 m/s, wobei auch Geschwindigkeiten von $> 50\ m/s$ auftreten und (bei Staublawinen) auch Werte von 80-100 m/s nicht ausgeschlossen werden. Ein engerer Bereich kann für

Kalibrierung der Modellparameter

Tab. 11.2: Für die Modellierung relevante Eigenschaften von Nassschneelawinen aus der Literatur. Wo nicht anders vermerkt, beziehen sich die Angaben auf den maximal aufgetretenen Wert.

Fließ-geschwindig-keit [m/s]	Dichte $[kg \cdot m^{-3}]$	Fließhöhe [m]	Autor
	300-400		SCHAERER (1975)
< 10			MARTINELLI ET AL. (1980)
		5-10	BOZHINSKIY & LOSEV (1998)
5-11		2-10	BLAGOVECHSHENSKIY ET AL. (2002) ($n=5$)
< 10 (klein) 10-20 (mittel) 20-35 (groß)			MEARS (2002)
$\overline{v}$=20		2-5	TAKEUCHI ET AL. (2003)
10,4-20 ($\overline{v}$=15,6)	250-400	0,7-1,1	MEUNIER ET AL. (2004) ($n=9$)

Fließlawinen angegeben werden. Sie erreichen maximal 5-25 m/s (ANCEY 1998, 2001). Speziell im Hinblick auf Nassschneelawinen existieren in der Literatur recht wenige Daten. Tabelle 11.2 enthält neben den Geschwindigkeiten noch Angaben über aufgetretene Schneedichten und Fließhöhen.

Bei einer maximalen Fließgeschwindigkeit von 20-25 m/s und μ=0,3 darf die turbulente Reibung theoretisch den Wert von 100 m nicht allzu stark übersteigen (Abbildung 11.5 links). Dies ist konsistent mit der Empfehlung von PERLA ET AL. (1980), die für Nassschneelawinen ein M/D in der Größenordnung $10^2 m$ vorschlagen. Tabelle 11.3 enthält eine Zusammenstellung von Wertebereichen für M/D (Nassschneelawinen) aus der Literatur. Hierbei muss beachtet werden, dass das Voellmy-Modell (VOELLMY 1955) und darauf basierende Modelle (z.B. SALM ET AL. 1990, EGLIT 1998) jeweils einen anderen Ausdruck für den Parameter der turbulenten Reibung verwenden, der sich aber nach den Gleichungen 11.12 und 11.13 in M/D umrechnen lässt:

$$\frac{M}{D} = \frac{\xi \cdot H}{g} \qquad (11.12)$$

mit H=Fließhöhe [m]
ξ=Turbulente Reibung $[m \cdot s^{-2}]$ (VOELLMY 1955, SALM ET AL. 1990)
und g=9,81 $[m \cdot s^{-2}]$

$$k = \frac{g}{\xi} \Rightarrow \frac{M}{D} = \frac{H}{k} \qquad (11.13)$$

mit H=Fließhöhe $[m]$
k=Turbulente Reibung (dimensionslos) (EGLIT 1998)
und g=9,81 $[m \cdot s^{-2}]$

Tab. 11.3: Wertebereiche für den Parameter der turbulenten Reibung (M/D) für Nassschneelawinen. Die mit einem Stern gekennzeichneten Werte für M/D wurden aus den von den jeweilgen Modellen verwendeten Parametern k (EGLIT 1998) bzw. ξ (VOELLMY 1955, SALM ET AL. 1990) mithilfe der Beziehungen 11.13 und 11.12 umgerechnet. Gegebenenfalls wurde hierzu eine Fließhöhe H von $1m$ angenommen.

Turbulente Reibung $M/D[m]$	Autor
71-92*(ξ)	MARTINELLI ET AL. (1980)
35-100	ABE ET AL. (1987)
22-182*(k)	BLAGOVECHSHENSKIY ET AL. (2002)

11.4.2.4 Kalibrierung der Parameter anhand von modellierten Lawinenstrichen

Nach den theoretischen Überlegungen zur Größenordnung der Reibungsparameter erfolgt in diesem Abschnitt die Analyse der Auswirkungen verschiedener Parametereinstellungen auf die Lawinensimulation auf konkreten Lawinenstrichen. Eine sinnvolle Kalibrierung setzt voraus, dass die Anrissgebiete bekannt sind und die Lawinen frei auslaufen können, d.h. beispielsweise nicht in das Hauptgerinne einstoßen. In diesem Fall muss viel Energie für das im Modell nicht nachvollziehbare Aufbranden am Gegenhang aufgewendet werden. Aus diesem Grund wird das Modell ein eventuelles Weiterfließen der Lawine im Hauptgerinne nach einem scharfen Richtungswechsel generell überschätzen. Aufgrund der Datenlage in beiden Tälern (nur wenige Lawinenstriche im Lahnenwiesgraben haben eine freie Auslaufzone; im Reintal sind die Anrissgebiete nicht ausreichend sicher belegt) beschränken sich die folgenden Analysen auf einige Lawinenstriche im

Untersuchungsgebiet Lahnenwiesgraben. Im Bezug auf die Reichweite muss noch angemerkt werden, dass im Rahmen der geomorphologischen Fragestellungen im Gegensatz zur Naturgefahrenforschung seltene Extremereignisse eine weniger wichtige Rolle spielen als durchschnittliche Ereignisse, die z.B. durch wiederholte Ablagerung im selben Hangbereich charakteristische Formen hervorbringen. Aus diesem Grund genügt die Betrachtung der im Untersuchungszeitraum beobachteten Reichweiten unter der Prämisse, dass keine Extremereignisse darunter sind.

Aus Abbildung 11.6 wird die Komplexität des Kalibrierungsvorganges am Beispiel der Lawine L-RG („Roter Graben") deutlich. Dargestellt sind die Auswirkungen der Variation eines Parameters (wobei der jeweils andere konstant bleibt) auf die Geschwindigkeitsentwicklung und Reichweite der simulierten Lawine. Die Geschwindigkeit wird in dieser Darstellung direkt auf dem Geländeprofil abgetragen. Es wurden etwa 1000 Partikel mit folgenden Einstellungen simuliert: Grenzgefälle $\phi_{grenz}=35°$, Ausbreitungsexponent $a=1,3$ und Persistenzfaktor $p=1,5$.

Der obere Teil von Abbildung 11.6 zeigt Simulationen mit veränderlichem M/D und konstantem μ (0,3), im unteren Teil variiert μ bei konstantem M/D (150 m). Die Feststellung, wonach gleiche Reichweiten mit verschiedenen Parameterkombinationen erreicht werden können, wird hier deutlich bestätigt. Die jeweils weiteste Reichweite liegt beispielsweise in beiden Diagrammen trotz verschiedener Parameterkombination um etwa dieselbe Strecke hinter der Auslaufdistanz des Lawinenereignisses aus dem Jahr 2001 (Markierung „c"). Bei der Markierung „a" zeigen beide Teildiagramme dieselbe Beschleunigung, wobei die Geschwindigkeiten im oberen Diagramm (M/D variabel) viel unterschiedlicher ausgeprägt sind als im unteren Teildiagramm, in dem M/D konstant ist. Dies unterstreicht die Bedeutung von M/D für die Fließgeschwindigkeit in steilen Hangabschnitten. Die unterschiedliche Beschleunigung bei Variation von μ wird bei der Markierung „b" deutlich. Auffällig ist die geringe Beschleunigung an dieser Stelle im unteren Teildiagramm bei niedrigem μ (0,26). Die Ursache hierfür ist, dass das Gefälle der Lawinenbahn hier in der Nähe des Grenzwertes $\arctan \mu$ liegt. Die Modellierung reagiert unter diesen Bedingungen sehr sensitiv auf Änderungen des Gleitreibungsparameters. Grundsätzlich bestätigt sich damit,

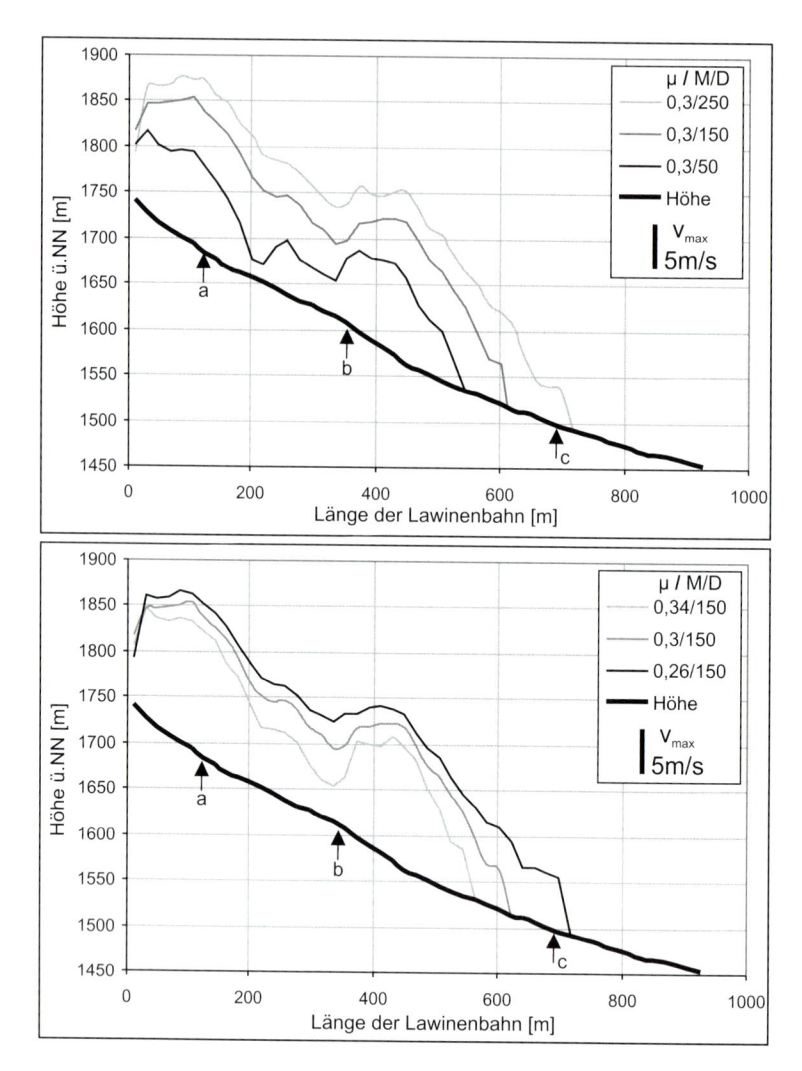

Abb. 11.6: Analyse von Reichweite und Geschwindigkeitsverlauf bei Variation der Reibungsparameter μ und M/D auf dem Lawinenstrich L-RG („Roter Graben", Untersuchungsgebiet Lahnenwiesgraben). Das obere Teildiagramm zeigt den Geschwindigkeitsverlauf (auf dem Längsprofil abgetragen, Höhenmaßstab siehe Legende) bei konstantem μ und variablem M/D. Im unteren Teildiagramm bleibt M/D konstant, während μ verändert wird. Nähere Erklärungen zu den Punkten a-c erfolgen im Text. Auffällig sind die ähnlichen Reichweiten bei verschiedenen Parameterkombinationen.

dass M/D in erster Linie die Maximalgeschwindigkeit beeinflusst, während μ das Abbremsen in flacheren Abschnitten steuert. Dies kann jedoch nicht beliebig verallgemeinert werden: Unterschiedliche Kombinationen der beiden Reibungsparameter führen aufgrund der Abfolge steilerer und flacherer Segmente zwar zu unterschiedlichen Geschwindigkeitsverläufen, resultieren im Beispiel jedoch in nahezu gleichen Reichweiten.

BLAGOVECHSHENSKIY ET AL. (2002) stellen einen effektiven Ansatz zur Feinkalibrierung der Reibungsparameter für den Fall vor, in dem Informationen zur Fließgeschwindigkeit und zur Reichweite vorliegen. Der Ansatz erfordert zwei Kalibrationsserien: Mit der ersten werden Parameterkombinationen ermittelt, die zu einer bestimmten Maximalgeschwindigkeit (oder zur korrekten Reproduktion der Geschwindigkeit an bestimmten Stellen) führen, die zweite bestimmt diejenigen Kombinationen aus μ und M/D, für die die Referenzreichweite erreicht wird. Die jeweils zielführenden Parameterkombinationen werden in ein $\mu - M/D$-Diagramm eingetragen und können durch Verbindungslinien oder Regressionsfunktionen verbunden bzw. interpoliert werden. Schneiden sich die Funktionsgraphen für die Geschwindigkeits- und Reichweitenkalibrierung, so ist eine Kombination aus μ und M/D identifiziert, die beide Rahmenbedingungen erfüllt.

Im Folgenden wird eine derartige Kalibrierung anhand verschiedener Lawinenstriche im Untersuchungsgebiet Lahnenwiesgraben durchgeführt. Aufgrund fehlender Geschwindigkeitsangaben wird mit zwei verschiedenen, plausiblen Maximalgeschwindigkeiten gerechnet. Für eher langsame Maximalgeschwindigkeiten wurde der Wert 12 m/s gewählt, der kleiner ist als etwa 90% der Messwerte (n=9) in MEUNIER ET AL. (2004); der Wert für höhere Maximalgeschwindigkeiten entspricht mit 20 m/s der Obergrenze für Nassschneelawinen, zumindest im Bezug auf mittelgroße Ereignisse (MEARS 2002). Für die Kalibrierung wurden Lawinenstriche ausgewählt, die sich bezüglich ihrer Länge und ihres Gefälles unterscheiden; die Ergebnisse können der Tabelle 11.4 entnommen werden. Der Lawinenstrich L-RG („Roter Graben") spielt für einige Aspekte der vorliegenden Arbeit eine sehr wichtige Rolle; das Längsprofil ist unregelmäßig, im Mittel relativ sanft geneigt und weist eine mittlere Länge auf. Das Längsprofil der Lawine L-ZK („Zunderkopf") ist ebenso unregelmäßig, ist jedoch steiler und länger.

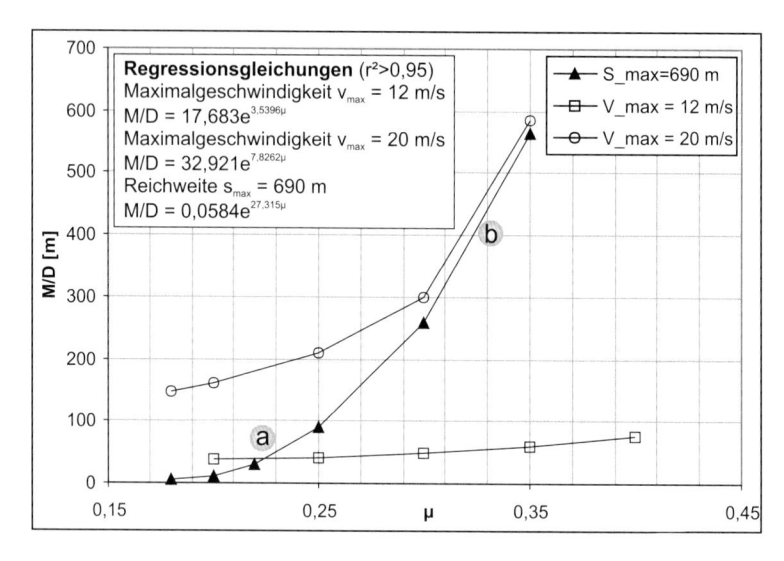

Abb. 11.7: Kombinationen der Reibungsparameter μ und M/D zur Modellkalibrierung nach der Schnittpunkt-Methode von BLAGOVECHSHENSKIY ET AL. (2002). Am Beispiel des Lawinenstrichs L-RG („Roter Graben") wird gezeigt, dass eine Kombination von μ und M/D gefunden werden kann, für die sowohl die beobachtete oder angenommene Maximalgeschwindigkeit als auch die Reichweite im Modell reproduziert wird.

Auf dem Lawinenhang L-EN („Enning") werden Parameterkombinationen für kleine und große Ereignisse ermittelt und verglichen. Im Gegensatz zu den bisher genannten endet der Lawinenstrich L-SP („Sperre") durch Einstoß in das Hauptgerinne, was in der Realität oftmals mit Impakterscheinungen im Gerinne und Auflaufen auf den Gegenhang verbunden ist (vgl. Abschnitt 8.2). Diese Lawinenbahn gehört zu den steilsten, die im Rahmen des Projektes aufgenommen wurden; ihre Reichweite kann aufgrund der abrupten Abbremsung im Lahnenwiesgraben nur eingeschränkt bestimmt werden (ein Teil der Lawine fließt im Gerinne noch 20-30 m weiter).

Abbildung 11.7 zeigt die Ergebnisse einer Kalibrierung im Detail anhand des Lawinenstriches L-RG. In dem Diagramm werden drei Serien von Modellrechnungen mit denjenigen Parameterkombinationen dargestellt, die jeweils die Reichweite ($S_{max} = 690$ m) bzw. die Maximalgeschwindigkeiten (V_{max}=12 bzw. 20 m/s) reproduzieren. Die in der Abbildung aufgeführten exponentiel-

Kalibrierung der Modellparameter

Tab. 11.4: Durch die Kalibrierung nach BLAGOVECHSHENSKIY ET AL. (2002) ermittelte Parameterkombinationen für die Lawinenstriche L-RG, L-SP, L-ZK und L-EN. Es werden jeweils zwei Kombinationen für unterschiedliche Maximalgeschwindigkeiten aufgeführt. Ebenfalls dargestellt sind das mittlere Gefälle des Lawinenstrichs und die Reichweite eines Referenzereignisses. Weitere Erläuterungen im Text.

Lawinen-strich	Mittleres Gefälle [°]	Länge [m]	Zielgeschwindigkeit $v_{max}[m/s]$	
			12	20
L-RG	22,5	690	μ=0,24 M/D=41 m (altern. 55 m)	μ=0,325 M/D=419 m
L-ZK	28,7	1400	μ=0,31 M/D=162 m	μ=0,23 M/D=34 m
L-EN1	29,3	250	μ=0,37 M/D=44 m	– –
L-EN2	21,6	410	μ=0,15 M/D=25 m	μ=0,24 M/D=142 m
L-PF	33,2	600	μ>0,29 M/D=26-35 m	μ>0,29 M/D=84-95 m
L-SP	31,2	600	(μ=0,05) M/D=21 m	μ=0,25 M/D=98 m

len Regressionsgleichungen ($r^2 > 0,95$) sind nicht dargestellt, die Punkte sind lediglich linear miteinander verbunden. Während sich bei einer angenommenen Maximalgeschwindigkeit von 12 m/s ein eindeutiger Schnittpunkt ergibt (a), scheint für 20 m/s ein ganzer Bereich (b) zu existieren, für den in etwa konsistente Ergebnisse erzielt werden können. Bei Gleichsetzung der exponentiellen Regressionsgleichungen ergeben sich eindeutige Schnittpunkte. Mit der Kombination μ=0,325 und M/D=419 m lassen sich Reichweite und die Maximalgeschwindigkeit von 20 m/s korrekt wiedergeben, die Kombination für die Maximalgeschwindigkeit von 12 m/s (μ=0,24 und M/D=41 m) liefert eine um etwa 60 m zu kurze Reichweite. Vermutlich ist dieser Fehler durch eine kurze Flachstelle im Lawinenstrich bedingt, die erst mithilfe eines erhöhten M/D von 55 m überflossen wird, so dass die Reichweite von 690 m erreicht werden kann. In diesem Fall erhöht sich die Maximalgeschwindigkeit lediglich auf 13 m/s.

Aufgrund des unregelmäßigen Längsprofils mit Steilstrecken und flachen Abschnitten ist die Kalibrierung von L-ZK nur schwer zu realisieren. Kleinste Änderungen der Parameter können zur Überfließung von Flachstellen und zur sprunghaften Verlängerung der Reichweite führen. Die Parameterkombination für eher schnell fließende Lawinen ähnelt aufgrund des höheren Gefälles den Einstellungen für langsamere Ereignisse im Gebiet L-RG.

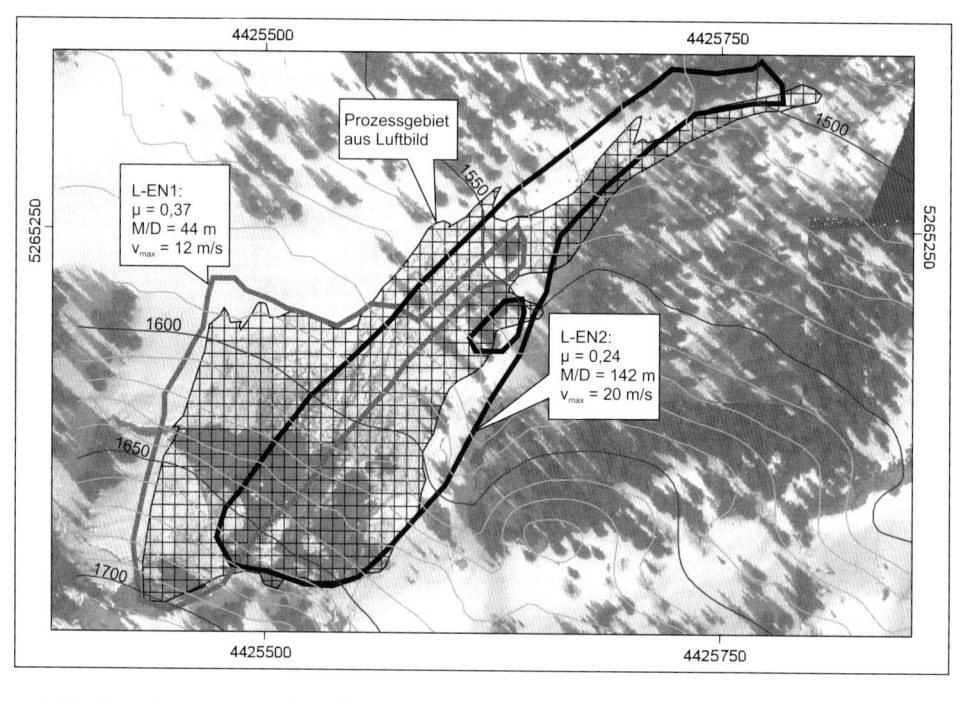

Abb. 11.8: Kartierte und modellierte Prozessareale für Lawinen unterschiedlicher Ereignismagnitude im Gebiet „Enning". Die aufgrund der Modellierung ausgewiesenen Prozessgebiete werden als unschraffierte, dick umrandete Flächen wiedergegeben, die gerasterte Fläche entspricht dem aus dem Luftbild (Orthophotomosaik, Luftbilder: SLU Gräfelfing) kartierten Prozessareal. Die Parameterkombinationen, die an die beobachteten Reichweite und angenommene Maximalgeschwindigkeiten angepasst wurden, sind neben den Prozessgebieten aufgeführt.

Einen interessanten Vergleich ermöglichen die Lawinen L-EN1 und L-EN2 auf einem prinzipiell gestreckten Hang zwischen der Enning-Alm und dem Roten Graben (Abbildung 11.8). Kleine Ereignisse (Schneerutsche) legen gewöhnlich nur wenige Zehnermeter zurück, während größere bis in die Tiefenlinie des Roten Grabens fließen können. Für die kleinen Ereignisse (L-EN1) existiert trotz des relativ hohen Gefälles keine zielführende Parameterkombination für die höhere Fließgeschwindigkeit. Der ermittelte Gleitreibungswert von 0,37 ist konsistent mit den von AKITAYA (1980) angegebenen Werten für Grundlawinen, die sich aus Gleitschnee entwickeln. Die Parameterkombination für größere Ereignisse (L-EN2) ist für niedrige Geschwindigkeiten aufgrund des geringen μ weniger plausibel als die für höhere Geschwindigkeiten ermittelte.

Die Wertekombination für kleine Ereignisse wird bestätigt durch die Simulation der Lawinen in den Waldschneisen an der ehemaligen Pflegeralm (L-PF). Der Ablagerungskegel, auf dem bislang alle Lawinen zum Stehen kamen, hat ein mittleres Gefälle von 16° (min: 9°, max: 21°). Auf der Basis des Mittelwertes sollte μ größer als $\tan(16°) = 0,287$ sein. Tatsächlich zeigen die Simulationen, dass die Lawine bei $\mu < 0,29$ den Kegel überströmt und bis in das Hauptgerinne hinein (ungefähr weitere 300 m) fließt. Ein solches Ereignis ist bislang nicht beobachtet worden; der Wald unterhalb des Kegels scheint nicht durch Lawinenereignisse beeinträchtigt worden zu sein, auch auf dem Luftbild von 1960 sind keine entsprechenden Freiflächen zu erkennen. Dies spricht dafür, dass die Rekurrenz von Großereignissen mit $\mu < 0,29$ auf dieser Basis mit deutlich mehr als 40-60 Jahren anzusetzen ist. Bei μ=0,3 ist für das Erreichen der Zielgeschwindigkeit 12 m/s ein M/D von 26 m notwendig, bei μ=0,4 erhöht sich dieser Wert auf 35 m. Aufgrund der beobachteten Reichweiten wird μ wie bei L-EN1 auf etwa 0,37 geschätzt.

Ein sinnvolles Parametersetting kann für den Lawinenstrich L-SP aufgrund des sehr hohen Gefälles nur unter Annahme hoher Maximalgeschwindigkeiten erreicht werden. Obwohl im Modell kein Auflaufen auf den Gegenhang simuliert werden kann, wird mit der in Tabelle 11.4 verzeichneten Parameterkombination die Reichweite beobachteter Ereignisse wiedergegeben. Nach Erreichen des Hauptgerinnes fließt die Lawine demnach noch maximal 20-30 m im Lahnenwiesgraben weiter.

Zusammenfassend ergeben sich für die meisten untersuchten Lawinenstriche Parameterkombinationen von $0,23 \leq \mu \leq 0,25$ und $34 \leq M/D \leq 142$ m. Bei kleineren Ereignissen müssen für die Gleitreibung höhere Werte $\mu > 0,3$ angenommen werden. Dass der Gleitreibungsparameter eher im unteren Bereich der bislang publizierten Spannweite (Tabelle 11.1) zu liegen kommt, ist angesichts der relativ großen Lawinen akzeptabel (μ ist von der Geschwindigkeit abhängig, jene wiederum von der Ereignismagnitude, s.u.). Kleine Ereignisse müssen mit erheblich höherem μ kalibriert werden, um - wie beobachtet - auch auf relativ steilen Hängen zum Stehen zu kommen. Die unterschiedlichen Wertebereiche zeigen aber auch, dass die Reibungsparameter nicht ohne weiteres von Lawinenstrich zu Lawinenstrich übertragen werden können. Insgesamt kann aus den experimentellen Daten (in Abwesenheit eigener Kontrollmessungen) nur geschlossen werden, dass Abhängigkeiten der Modellparameter von der Ereignismagnitude und dem Gefälle vorliegen. Die Zusammenhänge lassen sich in Ermangelung einer ausreichend großen Stichprobe jedoch nicht weitergehend analysieren.

Vor dem Hintergrund der Zielsetzung der Modellierung sollte für das gesamte Untersuchungsgebiet eine Parameterkombination verwendet werden, die eine realistische Ausweisung des potenziellen Prozessareals ermöglicht. Bei einer Gefahrenzonierung sollten konservative Schätzungen verwendet werden, um das Prozessgebiet möglichst nicht zu unterschätzen. Die Modellierung im Kontext der Fragestellung der vorliegenden Arbeit zielt jedoch nicht in erster Linie auf eine exakte Abschätzung der maximalen Reichweite ab, so dass nicht unbedingt sicherheitsorientierte Parameterkombinationen zum Tragen kommen müssen. Des Weiteren ist aufgrund der Heterogenität der Lawinen im Bezug auf Schneeeigenschaften und Ereignismagnitude nicht davon auszugehen, dass der Prozessbereich für jedes einzelne Ereignis bei einer Modellierung im Gesamtgebiet (siehe Abschnitt 11.5) mit derselben Parametereinstellung reproduziert werden kann. Im Zweifelsfall werden Simulationen von Einzelereignissen unter Berücksichtigung der spezifischen Zusatzinformationen (großes Volumen, steiler Hang, zu erwartende Fließgeschwindigkeiten) empfohlen, für die die Kalibrierung wie oben dargestellt durchgeführt werden kann.

11.4.2.5 Weitergehende Überlegungen

Die hier vorgestellten Kalibrierungsansätze und -ergebnisse beruhen auf der vereinfachenden Annahme, dass für einen Lawinenstrich Reibungsparameter als Konstanten angegeben werden können. Grundsätzlich sind die Parameter μ und M/D jedoch im Verlauf der Lawinenbahn variabel, so dass prinzipiell für jedes Modellsegment eigene Einstellungen erforderlich sind. Die Kalibrierung ist in diesem Falle noch schwieriger, weshalb es nur wenige Ansätze für die Bestimmung variabler Parameter gibt (SCHAERER 1975, PERLA ET AL. 1984, BLAGOVECHSHENSKIY ET AL. 2002).

Der Gleitreibungsparameter μ_i auf dem Segment i ist von der Fließgeschwindigkeit v_i (bzw. v_{i-1}) abhängig; schnell fließende Lawinen haben hierbei eine niedrigere Gleitreibung, durch welche die Auslaufdistanz drastisch anwachsen kann. Für die geschwindigkeitsabhängige Bestimmung von μ existieren folgende empirische Formeln (Gleichung 11.16 gilt explizit für Nassschneelawinen):

$$\mu = \frac{5}{v} \tag{11.14}$$

mit $\mu_{max}=0{,}5$
(SCHAERER 1975)

$$\mu = \mu_0 \cdot e^{\frac{-ln2 \cdot v}{v_{0,5}}} \tag{11.15}$$

mit $\mu_0 = \tan\phi_A + \Delta$
ϕ_A=Hangneigung im Anrissgebiet
$v_{0,5}$=Geschwindigkeit bei $\mu = \frac{\mu_0}{2}$
(PERLA ET AL. 1984)

$$\mu = -0{,}0907 \log v + 0{,}941 \tag{11.16}$$

(BLAGOVECHSHENSKIY ET AL. 2002)

Da empirisch zugleich eine Beziehung zwischen dem Volumen der Lawine und der Maximalgeschwindigkeit nachgewiesen werden konnte (GUBLER 1987, BOZHINSKIY & LOSEV 1998), ist auch von einer Abhängigkeit des Gleitreibungsparameters von der Ereignismagnitude auszugehen (vgl. auch GUBLER

1987). JOMELLI & PECH (2004) weisen mit lichenometrischen Methoden auf Lawinenschuttkörpern nach, dass die mittlere Reichweite von Lawinen im Französischen *Massif des Écrins* während der kleinen Eiszeit, für die mit höheren Schnee- und Lawinenmassen zu rechnen ist, erheblich höher war.

Der Reibungsparameter M/D ist von der Größe der Lawine linear abhängig: Die Masse M nimmt als dritte Potenz der Lawinengröße zu, der von der überfahrenen Oberfläche abhängige Reibungswiderstand D wächst in der zweiten Potenz der Lawinengröße an. Aus diesem Grund kann angenommen werden, dass M/D mit wachsender Schneemasse infolge der Erosion von Schnee (*entrainment*) im Laufe des Lawinenabgangs größer wird. Dies wird durch die Messungen von GUBLER (1987) bestätigt. Demnach nimmt μ mit steigendem Massentransport ($[kg/s]$) ab, der turbulente Reibungskoeffizient ξ (Gleichung 11.12) nimmt zu. Andererseits kann die turbulente Reibung auch mit der zurückgelegten Strecke abnehmen: PERLA ET AL. (1984) arbeiten mit folgender Beziehung:

$$M/D = \frac{(M/D)_0}{x^n} \qquad (11.17)$$

mit $(M/D)_0$=Anfangswert von M/D $[m]$
und x=Fließstrecke $[m]$.

Die Richtlinien von SALM ET AL. (1990) sehen vor, den Reibungsparameter ξ auf offenen Hängen höher als auf kanalisierten Lawinenstrichen anzusetzen, da die turbulente Reibung beim Fließen durch das Gerinne höher sei. Andererseits werden in Gerinnen erheblich höhere Fließhöhen erreicht, was zu einem höheren Massendurchsatz pro Zeiteinheit führt. Dies wiederum bedingt nach GUBLER (1987) sowohl ein niedrigeres μ als auch ein höheres ξ. Passiert eine Lawine einen hinreichen dichten Waldbestand, wird die Lawine durch das Abbrechen, Umstürzen und Mitführen von Bäumen abgebremst (BARTELT & STÖCKLI 2001, MARGRETH 2004). Dieser Effekt ist vor allem bei kleineren und mittleren Ereignissen zu beobachten, Extremereignisse können ohne signifikante Abbremsung große Waldflächen zerstören. Als Konsequenz bleibt die Gleitreibung nahezu unverändert; BARTELT & STÖCKLI (2001) berechnen anhand energetischer Überlegungen eine Erhöhung der Gleitreibung μ für jeden zerstörten Baum in der dritten bis fünften Nachkommastelle, während sich die turbulente Reibung in Abhängigkeit von den Eigenschaften der

Waldbedeckung deutlich erhöht. SALM ET AL. (1990) setzen ξ auf Waldflächen auf einen Wert von 400 $m \cdot s^{-2}$, das entspricht etwa der Hälfte des „normalen" Wertebereiches. Umgerechnet ergibt sich bei einer angenommenen Fließhöhe von 1 m ein M/D von etwa 40 m (Gleichung 11.12). Dadurch wird die Reichweite nur dann vermindert, wenn die Geschwindigkeit beim Eintritt in den Wald nicht zu hoch und v.a. der Hang nicht allzu steil ist.

Weitere Experimente mit variablen und räumlich verteilten Parametersettings wurden durchgeführt (z.B. HECKMANN & BECHT 2004), werden an dieser Stelle aber nicht weiter vertieft, da keinerlei Möglichkeit zur Validierung durch Messdaten von Geschwindigkeit oder Fließhöhe existiert.

11.5 Ergebnis der Prozessmodellierung

11.5.1 Lahnenwiesgraben

Mit dem Ziel der Modellierung der potenziell von Lawinen betroffenen Flächen im Gesamtgebiet stellt sich zunächst die Frage, welche Parameterkombination gewählt werden muss, um die beobachteten Ereignisse im Durchschnitt korrekt zu reproduzieren. Für eine detaillierte Bearbeitung von Teilgebieten, z.B. einzelnen Lawinenhängen, müssen gesonderte Modellrechnungen durchgeführt werden. Das Modell für die Bestimmung des gesamten potenziellen Prozessgebietes wird entsprechend der Überlegungen in Abschnitt 11.4 mit einer an kleinere Ereignisse angepassten Gleitreibung (μ=0,37) betrieben.

Für die Simulation des Prozessgebietes im Untersuchungsgebiet Lahnenwiesgraben wird mit flächenverteiltem M/D gerechnet, wobei der jeweilige Wert von der Vegetation als Ausdruck der Oberflächenrauigkeit bestimmt wird (vgl. den vorherigen Abschnitt, SALM ET AL. 1990 und BARTELT & STÖCKLI 2001). Die Oberflächenrauigkeit beeinflusst nach BARTELT & STÖCKLI (2001) weniger die Gleitreibung [4] als die turbulente Reibung, die durch die Interaktion des Lawinenschnees mit der Oberfläche (Schnee, Substrat) und vor allem mit höherwüchsiger Vegetation gesteuert wird (vgl. BARTELT &

---

[4] Die Rauigkeit kann ggf. durch die Lawine mithilfe einer Gleitschicht aus komprimiertem Schnee ausgeglichen werden (vgl. GARDNER 1983b)

STÖCKLI 2001). Dieser Effekt ist besonders bei Grundlawinen zu erwarten, die im gesamten Prozessgebiet mehr oder minder unmittelbar über die Geländeoberfläche fließen. Die Werte für M/D werden auf der Basis des in Abschnitt 11.4 ermittelten Wertebereiches und den Empfehlungen von SALM ET AL. (1990) geschätzt (z.B. 40-50 % des Maximalwertes unter Wald). Die höchsten Werte werden mit 100 m nur für grasbewachsene Hänge gesetzt; Oberflächenbedeckungen, die eventuell durch Schnee ausgeglichen werden können (Pioniervegetation und vegetationsfreie Flächen), erhalten einen Wert von 60 m. Wald (Misch- und Nadelwald, Latschen und Jungwuchs) erhält mit 30-40 m die niedrigsten Werte. Dies entspricht 30-40% des Maximalwertes, bei SALM ET AL. (1990) wird der Reibungsparameter ξ unter Wald auf 40-50% herabgesetzt. Es muss darauf hingewiesen werden, dass diese Parameterwahl lediglich auf Schätzungen und Erfahrung von Experten, nicht aber auf Messungen beruht und daher auch nicht quantitativ validierbar ist. Bei dieser Parametereinstellung wird eine mittlere Geschwindigkeit von etwa 11 m/s erreicht; die modellierte Maximalgeschwindigkeit beträgt etwa 22 m/s, wobei auf 90% der durch Lawinen überfahrenen Fläche 15 m/s im Modell nicht überschritten werden.

Farbkarte 1b zeigt das Ergebnis der Modellierung anhand der Durchgangshäufigkeit (vgl. Abbildung 11.2, Abschnitt 11.3). Das Modelergebnis ist im Überblick konsistent mit den meisten kartierten Ablagerungen. Bei der qualitativen Validierung zeigen sich grobe Abweichungen bei der Reichweite einiger weniger Lawinen. Des Weiteren werden zahlreiche kleinere sowie einige große potenzielle Prozessgebiete ausgewiesen, in denen bislang keine Lawinen beobachtet wurden, und in denen stumme Zeugen, z.B. in Form deutlich ausgeprägter Waldschneisen, fehlen. Die auffälligsten Flächen dieser Art befinden sich im oberen Einzugsgebiet des Herrentischgrabens, in dem während des Untersuchungszeitraumes Muren auftraten (vgl. HAAS ET AL. 2004, WICHMANN 2006). Auch im Bereich östlich der Lawinenschneise „Breitlahner" gibt es im Gelände keine deutlichen Hinweise auf Lawinentätigkeit.

Die Lawinenstriche auf dem Nordhang des Hirschbühelrückens werden im allgemeinen sehr gut durch das Modell nachgebildet (Abbildung 11.9). Dies trifft insbesondere auf die Runsenlawinen L-SP („Sperre") und L-RG („Roter Graben") zu, wobei die Reichweite im Roten Graben deutlich unterschätzt

Ergebnis der Prozessmodellierung 209

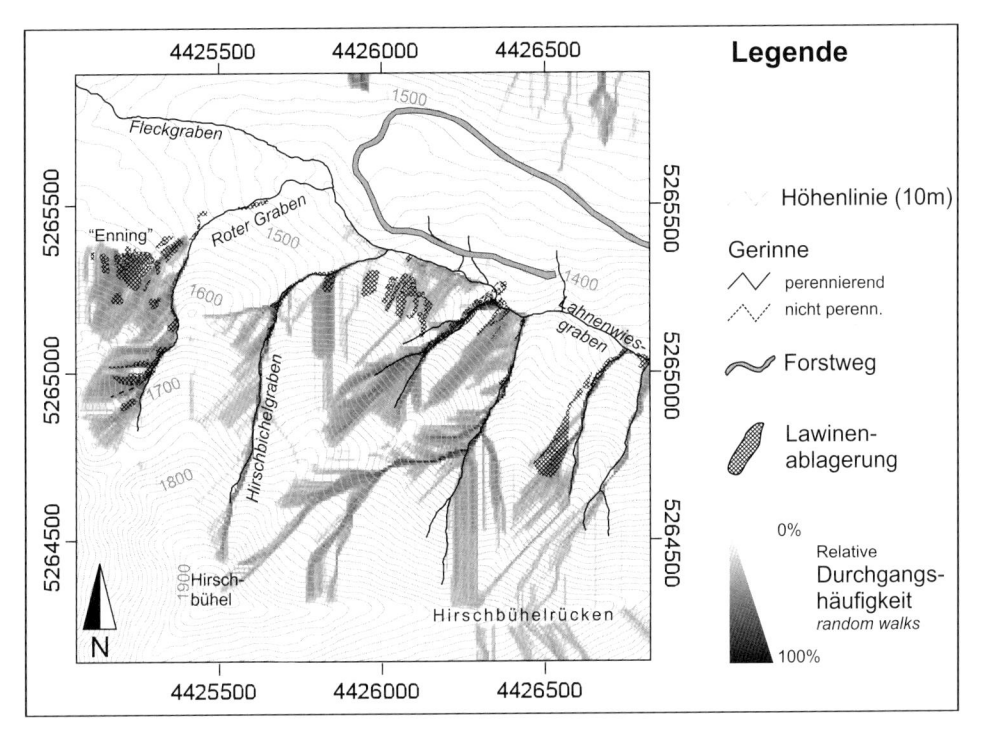

Abb. 11.9: Detailansicht des modellierten Prozessgebietes auf N-exponierten Lawinenstrichen (Nordseite des Hirschbühelrückens) im Untersuchungsgebiet Lahnenwiesgraben. Dargestellt sind Durchgangshäufigkeiten des *random walk*-Modells und kartierte Lawinenablagerungen.

wird. Die Ausdehnung des potenziellen Prozessgebietes westlich der Lawine L-SP, wo auch zahlreiche kleinere Ereignisse (u.a. Waldlawinen) kartiert wurden, ist durchweg gut erfasst. Die im Bezug auf die Reichweite kleinen Lawinen auf dem gestreckten Hangbereich „Enning" (L-EN) entsprechen der Kartierung ebenfalls gut, da dieser Bereich auch zur Kalibrierung der Parameter des Prozessmodells verwendet wurde. Auf die Problematik der zu kurz modellierten Reichweite von Runsenlawinen, z.B. im Roten Graben und im östlich anschließenden Gerinne, wurde bereits eingegangen. Hier müssen ggf. Einzelmodellierungen durchgeführt werden.

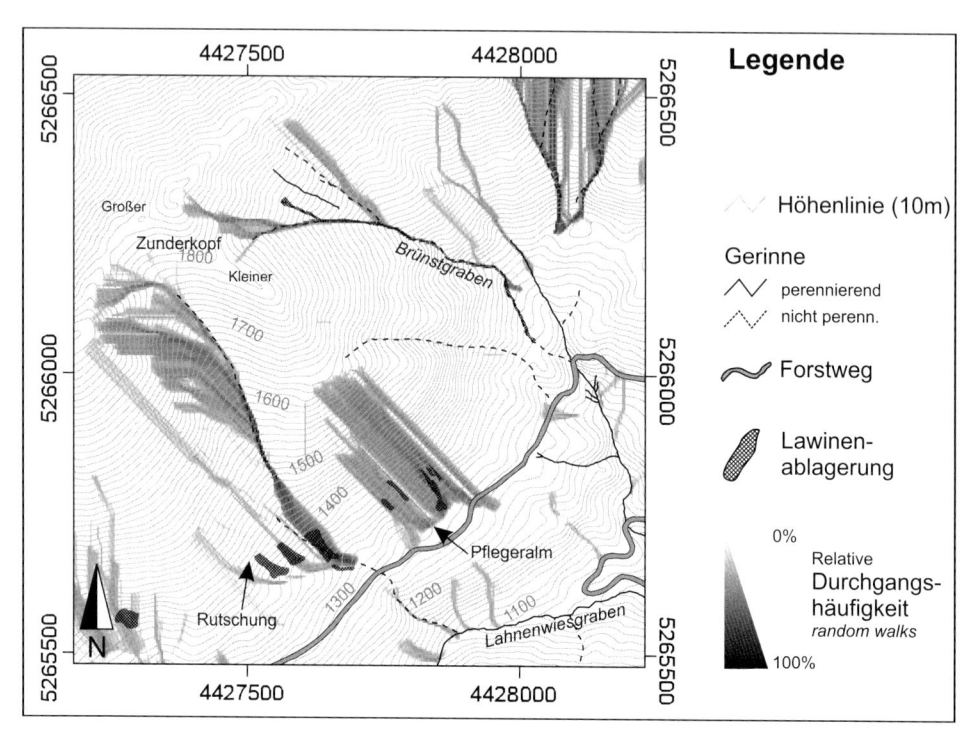

Abb. 11.10: Detailansicht des modellierten Prozessgebietes auf S-exponierten Lawinenstrichen (Südseite von Felder- und Zunderkopf) im Untersuchungsgebiet Lahnenwiesgraben. Dargestellt sind Durchgangshäufigkeiten des *random walk*-Modells und kartierte Lawinenablagerungen.

Die meisten modellierten Ereignisse auf der südexponierten Talseite enden im Gegensatz zu den Lawinen auf der Nordseite des Hirschbühelrückens mitten auf dem Hang, ohne das Hauptgerinne zu erreichen. Dies wird durch eine ausgeprägte Verflachung bedingt, die sich von der Enningalm kommend bis weit nach Osten erstreckt. Die Geologische Karte weist hier Übergänge zwischen Plattenkalk und Kössener Schichten aus (zum Teil sind diese mit Hangschutt überdeckt), wobei die Verflachung an die Kössener Schichten gebunden ist. Während die Ausdehnung der Waldschneise am Breitlahner nicht durch die modellierten Lawinen erklärt werden kann, ist dies im Fall des Langlahners durchaus gegeben, wobei im Luftbild unterhalb der Forststraße Waldschneisen zu erkennen sind, die für eine höhere potenzielle Reichweite sprechen.

In Abbildung 11.10 sind exemplarisch die Lawinenstriche L-RU („Rutschung", das Gebiet wird auch „Staudenlahner" genannt), L-PF („Pflegeralm") und L-ZK („Zunderkopf") hervorzuheben. Im Bereich der großen Rutschung (direkt oberhalb der Forststraße) treffen sich die Ablagerungen von drei einzelnen Ereignissen, wobei ein Zusammenhang zwischen dem linken und mittleren Ablagerungskörper nicht ausgeschlossen werden kann. Aufgrund der Vorgabe durch das Dispositionsmodell wird der linken Ablagerung nur ein sehr kleines, schmales Prozessgebiet zugeordnet. Die große Ablagerung am rechten (östlichen) Rand der Rutschung entspricht offensichtlich einer größeren Runsenlawine, die ihr Ursprungsgebiet westlich der Zunderköpfe hat. Die Reichweite der Lawinen wird, zumindest für die im Untersuchungszeitraum kartierten Ereignisse, sehr gut erfasst. Die sich hangabwärts anschliessende Schneise im Wald (südöstlich der Rutschung) bezeugt allerdings, dass größere Ereignisse durchaus bis zum Hauptgerinne laufen können.

Die Lawinenstriche im Bereich der aufgelassenen Pflegeralm werden durch das Modell weitgehend korrekt reproduziert. Ein Überfließen des Forstwegs im östlichen Bereich wurde allerdings nicht beobachtet, die bislang kartierten Lawinen kamen auf dem Kegel (vgl. Abbildung 8.6 links) zum Stehen. Das gesamte Prozessgebiet auf diesem Hang wird aufgrund der Vorgabe durch das Dispositionsmodell deutlich zu breit modelliert (hierdurch auch die übergroße Reichweite am Ostrand). Die Reichweite der Lawine L-ZK im Brünstgraben wird deutlich zu kurz modelliert. Allerdings stimmt hier das modellierte Anrissgebiet nicht mit dem kartierten überein.

11.5.2 Reintal

Das Ergebnis der Modellierung im Untersuchungsgebiet Reintal weist erhebliche Unterschiede zum Lahnenwiesgraben auf. Um bei den meisten Lawinenstrichen die kartierten Reichweiten zu reproduzieren, müssen erheblich andere Parameterkombinationen gewählt werden. Die Darstellung in Farbkarte 2b wurde mit der Einstellung $\mu=0{,}23$ und $M/D=150\,m$ erstellt. Der relativ niedrige Wert für die Gleitreibung μ entspricht der in Abschnitt 11.4.2 für größere Lawinen festgestellten Größenordnung. Trotz des niedrigen μ muss M/D relativ hoch gewählt werden, um die beobachteten Reichweiten zu erreichen. In Verbindung mit den im Reintal weit verbreiteten Steilwänden liegt die Maximalgeschwindigkeit in diesen gleichwohl eng begrenzten Bereichen bei über $35\,m/s$.

Das potenzielle Prozessgebiet zeigt eine weitgehende Übereinstimmung des Modellergebnisses mit den kartierten Abbildungen, mit Ausnahme des östlichen Teils des Untersuchungsgebietes. Die durch das Dispositionsmodell identifizierten potenziellen Anrissgebiete zeigen hier eine wahrscheinlich unrealistische Dichte; die kartierten Ablagerungen sind im Übrigen relativ klein. Sie können mit einer Parameterkombination ähnlich der im Lahnenwiesgraben ermittelten reproduziert werden, erreichen demnach wie beobachtet den Talboden in der Regel nicht. Besonders gut werden dagegen die Lawinenstriche westlich der Vorderen Gumpe (R-VG), unterhalb des Partnach-Wasserfalls (R-UW) und am Partnachursprung modelliert. Die große laterale Ausbreitung der Lawine R-OW unmittelbar westlich des Wasserfalls wird im Modell nicht erreicht. Die meisten Ereignisse erreichen das Niveau des Talbodens, einige (v.a. im östlichen Teil, z.B. am „Rauschboden") sogar das Hauptgerinne. Anhand des stellenweise aufgelockerten oder fehlenden Waldbestandes lässt sich vermuten, dass auch einige der Lawinenstriche, die während des Untersuchungszeitraums eine geringere Reichweite aufwiesen, bis in die Tiefenlinie vorstoßen können.

11.5.3 Fazit

Auch wenn das Prozessgebiet für die meisten kartierten Ereignisse korrekt ausgewiesen werden konnte, ist es nicht ohne weiteres möglich, für alle potenziellen Ereignisse eines Gebietes eine einzige, allgemein gültige Parameterkombination für das Prozessmodell zu finden. Die Ergebnisse deuten auf eine Abhängigkeit vor allem der Gleitreibung von der Ereignismagnitude hin. Die Analyse und Implementierung von Zusammenhängen der Parameter mit der Ereignisgröße und den Geofaktoren des Prozessgebietes können zu einer weiteren Verbesserung des Prozessmodells führen. Durch die Einführung eines Schwellenwertes für die Durchgangshäufigkeit kann die gegebenenfalls zu hoch angesetzte laterale Ausdehnung des modellierten Prozessmodells nachträglich ansatzweise korrigiert werden. Die Abweichungen bezüglich der Reichweite sind vor allem dann als kritisch zu beurteilen, wenn das Modell die Reichweite deutlich geringer einschätzt, als dies im Gelände anzutreffen ist. An solchen Stellen müssen Einzelmodellierungen mit anderen Parameterkombinationen durchgeführt werden. Im Zweifelsfall können die für Formung und Sedimenttransport relevanten Reichweiten auch mithilfe der Verbreitung von charakteristischen Indizien für die Ablagerung durch Lawinen (Vegetationsreste, Sedimente) festgelegt werden.

Die im Rahmen der qualitativen Modellvalidierung festgestellten Fehler sind daneben auch auf das Dispositionsmodell zurückzuführen. Aufgrund der Koppelung der beiden Modelle hat die Ausweisung unrealistischer Anrissgebiete im Dispositionsmodell automatisch auch Fehler im Prozessmodell zufolge. So überträgt sich die Bevorzugung von Grasflächen (die durchaus einen Bezug zur Realität aufweist) durch das Dispositionsmodell auf die Karte des potenziellen Prozessareals. Ein Teil der Lawinen, die im Modell Waldflächen überfliessen, geht ebenfalls auf eine unrealistische Ausweisung von Anrissgebieten im Dispositionsmodell zurück. Dies ist beispielsweise dort zu beobachten, wo die modellierten Anrissgebiete unmittelbar am Waldrand oder in stark unregelmäßig bestockten Gebieten liegen, die nicht als Wald kartiert wurden, in denen aber dennoch normalerweise keine Lawinenauslösung beobachtet wird. Dieses erst durch die Kopplung der beiden Modelle sichtbar gemachte Defizit kann zur Verbesserung des Dispositionsmodells herangezogen werden.

11.6 Ausblick: Weiterentwicklung des Prozessmodells

Ein wichtiger Parameter im Hinblick auf Druckverhältnisse und geomorphologische Aktivität ist die maximale Fließhöhe der modellierten Lawinen. Mithilfe des Modellalgorithmus ist es möglich, den Aufenthaltsort aller Partikel in definierten Zeitscheiben darzustellen und zu analysieren. Wird jedem Partikel eine Masse zugeordnet (z.B. 200 kg), kann über die Schneedichte ein Volumen berechnet und die „Höhe" dieses Partikels auf einer Rasterzelle berechnet werden. Durch Aufaddieren aller Partikelmassen für jede Rasterzelle kann die lokale Fließhöhe zu dem definierten Zeitpunkt approximiert werden. Diese Erweiterung des Modells wurde bereits realisiert, um die Möglichkeiten einer Fließhöhenmodellierung auszuloten. Wiederum soll an dieser Stelle auf die Lawine L01-RG zurückgegriffen werden, da für dieses Ereignis eine Simulation mit einer modifizierten Version des kommerziellen Lawinenmodells AVAL-1D (CHRISTEN ET AL. 2002) als Vergleich vorliegt (Modellierung anhand der Angaben des Autors durch DR. B. SOVILLA, EiSLF/Davos). Abbildung 11.11 zeigt einen Vergleich zwischen den beiden Modellergebnissen im Bezug auf die maximale lokale Fließhöhe entlang des

Längsprofils. Hier ist anzumerken, dass die Simulation mit AVAL-1D auf einem einzigen Längsprofil (steilstes Gefälle) gerechnet wurden, während das Längsprofil der eigenen Modellierung aus der 2D Monte-Carlo-Simulation ermittelt wurde (vgl. Abschnitt 13.1, Abbildung 13.1). Die absoluten Fliesshöhen werden deutlich zu hoch modelliert (stellenweise mit Abweichungen um $\gg 100\%$), weshalb in Abbildung 11.11 keine Werte angegeben werden; die entsprechende Kurve ist zum Zwecke des Vergleichs mit den Daten aus AVAL-1D stark skaliert, um den relativen Verlauf der Fließhöhe bewerten zu können.

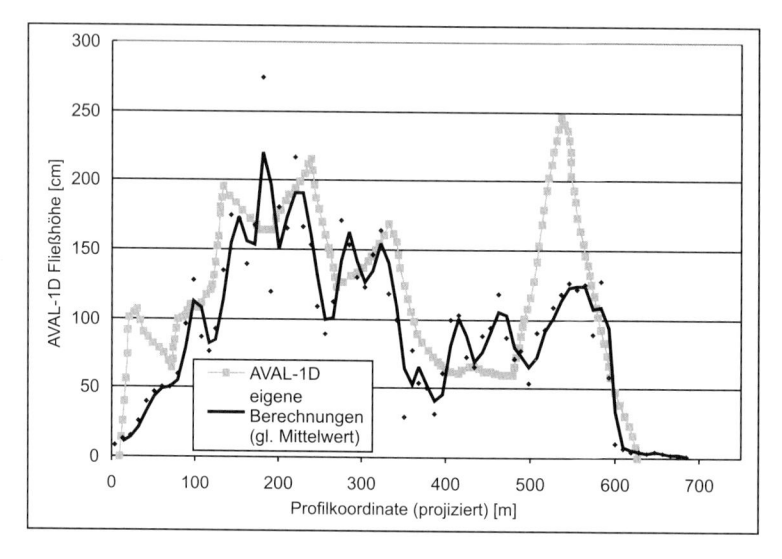

Abb. 11.11: Ergebnis einer experimentellen Modellierung der Fließhöhe im Vergleich zu den Berechnungen mit AVAL-1D. Im Modell wird eine konstante Partikel- bzw. Lawinenmasse vorausgesetzt. Die Fließhöhenkurve wurde skaliert, um besser mit den Werten aus AVAL-1D verglichen werden zu können.

Die Kurven weisen Gemeinsamkeiten und Unterschiede auf. Einzelne Peaks werden in relativ guter Übereinstimmung im Bezug auf ihren Verlauf und ihre Lage modelliert (z.B. im mittleren Teil, Profilabschnitt ca. 120-400 m). Deutliche Unterschiede ergeben sich vor allem in der Lage des ersten Peaks (etwa 80 m hangabwärts des Peaks von AVAL-1D) und in der relativen Höhe des letzten. Als Ursache für den stark nach unten verlagerten ersten Peak muss die fehlerhafte Modellierung unter Verwendung der mittleren

Fließgeschwindigkeit angesehen werden, die sich bei der Beschleunigung aus der Ruhe offensichtlich zu stark auf den Verlauf der Modellierung auswirkt. Hier muss nach mathematischen Korrekturen gesucht werden, die eine mittlere Fließgeschwindigkeit v_m auf der Basis von v_a und v_b so berechnen, dass eine korrekte Laufzeit für das Segment erreicht wird. Dies ist nach PERLA ET AL. (1984) möglich. Die Ergebnisse der beiden Modelle sind des Weiteren nur eingeschränkt vergleichbar, weil unterschiedliche physikalische Konzepte zugrundegelegt sind. AVAL-1D modelliert die Lawine als hydraulisches Kontinuum, während der in der vorliegenden Arbeit weiterentwickelte Ansatz eine große Anzahl von Einzelpartikeln modelliert, die nicht miteinander interagieren. Teilweise können die Unterschiede in der Fließhöhe auch auf die unterschiedliche Breite der Prozessbahn zurückgeführt werden. Ist die Prozessbahn im Modell breiter als bei der Berechnung mit AVAL-1D angegeben, muss die Fließhöhe niedriger sein. Bei entsprechender Weiterentwicklung ist trotz dieser Einschränkungen eine bessere Modellierung der Fließhöhe, wenigstens in ihrem Verlauf, zu erwarten.

Eine wichtige Ursache für die Höhenunterschiede zwischen den beiden Kurven (vor allem im Bereich des letzten Peaks) ist vermutlich die Tatsache, dass noch keine Möglichkeit implementiert ist, die dynamische Massenbilanz der Lawine (Aufnahme oder Ablagerung von Schnee) im Verlauf der Modellierung zu berücksichtigen. Die Erosion von Schnee durch Lawinen und die damit verbundene Massenzunahme (engl. *entrainment*) ist ein wichtiger Bestandteil der Lawinenforschung (z.B. ISSLER 1998, SOVILLA ET AL. 2001, SOVILLA & BARTELT 2002, GAUER & ISSLER 2004). Gerade im Hinblick auf die Modellierung, bei der zahlreiche Parameter abhängig von der Masse des Lawinenschnees sind, stellt es sich als problematische Vereinfachung heraus, von einer Massenkonstanz auszugehen. SOVILLA ET AL. (2001) berichten beispielsweise von einer Massenzunahme um den Faktor 7,2; GAUER & ISSLER (2004) schreiben der Mehrzahl mittelgroßer bis großer Ereignisse eine Verdopplung oder Verdreifachung der Masse zu.

Sovilla & Bartelt (2002) führen die Aufnahme und Ablagerung von Schnee durch die Lawine (konstante Raten) in die Gleichungen zweier Lawinenmodelle (Voellmy-Fließmodell nach Bartelt et al. 1999 und NIS-Modell nach Norem et al. 1989) ein, wobei die Berechnungen mit vorgegebener Höhe der erodierbaren Schneedecke erfolgen. Die Lawine wird vor allem durch den Energieverlust bei der Beschleunigung des erodierten Schnees auf die Fließgeschwindigkeit der Lawine gebremst. Dieser Faktor wirkt sich limitierend auf die Größenordnung der Erosionsrate aus (Gauer & Issler 2004).

12 Anwendung des Modells

12.1 Analyse des potenziellen Prozessareals

12.1.1 Lahnenwiesgraben

Nach den Modellergebnissen werden etwa 15% des Untersuchungsgebietes als potenzielles Prozessgebiet ausgewiesen. Generell wird das Prozessgebiet jedoch vielerorts in seiner lateralen Ausdehnung überschätzt, was gleichwohl nur bedingt mit den Parametern des Ausbreitungsmodells zu erklären ist. Vielmehr ist auch die Wahl der Startzonen ausschlaggebend für die Ausdehnung des davon ausgehenden Prozessgebietes. Eine Möglichkeit der Beschränkung liegt darin, nur diejenigen Rasterzellen als Prozessgebiet anzusehen, die eine bestimmte Mindestanzahl von Partikeldurchläufen aufweisen. Auf diese Weise werden „Ausreißer" nicht in das Ergebnis einbezogen. Als Schwellenwert wird hier die Anzahl der Partikel pro Startzelle gewählt. Anhand der so reklassifizierten Karte (hier werden nur ca. 9% des Untersuchungsgebietes als potenzielles Prozessgebiet ausgewiesen) kann im GIS analysiert werden, durch welche geofaktorielle Ausstattung das potenzielle Prozessgebiet gekennzeichnet ist. In Tabelle 12.1 werden die Anteile der einzelnen Geofaktorenklassen am Gesamtgebiet und am modellierten Prozessgebiet aufgelistet. Analysiert wurden die Datenlayer Vegetation, Oberflächensubstrat (geotechnische Lockermaterialkarte von KELLER (in Vorb.), Sedimentspeicher sind einbezogen) und Boden (KOCH 2005).

Die Auswertung zeigt, dass ca. 37% (11,7%+25,4%) des Prozessgebietes waldbestandene Flächen treffen, während sich fast die Hälfte der Prozessaktivität auf grasbewachsenen Hängen abspielt. Im Hinblick auf das Oberflächensubstrat treten alle weiteren Klassen deutlich hinter Hangschutt zurück, der über 80% des Prozessgebiets bedeckt. Auf lediglich 8% des Prozessgebietes findet potenziell eine Interaktion mit anstehendem Gestein statt. Dies trifft beispielsweise in einigen Steilstrecken der Lawinen L-RG und L-SP zu. In den genannten Bereichen ist nicht auszuschliessen, dass die Lawinentätigkeit an der Erosion bis ins Anstehende hinein beteiligt ist, da dort häufig Lawinen abgehen; sowohl im Roten Graben als auch im Gerinne an der Sperre ist aufgrund der Kanalisierung von einer hohen Fließhöhe und damit verbunden von einer hohen Erosivität der Lawinen auszugehen (vgl. Abschnitt 14.2.2).

Die Verbreitung von Hangschutt und Anstehendem im Prozessgebiet bedingt, dass über 90% der betroffenen Böden Rendzinen oder Rohböden sind, in Hangfußbereichen werden auch Kolluvien (5%) überfahren.

Ähnlich wie bei der Geofaktorenstatistik von Anrissgebieten (vgl. 10.2.2) sind nicht alleine die Anteile im Bezug auf das Prozessgebiet interessant, sondern deren Verhältnis zur Verbreitung der Geofaktorenklassen im Gesamtgebiet. Hier fällt auf, dass vor allem Grasflächen und Murmaterial im Vergleich zum Gesamtgebiet überrepräsentiert sind (Verhältnis 3,1:1 bzw. 2,4:1). Der erste Sachverhalt deutet auf die starke Bevorzugung von Grasflächen (neben den realen Ursachen auch aufgrund der Koppelung an das Dispositionsmodell) hin. Die Verbreitung von Murmaterial im Prozessgebiet kann dadurch bedingt sein, dass Muren und Lawinen häufig in denselben Tiefenlinien vorkommen können. Das hohe Verhältnis kommt im speziellen Fall allerdings dadurch zustande, dass im Einzugsgebiet des Herrentischgrabens Murablagerungen auf das modellierte Prozessgebiet von Lawinen treffen, obgleich dort bislang keine Lawinen nachgewiesen sind. Ein Hinweis auf die Interaktion von Muren und Lawinen kann aus den vorliegenden Daten mithin nicht abgeleitet werden. Im Rahmen des SEDAG-Projekts bietet sich an dieser Stelle eine Verschneidung mit dem potenziellen Prozessareal von Muren an. Deutlich weniger häufig als im Gesamtgebiet sind Flächen mit Moränen oder Schottern sowie Braunerden und Stauwasserböden. Moränenmaterial und vernässte Böden können jedoch, ungeachtet des geringen Flächenanteils, für die Sedimentfracht der Lawinen von großer Bedeutung sein (siehe 13.2).

12.1.2 Reintal

Im Reintal ist der Anteil des potenziellen Prozessgebietes an der Gesamtfläche mit 5% etwas geringer als im Lahnenwiesgraben (9%). Angesichts der unrealistisch großen Flächen im Ostteil des Untersuchungsgebietes muss mit einem noch niedrigeren Anteil gerechnet werden. Dieser ist deshalb so gering, weil große Teile des Einzugsgebietes entsprechend dem Ergebnis des Dispositionsmodells (s. Abschnitt 10.4.2) nicht für die Entstehung von Lawinen geeignet sind. Insbesondere gilt dies für die nordexponierten Steilwände und die Kare auf beiden Talseiten. Wie aufgrund der Disposition zu erwarten, sind grasbewachsene Flächen im Prozessgebiet mit 28% deutlich verbreiteter als im Gesamtgebiet. Ähnlich hohe Anteile erreichen vegetationsfreie Flächen, wobei diese im Vergleich zum Einzugsgebiet unterrepräsentiert sind. Etwa

Tab. 12.1: Geofaktorielle Ausstattung des Gesamtgebietes (Lahnenwiesgraben) und des potenziellen Prozessgebietes im Vergleich. In das Prozessgebiet gehen Rasterzellen, die nur von wenigen Partikeln überfahren werden, nicht mit ein (vgl. Text). Die Datensätze sind für jeden Geofaktor nach seiner Häufigkeit im Prozessgebiet absteigend sortiert.

Geofaktor	Klasse	Anteil [%] am Gesamtgebiet	Prozessgebiet
Vegetation	Mischwald	32,3	11,7
	Nadelwald	27,1	25,4
	Krummholz	14,8	11,6
	Gras	13,5	42,3
	Jungwuchs	5,0	3,9
	Pioniervegetation	4,7	3,5
	Vegetationsfrei	2,7	1,6
Oberflächensubstrat	Hangschutt	42,0	49,3
	Hangschutt (bindig)	21,9	31,1
	Anstehendes	9,3	8,2
	Moräne	7,6	3,1
	Schotter	7,9	0,2
	Hangschutt (grob)	6,9	2,4
	Sturzschutt	3,6	3,8
	Murmaterial	0,8	2,0
Boden	Rendzinen	43,1	30,4
	Rohböden	39,6	62,8
	Braunerden	6,6	0,6
	Stauwasserböden	6,1	0,9
	Kolluvien	4,6	5,2

zwei Drittel des Prozessgebietes liegen auf Flächen mit geringer, nur punktuell ausgebildeter Bodendecke; der Anteil von Schutt an der Sedimentfracht der beprobten Lawinenereignisse ist allerdings mit etwa 95% erheblich höher (Abschnitt 7.3). Waldflächen überschneiden sich mit etwa 15% des potenziellen Prozessgebietes, ein deutlich geringerer Anteil als im Lahnenwiesgraben, wo ein mehr als doppelt so großer Teil des Prozessgebietes eine potenzielle Schädigung des Waldes beinhaltet (und zudem Wald einen größeren Flächenanteil des Gebietes ausmacht). Aufgrund des Geländebefundes lässt sich aber feststellen, dass insbesondere Staublawinen im Reintal große Waldflächen zerstört haben. Diese Art von Schäden wird durch das Fließlawinenmodell nicht erfasst.

Tab. 12.2: Geofaktorielle Ausstattung des Gesamtgebietes (Reintal) und des potenziellen Prozessgebietes im Vergleich. Vgl. Anmerkungen zu Tab. 12.1

Geofaktor	Klasse	Anteil [%] am	
		Gesamtgebiet	Prozessgebiet
Vegetation	Vegetationsfrei	48,3	27,4
	Krummholz	16,4	9,4
	Pioniervegetation	15,4	18,8
	Gras	8,1	28,2
	Nadelwald	7,7	9,3
	Mischwald	3,6	6,5
	Jungwuchs	0,5	0,4
Boden	Rohböden, punktuell	74,6	67,4
	Rohböden, flächig	25,0	32,6
	Rendzina	0,4	0,0

12.2 Berechnung der Abtragsleistung von Grundlawinen

Ist das Prozessgebiet derjenigen Lawinen bekannt, deren Ablagerungen kartiert und beprobt wurden, kann die bilanzierte Sedimentfracht des jeweiligen Ereignisses auch auf dieses Gebiet bezogen werden. Hierbei versteht man Lawinen als Prozess, der nicht ausschließlich Lockermaterial mobilisiert und transportiert, das durch andere Prozesse in der Lawinenbahn abgelagert wird, sondern der in seinem Prozessgebiet erosiv wirksam ist. Eine derartige Berechnung ermöglicht eine spätere Diskussion quantitativer Aspekte der Sedimentkaskaden und der Formung. Die Modellierung des potenziellen Prozessgebietes im gesamten Einzugsgebiet ermöglicht es, das Prozessgebiet für alle Lawinenablagerungen näherungsweise zu bestimmen. Das bereits in Abschnitt 7.5 angewendete SAGA-Modul Catchment (HECKMANN 2003) bestimmt die Oberfläche des hydrologischen Einzugsgebiets der höchstgelegenen Rasterzellen der Lawinenablagerungen, wobei durch die optionale Eingabe des potenziellen Prozessgebiets nur die dazugehörigen Rasterzellen mitgezählt werden. Auf diese Weise kann man die von Anrissgebieten ausgehenden modellierten Prozessareale den kartierten Ablagerungen zuordnen und ihre Fläche bestimmen.

Berechnung der Abtragsleistung von Grundlawinen

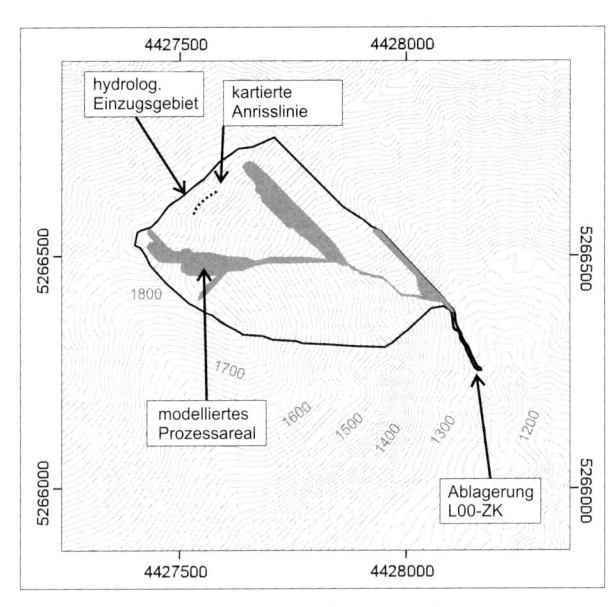

Abb. 12.1: Hydrologisches Einzugsgebiet und modelliertes Prozessgebiet der Lawine L00-ZK (Jahr 2000) im Vergleich.

Da die Ermittlung der Einzugsgebiete mit dem D8-Algorithmus erfolgt, der keine Ausbreitung seitlich zum steilsten Gefälle ermöglicht, kann ein Prozessareal im Hinblick auf die laterale Ausdehnung zu schmal werden, wobei gegebenenfalls Teile des realen Prozessareals nicht berücksichtigt werden. Die Einschränkung des Einzugsgebiets durch das modellierte Prozessgebiet verhindert, dass tributäre Teileinzugsgebiete aufgenommen werden, die zwar zum hydrologischen Einzugsgebiet gehören, aus denen aber keine Lawinen hervorgehen. Die Vorgehensweise verhindert des Weiteren, dass Teile der Einzugsgebiete, die oberhalb der möglichen Anrissgebiete liegen, zum Prozessgebiet hinzugezählt werden.

Abbildung 12.1 zeigt, dass das Prozessareal unter Umständen erheblich kleiner als das hydrologische Einzugsgebiet sein kann. Im dargestellten Fall (Lawinenstrich L-ZK südöstlich des Zunderkopfes, Gebiet Lahnenwiesgraben) werden drei mögliche Prozessgebiete ausgewiesen, die sich oberhalb der kartierten Ablagerung vereinigen. Der Umstand, dass das tatsächliche Prozessgebiet der kartierten Lawine in diesem Fall nicht getroffen wird (das korrekte Anrissgebiet wird nicht ausgewiesen, es ist in Abb. 12.1 gekennzeichnet), zeigt einmal mehr, dass die Validität des Modells auch vom Dispositionsmodell abhängig ist. Aufgrund desselben Problems können 15 von 122 kartierten Lawinen in beiden Untersuchungsgebieten (12%) keine Prozessgebiete zugewiesen werden. Hier müssen entweder die Dispositionskarte verbessert oder die Anrissgebiete manuell vorgegeben werden. Teilt sich das potenzielle Prozessgebiet in mehrere Teilbereiche für dieselbe Ablagerung auf (auch wenn nur eines dem realen Prozessgebiet entspricht), vergrößert sich die Bezugsfläche für die Abtragsberechnung, und der berechnete Abtrag vermindert sich. Trotz der aufgezeigten Mängel führt das beschriebene Verfahren nach Einschätzung des Autors in den meisten Fällen zu einer ausreichend realistischen Zuordnung des potenziellen Prozessareals zu den kartierten Ablagerungen, so dass es der Berechnung des Abtrags anhand der hydrologischen Einzugsgebiete der Ablagerungsflächen vorzuziehen ist.

Die auf diese Weise berechneten Werte (Tabelle B.1 im Anhang enthält alle Werte) liegen erwartungsgemäß erheblich höher als die auf die hydrologischen Einzugsgebiete bezogenen Abtragswerte, im Mittel (Median) um den Faktor 4. Die Ergebnisse sind lognormal verteilt:
Lahnenwiesgraben (n=53): $\overline{\log x} = 1,77 \pm 0,16$[1]
Reintal (n=54): $\overline{\log x} = 1,72 \pm 0,10$
Der Unterschied zwischen den beiden Untersuchungsgebieten ist allerdings im Gegensatz zu Abschnitt 7.5 statistisch nicht signifikant (Vergleich der Verteilungen mit einem KS-Test für zwei unabhängige Stichproben, SACHS 1999). Im Mittel liegt demnach die Feststoffspende von Ereignissen (Abbildung 12.2) auf den Lawinenstrichen beider Tälern bei rund $10^{1,75} \sim 56\ t/km^2$ (der Median liegt bei 72 t/km^2). Dies entspricht bei einer angenommenen Festgesteinsdichte von $\rho = 2700\ kg/m^3$ einem mittleren Abtrag von 0,026 mm pro Ereignis; rechnet man mit Lockergestein der Dichte $\rho = 1800\ kg/m^3$, so wächst der Wert auf 0,04 mm an. Die maximalen Abtragswerte liegen im Lahnenwiesgraben bei bis zu 5,5 mm, im Reintal lediglich bei 1,3 mm. Die Analyse der räumlichen Verteilung der Abtragswerte und steuernder Parameter erfolgt in Abschnitt 13.2.

Anhand des Lawinenstrichs L-SP („Sperre") wird an dieser Stelle die Relevanz der so bestimmten Abtragsraten für die Formung analysiert. Die Auswahl erfolgte aufgrund folgender Überlegungen:
a) Die Bestimmung des Prozessgebietes durch das Modell ist in diesem Fall kaum fehlerbehaftet, da das Dispositionsmodell die beobachteten Anrissgebiete gut wiedergibt. Das Prozessgebiet ($\simeq 42000\ m^2$) ist sehr gut von der Fläche des Teileinzugsgebietes ($\simeq 69000\ m^2$) zu trennen.

---

[1] Standardfehler des Mittelwertes $\sigma_{\overline{x}}$

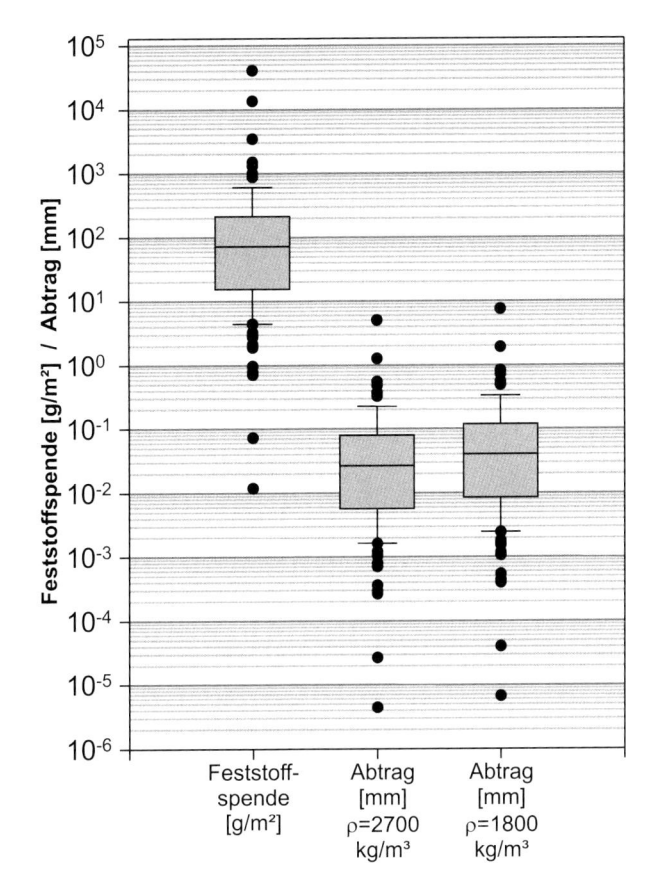

Abb. 12.2: Unter Bezug auf das modellierte Prozessgebiet von Lawinen berechnete Feststoffspenden $[g/m^2]$ ($\hat{=}$ $[t/km^2]$; links) und Abtragswerte $[mm]$ (rechts). Die Abtragswerte werden für Lockermaterial (Dichte 1800 kg/m^3) bzw. Festgestein (Dichte 2700 kg/m^3) getrennt angegeben.

b) Der Lawinenzug weist rezent offensichtlich eine hohe Frequenz auf. Seit der ersten Kartierung im Jahr 1999 (GERST 2000) ist er in jedem Jahr aktiv gewesen (mit Sedimenttransport), im Jahr 2003 sogar zusätzlich im Herbst (mdl. Mittlg. HAAS 2003). Die Disposition des Lawinenstriches ist offenbar so hoch, dass auch unter Bedingungen, bei denen im gesamten Untersuchungsgebiet keine weitere Lawinenaktivität zu beobachten ist, eine Lawine anreißen kann.

c) Der berechnete Abtrag liegt an dieser Lokalität zwischen 17 und 640 g/m^2, was bei einer Festgesteinsdichte von 2700 kg/m^3 einem Abtrag von etwa 0,01-0,23 mm pro Ereignis (n=5; Median = 0,02 mm; Mittelwert = 0,07 mm) entspricht. Die Verteilung der Abtragswerte unterscheidet sich nicht signifikant von der Verteilung aller Abtragswerte, auch die Mittelwerte unterscheiden sich nicht signifikant. Basierend auf diese Ergebnisse wird im Folgenden vorausgesetzt, dass die im Raum beobachtete Verteilung als Substitut für die Verteilung von Abtragswerten über lange Zeit hinweg verwendet werden kann (ergodisches Prinzip, vgl. PAINE 1985).

Gilt neben dieser Voraussetzung noch die (grundsätzlich falsche) Annahme, dass stationäre Klimabedingungen und konstante jährliche Aktivität der Lawine vorherrschen, so kann die Abtragssumme für lange Zeiträume, beispielsweise 1000 Jahre, auf der Basis einer Monte-Carlo-Simulation geschätzt werden. Mithilfe eines Tabellenkalkulationsprogramms werden anhand von Zufallszahlen Abtragswerte (Festgestein, ρ=2700 kg/m^3) aus der bekannten Lognormalverteilung (s.o.) für jeweils 1000 einzelne Jahre generiert und aufsummiert.

Die Ergebnisse von über 370 simulierten 1000-Jahreszeiträumen zeichnen sich durch eine stark linkssteile Verteilung[2] mit dem Median 232 $mm/1000a$ aus. Dies entspricht einer Abtragsrate von 0,23 mm/a. Die Höhe dieses Durchschnittswertes überrascht, entspricht sie doch dem innerhalb des Beobachtungszeitraums von 5 Jahren gemessenen Maximum. Mit der Verteilung der gemessenen Abtragswerte von L-SP (Annahme einer Lognormalverteilung mit einem Mittelwert von $10^{1,91}$=81 g/m^2 und einer Standardabweichung von $10^{0,66}$=4,57 g/m^2), die allerdings aufgrund des geringen Stichprobenumfangs als erheblich unsicherer zu beurteilen ist, errechnet sich mit dem selben Verfahren eine Ergebnisverteilung mit dem Median 93 $mm/1000a$[3]. Legt man den Median bzw. Mittelwert der gemessenen Daten ohne Annahme einer Lognormalverteilung zugrunde, beläuft sich der Abtrag auf lediglich 20 bzw. 70 $mm/1000a$.

---

2   Mittelwert = 250 $mm/1000a$, Standardabweichung = 72 $mm/1000a$

3   Mittelwert = 95 $mm/1000a$, Standardabweichung = 43 $mm/1000a$

Auf der Basis aller dieser Schätzungen ist demnach mit einer Erniedrigung des Prozessgebietes an der Lokalität „Sperre" durch Lawinen um etwa 2-25 $cm/1000a$ zu rechnen. Die hohe Diskrepanz von einer Größenordnung zwischen den verschiedenen Schätzungen zeigt deutlich, wie unsicher die Schätzung von Abtragsraten über lange Zeiträume prinzipiell ist.

13 Modellierung der geomorphologischen Aktivität

13.1 Faktoren der Erosivität von Lawinen im Modell

Das Wirkungsgebiet geomorphologischer Prozesse kann nicht nur im Hinblick auf die Bewegung des Prozessmediums (Differenzierung in Anrissgebiet, Sturzbahn und Auslaufgebiet), sondern auch funktional im Hinblick auf die geomorphologische Tätigkeit, also Erosion, Transport und Deposition gegliedert werden. Für Prozesse wie Steinschlag sind diese Zonierungen weitestgehend als deckungsgleich anzusehen (z.B. entspricht das Anrissgebiet dem Erosionsgebiet), während Muren und Lawinen in der Lage sind, auch in dem als Sturzbahn bezeichneten Raum Sediment zu erodieren und/oder abzulagern.

Der Arbeitshypothese zufolge wird die geomorphologische Aktivität von Grundlawinen nicht allein von der Erodibilität des Oberflächensubstrates gesteuert, sondern ist auch von der Dynamik des Prozesses und der Form der Sturzbahn abhängig. Es ist beispielsweise davon auszugehen, dass eine Fließlawine infolge abrupter Änderungen im Längs- oder Querprofil der Sturzbahn erhöhte Kräfte auf den Untergrund ausüben kann. Richtungswechsel mit engen Kurvenradien verursachen ein verstärktes seitliches Auflaufen der Lawine aufgrund von Zentrifugalkräften, ähnlich der Prallhangbildung bei fluvialen Prozessen. Vermindert sich das Gefälle der Sturzbahn abrupt (starke vertikale Konkavität), erhöht sich der Druck des Lawinenschnees auf die Erdoberfläche, und es ist mit verstärktem Schurf zu rechnen. Diese Prozesse werden des weiteren von der Fließgeschwindigkeit beeinflusst, da die für die Erosion von Schnee oder Bodensubstrat an der Front zur Verfügung stehende Energie nach der Formel $E_{kin} = \frac{1}{2}mv^2$ quadratisch mit der Geschwindigkeit ansteigt. Aufgrund der hohen Schneedichte ist bei nassen Grundlawinen mit hohem hydrostatischem Druck an der Basis der Fließlawine zu rechnen, der mit ansteigender Fließhöhe anwächst (vgl. GAUER & ISSLER 2004).

13.1.1 Interpretation eines synoptischen Längsprofils

In der Arbeit von SOVILLA ET AL. (2001) über die (Schnee-)Massenbilanz von Fließlawinen (vgl. Abschnitt 11.6) wird die Beziehung der gemessenen Erosions- und Ablagerungsraten bzw. der Fließhöhe zu Fließgeschwindigkeit und Gefälle anhand von Diagrammen analysiert, in denen die betreffende Variable über der Koordinate des Längsprofils (1-dimensionale Darstellung) abgetragen wird. Auf diese Weise können Zusammenhänge zwischen der dynamischen Massenbilanz der Lawine und den erwähnten Variablen qualitativ erkannt werden. Die Erkundung möglicher Zusammenhänge von Erosions- und Ablagerungsdynamik von Grundlawinen verlangt demnach die Kenntnis der Größe möglicher Einflussfaktoren an jedem Ort des Prozessgebietes bzw. des Längsprofils. Des Weiteren muss eine Zonierung des Prozessgebietes im Hinblick auf Erosion und Ablagerung vorhanden sein. Auf diese Weise kann die geomorphologische Aktivität empirisch zur Lawinendynamik in Bezug gesetzt werden. Während die dynamische Modellierung von Lawinen vornehmlich zur Berechnung hypothetischer Lawinenereignisse verwendet wird, ist im vorliegenden Fall eine inverse Fragestellung gegeben: Es gilt, die Dynamik eines konkreten Ereignisses zu berechnen, von dem bestimmte Rahmenbedingungen und vor allem die räumliche Verteilung der geomorphologischen Aktivität bekannt sind. Die in Abschnitt 7.6 beschriebene Lawine L01-RG im Gebiet des Roten Grabens (Untersuchungsgebiet Lahnenwiesgraben) stellte sich im Bezug auf diese Fragestellung als Glücksfall heraus. Die hier vorgenommene Bilanzierung der Sedimentfracht (~ 50 m^3) basiert auf einer detaillierten kartographische Aufnahme von Erosions- und Ablagerungsgebiet (Abbildung 7.16). Daneben sind aus den Notizen der ersten Feldarbeiten Näherungswerte für die Höhe der Schneedecke und die Ausdehnung des Anriss- und Auslaufgebietes des Lawinenereignisses zu entnehmen.

Der Untersuchungsansatz sieht vor, mögliche Einflussfaktoren auf das Prozessgeschehen zusammen mit der Kartierung von Erosions- und Akkumulationsgebieten auf das Längsprofil der Lawinenbahn zu beziehen (Abbildung 13.1). Die Werte aus der Rasterkarte der Fließlänge werden in eine benutzerdefinierte Anzahl nicht zu großer, äquidistanter Klassen eingeteilt, für die maximale Fließgeschwindigkeit und -höhe, Hangneigung und lokale Höhe gemittelt werden, so dass die modellierten Parameter in einem Längsprofil zusammengefasst werden können. Ebenso wird aus der Kartierung von Erosions- und Ablagerungszonen die lokale geomorphologische Aktivität ermittelt. Diese wird nicht quantitativ (wie bei der Sedimentbilanz), sondern qualitativ durch die Vergabe eines der drei

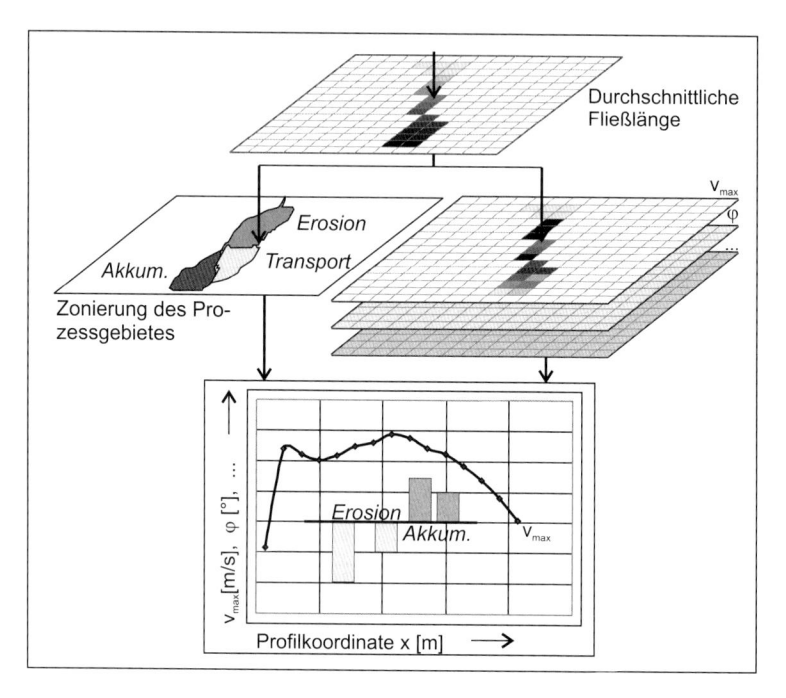

Abb. 13.1: Erstellung synoptischer Längsprofile aus 2D Rasterdaten für die geomorphologische Interpretation

Werte -1 (Erosion), 0 (Transport bzw. keine Aktivität kartiert) oder 1 (Akkumulation) charakterisiert. Des Weiteren wird leicht generalisiert (kleine und kleinste Flächen werden zusammengefasst oder weggelassen) und auf eine weitere Differenzierung in Zonen höherer und niedrigerer Aktivität verzichtet. Aus diesen Daten ergeben sich synoptische Längsprofile, anhand derer der Zusammenhang der geomorphologischen Aktivität mit anderen Parametern erkannt, weiter analysiert und interpretiert werden kann.

Abbildung 13.2 zeigt die Zusammenstellung verschiedener Modellergebnisse für die Lawine L01-RG. Der Zusammenhang von Gefälle und Geschwindigkeitsentwicklung tritt deutlich hervor. Die Fließgeschwindigkeit ist aber aufgrund der Mittelung und aufgrund der Dämpfung durch den Modellalgorithmus (sie ist vom jeweils vorhergehenden Modellsegment abhängig) nicht so abrupten Schwankungen unterworfen wie das Gefälle. Die Fließhöhe verhält sich

Faktoren der Erosivität von Lawinen im Modell

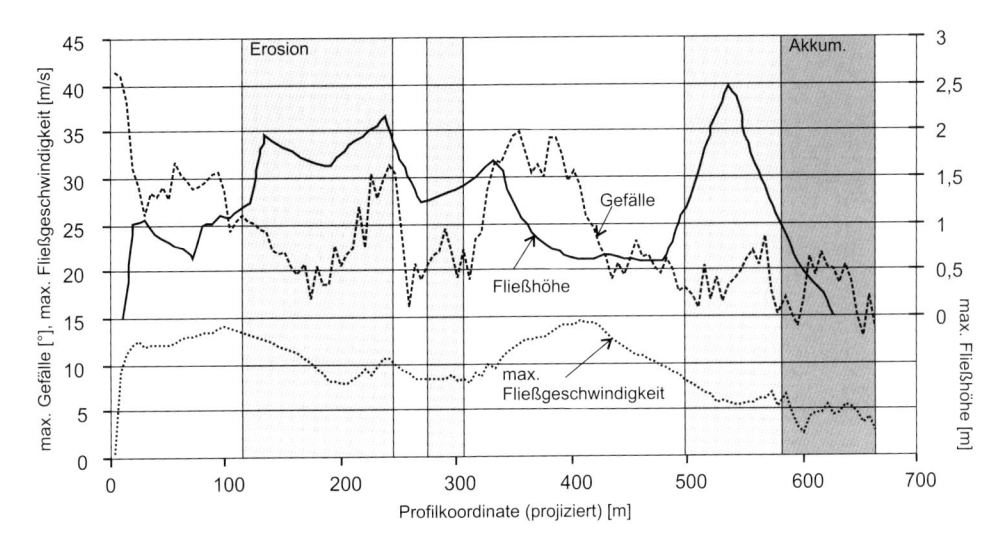

Abb. 13.2: Synoptisches Längsprofil der Lawine L01-RG. Dargestellt sind Zonen der geomorphologischen Aktivität (schattiert, eigene Kartierung), maximale Fließgeschwindigkeiten und maximales Gefälle (Modellergebnis, linke Abszisse) sowie die maximale Fließhöhe (Simulation mit AVAL-1D durch Dr. B. Sovilla, EiSLF/Davos; rechte Abszisse).

in groben Zügen gegenläufig zum Gefälle, bei Verflachungen ist aufgrund eines Aufstaueffektes eine Steigerung zu beobachten, Steilstrecken führen zu einer stärkeren longitudinalen Ausdehnung des Lawinenschnees und damit zu einer niedrigeren Fließhöhe. Für die Analyse der geomorphologischen Aktivität wurde die Kartierung von Juli 2001 verwendet (Abbildung 7.16). Ausgedehnte Bereiche mit Schurferscheinungen finden sich bei den Profilkoordinaten 115-240 sowie 500-580. Auffällig ist die weitgehende Übereinstimmung dieser Erosionszonen mit Profilabschnitten hoher oder stark zunehmender Fließhöhe. Die Erklärung dieses Zusammenhangs mit hohen hydrostatischen Drücken ist einleuchtend. Die Erosionsbereiche decken sich nicht unbedingt mit den steilsten Abschnitten, in denen Spitzengeschwindigkeiten erreicht werden. Ebenso finden sich bei der visuellen Analyse des Diagramms nur schwache Hinweise auf die Einleitung von Erosion in stark konkaven Teilen des Längsprofils. Bei geringem Gefälle und niedriger Geschwindigkeit kommt es im untersten Abschnitt (unmittelbar im Anschluss an eine ausgeprägte Erosionszone) zur Ablagerung des mitgeführten Sedimentmaterials. Auf dieser Strecke erfolgt zugleich die finale Abbremsung der Lawine bis zum Stillstand.

13.1.2 Statistische Analyse

Zur Analyse der vorliegenden Daten über die visuelle Interpretation des Längsprofils hinaus eignen sich statistische Methoden wie die Diskriminanzanalyse. Die Diskriminanzanalyse dient der Überprüfung von Gruppenunterschieden, sie zielt jedoch nicht auf die Entdeckung von Datenstrukturen ab (BAHRENBERG ET AL. 2003). Das Verfahren wird in den Geowissenschaften für zahlreiche Aufgabenstellungen verwendet, unter anderem zur Überprüfung von Raumtypisierungen und zur Regionalisierung. BAEZA & COROMINAS (2001) verwenden sie zur Dispositionsmodellierung von Rutschungen; hierbei wird die Zuordnung jeder Raumeinheit (z.B. Rasterzelle) zur Menge potenzieller Anbruchsflächen auf Basis von Geofaktoren analysiert. Ziel der Methode ist die Ermittlung einer oder mehrerer sogenannter Diskriminanzfunktionen, die n Gruppen von Datensätzen bestmöglich voneinander trennen. Die Unterschiede zwischen den Gruppenmitgliedern sollen hierbei minimiert werden, die Unterschiede zwischen den Gruppen werden maximiert. Die maximale Anzahl der Diskriminanzfunktionen, deren Parameter als Ergebnis ausgegeben werden, ist abhängig von der Anzahl der Gruppen. Es werden jedoch nur diejenigen Funktionen zur Klassifizierung genutzt, die einen signifikanten Anteil der Gesamtvarianz erklären. Als Voraussetzung für die Anwendung der Diskriminanzanalyse gelten metrisch skalierte Variablen und multivariate Normalverteilung der Eingangsdaten, wobei das Verfahren der linearen Diskriminanzanalyse im Bezug auf die letzte Bedingung als robust zu bezeichnen ist (BAHRENBERG ET AL. 2003). Trotz der Verletzung dieser Bedingung bei einigen Variablen wird daher von einer grundsätzlichen Anwendbarkeit ausgegangen.

Bei der Analyse der synoptischen Längsprofile wird die Zuordnung der einzelnen Datensätze (=Modellsegmente) zu einer der geomorphologischen Aktivitätsgruppen (Erosion, Transport/keine Aktivität, Ablagerung) anhand der verschiedenen Variablen aus der Simulation überprüft. Die Fließhöhe wurde auch hier mithilfe einer modifizierten Version des kommerziellen Lawinenmodells AVAL-1D (CHRISTEN ET AL. 2002) berechnet (durchgeführt von B. SOVILLA, EiSLF/Davos; vgl. 11.6).

Die in Tabelle 13.1 aufgeführten Variablen wurden in die Diskriminanzanalyse aufgenommen. Um auch großräumigere Änderungen der Parameter zu berücksichtigen, wurden gleitende Mittelwerte über 5 Modellschritte berechnet.

Tab. 13.1: In die Diskriminanzanalyse aufgenommene Variablen der Lawinensimulation L01-RG mit Zentral- und Streuungsmaß für jede Gruppe. Variablennamen: v_{max}=Maximale Fließgeschwindigkeit [m/s], fhmax$_{gl5}$=Maximale Fließhöhe, gleitendes Mittel über 5 Modellschritte [m], fhmax$_{dgl15}$=Änderung des Parameters fhmax$_{gl5}$, ϕ_{gl5}=Gleitendes Mittel (5 Modellschritte) des Gefälles [°], ϕ_{dgl5}=Änderung von ϕ_{gl5}.

Variable	Gruppe	Mittelwert	StdAbw
v_{max}	Erosion (n=40)	8,51	2,3
	-/- (n=59)	11,61	2,0
	Akkumulation (n=8)	4,48	1,3
fhmax$_{gl5}$	Erosion	1,70	0,3
	-/-	0,99	0,4
	Akkumulation	0,70	0,3
fhmax$_{dgl5}$	Erosion	0,03	0,1
	-/-	0,00	0,1
	Akkumulation	-0,13	0,0
ϕ_{gl5}	Erosion	21,34	2,9
	-/-	27,50	4,9
	Akkumulation	17,60	1,5
ϕ_{dgl5}	Erosion	0,09	0,8
	-/-	-0,42	1,3
	Akkumulation	0,02	1,3

Da die unterschiedlichen Häufigkeiten der im Bezug auf die geomorphologische Aktivität gebildeten Gruppen als ein Produkt der lokalen Gegebenheiten und nicht als Gesetzmäßigkeit zu interpretieren sind, gehen sie mit gleicher *a priori*-Wahrscheinlichkeit (0,33) in die Analyse ein[1]. Die Gruppen unterscheiden sich hinsichtlich der fünf Variablen statistisch signifikant (Gleichheitstest der Gruppenmittelwerte in SPSS). Die beiden in Tabelle 13.2 (Mitte) aufgeführten Diskriminanzfunktionen erklären 60% (1. Funktion) und 40% (2. Funktion) der Varianz zwischen den Gruppen. Als Maß für die Güte der Gruppentrennung kann WILK's Lambda (der Parameter liegt zwischen 0 und 1, wobei 0 eine optimale Trennung bedeutet) für beide Funktionen gemeinsam hochsignifikant mit λ_W=0,172 angegeben werden.

---

[1] Sind *a priori*-Wahrscheinlichkeiten für die Gruppenzugehörigkeit bekannt und sinnvoll anzuwenden, kann damit die Zuordnung neuer Datensätze zu den Gruppen verbessert werden

Tab. 13.2: Zusammenfassung der Diskriminanzfunktionen: Strukturmatrix und Koeffizienten der Diskriminanzfunktionen (F1, F2; nicht standardisiert) und der linearen Klassifizierungsfunktionen nach FISHER (Erklärung im Text).

Variable	Struktur-matrix		Funktions-koeffizienten		Lineare Klassifizierungs-funktionen		
	F1	F2	F1	F2	Erosion	-/-	Akkum.
fh_{gl5}	0,691	-0,403	2,908	-0,119	20,736	15,423	6,912
fh_{dgl5}	0,319	0,123	5,566	0,04	16,139	6,366	-10,679
v_{max}	0,091	0,962	0,35	0,339	2,24	2,207	0,029
s_{gl5}	-0,07	0,807	-0,104	0,083	0,773	1,1	1,147
s_{dgl5}	0,075	-0,19	-0,61	-0,127	-1,476	-1,587	-0,988
Konstante			-4,532	-5,282	-36,691	-37,034	-14,353

Anhand der Strukturmatrix (Tabelle 13.2, links), in der die Korrelationen der einzelnen Variablen mit den Werten der beiden Diskriminanzfunktionen (nicht standardisierte Koeffizienten der beiden Funktionen in Tabelle 13.2, Mitte) aufgeführt sind, kann der Einfluss jeder Variable auf die Funktionswerte quantitativ analysiert werden. Die Werte der ersten Diskriminanzfunktion korrelieren demnach am besten (0,691 bzw. 0,319) mit den Variablen der Fließhöhe (gleitendes Mittel und dessen Änderung), die Werte der zweiten Funktion werden am stärksten durch die Fließgeschwindigkeit (0,962) und das gleitende Mittel des Gefälles (0,807) beeinflusst. Die Fließhöhe geht mit umgekehrtem Vorzeichen und moderater in die zweite Funktion ein (-0,403). Die Variable s_{dgl5} (Änderung des gleitenden Mittels des Gefälles) korreliert nur sehr schwach (-0,19) mit der zweiten Funktion, ihr Einfluss auf das Ergebnis ist demnach relativ gering.

Abbildung 13.3 veranschaulicht die gute Trennung der Gruppen anhand der ausgewählten Variablen. Geringe Überdeckungen sind zwischen den Gruppen „Erosion" und „Keine Aktivität/Transport" vorhanden. Die Grenze zwischen diesen Gruppen verläuft in etwa parallel zur Hauptdiagonale, das heißt diese Gruppen werden anhand beider Diskriminanzfunktionen gleichermaßen voneinander unterschieden. Eine Erhöhung der Fließhöhe führt sowohl zu einer Erhöhung des Funktionswertes der ersten Diskriminanzfunktion als auch zu einer Erniedrigung der zweiten (vgl. die Strukturmatrix, Tabelle 13.2); beides ordnet den entsprechenden Datensatz mit höherer Wahrschein-

Faktoren der Erosivität von Lawinen im Modell

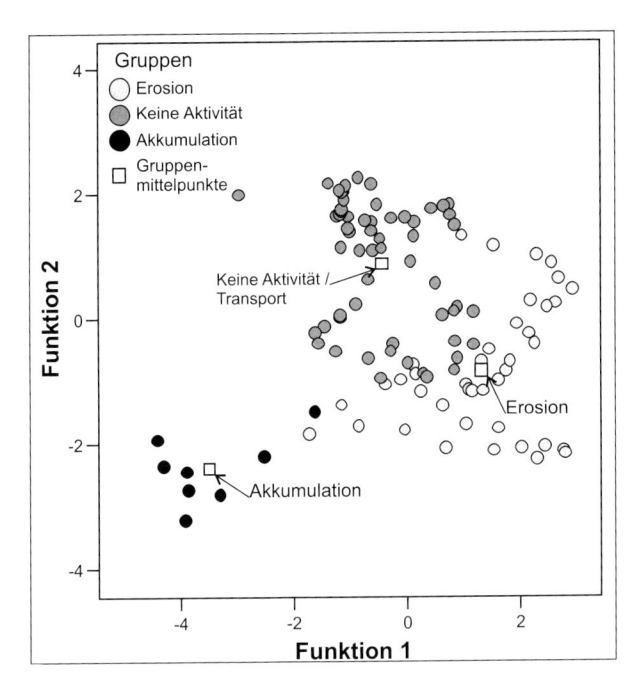

Abb. 13.3: Scatterplot der Funktionswerte der beiden Diskriminanzfunktionen mit der Zuordnung zu den Gruppen und den Gruppenmittelpunkten.

lichkeit der Gruppe „Erosion" zu. Bei geringerer Fließhöhe dürfen Gefälle und Fließgeschwindigkeit demzufolge nicht zu groß sein, da sonst eher die Gruppe „Transport" gewählt wird. Umgekehrt erfolgt Erosion bei sehr hohen Geschwindigkeiten und sehr steilen Hängen nur bei sehr hoher Fließhöhe. Zur Ablagerung führen niedrige Funktionswerte in beiden Gleichungen, was bei geringer Geschwindigkeit und geringem Gefälle der Fall ist; der Funktionswert $F_2 \leq -2$ stellt hierbei in etwa die Obergrenze für die Ablagerung dar.

Die Zuordnung der Datensätze zu den Gruppen lässt sich auch in Tabellenform darstellen (Klassifikationsmatrix, Tabelle 13.3). Aus dieser Auswertung folgt, dass 85% der ursprünglichen Datensätze mithilfe der beiden Diskriminanzfunktionen korrekt einer der drei Gruppen zugeordnet werden können. Zusätzlich wurde eine Kreuzvalidierung durchgeführt, bei der jeder Datensatz durch Diskriminanzfunktionen klassifiziert wird, die von allen anderen Datensätzen außer diesem Datensatz abgeleitet wurden. Unter diesen Bedingungen

Tab. 13.3: Klassifikationsmatrix der Diskriminanzanalyse: 84,1 % der ursprünglich gruppierten Datensätze wurden korrekt klassifiziert. Die Diskriminanzfunktionen wurden für jeden Datensatz aus allen übrigen Datensätzen ermittelt (Kreuzvalidierung).

	Aktivität (kartiert)	Aktivität (vorhergesagt)			Summe
		Erosion	-/-	Akkumulation	
Anzahl	Erosion	36	3	1	40
	-/-	13	46	0	59
	Akkumulation	0	0	8	8
Anteil [%]	Erosion	90	7,5	2,5	100
	-/-	22	78	0	100
	Akkumulation	0	0	100	100

verschiebt sich nur eine Zuordnung, der gesamte Anteil korrekter Zuordnungen liegt bei 84,1 %. Diese geringe Abweichung kann als Hinweis auf eine sehr stabile Klassifikation gedeutet werden. Neue Datensätze, die eine weiterentwickelte Version des Prozessmodells liefern sollte, können anhand der linearen Diskriminanzfunktionen nach FISHER (Koeffizienten in Tabelle 13.2, rechts) einer der drei Aktivitätsgruppen zugeordnet werden. Der jeweilige Datensatz wird derjenigen Gruppe zugeordnet, deren Funktion nach Einsetzen der Variablenwerte den höchsten Funktionswert ergibt. Bei einer Implementierung in das Prozessmodell kann auf diese Weise bei jeder Berechnung eines Segmentes einer Lawinentrajektorie anhand der genannten Variablen eine Zuordnung der aktuellen Rasterzelle zu einer der Aktivitätskategorien und damit eine geomorphologische Prozessraumzonierung realisiert werden.

13.2 Einflussfaktoren der Abtragsleistung

Während in Kapitel 13.1 Faktoren analysiert wurden, mithilfe derer eine geomorphologische Prozessraumzonierung vorgenommen werden kann, geht es an dieser Stelle um die Frage, welche Faktoren die Höhe des Abtrags steuern. Insbesondere wird auf mögliche Abhängigkeiten des Abtrags von der Prozessmagnitude und der geofaktoriellen Ausstattung der Prozessgebiete eingegangen. Bei beiden Fragestellungen besteht deutlicher Forschungsbedarf, da solche Beziehungen bislang entweder überhaupt nicht oder nur qualitativ bekannt sind. Zur Klärung dieser Probleme sollen Zusammenhänge zwischen der Abtragsleistung der bilanzierten Lawinenereignisse und potenziellen Einflussgrößen (Ereignismagnitude bzw. Geofaktoren) mit statistischen Methoden untersucht werden.

13.2.1 Ereignismagnitude

„A useful area for further research would be the careful examination of actual avalanches to establish an empirical relationship between their magnitude and the amount of work in terms of rock material moved." (GARDNER 1970, S. 143)

Der Einfluss der der Ereignismagnitude auf Sedimentfracht und Abtrag ist bislang ungeklärt und wird kontrovers diskutiert. Während LUCKMAN (1977) keinen generellen Zusammenhang der geomorphologischen Aktivität mit der Magnitude feststellt, geht BECHT (1995) von einer *„kräftigere(n) Schurfwirkung größerer Lawinen"* aus. Die Verwendung der Ablagerungsfläche als Grundlage zur Schätzung der Prozessmagnitude bringt bei dieser Fragestellung das Problem mit sich, dass die Sedimentfracht $M_{min}[kg]$ (ohne Vegetationsreste) mit der Ablagerungsfläche F_A hochsignifikant korreliert ist (Abbildung 13.4 links). Selbst bei einem geringen Bedeckungsgrad werden demnach bei entsprechender Größe der Lawinenablagerung große Sedimentmassen abgelagert, die Relevanz für die Formung bleibt in diesem Fall jedoch aufgrund der geringen mittleren Sedimentauflage gering. Aus diesem Grund ist die Sedimentfracht als abhängige Variable für statistische Verfahren nicht geeignet. Die (mittlere) Mächtigkeit der Sedimentablagerung ist dagegen im Prinzip von der Fläche unabhängig, da sie durch Division der Gesamtfracht durch die Ablagerungsfläche berechnet wird. Zeigt sich dennoch eine Korrelation zwischen der Größe der Ablagerung $F_A[m^2]$ und der Ablagerungsmächtigkeit $H[mm]$, so ist von einer Beeinflussung der Erosions- bzw. Transportleistung durch die Ereignismagnitude auszugehen.

Die Punktwolke auf dem Diagramm in Abbildung 13.4(rechts) lässt keinerlei Korrelation zwischen den Flächen von 114 Lawinenablagerungen (beide Untersuchungsgebiete) und den berechneten mittleren Ablagerungsmächtigkeiten erkennen. Zwischen der Ablagerungsfläche und dem Abtrag (bezogen

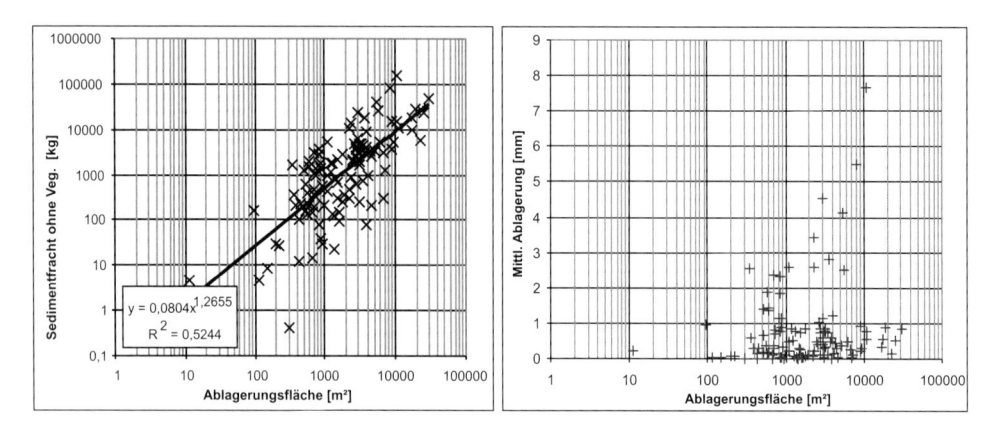

Abb. 13.4: Scatterplots zur Analyse möglicher Zusammenhänge zwischen der Ereignismagnitude (geschätzt durch Fläche der Ablagerung $[m^2]$) und der Sedimentfracht ($[kg]$, links) bzw. der mittleren Ablagerungsmächtigkeit ($[mm]$, rechts).

auf das jeweilige modellierte Prozessgebiet) existiert nur eine sehr schwache Korrelation in Form einer Potenzfunktion mit $r^2=0{,}25$. Das Fehlen aussagekräftiger Zusammenhänge deutet darauf hin, dass die geomorphologischen Auswirkungen (Ablagerung bzw. Abtrag) im Allgemeinen maßgeblich durch die lokalen Geofaktoren und nicht nur durch die Ereignismagnitude bestimmt werden.

Eine detailliertere Analyse der Beziehung von Ablagerungsmächtigkeit und Ereignismagnitude kann anhand derjenigen Lawinenstriche erfolgen, die während des Untersuchungszeitraumes mehrmals aktiv waren. Um mehrere Lawinen miteinander vergleichen zu können, werden nicht die absoluten Größen miteinander verglichen, sondern jeweils das Verhältnis der Daten eines Jahres zum Mittelwert aller Ereignisse auf dem betreffenden Lawinenstrich. Das in Abbildung 13.5 dargestellte Ergebnis ist nicht eindeutig zu interpretieren. Während auf 4 Lawinenstrichen (Rautensignatur: R-UW, R-HG2, L-EN und L-EN2) ein positiver Zusammenhang zwischen Ereignismagnitude und der mittleren Sedimentauflage abgeleitet werden kann, ist auf den übrigen mehrfach aktiven Lawinenstrichen kein oder gar ein negativer Zusammenhang festzustellen (Kreuzsignaturen).

Einflussfaktoren der Abtragsleistung 237

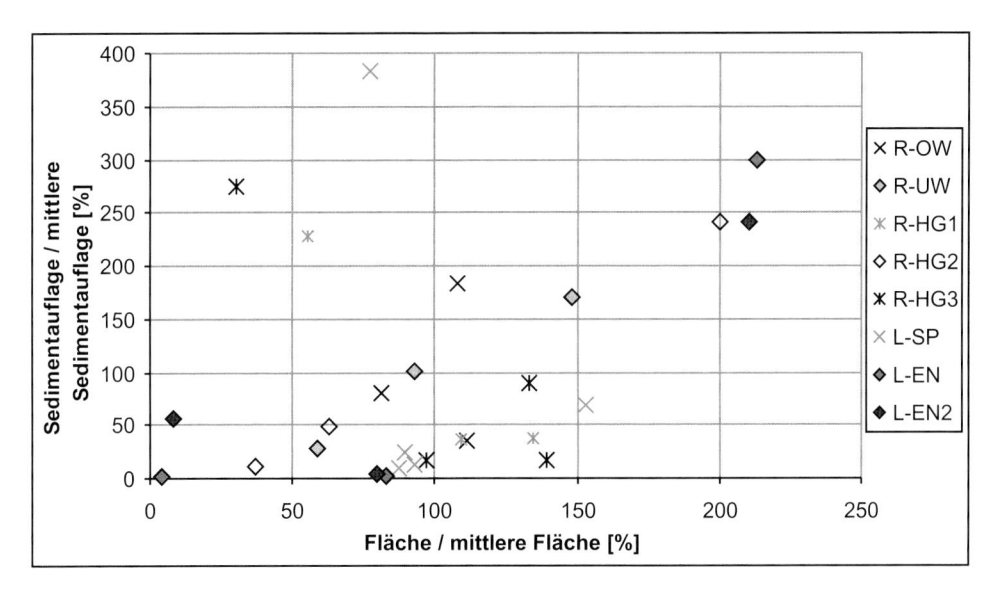

Abb. 13.5: Analyse des Zusammenhangs zwischen der Ereignismagnitude und der mittleren Sedimentauflage ($\simeq$ Ablagerung) auf 8 mehrfach aktiven Lawinenstrichen in beiden Arbeitsgebieten. Aus Gründen der Vergleichbarkeit wird jeweils das (dimensionslose) Verhältnis des Jahreswertes zum Mittelwert aller Ereignisse auf dem betreffenden Lawinenstrich dargestellt.

13.2.2 Geofaktoren des Prozessgebiets

Eine wichtige Voraussetzung für die Regionalisierung des Lawinenabtrags ist neben der Bestimmung der potenziellen Prozessareale die Identifizierung und Gewichtung von lokalen Steuerungsfaktoren, die die Höhe des Abtrags beeinflussen. Das Untersuchungskonzept sieht vor, die Geofaktoren im Prozessgebiet der kartierten Ablagerungen auf Zusammenhänge mit dieser Bilanzgröße zu untersuchen. Die Prozessareale werden wie in Abschnitt 12.2 beschrieben erzeugt. Das modellierte Prozessgebiet umfasst an einigen Stellen neben dem tatsächlichen Prozessgebiet zusätzlich Sturzbahnen, die ausgehend von im Dispositionsmodell ausgewiesenen Anrissflächen aus tributären Teileinzugsgebieten kommen. Angesichts der relativ homogenen Zusammensetzung der flächenmäßig meist kleinen Teileinzugsgebiete ist allerdings nicht mit einem schwerwiegenden negativen Einfluss auf die angestrebten Analysen zu rechnen. Die wenigen Fälle ($\sim 12\%$), in denen den

Lawinenablagerungen im Modell kein Prozessgebiet zugewiesen werden kann, werden im Folgenden nicht berücksichtigt.

Die Auswertung der Flächenanteile beliebig vieler Geofaktoren an den modellierten Prozessgebieten wird durch das SAGA-Modul `Catchment` (HECKMANN 2003) ermöglicht. Die Geofaktoren müssen hierfür als Rasterdatensätze mit kategorialen Werten vorliegen; die Zusammenfassung erfolgt durch Angabe des prozentualen Flächenanteils für jede Ausprägung eines jeden Geofaktors in einer Tabelle (vgl. Abbildung 13.6a; das Prozessgebiet der Lawine L00-14 ist beispielsweise zu 39% mit Wald bewachsen). Für die Analysen stehen die Geofaktoren aus folgenden räumlichen Datensätzen (vgl. Anhang A.1) zur Verfügung:

- Vegetationskarte (Variable VEG), Klassen der Originalkarte zu 4 Kategorien zusammengefasst

- Bodenkarte (Variable BOD), Klassen der Originalkarte zu 5 Kategorien zusammengefasst

- Geologie (Variable GEOL), Klassen der Originalkarte zu 5 Kategorien zusammengefasst

- Geotechnische Karte (Variable GEOT) mit 4 Klassen

- Aus dem DHM abgeleitet: Konvergenzfaktor (Variable CONV) in 4 Klassen (Quantile)

- Zusätzlich zu den Geofaktoren des Prozessgebietes gehen noch Merkmale der Lawinenereignisse ein:
  - Magnitude (Variable MAG) in 5 Klassen, vgl. Kapitel 6.1.1 und 7.1.3
  - Höhenunterschied (Variable VDIST) der Lawinenstriche; diese Variable hängt mit der Größe des Prozessgebietes zusammen

Die zuerst durchgeführten Analysen des Zusammenhanges zwischen den Anteilen der Geofaktoren an den Prozessgebieten und dem gemessenen Abtrag blieben ohne Erfolg. Eine multivariate Korrelationsanalyse ergab keinerlei signifikanten Zusammenhang, mithilfe von Diskriminanzanalysen (vgl. Abschnitt 13.1.2) konnten deutlich weniger als 40% der Lawinenereignisse (n=49) einer korrekten Abtragskategorie zugeordnet werden; zudem wurde auch hier keine ausreichende Signifikanz erreicht.

Die *Certainty Factor*-Analyse, die in der vorliegenden Arbeit bereits zur Ermittlung der Lawinendisposition verwendet wurde (Kapitel 10), bietet sich als „unscharfe" Methode in dieser Situation als mögliche Alternative an. Im Folgenden wird das methodische Vorgehen kurz erläutert; im Anschluss erfolgt die Durchführung und Beurteilung einer solchen Analyse.

Mögliche Assoziationen von Geofaktoren F_i ($i = 1...n$) des Prozessgebietes mit hohem, mittlerem oder niedrigem Abtrag A_j ($j = 1...m$) werden durch Vergleiche zwischen der *a priori*-Wahrscheinlichkeit $p(A_j)$ mit den bedingten Wahrscheinlichkeiten $p(A_j|F_i)$ untersucht (zur Berechnung siehe Kapitel 10.3). Mit dem SAGA-Modul `CF_Table` (HECKMANN 2005) wird aus einer Tabelle, die die kategoriale abhängige Variable (z.B. Abtrag $A = 1,2...m$) sowie beliebig viele nominal oder ordinal skalierte unabhängige Variablen enthält, für jede Zielkategorie und jede Ausprägung einer jeden Variablen ein *Certainty Factor* CF^+ berechnet. In der Berechnung mehrerer CF^+ liegt auch der Unterschied zur Dispositionsmodellierung, bei der die unabhängigen Variablen für nur eine Ausprägung der abhängigen Variable (Lawinenanriss) untersucht werden.

In Abbildung 13.6 sind zwei Möglichkeiten dargestellt, auf der Basis der Ausgabe des `Catchment`-Moduls (Tabelle a) eine kategoriale Beschreibung der Prozessgebiete zu erstellen, die mit `CF_Table` weiterverarbeitet werden kann: Tabelle (b) enthält klassifizierte Flächenanteile (ordinales Skalenniveau) der einzelnen Variablen (z.B. Prozessgebiet von L00-2 mit 68% Grasbewuchs → Klasse 4). In Tabelle (c) werden die zu einem Geofaktor gehörenden Variablen (hier: Vegetation) zu einer einzigen zusammengefasst; als Variablenwert wird dann die Ordnungsnummer der im Prozessgebiet am meisten vorhandenen Geofaktorenklasse eingetragen (Vegetation 4=Wald, Anteil am Prozessgebiet von L00-14: 39%; Vegetation 2=Gras ist im Prozessgebiet von L00-2 am häufigsten vertreten).

Obwohl bei diesem Verfahren eventuell einige Geofaktoren nicht berücksichtigt werden, die trotz eher geringem Flächenanteil dennoch maßgeblich die Höhe des Abtrags beeinflussen, erfolgt die Analyse anhand der dominierenden Geofaktorenklassen. Der Grund für diese Entscheidung ist die

a)	Lawine	vegetations-frei	Gras	Krummholz, Jungwuchs	Wald	...
L00-13	0,11	0,55	0,28	0,05		
L00-14	0,37	0,13	0,11	0,39		
L00-15	0,00	0,42	0,58	0,00		
L00-16	0,02	0,17	0,52	0,29		
L00-17	0,01	0,75	0,04	0,20		
L00-2	0,00	0,68	0,27	0,05		
...						

b)	Lawine	Abtrag Klasse	Magnitude	vegetations-frei	Gras	Krummholz, Jungwuchs	Wald	...
L00-13	1	4	2	3	2	2		
L00-14	3	4	3	2	2	3		
L00-15	4	4	1	3	3	1		
L00-16	4	4	1	2	3	2		
L00-17	3	4	1	4	1	2		
L00-2	3	4	1	4	2	2		
...								

c)	Lawine	Abtrag Klasse	Magnitude	Vegetation	Boden	Geologie	...
L00-13	1	4	2	5	10		
L00-14	3	4	4	5	9		
L00-15	4	4	3	5	10		
L00-16	4	4	3	5	10		
L00-17	3	4	2	1	2		
L00-2	3	4	2	5	9		
...							

Anteile der Geofaktorenklassen an den Prozessgebieten [0...1]

Flächenanteile der Geofaktorenklassen kategorial; z.B.:
<5%   => 1   33-66% => 3
5-33%   => 2   >66%   => 4

Dominante Geofaktorenklassen in den Prozessgebieten

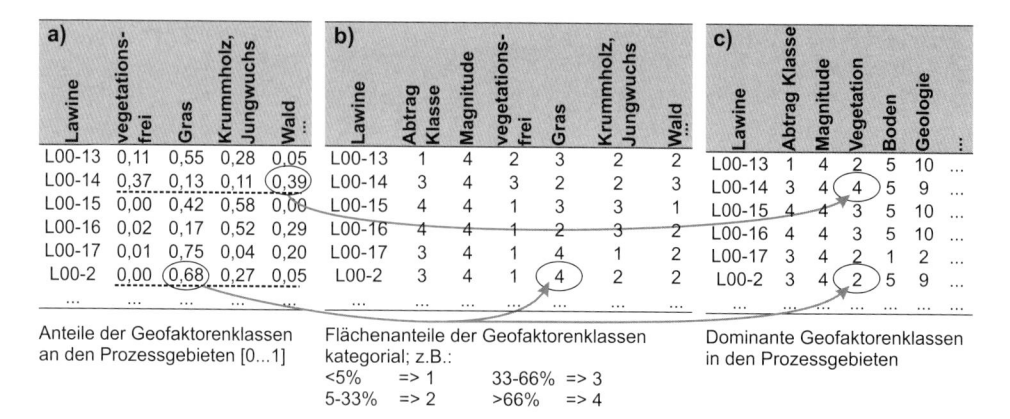

Abb. 13.6: Analyse der Geofaktorenkombinationen in den modellierten Prozessgebieten von kartierten und beprobten Lawinenablagerungen. Aus der Ausgabe des SAGA-Moduls Catchment (a) werden kategoriale Flächenanteile (b) oder der dominierende Geofaktor (c) ermittelt. Auf der Basis dieser Daten werden CF-Analysen durchgeführt. Weitere Erläuterungen im Text.

Überparametrisierung des Modells bei der Betrachtung zu vieler Variablen bei gleichzeitig relativ geringem Stichprobenumfang ($n=49$); dieses Problem stellt sich bei der CF-Analyse ganzer Rasterkarten mit $\gg 10^3$ Rasterzellen nicht.

Ein weiteres Problem, das insbesondere bei geringen Stichprobenumfängen auftreten kann, sind Singularitäten. Gibt es nur einen einzigen Tabelleneintrag mit einer bestimmten Geofaktorenklasse F_i, so wird dieser Kategorie im Bezug auf die Abtragsklasse A die bedingte Wahrscheinlichkeit $p(A|F_i)=100\%$ und folglich ein CF^+ von 1 zugewiesen. Gibt es weniger Variablen, bzw. haben diese eine geringere Anzahl möglicher Ausprägungen, ist die Auftretenswahrscheinlichkeit solcher Singulariäten geringer. Gleichwohl treten sie auch bei der hier gewählten Datenkonfiguration auf (s.u.).

Tabelle 13.4 stellt eine Ausgabe des CF_Table-Moduls dar. Sie enthält für jede der 5 Abtragskategorien und jede Ausprägung der unabhängigen Variablen einen CF^+-Wert. Anhand der in etwa gleichen a priori-Wahrscheinlichkeiten (erste Zeile) wird deutlich, dass sich die Klasseneinteilung der abhängigen Variable an Quantilen orientiert. Die ersten beiden Kategorien enthalten

Tab. 13.4: Ergebnis der CF-Berechnung mit dem Modul `CF_Table`: Für jede der 5 Abtragsklassen A1...A5 und jede Ausprägung der unabhängigen Variablen wird ein CF^+ $[-1...1]$ berechnet. Aussagekräftige Faktoren ($|CF^+| \geq 0,2$) sind fett gedruckt. In der ersten Zeile sind die *a priori*-Wahrscheinlichkeiten $p(A)$ [%] der Abtragskategorien aufgeführt. Weitere Erläuterungen im Text.

Variable	Wert	A1	A2	A3	A4	A5
$p(A)[\%]$		22	20	18	20	18
MAG	2	**0,86**	**0,49**	**-1,00**	**-1,00**	**-1,00**
MAG	3	**-0,39**	**0,40**	0,10	-0,03	**-0,22**
MAG	4	0,13	**-1,00**	**0,33**	**0,44**	0,03
MAG	5	**-1,00**	**0,49**	-0,11	**-0,22**	**0,55**
MAG	6	**-1,00**	**-1,00**	**-1,00**	**-1,00**	**1,00**
VDIST	$< 100\ m$	**-0,73**	0,06	**-0,26**	0,06	**0,60**
VDIST	100-200 m	0,13	**0,23**	**0,33**	**-0,22**	**-0,60**
VDIST	200-500 m	0,19	0,04	-0,17	0,04	-0,17
VDIST	$> 500\ m$	**0,71**	**-1,00**	**0,33**	**0,23**	**-1,00**
CONV	konvergent	0,07	-0,08	**0,28**	**-0,35**	0,04
CONV	plan-konvergent	0,13	**-0,22**	**-0,60**	**0,49**	-0,11
CONV	plan-divergent	**-0,31**	**-0,22**	**0,33**	**-0,22**	**0,33**
CONV	divergent	0,13	**0,74**	**-1,00**	**0,23**	**-1,00**
BODEN	Rendzinen	**-0,42**	**-0,35**	**0,70**	**-0,35**	**-0,26**
BODEN	Kolluvien	**0,42**	**0,49**	**-1,00**	**-1,00**	**0,55**
BODEN	Rohböden	0,04	0,01	-0,19	0,15	-0,03
GEOL	(Hang-)Schutt	**-1,00**	**-1,00**	**1,00**	**-1,00**	**-1,00**
GEOL	Aptychensch.	0,07	**0,36**	**0,28**	**-0,35**	**-0,53**
GEOL	Bunte Hornst.	**-1,00**	**-1,00**	**0,55**	**-1,00**	**0,89**
GEOL	Doggerkalk	**-1,00**	**-1,00**	**-1,00**	**-1,00**	**1,00**
GEOL	Fleckenmergel	0,13	**0,23**	**-1,00**	**0,23**	**0,33**
GEOL	Plattenkalk	-0,14	**0,40**	0,10	-0,03	**-0,51**
GEOL	Hauptdolomit	**0,42**	**-1,00**	**-1,00**	**0,68**	**0,21**
GEOT	n.bindig korngest.	**-1,00**	**-1,00**	**-1,00**	**1,00**	**-1,00**
GEOT	bind.matrix	**-0,31**	**0,33**	**0,21**	**-0,22**	-0,11
GEOT	bind.matrix.grob	**0,71**	**-1,00**	**-0,51**	-0,03	0,10
GEOT	festgest	**-1,00**	**-1,00**	**-1,00**	**0,74**	**0,78**
VEG	Gras	-0,17	**0,33**	-0,11	**-0,22**	0,07
VEG	Krummholz, Jungwuchs	**0,42**	**-1,00**	**-0,44**	**0,49**	**0,21**
VEG	Wald	0,13	**-1,00**	**0,78**	**0,23**	**-1,00**

beispielsweise alle Lawinen, die weniger Abtrag geleistet haben als 56% aller im Lahnenwiesgraben bilanzierten Ereignisse, 82% der Ereignisse weisen einen geringeren Abtrag auf als die Lawinen in Kategorie 5. In der Tabelle sind CF^+-Werte mit $|CF^+| \geq 0,2$ fett gedruckt, da sie als hinreichend aussagekräftig für die Zugehörigkeit ($CF^+ > 0$) oder Nicht-Zugehörigkeit ($CF^+ < 0$) einer Lawine zu einer Abtragskategorie gewertet werden können (zur Interpretation des CF siehe Kapitel 10.3, Tabelle 10.1).

Die Ergebnisse zeigen, dass nur wenige der unabhängigen Variablen konsistent auf hohe oder niedrige Abtragsklassen hinweisen. Zu diesen Variablen zählt die Ereignismagnitude: Positive CF^+-Werte zeigen, dass kleinere Ereignisse mit geringerem Abtrag assoziiert sind (MAG=2 → Abtrag 1,2; MAG=3 → Abtrag=2; MAG=4 → Abtrag=3,4), während die Beobachtungen „MAG=5" und „MAG=6" deutlich auf hohen Abtrag hinweisen. Offenbar ist auch die Wahrscheinlichkeit, auf einer Lawine der Magnitude 5 nur einen unterdurchschnittlichen Abtrag (Kat. 2) anzutreffen, höher als die *a priori*-Wahrscheinlichkeit (20%), so dass ein positiver CF^+ errechnet wird. Hierin liegt eine Inkonsistenz in der Zuordnung zu den Abtragsklassen. Während in Abschnitt 13.2.1 eher widersprüchliche Schlüsse im Bezug auf den Einfluss der Magnitude gezogen werden, ergibt sich bei der CF-Analyse ein deutlicheres Bild.

Für die Vertikaldistanzen der Lawinen kann in den CF^+-Werten ein schwacher Trend ausgemacht werden; auf niedrige bis mittlere Abtragsklassen weisen vor allem die größeren Vertikaldistanzen hin (v.a. CF^+=0,71 für niedrigen Abtrag bei VDIST >500 m), während hohe Abtragsraten von kleinen Vertikaldistanzen begünstigt werden (CF^+=0,6 für die höchste Abtragskategorie bei VDIST <100 m). Angesichts der Abhängigkeit des Abtrags von der Fläche des Prozessgebietes ist dieser Zusammenhang nicht als unlogisch zu bezeichnen. Die CF^+-Werte bezüglich der Geländeform (Konvergenzfaktor, Variable CONV) lassen sich nicht in einer Weise interpretieren, die eine Unterscheidung der Abtragsintensität von Hang- oder Runsenlawinen zuließe.

Die verschiedenen Variablen, die das Substrat betreffen, lassen insgesamt kaum Strukturen erkennen. Bei den Böden (BOD) haben die Rohböden aufgrund ihrer weiten Verbreitung keinen aussagekräftigen Einfluss auf den Abtrag, auf Kolluvien wurden sowohl geringe als auch sehr hohe Abtragswerte häufiger gemessen. Der Anteil der mittleren Abtragsklasse an Rendzina-dominierten Prozessgebieten ist höher als der Anteil an der Gesamtheit der Lawinen, daher ist dieser Bodentyp deutlich mit der Abtragsklasse 3 assoziiert.

Einflussfaktoren der Abtragsleistung

Ein ähnliches Bild ergibt sich bei der Interpretation der Gesteinseinheiten der geologischen Karte (GEOL). Aptychenschichten und Plattenkalk scheinen eher auf geringeren bis mittleren Abtrag hinzudeuten, während bei Fleckenmergeln und Hauptdolomit sowohl auf niedrigen als auch auf hohen Abtrag geschlossen werden kann. Die eindeutigen Zuordnungen ($CF^+=1$) bei Hangschutt und Doggerkalk sind Singularitäten zuzuschreiben (s.o.). Auch wenn die Ereignisse mit dem höchsten Abtrag im Untersuchungsgebiet Lahnenwiesgraben (L00-6 und L01-RG, vgl. Kapitel 7.6) überwiegend bindiges Lockermaterial erodiert haben, ist hoher Abtrag keinesfalls mit den beiden bindigen Gesteinsklassen der geotechnischen Karte (KELLER in Vorb.) assoziiert. Im Gegenteil kann man in der Tabelle bei bindigem Substrat eher auf kleinste bis mittlere Abtragsleistung schließen. Mit einiger Gewissheit ($CF^+=$ 0,74-0,78) schließt das Modell vom Auftreten von Festgestein als dominierendem Geofaktor auf hohen und höchsten Abtrag, da diese beiden Abtragsklassen auf festgesteinsdominierten Einzugsgebieten häufiger vertreten sind als in der Gesamtheit der 49 Lawinen (CF^+ von 0,74-0,78). Der hohe Wert rührt in diesem Fall daher, dass nur zwei Prozessgebiete festgesteinsdominiert sind. Hier liegt zwar keine Singularität im engeren Sinne vor, aber im Grunde dieselbe Problematik.

Der Einfluss der Vegetation lässt sich ähnlich schwierig deuten: Grasbewuchs, der bei den meisten Lawinen großflächig vertreten ist, deutet auf eher geringen Abtrag hin, während Buschvegetation, Krummholz und Jungwuchs sowohl für hohen Abtrag (4,5) als auch niedrigen (1) sprechen können, in Abhängigkeit von der Ausprägung der anderen Geofaktoren. Lawinen in Waldeinzugsgebieten sind eher selten ($n=4$), daher sind die positiven CF^+ nicht unbedingt als signifikant anzusehen.

Diese Einzelergebnisse sind in den meisten Fällen nur unter Schwierigkeiten zu interpretieren, die CF^+-Werte der einzelnen Geofaktorenklassen ermöglichen für sich betrachtet meist keine verlässliche Einordnung, da sie wie gezeigt oft nicht konsistent sind. Erst durch die Betrachtung aller Informationen über ein Prozessgebiet kann eine Beurteilung des Abtrags durch das jeweilige Lawinenereignis vorgenommen werden. Die besten Trefferquoten erreichte ein Modell mit den Variablen MAG, CONV, VDIST, GEOL und VEG, dessen Ergebniss im Folgenden vorgestellt werden.

Tab. 13.5: Validierung der Ergebnisse des Moduls `CF_Table` (Ausschnitt mit den Lawinen in den Teilgebieten „Enning" und „Sperre"): Auf der Basis der Geofaktorenkombinationen in den Prozessgebieten der Lawinen wird für jede Abtragskategorie ein kombinierter CF^+ ausgegeben. Der jeweils höchste CF^+ (fett gedruckt) entscheidet über die Zuordnung zu einer Abtragsklasse; die Zuordnung kann anhand der gemessenen Abtragskategorie überprüft werden. Im Beispiel (ganze Tabelle) werden etwa 53% aller Lawinen korrekt eingeordnet, die mittlere Abweichung liegt bei etwa einer Klasse (0,9).

Gebiet	Lawine	Messung	kombinierter CF^+ für Abtragsklassen A					Modell
			A1	A2	A3	A4	A5	
Enning	**L00-5**	5	0,00	0,52	0,08	0,06	**0,75**	5
	L00-6	5	-0,71	**0,48**	0,34	0,06	0,46	2
	L01-1	1	-0,69	0,63	0,08	0,28	**0,83**	5
	L01-2	1	**0,88**	0,78	0,51	-0,01	-0,82	1
	L01-EN1	5	-0,69	0,63	0,08	0,28	**0,83**	5
	L01-EN2	4	-0,12	0,49	**0,65**	0,09	-0,02	3
	L02-EN	2	-0,65	**0,94**	0,00	0,44	0,89	2
Sperre	L00-11	5	0,28	**0,55**	0,53	-0,39	-0,55	2
	L01-SP	3	0,28	**0,55**	0,53	-0,39	-0,55	2
	L02-SP	2	0,30	**0,77**	0,38	0,04	-0,03	2
...	...	...	...	...	...	...	...	...

Mithilfe einer CF^+-Matrix, wie sie in Tabelle 13.4 dargestellt ist, kann entsprechend der Geofaktorenkombination beliebiger Prozessareale durch Verrechnung der entsprechenden CF^+-Werte ein kombinierter CF^+ (vgl. Kapitel 10.3) für jede Abtragskategorie berechnet werden. Die Abtragskategorie mit dem höchsten CF^+ wird dann dem betreffenden Datensatz zugeordnet. Um zu verhindern, dass die meist unrealistischen Singularitäten (s.o.) mit $|CF^+|=1$ in die Berechnung des kombinierten *Certainty Factor* eingehen, kann im Modul `CF_Table` optional ein Schwellenwert gesetzt werden, oberhalb dessen keine Einrechnung in den kombinierten CF^+ erfolgt. Die Trefferquote der Zuweisung erniedrigt sich bei einem Schwellenwert von 0,99 jedoch nur um wenige Prozentpunkte; die im Folgenden ausgewertete Analyse wurde daher mit dieser Einschränkung berechnet. Die extremen CF^+ von -1,00 bzw. 1,00 in Tabelle 13.4 schlagen sich in den darauf basierenden Ergebnissen nicht nieder.

Einflussfaktoren der Abtragsleistung

Zu Validierungszwecken gibt das Modul `CF_Table` eine weitere Tabelle aus, die für jeden Datensatz die gemessene Abtragsklasse und die kombinierten CF^+ für jede Abtragsklasse enthält (Tabelle 13.5). Die Evaluierungsergebnisse sind in Tabelle 13.6 zusammengefasst: Das Modell ordnet etwa 53% aller Lawinen denselben Abtragswert zu, der anhand der Messung bestimmt wurde. Die Trefferquote (Anzahl richtiger Zuweisungen / Anzahl der Ereignisse) für die einzelnen Abtragsklassen liegt zwischen 40 und 90%, die Wahrscheinlichkeit für einen „Zufallstreffer" (*a priori*-Wahrscheinlichkeit) beträgt hingegen nur etwa 20% pro Klasse. Etwa die Hälfte der Fehlzuweisungen weichen um nicht mehr als 1 Klasse ab; eine Überschätzung des Abtrags durch das Modell ist halb so häufig wie eine Unterschätzung.

Versuche mit anderen Variablenkonstellationen wurden durchgeführt, es konnte aber keine höhere Trefferquote erreicht werden. Beispielsweise sinkt die Quote ohne die Vertikaldistanz VDIST zwar nur auf 51% ab, die höchste Abtragskategorie wird in diesem Falle jedoch stets unterschätzt bzw. nicht zugewiesen. Wird die Geologie durch die geotechnischen Kategorien ersetzt, bleibt die Trefferquote ebenfalls bei 51%, auch hier führt die Änderung jedoch zu einer vermehrten Fehlklassifikation der höchsten Abtragskategorie.

Tab. 13.6: Evaluierung des CF-Modells zur Bestimmung des Abtrags im Prozessgebiet (vgl. Tabelle 13.5). Die Kreuztabelle zeigt die Übereinstimmungen (fett gedruckt) und Fehler aus dem Vergleich der modellierten (A_{CF}) und gemessenen (A_m) Abtragskategorien. Insgesamt wird 53% (40-90%) der Prozessgebiete die korrekte Abtragsklasse zugeordnet, 48% der Fehlzuweisungen weichen lediglich um eine Klasse ab.

	A_{CF} A1	A2	A3	A4	A5	Summe	Trefferquote	*a priori*
A_m=A1	**5**	1	1	3	1	11	45%	22%
A2	1	**9**				10	90%	20%
A3		4	**4**		1	9	44%	18%
A4	1	3	1	**4**	1	10	40%	20%
A5		2		3	**4**	9	44%	18%
Gesamt:						49		
Treffer:						26	53%	
unterschätzt:						15	31%	
überschätzt:						8	16%	

Das Modell lässt sich mit Blick auf die Einzelereignisse in Tabelle 13.5 differenzierter evaluieren. Dargestellt sind insgesamt 10 bilanzierte Lawinen, die sich innerhalb des Untersuchungszeitraums in den Teilgebieten „Enning" und „Sperre" ereignet haben. Positive CF^+ für mehrere einzelne Abtragsklassen, auch solche, die weiter auseinanderliegen, reflektieren nach Einschätzung des Autors die Tatsache, dass in einem komplexen System kleine Änderungen in den Bedingungen zu signifikanten Veränderungen führen können. Bei der Lawine mit dem größten Abtrag, L00-6, entscheidet sich das Modell nur knapp für die Abtragsklasse 2, der CF^+ für die Abtragsklasse 5 ist nur um 0,02 niedriger. Diese Fehlzuweisung liegt auch daran, dass der CF^+ für die Magnitude 5 (1,00) im Modell als Singularität gefiltert und nicht mit eingerechnet wird. Insgesamt ist die Sicherheit der Entscheidung mit $CF^+_{max}=0{,}48$ in diesem Fall eher gering. Die Zuordnung anhand erheblich höherer CF^+ scheint häufiger zu dem korrekten Ergebnis zu führen: Von allen sechs Ereignissen in der Tabelle, denen mit einem $CF^+ > 0{,}7$ eine Abtragskategorie zugewiesen wird, wird nur eines (L01-1) falsch zugeordnet. Im Allgemeinen dominieren auf dem Enning-Hang aufgrund der Geofaktoren zwei Abtragsklassen (2 und 5), wobei es von der Magnitude des Prozesses und der Größe des Prozessgebietes abhängt, wie hoch der tatsächliche Abtrag ist. Die kombinierten CF^+ an der Sperre lassen nur die Abtragsklassen 1-3 zu. Hier scheinen die Geofaktoren und zufällige Faktoren (Schneeüberdeckung) als Steuerungsfaktoren zu dominieren, da die Prozessmagnitude und die Größe des Prozessgebietes hier kaum variieren. Die Fehlzuweisung bei der Lawine L01-SP fällt wie schon bei L00-6 sehr knapp aus (auch hier ist der Unterschied in den kombinierten CF^+ nur 0,02).

Teil IV

Schlussteil

14 Diskussion

Die Ergebnisse der vorliegenden Arbeit werden in diesem Kapitel im Hinblick auf die drei Kernbereiche der Fragestellung bewertet und diskutiert.
In Abschnitt 14.1.1.3 werden die Messergebnisse bezüglich Sedimentfracht, Ablagerung und Abtrag in den Kontext bisher publizierter Daten eingeordnet und bewertet. Der Mechanismus der Lawinenerosion wird auf der Basis der Ergebnisse diskutiert (Abschnitt 14.1.2). Um die Funktion von Grundlawinen als Teilsystem alpiner Sedimentkaskaden erforschen zu können, wurde im SEDAG-Projekt der Ansatz gewählt, das potenzielle Prozessgebiet zu modellieren und hinsichtlich der geomorphologischen Aktivität zu zonieren. Die modellgestützte Ausweisung des potenziellen Prozessgebietes und weitere Modellergebnisse (Abschnitt 14.2.2 werden auch zur Analyse von konstanten (Geofaktoren) und dynamischen (z.B. Klima) Steuergrößen von Abtrag und Sedimentfracht verwendet.
Wo immer möglich, sollen im Rahmen der Diskussion die Erkenntnisse aus den Hauptteilen II (Quantifizierung) und III (Modellierung) zusammengeführt werden. Insbesondere bezüglich der Modellierungsansätze werden mögliche Weiterentwicklungen und Forschungsperspektiven aufgezeigt.

14.1 Sedimenttransport und Formung durch Grundlawinen

14.1.1 Vergleich mit den Daten anderer Autoren

Aufgrund der unterschiedlichen Datenerhebung und Zielrichtung der verschiedenen Untersuchungen sind nicht alle Aspekte des Sedimenttransportes durch Lawinen auf einen Blick vergleichbar. Um einen Vergleich zu ermöglichen, müssen ggf. Umrechnungen durchgeführt werden, bei denen zum Teil Annahmen (z.B. über die Dichte der Sedimente) getroffen werden. Im Folgenden werden die in der vorliegenden Arbeit ermittelten Daten über Sedimentfracht, Ablagerung und Abtrag mit den Ergebnissen anderer Autoren verglichen. Aus Tabelle 3.2 (S. 22) wird ersichtlich, dass nur wenige Arbeiten im Bezug auf die Anzahl der untersuchten Ereignisse einen vergleichbaren Umfang aufweisen; der Wert einiger anderer Studien ist aufgrund der langen Untersuchungszeiträume als sehr hoch einzuschätzen. Mit Ausnahme der Arbeiten von ACKROYD (1986, 1987), BECHT (1995) und KOHL ET AL. (2001b) sind die Hochgebirgs-Untersuchungsgebiete außerhalb der (Sub-)Arktis in der alpinen Stufe oberhalb der Baumgrenze angesiedelt. Die Ergebnisse aus den Untersuchungsgebieten ergänzen vor diesem Hintergrund die Erkenntnisse über die Sedimentdynamik von Lawinen in der subalpinen bis montanen Stufe. Die Arbeit von BECHT (1995) bietet aufgrund der Ähnlichkeit der Untersuchungsgebiete in den Nördlichen Kalkalpen die wohl besten Vergleichsmöglichkeiten.

14.1.1.1 Sedimentfracht

In Tabelle 14.1 wird zwischen der Sedimentfracht eines Ereignisses $[t]$ und dem Beitrag von Lawinen zum Sedimenthaushalt eines Jahres $[t/a]$ unterschieden. Einige Autoren geben diese Daten volumetrisch $[m^3]$ an; in diesen Fällen sind die Ergebnisse in der Tabelle mit der Einheit aufgeführt. Der Vergleich der Sedimentfrachten zeigt, dass sich der Transport durch Einzelereignisse generell in Größenordnungen von 10^0 bis maximal 10^2 t bewegt, in besonderen Fällen werden auch größere Mengen transportiert (10^3 t). Die Mittelwerte aus den Untersuchungsgebieten Lahnenwiesgraben und Reintal liegen tendenziell im unteren Bereich der bislang publizierten Daten und sind sehr gut mit den Werten von BECHT (1995) zu vergleichen, dessen Arbeitsgebiete den hier untersuchten weitgehend ähneln. Aufgrund der unterschiedlichen und meist unbekannten Bezugsgrößen (Gesamt-Sedimentbudget, Größe der Bezugsfläche) ist ein Vergleich der Werte in der letzten Spalte schwierig. Die Summe des jährlichen Beitrags zum Sedimenthaushalt ist von der Anzahl und der Magnitude der Ereignisse abhängig. Während des Gesamtuntersuchungszeitraums wurden im Lahnenwiesgraben (1999-2003) 512 t, im Reintal (1999-2002) 439 t Sediment durch Lawinen transportiert, dies ergibt in beiden Fällen Mittelwerte von etwa 100 t/a.

Obwohl auch aussagekräftige Beispiele für direkte Erosion durch Grundlawinen vorliegen (vgl. Kapitel 7.6), muss davon ausgegangen werden, dass ein Großteil der Sedimentfracht aus Lockermaterial aus Zwischenspeichern (Gerinne, Schuttkegel, Murablagerungen etc...) besteht. Für diese Annahme sprechen neben der Zusammensetzung die meist höheren Sedimentmassen im Reintal, wo erheblich mehr mobiles Lockermaterial als im Lahnenwiesgraben vorhanden ist. LUCKMAN (1978a, S. 262) schreibt hierzu: *"The major morphological effects of snow avalanches (...) result from the avalanche transport of loose debris"*. Die Formung beruht in diesem Falle überwiegend auf Akkumulationsprozessen. Aufgrund des Anteils von Akkumulationsformen im Lockergestein sind die meisten Studien ausschließlich auf Lawinen auf schuttbedeckten Hängen oberhalb der Baumgrenze fokussiert (z.B. GARDNER 1970, 1983b,a). Obwohl anhand der Korngrößenverteilungen (ggf. auch morphometrischer Untersuchungen) Rückschlüsse auf die Herkunft der abgelagerten Sedimente gezogen werden können, ist der Anteil des direkt erodierten Materials an der Sedimentfracht mit der hier verwendeten Methodik nicht messbar.

Es kann aber konstatiert werden, dass der Sedimenttransport durch Grundlawinen zwar stark lokalisiert wirksam ist, aber einen signifikanten Beitrag zum Sedimenthaushalt leisten kann. Diese Ansicht wird von einigen Untersuchungen gestützt, die vergleichende Betrachtungen mit anderen geomorphologischen Prozessen durchgeführt haben und den Lawinen durchgehend einen hohen Stellenwert einräumen: RAPP (1960) und BEYLICH (2000) ordnen sie in der Rangfolge der Sediment verlagernden Hangprozesse an dritter Position hinter der aquatischen Feststoff- und Lösungsfracht (BEYLICH 2000) bzw. hinter der Lösungsfracht und Schuttströmen (RAPP 1960) ein. Die von BECHT (1995) berechneten Abtragsraten für Lawinen (0,3 mm/a im Kesselbachtal/Nordalpen) erreichen lokal die Wirkung von Muren (0,1-0,5 mm/a im Horlachtal/Zentralalpen). Mithilfe der Daten aus den Teilprojekten des SEDAG-Bündels werden zum Abschluss des Forschungsprojektes ähnliche Vergleiche auf einer breiten Datenbasis ermöglicht.

Tab. 14.1: Vergleich von Daten zur Sedimentfracht und zum Beitrag zum Sedimenthaushalt aus der Literatur mit den Ergebnissen der vorliegenden Arbeit (unterste Zeilen). Volumetrische Angaben sind mit der Einheit m^3 gekennzeichet. Wo nicht anders angegeben, sind Spannweiten aufgeführt. Die Spannweite der Mittelwerte aus den SEDAG-Untersuchungsgebiete entspricht dem 95%-Konfidenzintervall.

Autor	Untersuchungs-gebiet	Sedimentfracht [t]/Ereignis bzw. [m^3]/Ereignis	Beitrag zum Sedimenthaus-halt [t/a] bzw. [m^3/a]
ANDRÉ (1990)	Kongsfjord	Gneis: Mittelwerte 0,39-2,95 Schiefer: 1,25-15,2	
ACKROYD (1986, 1987)	Torlesse Range	315-600	
BECHT (1995)	Höllental	Min: 0,15 Max: 27,01 Mittelwert: 6,58	30-40
	Horlachtal		0,1-676
	Kesselbachtal	18,4-7500	8000
	Pitztal		487-1224
BEYLICH (2000)	Austdalur		135
BELL ET AL. (1990)	Kaghan Valley	17,3-273	
GARDNER (1970)	Rocky Mountains	2-36 m^3	
GARDNER (1983b)	Rocky Mountains	2,4 m^3	
HATHERLEY-GREENE(1978) fide ACKROYD (1986)	Neuseeland	33-92 m^3	
KOHL ET AL. (2001b)	Sölktal	86	
LUCKMAN (1978a)	Rocky Mountains	1-50 m^3	
MOUGIN (fide ALLIX 1924)	Franz. Alpen	2000 m^3	23079 m^3/a; 43340 $m^3/5a$
RAPP (1960)	Kärkevagge	5-10 m^3	21 t/a (8 m^3/a)
	Lahnenwiesgraben	0,001-170 Mittelwert: 0,3-1,3	5-324 Summe: 512 t/5a
	Reintal	0,11-47,9 Mittelwert: 1,8-3,9	46-240 Summe: 439 t/4a

14.1.1.2 Ablagerung

Die Ablagerung von Sedimenten durch Lawinen führt aufgrund der im Vergleich zum übrigen Prozessgebiet deutlich kleineren Ablagerungsfläche zu einer meist erheblich stärkeren Formung als der Abtrag; dies ist vermutlich die Ursache dafür, dass die geomorphologische Aktivität in der Literatur meist anhand von charakteristischen Akkumulationsformen (vgl. Kapitel 3.1 und 8.3) belegt wird. Die in den zitierten Untersuchungen angeführten Akkumulationsraten werden meist wie in der vorliegenden Arbeit auf der Grundlage jährlicher Messungen (prozessbasiert) ermittelt, in einigen wenigen Fällen erfolgt die Berechnung aus der Mächtigkeit von Akkumulationskörpern mit datiertem oder geschätzten Bildungsalter (z.B. RAPP 1960, MIAGKOV 1966 *fide* LUCKMAN 1977). Die anhand der Ergebnisse beider Methoden geschätzten Raten befinden sich recht konsistent in der Größenordnung zwischen 10^{-1} und 10^0 mm/a, wobei auf begrenzten Teilflächen in Extremfällen Beträge von 10^1 mm gemessen wurden konnten. Diese Werte befinden sich weitestgehend im Einklang mit den Ergebnissen dieser Arbeit. Die in den Arbeitsgebieten auf der Basis des gesamten Untersuchungszeitraums ermittelten jährlichen Akkumulationsraten sind mit den in der Literatur angegebenen Schuttmächtigkeiten von Akkumulationsformen wie *avalanche boulder tongues* (maximal 15-25 m, vgl. LUCKMAN 1978a) unter der Annahme eines holozänen Alters gut in Einklang zu bringen (siehe auch ACKROYD 1986). Es ist allerdings zu beachten, dass solche Formen in den Untersuchungsgebieten nicht in typischer Ausprägung aufgenommen werden konnten; nur an zwei Lokalitäten (Pflegeralm/Lahnenwiesgraben, Vordere Gumpe/Reintal; vgl. Kapitel 8.3) sprechen die Indizien klar für die Akkumulation und Überformung durch Lawinen als dominierenden Prozess.

LUCKMAN (1978a) gibt für sieben Ablagerungsgebiete in den Rocky Mountains die Mächtigkeit des jährlich durch Lawinen abgelagerten Schutts an (Zeitraum 1969-1976). Aufgrund des Umfangs erscheint ein Vergleich der Verteilungen dieser Werte mit den Daten aus Lahnenwiesgraben und Reintal sinnvoll (Abbildung 14.1). Die Ergebnisse von LUCKMAN (1978a) wei-

Tab. 14.2: Vergleich von Daten zur Ablagerung aus der Literatur mit den Ergebnissen der vorliegenden Arbeit (unterste Zeilen).

Autor	Untersuchungs-gebiet	Ablagerung [kg/m^2]	Ablagerung [mm] o. [mm/a]
ANDRÉ (1990)	Kongsfjord	0,106 - 109,3	0,04-40,5 mm 0,08-40,5 mm/a
ACKROYD (1986)	Torlesse Range	24,5-88,5 Mittelwert: 51,5	
BECHT (1995)	Höllental	1,2-16,9	
	Horlachtal	<0,4 - 7,5 Mittelwert: 0,84	~0,3 mm
	Kesselbachtal	5,3-400	
	Pitztal	4,5-6,4	
BELL ET AL. (1990)	Kaghan Valley	0,22-1,19 Schuttgehalt: 0,06-0,11 kg/m^3	
JOMELLI & BERTRAN (2001)	Massif des Écrins	0,12-1,7 Mittelwert: 0,809	→~ 0,4 mm
GARDNER (1983b)	Rocky Mountains		2 mm
GARDNER (1983a)	Rocky Mountains		0,03-12,7 mm/a Mittelwert: 1,4 mm/a
LUCKMAN 1976 fide LUCKMAN (1977)	Rocky Mountains		0-5 mm/a
MIAGKOV (1966) fide LUCKMAN (1977)	Khibinyi-Gebirge		0,3-3 mm/a (über 1500 a)
RAPP (1960)	Kärkevagge		max. 1 mm/a (seit Postglazial)
	Lahnenwiesgraben	0,002-48,1	Teilflächen: 0,001-23 mm Abl.-Flächen: 0,42-1,32 mm Abl.-Rate: 0,01-2,21 mm/a
	Reintal	0,004-12,7	Teilflächen: 0,02-4,1 mm Abl.-Flächen: 0,85-1,87 mm Abl.-Rate: 0,01-1,38 mm/a

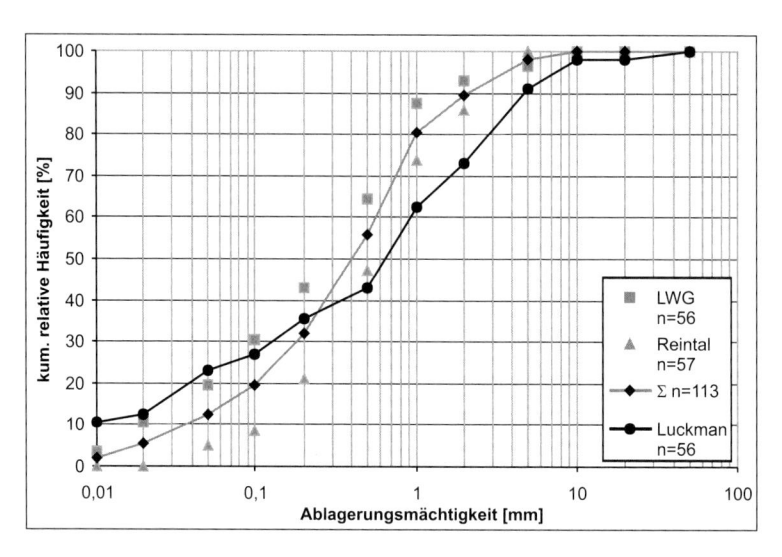

Abb. 14.1: Mächtigkeiten von Lawinenablagerungen [mm] in den Kanadischen Rocky Mountains (LUCKMAN 1978a) und in den Untersuchungsgebieten der vorliegenden Arbeit im Vergleich

sen wie die von JOMELLI & BERTRAN (2001) und die SEDAG-Daten eine Lognormalverteilung auf. Ein signifikanter Unterschied zur Verteilung aller Messdaten aus den nordalpinen Untersuchungsgebieten kann durch KS- und MANN-WHITNEY-Tests (vgl. SACHS 1999) nicht festgestellt werden. Knapp signifikant ist lediglich der Unterschied zur Verteilung der Daten aus dem Lahnenwiesgraben. Der Vergleich der Mittelwerte mittels T-Test (vgl. SACHS 1999) ergibt dieselben Ergebnisse. Aus dem Summenkurven-Diagramm in Abbildung 14.1 geht hervor, dass der kumulierte Anteil gemessener Ablagerungsmächtigkeiten $< 0,2\ mm$ in dem kanadischen Untersuchungsgebiet höher ist als in den SEDAG-Arbeitsgebieten. Andererseits sind Ablagerungen von $> 0,2\ mm$ in den Alpen unterrepräsentiert: Während zum Beispiel bei 80% der Lawinen in den SEDAG-Arbeitsgebieten weniger als $1\ mm$ Sediment abgelagert wird, liegen nur etwa 63% der Daten aus den Rocky Mountains unter diesem Schwellenwert. Lässt man die Nullwerte (LUCKMAN (1978a) wertet die Akkumulation an Messstellen auf Schuttkegeln aus) bei der Darstellung aus, nähert sich die Verteilung besonders im unteren Bereich noch stärker an die des Reintals an. Der knappe, nur im Falle des Lahnenwiesgrabens statistisch signifikante Unterschied ist auf höhere Prozessmagnituden in den Rocky Mountains zurückzuführen, die aufgrund der Höhenlage und anderer schneeklimatologischer Voraussetzungen zu vermuten sind.

14.1.1.3 Abtrag

Der Vergleich von Abtragswerten ist problematisch, da die exakte Bezugsfläche meist nicht angegeben wird. Die in Tabelle 14.3 angegebenen Extrem- und Mittelwerte aus den Arbeitsgebieten beziehen sich auf das modellgestützt ausgewiesene Prozessgebiet der bilanzierten Ablagerungen. Da der maximale Abtrag mit etwa 5 mm (pro Ereignis) in einem Teilgebiet des Lahnenwiesgrabens gemessen wurde (Prozessgebiet der Lawine L00-6, Teilgebiet „Enning"), das von lehmigem Verwitterungssubstrat bedeckt ist, sind für einen Vergleich insbesondere die Ergebnisse von BECHT (1995) und KOHL ET AL. (2001b) aus ähnlichen Untersuchungsgebieten interessant. BECHT (1995) misst im Kesselbachtal (ebenfalls Nördliche Kalkalpen) einen extremen Abtrag von 5-20 mm, je nach Bezugsfläche (5 mm: Rethalm-Gebiet, 10-20 mm: Abrissgebiet). Die lithologischen Verhältnisse der beiden Fallbeispiele sind vergleichbar: Im Rethalm-Gebiet stehen Aptychenschichten an, das Prozessgebiet der Lawine L00-6 setzt sich aus Lias-Fleckenmergeln (Allgäuschichten), Aptychenschichten und Doggerkalk zusammen. KOHL ET AL. (2001b) bestimmen die Denudation im Anrissgebiet einer Lawine im Sölktal/Steiermark zu 2500 g/m^2, was bei einer Dichte von 1800 kg/m^3 einem Abtrag von 1,4 mm entspricht.

Die übrigen Autoren beziehen die Sedimentfracht von Lawinen auf größere (Teil-)Einzugsgebiete, so dass am ehesten die Abtragsraten im Bezug auf hydrologische Einzugsgebiete (Abbildung 7.13) und die Gesamtfläche der Untersuchungsgebiete (Tabelle 7.7) für einen Vergleich geeignet sind. Die von ANDRÉ (1990) auf Spitzbergen bestimmten jährlichen Abtragsraten liegen generell innerhalb des Wertebereichs der vorliegenden Arbeit; die mittlere Abtragsrate in den leicht verwitternden Schiefergesteinen ist jedoch höher als der Kernbereich (Innerquartilbereich zwischen dem 25% und 75%-Quantil) der in den Kalkalpen gemessenen Werte. Die Übereinstimmung mit den Mittelwerten von BECHT (1995) ist ebenfalls als gut zu bezeichnen; die von ihm angegebene mittlere Abtragsrate im Kesselbachtal (0,3 mm/a) muss vor dem Hintergrund der Ergebnisse aus Lahnenwiesgraben und Reintal als sehr hoch angesehen werden, da solche Werte dort während des Untersuchungszeitraums nur von Extremereignissen (oberhalb des 90%-Quantils) erreicht werden. Die Größenordnung des Abtrags von Einzelereignissen (Neuseeland: ACKROYD 1986, Himalaya: BELL ET AL. 1990) fällt ebenfalls in diesen Bereich.

Die Schätzung des Abtrags über lange Zeiträume auf der Basis empirischer Verteilungen (vgl. Kapitel 12.2) ergab im Falle des Lawinenstrichs L-SP Mittelwerte von 10-25 $cm/1000a$, die etwa um eine Größenordnung über den mittels konventioneller Extrapolation des lokalen Mittelwertes (2-7 $cm/1000a$) berechneten Abtragsraten liegen. Unter Verwendung des Mittelwerts der Abtragsraten im Kesselbachtal (BECHT 1995) kommt man auf 30 $cm/1000a$.

Die von SEKIGUCHI & SUGIYAMA (2003) beschriebenen Lawinengräben im Japanischen Hochgebirge haben eine Tiefe von 1-3 m; legt man als Entstehungszeitraum das Holozän zugrunde und geht von einer ausschließlichen Formung durch Lawinen aus, ergeben sich hieraus mit 10-30 $cm/1000a$ vergleichbare Abtragsraten, wobei die Formungsprozesse in den beschriebenen Fällen auf erheblich kleinere (Breite: 2-4 m) Flächen als in der vorliegenden Arbeit konzentriert sind. Im Falle der Lawine L-SP stammt der Großteil des im Untersuchungszeitraum transportierten Materials zudem offenbar aus den Moränenablagerungen und Bachschottern im untersten Drittel der Lawinenbahn, so dass eine Aufrechnung der Sedimentfracht auf das gesamte Prozessgebiet nicht uneingeschränkt sinnvoll erscheint. Andererseits lassen die äußerst geringmächtige Bodendecke (stellenweise Anstehendes) sowie großflächige Blaiken im oberen Prozessgebiet von L-SP auf die Aktivität wirksamer, persistenter Denudationsprozesse schließen, die in der Vergangenheit entweder eine Bodenentwicklung behindert oder vorhandenes Substrat abgetragen haben.

Im Gegensatz zu diesen Befunden schließen BUTLER & MALANSON (1990) aufgrund boden- und vegetationskundlicher Untersuchungen eine rezente und subrezente Tieferlegung subalpiner Lawinenbahnen aus und verweisen auf die Aktivität früherer, möglicherweise paraglazialer Perioden des Holozäns.

Tab. 14.3: Vergleich von Abtragswerten aus der Literatur mit den Ergebnissen der vorliegenden Arbeit (unterste Zeilen). Wo nicht anders angegeben, sind Spannweiten aufgeführt. Die Abtragswerte aus den beiden SEDAG-Untersuchungsgebieten beziehen sich auf das Prozessareal der jeweiligen Lawinen.

Autor	Untersuchungs-gebiet	Abtragsrate $[t/km^2]$ bzw. $[t/km^2 \cdot a]$	Abtragsrate $[mm]$ bzw. $[mm/a]$
ANDRÉ (1990)	Kongsfjord		Gneis: 0,007 mm/a Schiefer: 0,08 mm/a
ACKROYD (1986)	Torlesse Range		0,17 mm (Einzugsgebiet) 0,6 mm (Teileinzugsgebiet)
BECHT (1995)	Höllental		0,008-0,011 mm/a
	Horlachtal		0,01-0,02 mm/a
	Kesselbachtal		0,3 mm/a (Extrem: 2-20 mm/a; Bezug auf EZG o. Prozessgebiet)
	Pitztal		0,017-0,05 mm/a
BELL ET AL. (1990)	Kaghan Valley		0,21-0,74 mm
BEYLICH (2000)	Austfirdir / Island	5,9 t/km^2	
KOHL ET AL. (2001b)	Sölktal	2500 t/km^2 (Anbruchsgebiet)	
RAPP (1960)	Kärkevagge	1,4 $t/km^2 \cdot a$	
Bezug auf Prozessgebiet →	Lahnenwiesgraben	0,01-14800 t/km^2 Mittelwert: 85 t/km^2	<0,01-5,5 mm Mittelwert: 0,03 mm
	Reintal	0,79-3400 t/km^2 Mittelwert: 52 t/km^2	<0,01-1,3 mm Mittelwert: 0,02 mm
	gesamt	Mittelwert: 56 t/km^2	Mittelwert: 0,026 mm

Es muss daher betont werden, dass im Bezug auf die Extrapolation rezenter Mittelwerte auf 1000 Jahre oder gar das gesamte Holozän die Einschränkung gilt, dass stationäre Klimabedingungen für einen solchen langen Zeitraum unrealistisch sind. Unter der Maßgabe, dass die rezente Lawinenaktivität im langfristigen Vergleich als eher gering einzuschätzen ist (z.B. weisen JOMELLI (1999a) und JOMELLI & PECH (2004) eine höhere Aktivität während der kleinen Eiszeit nach), müssen die Prozessraten unter spät- und postglazialen Bedingungen sowie in Kältephasen unter Umständen deutlich höhere Intensitäten als die rezent bestimmten erreicht haben. Nicht vergessen werden darf die Tatsache, dass neben der Verfügbarkeit von Schnee auch die Häufigkeit und Intensität von meteorologischen Auslösern (Warmlufteinbrüche, Regen-auf-Schnee) ausschlaggebend für die Genese der geomorphologisch aktiven Lawinen ist (vgl. Kapitel 5.5).

14.1.2 Mechanismen von Lawinenerosion und Sedimenttransport

Die verwendete Methode zur Bilanzierung des Sedimenttransports durch Grundlawinen beruht darauf, dass die mitgeführte Sedimentfracht zum Zeitpunkt der Beprobung ausschließlich auf der Oberfläche der Lawinenschneeablagerung aufliegt. Diese Frage bedarf einer ausführlichen Diskussion und weiterer Untersuchungen, da sie auch anhand der Aufnahmen aus den Arbeitsgebieten nicht abschließend geklärt werden kann.

Die genaue Wirkungsweise der Bodenerosion und des Sedimenttransportes durch Grundlawinen ist nach Literaturlage nur unzureichend erforscht worden. Es existieren nach Kenntnis des Autors nur zwei publizierte Berichte, denen tatsächliche Beobachtungen des Sedimenttransports durch Lawinen entnommen werden können: GARDNER (1970) zufolge findet eine Zusammenballung von Schnee und mobilisierten Sedimenten statt. Bei der von GARDNER (1983b) beobachteten Grundlawine war der abgleitende Lawinenschnee so nass, dass er mit dem aufgenommenen Schutt eine Art Brei („*a slurry of snow, water, mud and rocks*") bildete. Diese Beschreibung einer Lawine im Mt. Rae-Gebiet in den kanadischen Rocky Mountains stellt einen Grenzfall zu Sulzströmen/-muren (z.B. RAPP 1960, GUDE & SCHERER 1995) dar, die vor allem im arktischen Raum als eine geomorphologisch sehr aktive Naturgefahr beschrieben werden. Fallen mit Schutt beladene Lawinen über Geländestufen, wird Zusammenhalt des Lawinenschnees völlig aufgehoben, so dass die Sedimente zusammen mit dem Lawinenschnee auf die Ablagerungsgebiete herabfallen. Die Beobachtungen von RAPP (1960) erinnern an einen Wasserfall; ähnliche Vorgänge zeigen Photographien der Abgänge von *dirty snow avalanches* in der Region Abisko/Schwedisch Lappland (mdl. Mitt. BEYLICH 2001). Auch die Beschreibung von JOMELLI (1999a) könnte auf eine solche Situation hindeuten, die jedoch an spezielle Geländekonfigurationen gebunden ist, für die nur sehr wenige Lawinenstriche in den Untersuchungsgebieten der vorliegenden Arbeit in Frage kommen. JOMELLI & BERTRAN (2001) ziehen aus der detaillierten Beschreibung von Lawinenschneeablagerungen Rückschlüsse auf Mechanismen wie das Aufschieben von Schutt an der Lawinenfront („bulldozing") oder entlang von transversalen und longitudinalen Scherflächen. Zahlreiche Indizien für das Auftreten dieser Prozesse wurden in den Untersuchungsgebieten angetroffen und aufgenommen, keiner dieser Prozesse ist jedoch in der Lage, die gesamte Fläche einer Lawinenschneeablagerung flächendeckend mit Schutt zu überdecken.

In den meisten Studien ist im Kontext der Lawinenerosion die Rede von mit Schutt *durchsetztem* Lawinenschnee (*dirty snow, neige chargée*), an dessen Oberfläche sich im Laufe der Schneeschmelze das im Schnee enthaltene Fremdmaterial aufkonzentriert und zur Bildung einer Schuttdecke (*debris mantle*) auf dem langsam abtauenden Restschnee führt (z.B. RAPP 1960, ACKROYD 1986). Die Untersuchungen im Rahmen dieser Arbeit können die Aufkonzentration von Schutt auf der Oberfläche tauender Lawinenablagerungen, die gleichwohl einleuchtend ist, im Rahmen der Erfahrungen im Feld weder bestätigen noch widerlegen. Während der Geländearbeiten wurden Lawinenschneeablagerungen im Verlauf einiger Wochen beobachtet, ohne dass eine Aufkonzentration aufgefallen wäre. Einschränkend muss allerdings angemerkt werden, dass bereits die ersten Geländebegehungen zu einem sehr späten Zeitpunkt im Bezug auf die Schneeschmelze stattfanden. Die stichprobenartige Aufgrabung der Lawinenschneeablagerungen zeigt, dass diese im Inneren nahezu völlig frei von Schutt und Vegetationsresten sind (vgl. Abbildung 6.2). Im Reintal werden von den Betreibern der Reintalangerhütte im Frühjahr Schmelzwässer aufgefangen und mit Schläuchen auf die Lawinenschneeablagerungen geleitet, um sie für den Wanderweg zu räumen. Die hierdurch entstandenen Anschnitte sind ebenfalls gänzlich frei von Schutt, während der Lawinenschnee sedimentbedeckt ist. Diese Beobachtungen bestätigen gleichlautende Befunde der Arbeiten von BECHT (1995) in mehreren alpinen Untersuchungsgebieten (Höllental, Kesselbachtal, Horlach- und Pitztal).

Für die beschriebene Situation gibt es im Wesentlichen nur zwei Erklärungen: Entweder handelt es sich um einen Prozess, der während des Abgangs der Grundlawine zu einer starken Konzentration der mitgeführten Sedimente an der Oberfläche führt, oder die mächtigen Lawinenschneeablagerungen stammen von hochwinterlichen, sedimentfreien Oberlawinen, die im Frühjahr durch eine geringmächtige Auflage von stark sedimentführendem Schnee einer Grundlawine überlagert werden.

BECHT (1995, S. 34) erklärt die Schuttauflage mit einem nachträglichen Aufgleiten von Sediment unmittelbar im Sog des abgehenden Lawinenschnees: *„Das erodierte (bzw. mobilisierte, Anm. d. Verf.) Material wird in der Zeit des Überfahrens durch die Lawine beschleunigt und infolge der Sogwirkung der schnellen hangabwärtigen Bewegung des Schnees mitgerissen. Der Lawinenschnee besitzt einen zeitlichen Vorsprung, so dass das erodierte Material geringfügig verzögert am Hangfuß eintrifft und sich dort dann auf dem Lawinenschnee sammelt".* Nach Ansicht des Autors ist eine solche Trennung von transportiertem Sediment und Lawinenschnee nicht in dieser Weise denkbar. Das Oberflächensubstrat wird bereits an der Front der Lawine mobilisiert und beschleunigt[1], es erreicht die Geschwindigkeit der Lawine zwar nicht sofort, aber recht schnell (dies ist aus den Beobachtungen zur Schneeerosion durch Lawinen zu folgern, vgl. SOVILLA & BARTELT 2002). Demzufolge kann es die Lawine nicht an ihrem rückwärtigen Ende, welches meist erst nach einigen Zehnermetern bis 100 Metern unter allmählicher Mächtigkeitsabnahme des Lawinenschnees erreicht wird, verlassen, um danach weiter auf den auslaufenden Lawinenschnee zu fließen. Ein Aufdringen zur Oberfläche der Lawine durch den fließenden Schnee hindurch erscheint unter Verweis auf den Sieb-Effekt (Entmischung granulärer Medien unterschiedlicher Partikelgröße, wobei Partikel mit großem Volumen „aufschwimmen" können) prinzipiell

---

1   vgl. die Befunde zur Erosion von Schnee am Ende dieses Abschnitts

denkbar (mdl. Mitt. SOVILLA 2001; JOMELLI 2001). Da aber der Schnee unterhalb der Sedimentauflage gänzlich frei von Sediment (auch feinste Partikel sind nicht enthalten) ist, kann der Siebeffekt nicht als Erklärung gelten. Er ist im Wesentlichen dafür verantwortlich, dass bei Lawinen des Schneeball-Typs große Partikel an die Oberfläche kommen (MCELWAINE & NISHIMURA 1999).

In besonderen Fällen hingegen spricht die Verteilung von stark mit Schutt bedeckten Teilflächen auf dem Lawinenkegel, die im Normalfall nicht regelhaft ist (vgl. auch JOMELLI & BERTRAN 2001), durchaus für Erosion an den Flanken des Lawinenstriches und anschließendes bzw. gleichzeitiges Aufgleiten von Sediment auf den Lawinenschnee. Im Ablagerungsbereich des Lawinenstriches L-SP ziehen sich im Regelfall langgezogene, stark sedimentbedeckte Bereiche hangabwärts (vgl. Abbildung 7.6 rechts). Die Zusammensetzung der Sedimente und die Lage dieser stark bedeckten Bereiche weist auf die seitlich anstehende Moräne als dominierende Quelle des transportierten Materials und auf den Prozess der Erosion hin.
Die Situation im Auslaufgebiet desselben Lawinenstrichs (Impakt in das Staubecken einer Gerinneverbauung, vgl. Abschnitt 8.2) spricht für die Annahme, dass des Weiteren auch an der Front der Lawine Lockermaterial aufgewirbelt und auf dem Lawinenschnee abgelagert werden kann. Die auf dem Gegenhang abgelagerten Sedimente sind aufgrund ihrer Zusammensetzung und des Gehalts an zersetzter Organik eindeutig dem Staubecken zuzuordnen. Ein nachträgliches Aufgleiten dieser Sedimente auf den Lawinenschnee ist wegen der Frontposition vollständig auszuschließen; das Sediment muss durch den Impakt der Lawine regelrecht emporgespritzt sein, bevor es auf dem Lawinenschnee zur Ablagerung kam.
Die Lawinensituation an der Lokalität „Sperre" kann durchaus als Argument für zwei voneinander getrennte Ereignisse verwendet werden: Eine sedimentfreie Oberlawine stößt in das Sperrenbecken vor (mit oder ohne Sedimentaustrag), während eine Grundlawine im Frühjahr über die Schneeablagerung der Oberlawine hinwegfließt und teilweise nach Osten in das Gerinne des Lahnenwiesgrabens „abbiegt". Beobachtungen, die vor dem deutlichen Voranschreiten der Schneeschmelze gemacht wurden, deuten darauf hin, dass „frischere" Grundlawinenablagerungen eher aus einem Schnee-Sediment-Gemisch bestehen (mdl. Mitt. HAAS 2005).

JOMELLI & BERTRAN (2001) gehen davon aus, dass Lawinen, die im oberen Prozessgebiet Schutt aufgenommen haben, während des Fließens über schneebedeckte Abschnitte der Sturzbahn „sauberen" Schnee im Frontbereich und an ihrer Basis aufnehmen. Bei fehlender turbulenter Durchmischung, wie sie bei Nassschneelawinen anzunehmen ist (mdl. Mitt. SOVILLA 2002), erklärt dies das Fehlen von Sedimentfracht unterhalb der Oberfläche recht gut. JOMELLI (1999b, S. 43) beschreibt eine saubere Schneeschicht von etwa 20 cm Mächtigkeit, die von mit feuchtem Schnee durchmischtem Schutt überlagert wird: „... *un mélange de neige humide et de débris rocheux de taille variable demeurant à la surface du dépôt, cette charactéristique étant acquise pendant l'écoulement de l'avalanche*". Gleitet eine so beschaffene, relativ geringmächtige Grundlawine auf die mächtigen (und „sauberen") Schneeablagerungen hochwinterlicher Oberlawinen auf, entsteht infolge der Ablation in vergleichsweise kurzer Zeit eine Sedimentschicht auf dem Lawinenschnee. Die Annahme, dass nahezu alle aufgenommenen Lawinenschneeablagerungen in den Untersuchungsgebieten aus mindestens zwei Lawinenereignissen, nämlich einer Ober- und einer Grundlawine bestehen, mutet zwar unwahrscheinlich an, ist aber aufgrund der hohen Lawinendisposition auch nicht auszuschliessen. Es ist nicht schlüssig, dass in allen Anrissgebieten die Bedingungen für Schneebewegungen gegeben sind, eine Auslösung von Lawinen aber stets nur im Frühjahr erfolgt. Angesichts der Ergebnisse der Dispositionsmodellierung (Diskussion in Abschnitt 14.2.1) gibt es keinen Grund, warum die anhand von Grundlawinenanrissen ermittelten Parameter nicht auch für Oberlawinen gelten sollten: Die gefährdeten Hangneigungsbereiche unterscheiden sich z.B. in keiner Weise von den in der Literatur angegebenen Wertebereichen (vgl. Abschnitt 10.4.1, Tabelle 10.2).
Ist tatsächlich von einer mehrfachen Lawinenaktivität in den meisten Fällen auszugehen, so stellen die Schneeablagerungen der Oberlawinen eine ideale Beprobungsfläche für die gesamte Sedimentfracht der Grundlawinen dar (ähnlich wie der Gletscher bei ANDRÉ 1990). Gilt die Annahme nicht (überall), wird das an der Grenzfläche zwischen Bodenoberfläche und Lawinenschnee erodierte und transportierte Material nicht erfasst. Generell können die Ergebnisse als konservative Schätzungen betrachtet werden, aufgrund derer der Sedimenttransport eher unter- als überschätzt wird (vgl. GERST 2000, HECKMANN ET AL. 2002).
Eine abschliessende Klärung der Verhältnisse kann nur auf dem Wege detail-

lierter Beobachtung im Gelände (wegen der schlechten Erreichbarkeit und der Lawinengefahr im Hochwinter wäre ein automatisches Monitoring der Lawinenhänge durch Digitalkameras vorstellbar) oder im Laborexperiment betrieben werden. Nach Einschätzung des Autors ist die zuletzt beschriebene Hypothese die schlüssigste, wobei in Abhängigkeit von lokalen Gegebenheiten des Lawinenstriches auch andere Mechanismen, z.B. das Aufwirbeln von Lockersedimenten an der Lawinenfront oder das gleichzeitige Aufgleiten von Material aufgrund lateraler Schurfprozesse eine Rolle spielen können.

Zwar bestehen hinsichtlich wichtiger Parameter wie Dichte und Scherfestigkeit deutliche Unterschiede zwischen der Schneedecke auf einem Hang und seinem Oberflächensubstrat, grundsätzlich sollten die Mechanismen der Erosion der beiden Materialien durch Lawinen jedoch im Wesentlichen die selben sein. Die dynamische Massenveränderung von Lawinen aufgrund der Aufnahme („*entrainment*") von Schnee in der Zugbahn wird aufgrund der Notwendigkeit, sie in Modelle zu integrieren, seit einigen Jahren gründlicher erforscht. Die Kenntnis von Faktoren, die zu Erosion und Ablagerung führen, trägt zum einen zum Verständnis des Mechanismus der Lawinenerosion bei, sie kann andererseits auch für die Prozessraumzonierung des Lawinenmodells verwendet werden (siehe 14.2.2).

Die Erosion der ungestörten Schneedecke erfolgt vornehmlich bei Hangneigungen von $> 30°$, Ablagerung bei kleinerem Gefälle (SOVILLA ET AL. 2001), und wenn die Lawine abbremst. Andere Arbeiten (zitiert ebenda) gehen von Erosionsraten aus, die proportional zur Frontalgeschwindigkeit der Lawine sind. Die Radar-Messungen von SOVILLA & BARTELT (2002) an Fließlawinen auf dem Versuchshang im schweizerischen Vallée de la Sionne lassen den Schluss zu, dass der weitaus größte Teil der Erosion der Schneedecke an der Lawinenfront abläuft. Durch den im Englischen „*ploughing/plowing*" (Pflügen) genannten Prozess, der auch schon bei mittleren Geschwindigkeiten auftritt (GAUER & ISSLER 2004), werden den Messungen zufolge bis zu 1 m der Schneedecke an der Lawinenfront abgetragen, deutlich mehr als durch den Prozess der basalen Erosion[2] an der Grenzfläche zwischen Lawinenschnee und Oberfläche. Für die Aktivität der frontalen Erosion, die mit dem von JOMELLI & BERTRAN (2001) erwähnten „*bulldozing*" identisch

---

2   =Abrasion (GAUER & ISSLER 2004)

sein dürfte, spricht der Befund der Lawine L01-RG, bei der zwar auf nahezu der gesamten Sturzbahn deutliche Erosionsspuren kartiert wurden, die Ablagerung des Materials jedoch auf wenige Zehnermeter im untersten Teil des Prozessgebietes konzentriert war (vgl. Abbildung 7.16).

Die Abhängigkeit der geomorphologischen Aktivität von im Wesentlichen denselben Faktoren wie das *entrainment* von Schnee konnte anhand der detaillierten Kartierung und Nachmodellierung des Lawinenereignisses L01-RG mithilfe einer Diskriminanzanalyse statistisch nachgewiesen werden (Abschnitt 13.1.2). Der hydrostatische Druck der abgleitenden Schneemassen, der maßgeblich von der Fließhöhe abhängig ist, spielt demnach neben dem Gefälle des Längsprofils und der Fließgeschwindigkeit eine wichtige Rolle. GAUER & ISSLER (2004) konnten anhand von Messungen belegen, dass die maximalen Drücke tatsächlich an der Position mit der höchsten Fließhöhe auftreten. Die Messungen wurden an Trockenschneelawinen relativ geringer Dichte (z.B. 120 kg/m^3) gemacht, so dass wegen der höheren Dichte bei Nassschneelawinen (250-400 kg/m^3, vgl. Tabelle 11.2) mit noch höheren Drücken und damit auch mit hohen Erosionsraten gerechnet werden muss. Ein Schwachpunkt der Analyse ist in der Tatsache zu sehen, dass nur bei der Lawine L01-RG das Erosions- und Akkumulationsgebiet kartiert und für eine detaillierte Untersuchung genutzt werden konnte (Kapitel 7.6). Für eine Validierung oder Verbesserung der Verortung der geomorphologischen Aktivität stehen keine weiteren Ereignisse zur Verfügung, da Lawinen im Lockermaterial selten kartierbare Spuren hinterlassen; aufgrund der Ausstattung der beiden Arbeitsgebiete ist am ehesten im Lahnenwiesgraben mit entsprechenden Ereignissen zu rechnen.

14.1.3 Einflussfaktoren von Sedimentfracht und Abtrag

Der aufgrund der Vielzahl und Komplexität möglicher Einflussfaktoren wohl schwierigste Teil der Problemstellung betrifft die Steuerung der Intensität von Abtrag und Ablagerung. Soll die Analyse des Kaskadensystems nicht bei räumlich-funktionalen Aspekten stehenbleiben (wobei auch diese Erkenntnisse schon einen wichtigen Schritt darstellen), muss der Sedimenttransport jedes geomorphologischen Prozesses regionalisiert werden können. Auf das Prozessmodell übertragen bedeutet dies, dass Erosion und Ablagerung nicht nur verortet, sondern auch aufgrund der lokalen Geofaktoren quantitativ abgeschätzt werden müssen. Nur dann lassen sich die gemessenen Daten zu Sedimentfracht und Abtrag für eine vollständige quantitative Beschreibung der Sedimentkaskaden verwenden.

Im Hinblick auf die Steuerung der Sedimentdynamik sind grundsätzlich zwei Faktorengruppen zu unterscheiden: Die lokal wirksame geofaktorielle Ausstattung der Prozessgebiete (statische Faktoren, Abschnitt 14.1.3.1) auf der einen Seite und die (über-)regional wirksamen meteorologische Bedingungen, die die Lawinengenese von Jahr zu Jahr steuern (dynamische Faktoren, Abschnitt 14.1.3.2), auf der anderen. Letztere wirken sich auch auf die Magnitude und Frequenz der Ereignisse aus, wobei nach Untersuchungen mit sehr umfangreichen Datensätzen auch Beziehungen zwischen der Topographie und der Magnitude und Frequenz existieren (MAGGIONI & GRUBER 2003, MCCLUNG 2003). Während die Schwankung der Sedimentfracht einzelner Lawinenstriche von Jahr zu Jahr als Auswirkung der dynamischen Faktoren (z.B. Schneerücklage, vgl. BECHT 1995) interpretiert werden kann, sind die Unterschiede in der Sedimentfracht der Lawinenereignisse eines Jahres im Rahmen der Arbeitshypothese die Folge der unterschiedlichen Geofaktorenkombination.
Der Befund von in etwa gleicher Variabilität der Sedimentfracht in zeitlicher und räumlicher Hinsicht (Variationskoeffizienten von ca. 100-250%; vgl. Kapitel 7.4) lässt vermuten, dass sich die Einflüsse der lokalen und übergeordneten Faktoren in etwa die Waage halten. Andererseits zeigt die Analyse einzelner Lawinenstriche, dass die Sedimentfracht von Jahr zu Jahr eine etwa doppelt so hohen Streuung aufweist wie die Fläche (als Proxydatum für die Ereignismagnitude).

Als dritte Steuergröße muss die Rolle des Zufalls betont werden. Die Schwankung der Sedimentfracht bei vergleichbarer Magnitude und konstanter Geofaktorenkombination in Verbindung mit einer deutlichen Änderung in der Korngrößenzusammensetzung (z.B. Lokalität „Sperre"/LWG, vgl. Abschnitt 7.3, Tabelle 7.5) lässt erkennen, dass je nach lokalen Bedingungen zur Zeit des Lawinenabgangs unterschiedliche Lockermaterialquellen durch die Lawine angeschnitten werden können. In diesem Falle können die Konsequenzen für die Sedimentfracht die Voraussetzungen der lokalen Geofaktoren in ihrer Bedeutung übertreffen. Auch LUCKMAN (1978a, S.264) stellt anhand der langjährigen Messungen auf Schutthalden fest, dass die Ursachen für unterschiedliche Sedimentfrachten der Lawinen von zufälligen lokalen Gegebenheiten zum Zeitpunkt des Lawinenabgangs abhängen: „*These data underline the great importance of purely local factors, e.g. the distribution of bare areas, timing of avalanches, etc., in determining the amount of debris transport at each site in any given year*". Im Falle der zitierten Untersuchung muss davon ausgegangen werden, dass der Sedimenttransport auf den betrachteten Schutthängen nicht material-limitiert ist, sondern dass die von Jahr zu Jahr unterschiedliche Verteilung von Erosionszonen die Sedimentfracht bestimmt. LUCKMAN (1978a) schließt daraus außerdem, dass die Vorhersage der geomorphologischen Aktivität aus Schneedaten im Prinzip nicht möglich ist. Auch GARDNER (1983b, S.271) stellt fest, dass die geomorphologische Aktivität aufgrund offenbar zufälliger Faktoren nicht allgemein zu modellieren ist: „*(...)their erosive effects are highly specific and cannot be readily generalized*".

14.1.3.1 Statische Faktoren

Nur wenige Arbeiten haben sich bislang quantitativ mit dem Einfluss von Geofaktoren auf die Höhe des Abtrags oder der Sedimentfracht befasst, die meisten Autoren beschränken sich auf allgemeine Angaben ohne Nennung von Zahlen. So nennt LUCKMAN (1977) den Lawinentyp, die Vegetationsdecke sowie die verfügbare Lockermaterialmasse als Einflussfaktoren. ANDRÉ (1990) streicht die Bedeutung der Lithologie auf der Basis ihrer Abtragsmessungen heraus (höherer Abtrag auf Schiefer als auf Gneis), während BECHT (1995) zeigt, dass der Abtrag in der subalpinen Höhenstufe bei aufgelockerter Vegetationsdecke am größten ist. Geschlossene Vegetationsdecken wirken demzufolge abtragshemmend, und sedimentführende Grundlawinen kommen in der nivalen Stufe aufgrund des dort verbreitet vorhandenen Grobschutts (hohe Rauigkeit) in der Regel nicht vor. Von den meisten anderen Autoren wird die Zone der höchsten Wirksamkeit jedoch in der alpinen bis nivalen Höhenstufe gesehen, wo Lawinen über Schuttdepots abgehen und Lockermaterial mobilisieren. Grundsätzlich bestätigen die Daten aus den beiden nordalpinen Untersuchungsgebieten diese Sicht: die Mittelwerte der Sedimentfracht liegen im eher alpin geprägten Reintal deutlich über denen des Lahnenwiesgrabens, wobei dort jedoch die höchsten Extremwerte vorkommen. Wo die geschlossene Vegetations- und Bodendecke in tieferen Lagen durch die Lawine aufgerissen wird, können extreme Sedimentmengen abgetragen werden (vgl. PEEV 1966, LUCKMAN 1977), z.B. 75 *t* im Einzugsgebiet des Roten Graben (L01-RG) und 170 *t* (L00-6) auf dem westlich anschließenden Hang. In diesen Teilgebieten besteht eine große Ähnlichkeit zu den Messungen von BECHT (1995) in den Kalkalpen (Kesselbachtal). Die ökologische Dimension der Schädigung durch Schneebewegungen im Allgemeinen und Grundlawinen im Besonderen (Bodenverlust, Intensivierung von Abspülungsprozessen und gehemmter Wiederbewuchs) ist in solchen Gebieten am deutlichsten sichtbar. Mithilfe der Methoden der Dispositionsmodellierung konnte bestätigt werden, dass die Blaikenerosion und die Startzonen von Grundlawinen prinzipiell ähnlichen Bildungsbedingungen unterliegen und daher auch in denselben Gebieten verortet sind.

Die erstmals durchgeführten statistischen Untersuchungen des Zusammenhangs zwischen den Geofaktoren des Prozessgebiets und der Abtragsleistung erbrachten einige wichtige Hinweise, aber kaum eindeutige und konsistente Ergebnisse. Das Versagen von Korrelations- und Diskriminanzanalysen bei der Untersuchung von Einflussfaktoren auf den Lawinenabtrag ist insofern nicht verwunderlich, dass bei einem derart komplexen Phänomen nicht von einfachen, linearen Zusammenhängen ausgegangen werden kann. Die *Certainty Factor*-Methode, die im Rahmen der Dispositionsmodellierung erfolgreich zur Anwendung kommt, ergibt zwar recht brauchbare Trefferquoten, steht aber unter dem Vorbehalt methodischer Probleme, die im Zuge weiterführender Arbeiten geklärt werden müssen (siehe Abschnitt 14.1.3.3).

14.1.3.2 Dynamische Faktoren

Es ist einleuchtend, dass die Sedimentdynamik auf einem Lawinenstrich nicht nur von den (quasi-)statischen Faktoren wie Lithologie und Lockermaterialangebot oder der Vegetationsbedeckung abhängig ist, sondern deutlich durch die Frequenz und Magnitude der auftretenden Prozesse bestimmt wird. In diesem Zusammenhang wurde bislang darauf verwiesen, dass die Beziehung zwischen den übergeordneten Faktoren und der Ereignismagnitude ebenso wie deren Beziehung zur Abtragsintensität nicht geklärt ist:

„The geomorphic work performed by avalanches is not necessarily proportional to their size or frequency in a given track" (LUCKMAN 1977, S. 33; vgl. auch ACKROYD 1986).

Die von BECHT (1995) postulierten generellen Zusammenhänge zwischen Schneerücklage und Ereignismagnitude bzw. Ereignismagnitude und Sedimentfracht können anhand der Daten tendenziell bestätigt werden. Aufgrund der größeren Stichprobe und des (etwas) längeren Untersuchungszeitraums der vorliegenden Untersuchungen können die Zusammenhänge auch besser bewertet werden.
Wie in Abschnitt 7.1.3.1 ausgeführt, folgt die Entwicklung der durchschnittlichen Ereignismagnituden während des Untersuchungszeitraumes in beiden Arbeitsgebieten einem gemeinsamen Trend, der sich in ähnlicher Form auch in der Verteilung der monatlichen Schneehöhen im selben Zeitraum erkennen lässt. Auch die Verteilungen der Sedimentfracht folgen in beiden Tälern im Zeitraum 2000-2002 diesem gemeinsamen Trend (Abschnitte 7.2 und 7.4, Abbildung 7.4), was für die deutliche Abhängigkeit von überregional wirksamen Faktoren, in diesem Falle der Schneerücklage, spricht. So treffen beispielsweise im Jahr 2000 eine überdurchschnittliche Schneerücklage (vgl. Abschnitt 5.5.2.1) und die bislang höchsten Sedimentfrachten zusammen.
Die Sensitivität für diese Faktoren ist im Reintal offensichtlich geringer als im Lahnenwiesgraben, was sich in einer deutlich geringeren zeitlichen Schwankung der mittleren Sedimentfrachten ausdrückt. Die Ursache für dieses Verhalten liegt nach Einschätzung des Autors in der größeren Höhe ü.NN und damit in der höheren Schneerücklage im Reintal begründet; zugleich wirkt sich die Schneeschmelze in den niedriger liegenden Gebieten früher, schneller und konsequenter aus.

Alle hier aufgezeigten Zusammenhänge erstrecken sich wohlgemerkt nur auf die Verteilung der Daten der einzelnen Jahre, z.B. die Lage des Interquartilbereichs. Sie können keinesfalls auf einzelne Lawinenstriche übertragen werden, da die Lawinenaktivität auch extrem lokal wirksamen Faktoren unterliegt; hier können ebenso auch gegenläufige Entwicklungen stattfinden, wie die Betrachtungen einzelner Lawinenstriche im Bezug auf Ereignismagnitude und Sedimentfracht beweisen (Kapitel 13.2.1). Die Daten bestätigen damit die Einschränkung von LUCKMAN („*...in a given track.*", s.o.), wonach allgemeine

Zusammenhänge nicht auf ein konkretes Ereignis zutreffen müssen. Anhand der Daten aus dem Arbeitsgebiet Lahnenwiesgraben lässt sich mithilfe der CF-Analyse ein Zusammenhang zwischen der Ereignismagnitude und der Abtragsleistung postulieren; die Auswertung zeigt jedoch auch, dass einzelne Einflussfaktoren durch andere in ihrer Wirkung kompensiert werden können: So werden beispielsweise die Faktoren, die auf dem Lawinenhang „Enning" für eine große Sedimentfracht sprechen, bei geringer Ereignismagnitude durch den Einfluss derselben kompensiert.

Auch die Anzahl von Lawinenereignissen und die jährliche Gesamtfracht weisen in beiden Untersuchungsgebieten jeweils einen gemeinsamen Trend auf, wobei dieser aber bei beiden Variablen nicht parallel zur spätwinterlichen Schneerücklage verläuft. Die Anzahl der Ereignisse hängt wohl eher von der Anzahl und Intensität von meteorologischen Auslösern wie Warmlufteinbrüchen oder Regenfällen auf Schnee ab[3]. Anhand von parallelen Klima- und Lawinendaten können typische Auslösesituationen statistisch erfasst (vgl. z.B. GASSNER & BRABEC 2002, ZISCHG ET AL. 2004) und ihre Frequenz ausgewertet werden. In der Untersuchung dieser Zusammenhänge liegt eine Herausforderung für weitere Arbeiten und ein Schlüssel für die Modellierbarkeit der vergangenen (anhand von Klimadaten der Vergangenheit) und zukünftigen (anhand der Ergebnisse von Klimamodellen) Entwicklung. Die Koppelung der Lawinenaktivität an das Klima wird zwar häufig betont (paläoklimatische Untersuchungen von „Lawinenkolluvien", vgl. BLIKRA & SELVIK 1998; höhere Reichweiten von Lawinen während der kleinen Eiszeit, siehe JOMELLI & PECH 2004), sie lässt sich aber anhand der erhältlichen Klimadaten nur schwer quantifizieren: LATERNSER & SCHNEEBELI (2002) können keinen Langzeit-Trend der Lawinenhäufigkeit in lawinenklimatologischen Regionen der Schweiz (gemessen über einen regionalen Aktivitätsindex) aus unterschiedlich langen Zeitintervallen (meist 30-40 Jahre) ableiten, obwohl im selben Zeitraum eine signifikante Zunahme der Winterniederschläge zu verzeichnen war.

---

3   „There is no simple relationship between snowfall and number of avalanches except where direct action avalanches are the dominant type" (LUCKMAN 1977, S.33)

Aufgrund des komplexen Zusammenspiels der statischen und dynamischen Faktoren ist eine quantitative Modellierung der Sedimentdynamik weiterhin als sehr schwierig anzusehen: *„...the complex multivariate controls of avalanche activity and erosion make it impossible to infer avalanche erosion from snowfall or avalanche frequency data"* (LUCKMAN 1977, S. 33).

14.1.3.3 Fazit

Die zur Analyse der Zusammenhänge zwischen unterschiedlichen Einflussfaktoren und der Abtragsleistung verwendete *CF*-Analyse bedarf einer weiteren sorgfältigen Validierung, am besten mit einer größeren Stichprobe, bei der eine Trennung in Trainings- und Testdatensätzen sinnvoll durchgeführt werden kann, oder mithilfe der Kreuzvalidierung. Weitergehende Analysen müssen zeigen, wie stark die erreichten Trefferquoten von Problemen wie der Überparametrisierung und der statistischen Abhängigkeit der verwendeten Geofaktoren beeinflusst wird. Es besteht des Weiteren die Möglichkeit, in zukünftigen Untersuchungen bereits bei der Ermittlung der Geofaktorenzusammensetzung der Prozessgebiete eine räumliche Gewichtung vorzunehmen, bei der die Geofaktoren beispielsweise dort höher gewichtet werden, wo mit hohen Fließhöhen gerechnet werden kann, oder wo das erweiterte Prozessmodell eine hohe Erosionsneigung ermittelt. Aus diesen Gründen haben die gewonnenen Erkenntnisse durchaus noch vorläufigen Charakter. Bei einer gesicherten Validierung des Verfahrens und bei Verwendung größerer Stichproben kann die hier noch explorativ genutzte Methode auch zur Prädiktion genutzt werden, d.h. zur Ausweisung von Flächen mit hohem Abtragspotenzial, indem das modellierte Prozessgebiet anhand seiner Geofaktorenkombinationen entsprechend klassifiziert wird. Auf diese Weise kann im Zuge weiterer Forschungsarbeiten der Beitrag von Lawinen zu den Sedimentkaskaden nicht nur räumlich-funktional, sondern auch unter quantitativen Gesichtspunkten anhand von Modellergebnissen abgebildet und untersucht werden.

14.2   Modellierung

Die Modellierung des potenziellen Prozessgebietes ist im Hinblick auf die Aufgabenstellung einer (z.B. geomorphologischen) Kartierung vorzuziehen, da der Einfluss von Lawinen im Gelände oftmals unterschätzt oder nicht erkannt wird: *"On a more local scale however, the relative importance of avalanches is more variable and difficult to assess since many of the sites where avalanche activity may be important are not immediately obvious and therefore the spatial extent of avalanching is underestimated"* (LUCKMAN 1977, S. 44; vgl. auch Abschnitt 7.1.2). Selbst bei Lawinenkatastern auf der Basis längerer Beobachtungszeiträume treten neben den häufig wiederkehrenden Lawinen immer wieder Ereignisse an bislang unbekannten Orten auf (vgl. GHINOI ET AL. 2002, BARNIKEL 2004b). Dies spricht für den Einsatz eines Dispositionsmodells zur Ausweisung potenzieller Lawinenanrissgebiete (Diskussion in Abschnitt 14.2.1).

Ein Prozessmodell (Abschnitt 14.2.2), das die Ausdehnung und Reichweite von Lawinen ausweisen und lokale Fließparameter wie die Fließgeschwindigkeit und -höhe berechnen soll, wurde an die Ergebnisse der Dispositionsmodellierung gekoppelt, um so das potenzielle Prozessgebiet zu bestimmen. In dieser Koppelung ist insofern eine Besonderheit zu sehen, dass aufgrund der starken Konzentration der Forschung auf die Modellierung von Schadenslawinen mit oftmals bekannten Anrissgebieten eine Ausweisung *potenzieller* Prozessgebiete meist nicht erfolgt.

In Abschnitt 14.2.2 werden des Weiteren Faktoren diskutiert, die die Erosivität von Lawinenereignissen beeinflussen und daher zur Zonierung des Prozessgebietes verwendet werden können.

14.2.1 Statistische Dispositionsmodellierung

Geht man davon aus, dass das Ergebnis statistischer Dispositionsmodelle nur für den Prozesstyp gültig ist, mit dem das Modell trainiert wurde, werden im Rahmen der vorliegenden Arbeit ausschließlich potenzielle Anrissgebiete für Lawinen ausgewiesen, die bereits als Grundlawinen anreissen. Wie bereits diskutiert, unterscheiden sich die aus der Modellierung abgeleiteten relevanten Geofaktoren bzw. ihre Wertebereiche nur unwesentlich von den Ergebnissen anderer Untersuchungen, es kann also nach Ansicht des Autors im Allgemeinen nicht von signifikant anderen topographischen Bedingungen für die Auslösung von Grundlawinen im Vergleich zu anderen Lawinentypen ausgegangen werden. Die Rauigkeit der Oberfläche allerdings kann ein wichtiger Faktor sein, hinsichtlich dessen sich ein Dispositionsmodell für Grundlawinen von einem allgemeinen Lawinenmodell unterscheidet. Der

Parameter ist zwar unumstritten auch für die Auslösung von Oberlawinen relevant, Grundlawinen *sensu stricto* setzen jedoch eine sehr geringe Oberflächenrauigkeit voraus (vgl. z.B. CLARKE & MCCLUNG 1999). In der subalpinen bis alpinen Höhenstufe kann die Vegetation als Indikator für die Rauigkeit verwendet werden (vgl. Abschnitte 5.4 *ff.*). Da Informationen über die Lage der Anrissgebiete im Reintal fehlen, kann bezüglich der Rolle der Rauigkeit in vegetationsfreien Gebieten nur angenommen werden, dass auch glatte Felsflächen den Anriss von Grundlawinen begünstigen. Auf mittel- bis grobkörnigen Schutthalden reicht die Rauigkeit hingegen bereits zur Stabilisierung der bodennahen Schneedecke aus (vgl. BECHT 1995), so dass bei entsprechender Disposition nur Oberlawinen anreissen; dies ist zum Beispiel auf den vegetationsfreien Schutthängen im Kuhkar (LWG) der Fall. Im Hinblick auf den Lawinentyp erscheint es als möglich, dass die Lawinen im Reintal nicht unbedingt als Grundlawinen entstehen, aber im Verlauf ihrer Zugbahn das Oberflächensubstrat überfahren und mobilisieren.

Die Modellierung der Lawinendisposition mithilfe der für diesen Prozess erstmals angewandten *CF*-Methode liefert plausible und zumindest im Untersuchungsgebiet Lahnenwiesgraben gut validierbare Ergebnisse, die allerdings aufgrund von Kartierungenauigkeiten und der relativ geringen Anzahl gesicherter Anrisslinien noch Schwachpunkte aufweisen. Es wäre wünschenswert, die Methode in einem anderen Untersuchungsgebiet mit möglichst langjähriger Kartierung der Lawinenanrisse und vergleichbarer Verfügbarkeit von Relief- und Vegetationsdaten anzuwenden und die Übertragbarkeit zu testen. Entsprechende Datensätze existieren in Europa z.B. in der Schweiz (z.B. STOFFEL ET AL. 1998, GRUBER & SARDEMANN 2003) und in Österreich (z.B. GHINOI ET AL. 2002). MCCLUNG (2003) hat für seine Studie etwa 25000 Lawinenereignisse auf 194 Lawinenstrichen in drei Teilgebieten der Region British Columbia/Kanada verwenden können. Große Stichproben über lange Zeiträume erlauben es auch, Aussagen über Magnitude und/oder Frequenz von Lawinenereignissen im Zusammenhang mit den lokalen und regionalen Geo- und Klimafaktoren zu treffen (SMITH & MCCLUNG 1997a, MCCLUNG 2001a, MAGGIONI & GRUBER 2003, MCCLUNG 2003). Bei ausreichender Größe der Datensammlung können die Anrisse vorprozessiert, z.B. nach Ereignistyp, -magnitude oder -frequenz gruppiert werden. Unterscheiden sich die Modellparameter für verschiedene

Ereignispopulationen signifikant, können anhand der CF-Parameter Zusammenhänge zwischen Geofaktoren und Aktivität erkannt werden. Auf diese Weise wäre es dann auch möglich, die zu erwartende Ereignisfrequenz in die Dispositionskarte einzuarbeiten. Auf der Basis der für die Modellierung in diesem Abschnitt verwendeten Lawinenanrisse lässt sich abschätzen, dass die Dispositionskarte im Wesentlichen für hochfrequente Lawinenanrisse gültig ist (vgl. Abschnitt 7.1.3.2).

Auch bei der Berechnung von CF-Modellen muss berücksichtigt werden, dass die Ergebnisse statistischer Modelle nur dann auf andere Gebiete übertragbar sein können, wenn alle in das Modell eingehenden Geofaktoren überall auf die gleiche Weise die Prozessentstehung beeinflussen. Diese Bedingung ist bei einigen Geofaktoren nicht gegeben, beispielsweise bei der Hangexposition, die sowohl Wind- als auch Strahlungsverhältnisse steuert und sich in den beiden Untersuchungsgebieten offensichtlich unterschiedlich auswirkt. Das Modell sollte anhand möglichst zahlreicher, exakt lokalisierter Anrissgebiete in Untersuchungsgebieten mit ähnlicher Datenverfügbarkeit auf Übertragbarkeit und Sensitivität gegenüber Veränderungen der Datenqualität und -auflösung überprüft werden. Auch eine Prüfung des Modells mit historisch belegten Lawinenanrissen könnte die Eignung oder Nicht-Eignung zur Ausweisung selten aktiver Lawinenstriche beweisen.

14.2.2 Ausweisung und Zonierung des Prozessgebietes

Der erhebliche Umfang des Kapitels zur Modellierung von Ausbreitung und Reichweite ist durch den hohen Aufwand bedingt, mit dem existierende Modellansätze für SAGA umgesetzt und an die Anforderungen der Fragestellung angepasst und weiterentwickelt wurden. Während im Rahmen der Naturgefahrenforschung extreme Reichweiten im Mittelpunkt stehen, geht es im Rahmen der geomorphologischen Untersuchungen eher um den „Normalfall", auch wenn die Formung bei vielen geomorphologischen Prozessen am intensivsten durch *high magnitude-low frequency*-Ereignisse bewirkt wird. Aufgrund der schwierigen Übertragbarkeit von Referenzwerten aus der Literatur (für den speziellen Lawinentyp sind nur wenige Arbeiten vorhanden) wurde auch die Kalibrierung der Modellparameter mit hohem Aufwand betrieben - handelt es sich bei dem PCM-Modell doch um ein lediglich physikalisch basiertes Modell, das für jeden Einsatz kalibriert werden muss. Das *random walk*-Ausbreitungsmodell nach GAMMA (2000) wurde nach Kenntnis des Autors bisher noch nicht für Lawinen verwendet. Die Ergebnisse zeigen, dass eine ausreichend gute Modellierung des potenziellen Prozessgebietes auf der Einzugsgebietsebene erreicht werden kann; detaillierte Untersuchungen, z.B. auf einzelnen Hängen, bedürfen allerdings einer gesonderten Kalibrierung. Für die Abhängigkeit der Reibungsparameter von anderen Faktoren (z.B. ist μ von der Größe der Lawine abhängig) konnten Richtwerte ermittelt werden.

Die Validierung des Prozessmodells lässt erkennen, dass die Prozessgebiete von bekannten Lawinenstrichen sehr gut ausgewiesen werden können. Die Abweichungen sind überwiegend darauf zurückzuführen, dass das Dispositionsmodell einen kleinen Teil der tatsächlich aufgetretenen Anrissgebiete nicht ausweist. Generell muss deshalb die Eignung des Dispositionsmodells jedoch nicht in Frage gestellt werden; eine Weiterentwicklung wird aber für wünschenswert gehalten. Mögliche Weiterentwicklungen des Prozessmodells werden in Kapitel 11.6 diskutiert. Wo das Prozessgebiet der kartierten Ablagerungen durch das Modell korrekt reproduziert wird, konnten die Ergebnisse zur Charakterisierung der Prozessgebiete im Hinblick auf die Geofaktoren und zur Berechnung des Abtrags verwendet werden.

Die Ergebnisse des Prozessmodells konnten gemeinsam mit einer detaillierten Kartierung zur räumlichen Analyse der geomorphologischen Aktivität verwendet werden. Die statistische Untersuchung ergab eine konsistente Zuordnung der Segmente einer Lawinenbahn zu dem Erosions-, Transport- und Ablagerungsgebiet anhand des Gefälles sowie der Fließhöhe und -geschwindigkeit (vgl. Kapitel 13.1.2). Die unscharfe Trennung des Modells zwischen Erosionsbereichen und Abschnitten mit dominierendem Transport (ohne Erosions- oder Ablagerungserscheinungen) liegt Beobachtungen zufolge in der Natur des Prozesses. Die unvermittelte Bildung einer Gleitschicht aus kompaktiertem Lawinenschnee kann beispielsweise die Erosion in der Zugbahn lokal verhindern: *„Even when conditions appear disposed to avalanche erosion (...), basal ice layers and slush or wet snow veneers may prevent it"* (GARDNER 1983b, S.273; vgl. auch JOMELLI & BERTRAN 2001). Unter Berücksichtigung dieser zufälligen Einflussfaktoren sollte die Klasse

"Transport" im Zuge einer Prozessraumzonierung eher im Sinne geringerer Erosionsneigung interpretiert werden.

Bei einer späteren Implementierung der Ergebnisse dieses empirischen Modellansatzes in das Prozessmodell können Karten erstellt werden, aus denen hervorgeht, wo im potenziellen Prozessgebiet Erosions- und Ablagerungszonen verortet sind. Die Ausweisung von Erosionszonen durch physikalische Modellierung erscheint aufgrund der Vielfalt und Komplexität der Parameter nicht möglich, auch in den bezüglich der Schneemassenbilanz erweiterten Lawinenmodellen werden empirische Beziehungen zwischen Erosionsraten und z.B. der Fließgeschwindigkeit angenommen (SOVILLA & BARTELT 2002). Die Prozessraumzonierung von Muren bei WICHMANN (2006) beruht auf einer regelbasierten Zuweisung von Aktivitätskategorien (z.B. starke Erosion etc...) in Abhängigkeit von Fließgeschwindigkeit und Hangneigung, die durch den jeweiligen Bearbeiter an die Verhältnisse im Gelände angepasst wird. In der Berechnung von Diskriminanzfunktionen, die auf der Basis detaillierter Geländebefunde ermittelt wurden, liegt eine weitere Möglichkeit der Prozessraumzonierung. Es ist jedoch nötig, die gefundenen Beziehungen zwischen Fließhöhe, Fließgeschwindigkeit, Gefälle und der geomorphologischen Aktivität anhand weiterer Beobachtungen zu erhärten oder zu verbessern. Mit den Diskriminanzfunktionen können bei einer Implementierung in das Prozessmodell während der Berechnung die jeweiligen lokalen Werte berechnet werden, aus denen z.B. die Erosionsneigung folgt. Das Verfahren muss nicht notwendigerweise „harte" Entscheidungen treffen, da auch mit den Wahrscheinlichkeiten der Gruppenzugehörigkeit (Wahrscheinlichkeitskonzept, vgl. BAHRENBERG ET AL. 2003) gearbeitet werden kann.

14.3 Schlussbemerkung

Auf den letzten Seiten wurde versucht, die Erkenntnisse aus den einzelnen Teilen der vorliegenden Arbeit zusammenzuführen und zu interpretieren. Es wurde gezeigt, dass die Ergebnisse der zahlreichen Messungen die bisherigen Kenntnisse über die Größenordnung von Sedimentfracht und Abtrag erweitern, größtenteils bestätigen und in jedem Fall auf eine solide Basis gestellt haben. Letzteres gilt vor allem für die subalpine Höhenstufe; auch hier stellen Lawinen einen geomorphologischer Prozess dar, der zumindest lokal maßgeblich in den Sedimenthaushalt eingreift. Die Relevanz des Prozesses für das Prozessgefüge des Sedimenthaushaltes wird nicht nur anhand der gemessenen und berechneten Prozessraten verdeutlicht, sondern auch anhand einzelner Beispiele untersucht. So konnte zum Beispiel die Interaktion von Lawinen mit fluvialen Prozessen an einer Lokalität quantitativ analysiert werden. Die Diskussion der Vernetzung von Lawinen mit anderen geomorphologischen Prozessen, auch anhand anderer Arbeiten, findet sich in Kapitel 8.4. Neben den direkten geomorphologischen Konsequenzen von Lawinen beeinflussen diese die Aktivität anderer Prozesse auch indirekt über die Veränderung der Vegetationsdecke sowie des Wasserhaushalts (LUCKMAN 1977); diese Themen werden aufgrund der Themenstellung nur randlich diskutiert. BOZHINSKIY & LOSEV (1998) geben hierzu einen gründlichen Überblick.

In der vorliegenden Arbeit lag ein Schwerpunkt auf der modellgestützten Ausweisung des Prozessgebietes (Diskussion in Abschnitt 14.2) und der Entwicklung eines Ansatzes zur Lokalisierung von Erosion und Akkumulation (Abschnitt 14.2.2). Hiermit wird ein wichtiger Beitrag zum Verständnis räumlich-funktionaler Aspekte des Beitrages von Grundlawinen zum Sedimenthaushalt geleistet. Da im Rahmen des SEDAG-Projektes für andere geomorphologische Prozesse ähnliche Modelle vorliegen, kann im Zuge weiterer Arbeiten anhand einer Verschneidung entsprechender Erosions- und Akkumulationskarten ein räumliches „Abbild" von Sedimentkaskaden erzeugt und analysiert werden: Gebiete mit dominierender Erosion oder Akkumulation ($\rightarrow$ potenzielle Sedimentspeicher) durch verschiedene Prozesse können hierdurch identifiziert werden. Erste Ergebnisse hierzu werden in BECHT ET AL. (2005) und WICHMANN (2006) vorgestellt. Die Ergebnisse der vorliegenden Arbeit zeigen, dass eine Modellierung und geomorphologische Zonierung des potenziellen Prozessgebietes von Grundlawinen möglich ist. Bis zu einer modellgestützten Regionalisierung des Abtrags müssen jedoch noch weitere Untersuchungen an möglichst umfangreichen Datensammlungen durchgeführt werden. Nach Ansicht des Autors kann diese wenn überhaupt nur *unscharf*, das heisst in Kategorien erfolgen (z.B. „hoher Abtrag"), den einzelnen Kategorien müssen dann anhand der gemessenen Daten Wertebereiche oder Verteilungen zugewiesen werden.

15 Zusammenfassung und Summary

15.1 Zusammenfassung

Die hier zusammengestellten Untersuchungen wurden im Rahmen des Forschungsprogramms SEDAG (SEDimentkaskaden in Alpinen Geosystemen, gefördert durch die DFG/Bonn) in zwei Untersuchungsbebieten in den Nördlichen Kalkalpen in der Nähe von Garmisch-Partenkirchen durchgeführt. Unter dem Dach des Bündelprojektes erforschen fünf Arbeitsgruppen der Universitäten Eichstätt-Ingolstadt, Erlangen-Nürnberg, Halle, Bonn und Regensburg den Sedimenthaushalt alpiner Einzugsgebiete mit dem Ziel der Quantifizierung und Modellierung der beteiligten geomorphologischen Prozesse. Die Prozessraten dieser Prozesse (Steinschlag, Rutschungen, gleitende und kriechende Massenbewegungen, Muren, fluviale Dynamik im Hauptgerinne und auf den angrenzenden Hängen, Schneelawinen und die Dynamik von Sedimentspeichern) werden seit dem Jahr 2000 mit verschiedenen Methoden im Gelände gemessen. Ein Hauptziel des Projekts ist die Verbesserung des strukturellen Verständnisses des Sedimenthaushalts. Zu diesem Zweck werden für die einzelnen Prozesse GIS-basierte Modelle umgesetzt und weiterentwickelt, die das Prozessgebiet ausweisen und im Hinblick auf die geomorphologische Aktivität zonieren können. Durch eine räumliche Überlagerung der Einzelergebnisse werden modellgestützt Flächen mit einheitlicher Prozesskombination (*geomorphic process units*), Zonen überwiegender Erosion oder Akkumulation (Sedimentspeicher) und Zonen der Interaktion (z.B. Zwischenspeicherung und Remobilisierung) zwischen mehreren Prozessen identifiziert. Durch die angestrebte Koppelung der gemessenen Prozessraten an diese Modelle können quantitative Aspekte das durch Kartierung und Modellierung erlangte strukturelle Verständnis der Sedimentkaskaden ergänzen und verbessern.

Die Kernfragestellungen der vorliegenden Arbeit konzentrieren sich auf drei Punkte:
a) Die Messung des Beitrags von geomorphologisch aktiven Grundlawinen zum Sedimenthaushalt und ein besseres Prozessverständnis,
b) die Modellierung und Zonierung des (potenziellen) Prozessareals als Basis für eine Quantifizierung, sowie
c) die Identifizierung von statischen und dynamischen Faktoren, die die geomorphologische Aktivität der Lawinen und die Höhe der Sedimentfracht bzw. des Abtrags steuern.

Die Sedimentfracht von über 120 Ereignissen wurden durch Kartierung und Beprobung von sedimentbedeckten Lawinenschneeablagerungen während eines fortgeschrittenen Zeitpunktes der Schneeschmelze bestimmt. Es haben sich Hinweise ergeben, dass es sich um die geringmächtigen Ablagerungen sedimentführender Grundlawinen handelt, die auf den mächtigen Schneeablagerungen hochwinterlicher (Ober-)Lawinen abgelagert wurden, wo aufgrund der Ablation eine Sedimentschicht unterschiedlichen Bedeckungsgrades entsteht. Die Ergebnisse der Bilanzierung stellen aufgrund des Stichprobenumfangs eine wichtige Ergänzung zum Verständnis der geomorphologischen Aktivität von Lawinen vor allem in der subalpinen Höhenstufe dar.

Im Folgenden werden die wichtigsten Ergebnisse der Bilanzierung vorgestellt:

- Lawinen führen im Mittel 0,3-1,3 t (Lahnenwiesgraben) bzw. 1,8-3,9 t (Reintal) Sediment mit sich. Es wurden auch Extremereignisse mit einer Sedimentfracht bis zu 170 t aufgenommen.

- Die jährliche Gesamtfracht schwankt stark, sie lag in den Untersuchungsgebieten in der Größenordnung von etwa 5-500 t/a, gemittelt über den Untersuchungszeitraum etwa 100 t/a.

- Die Abtragsraten von <0,01-2,21 mm/a (lokal) sind mit dem Mächtigkeitsbereich bekannter Akkumulationsformen und den Werten aus der Literatur gut vereinbar.

- Mithilfe des unten beschriebenen Modellansatzes konnten die Sedimentfrachten auf das Prozessgebiet der jeweiligen Ereignisse bezogen werden, um die Denudation bestimmen zu können. Insgesamt liegt der Mittelwert bei etwa 56 t/km^2 oder 0,03 mm pro Ereignis, in kleineren Prozessarealen können stark erodierende Ereignisse flächenhaft einige mm erodieren (Maximum: 5,5 mm).

Daneben wurden Untersuchungen zur Variabilität der Lawinenaktivität, zur Verbreitung der Blaikenerosion, zur Interaktion von Lawinen und fluvialen Prozessen sowie zur Morphometrie der Lawinenablagerungsbereiche durchgeführt.

Im Zuge der Modellierung wurden Ansätze verwendet, die ursprünglich für die Naturgefahrenforschung entwickelt wurden. Die *Certainty Factor*-Analyse, ursprünglich zur Bewertung unsicheren Wissens konzipiert, wurde erfolgreich zur Dispositionsmodellierung von Lawinen auf Einzugsgebietsebene verwendet. Das Dispositionsmodell lässt sich mit einem Prozessmodell zur Bestimmung von Ausbreitung (random-walk-Ansatz nach GAMMA 2000) und Reichweite (PERLA ET AL. 1980) koppeln, um das potenzielle Prozessgebiet ausweisen zu können. Im Allgemeinen gelingt dies recht gut, so dass von einer Anwendbarkeit im Rahmen der weiteren Analysen von Sedimentkaskaden ausgegangen werden kann.

Anhand einer detaillierten Kartierung von Erosions- und Akkumulationszonen eines Lawinenereignisses konnte mithilfe einer Diskriminanzanalyse ein empirischer Zusammenhang zwischen der Art der Aktivität und Modellergebnissen (Fließhöhe und -geschwindigkeit, Gefälle) ermittelt werden, auf dessen Basis eine Prozessraumzonierung möglich ist. Diese Beziehung muss im Zuge weiterer Arbeiten überprüft und in das Prozessmodell implementiert werden. Obwohl aus den Untersuchungsergebnissen Hinweise auf eine Abhängigkeit der Abtragsleistung von der Ereignismagnitude sowie dem Einfluss der Schneerücklage auf die mittlere Magnitude abgeleitet werden können, besteht noch deutlicher Forschungsbedarf in diesen Fragen. Die Intensität der geomorphologischen Aktivität wird von einem sehr komplexen Wirkungsgeflecht von statischen und dynamischen Faktoren gesteuert, das nur schwer in einem Modell erfasst werden kann.

15.2 Summary

The investigations presented here have been conducted within the framework of the SEDAG research project (SEDiment cascades in Alpine Geosystems, funded by the German Research Foundation, DFG/Bonn) in two catchments situated in the Northern Limestone Alps approximately 100 km south of Munich. The SEDAG project comprises five working groups from German universities aiming at quantifying and modelling the contribution of geomorphic processes to the sediment budget of high mountain catchments. The rates of erosion, transport and deposition of the processes involved (including rockfall, landslides, gliding and creeping processes, debris flows, fluvial dynamics in mountain creeks and on tributary hillslopes, and full-depth snow avalanches along with sediment storage dynamics) have been measured in the field since the year 2000 using a wide variety of methods. Besides the quantification, it is the aim of the project to develop and apply GIS-based models for each geomorphic process in order to delineate its process domain and, in addition, to facilitate a zonation of the process domain with respect to the type of geomorphic activity. By spatial superposition of the different modelling results, the structure of the cascading systems becomes visible and can be interpreted. Thus, geomorphic process units can be identified as well as zones of predominant erosion, sediment storage and interaction between processes. If the process rates measured in the field can be coupled to these models, the functional view of the internal structure of sediment cascades can be supplemented by a quantitative aspect, which would greatly improve our understanding of alpine geosystems.

The present thesis is focused on both quantifying and modelling the contribution of full-depth snow avalanches to the sediment budget of the two study areas, the Lahnenwiesgraben catchment ($16{,}7 \ km^2$) and the middle Reintal valley ($17{,}3 \ km^2$). The three main aims of the study are

a) to measure the sediment yield of snow avalanches,

b) to develop a modelling approach to delineate the (potential) process domain and, finally,

c) to find out which factors control the erosive action of avalanches and the sediment yield.

The sediment yields of avalanche events have been measured at a late stage of snow melt by mapping and sampling the snow deposits of avalanches covered by debris. There is evidence, at many sites, that the clean snow deposits created by large surface layer avalanches serve as an ideal sampling surface for the dirty-snow deposits of wet full-depth avalanches occurring in springtime: the debris-laden snow deposits of the latter melt away quickly, leaving a layer of debris on the older, clean snow deposits. The measuring results of over 120 events substantially enlarge the previously limited data on the geomorphic activity of snow avalanches in the subalpine zone.

Major results of fieldwork are:

- The sediment yield of avalanches is in the order of 0,3-1,3 t/event in the Lahnenwiesgraben and 1,8-3,9 t/event in the Reintal catchment. Extreme events transporting up to 170 t of sediments have been reported.

- The total sediment yield for the period of investigation is in the order of 5-500 t/a, a mean of approximately 100 t/a in each study area.

Summary

- Rates of deposition of <0,01-2,21 mm/a can be calculated for the areas of deposition, corresponding well with known sediment thickness of avalanche landforms and previously published data.

- Using the modeling approach described below, the sediment yields could be assigned to the (modelled) process domains belonging to the deposits in order to calculate denudation; it is in the order of 56 t/km^2 or 0,03 mm per event (overall mean), reaching extreme values of several mm in small process areas with heavy avalanche erosion (maximum: 5,5 mm).

In addition, various investigations concerning the variability of the sediment yield, the extent of snowglide erosion, interaction of avalanches and fluvial processes and the morphometry of accumulation areas have been conducted revealing the significance of nival processes within the study areas.

Modelling approaches originally developed for hazard zonation have been adapted to delineate the potential process domain of full-depth snow avalanches. The *certainty factor* analysis derived from the concept of uncertain reasoning has been shown to be a useful method as a disposition model identifying potential avalanche starting zones on the catchment scale. The disposition model is coupled with a physically based process model (PCM, PERLA ET AL. 1980) simulating the flow, including lateral dispersion, using a random walk approach (GAMMA 2000). In general, the modelled process domains match the observed events well and can therefore be used in a further analysis of sediment cascades.

Using a detailed map of erosional and depositional zones of a single avalanche event together with local flow parameters calculated by the model, a discriminant analysis was conducted on the basis of which the geomorphic activity of the avalanche can be correctly assigned in over 80% of the model segments. With more data available, this can be a promising empirical approach towards a geomorphic zonation of the avalanche process domain. The method has to be further evaluated and can then be implemented with the process model.

Further research is needed in order to understand the complex relationships of geofactors and the magnitude of sediment yield. However, there are hints towards a correlation of event magnitude and sediment yield, as well as towards springtime snow reserve as a factor governing mean event magnitude in the study areas. It can be concluded that the geomorphic work of avalanches is influenced by a complex system of static and dynamic factors, the impact and interaction of which is difficult to model.

Literatur

ABE, O., T. NAKAMURA, T. LANG & T. OHNUMA (1987): *Comparison of Simulated Runout Distances of Snow Avalanches with those of Actually Observed Events in Japan.* In: IAHS Publication **162**: S. 463–473

ACKROYD, P. (1986): *Debris Transport by Avalanche, Torlesse Range, New Zealand.* In: Zeitschrift für Geomorphologie N.F. **30**(1): S. 1–14

ACKROYD, P. (1987): *Erosion by Snow Avalanche and Implications for Geomorphic Stability, Torlesse Range, New Zealand.* In: Arctic and Alpine Research **19**(1): S. 65–70

AKITAYA, E. (1980): *Observations of Ground Avalanches with a Video Tape Recorder.* In: Journal of Glaciology **26**(94): S. 493–496

ALLIX, A. (1924): *Avalanches.* In: Geographical Review **14**(4): S. 519–560

AMMANN, W. (2000): *Der Lawinenwinter 1999: Ereignisanalyse.* Davos (EISLF)

AMMANN, W., O. BUSER & U. VOLLENWYDER (1997): *Lawinen.* Basel (Birkhäuser)

ANCEY, C. (1998): *La rhéologie des avalanches*
URL http://www.anena.org/savoir/etudiant/ancey/rheologie.pdf

ANCEY, C. (2001): *Snow Avalanches.* In: Lecture Notes in Physics **582**: S. 319–338

ANDRÉ, M.-F. (1990): *Geomorphic Impact of Spring Avalanches in Northwest Spitsbergen (79° N).* In: Permafrost and Periglacial Processes **1**: S. 97–110

ANIYA, M. (1985): *Landslide-Susceptibility Mapping in the Amahata River Basin, Japan.* In: Annals of the Association of American Geographers **75**(1): S. 102–114

ARMSTRONG, R. & J. IVES (1976): *Avalanche Release and Snow Characteristics*
URL http://www.avalanche.org/ moonstone/zoning/avalancherelease.htm

ATTMANNSPACHER, W. (1981): *200 Jahre meteorologische Beobachtungen auf dem Hohenpeißenberg 1781-1980.* Nr. 155 in Berichte des Deutschen Wetterdienstes. Offenbach (DWD Selbstverlag)

BAEZA, C. & J. COROMINAS (2001): *Assessment of Shallow Landslide Susceptibility by Means of Multivariate Statistical Techniques.* In: Earth Surface Processes and Landforms **26**: S. 1251–1263

BAHRENBERG, G., E. GIESE & J. NIPPER (1990): *Statistische Methoden in der Geographie I: Univariate und bivariate Statistik.* Stuttgart (Teubner), 3 Aufl.

BAHRENBERG, G., E. GIESE & J. NIPPER (2003): *Statistische Methoden in der Geographie II: Multivariate Statistik.* Stuttgart (Teubner), 2 Aufl.

BARBOLINI, M., U. GRUBER, C. KEYLOCK, M. NAAIM & F. SAVI (2000): *Application of Statistical and Hydraulic-Continuum Dense-Snow Avalanche Models to Five Real European Sites.* In: Cold Regions Science and Technology **31**: S. 133–149

BARBOLINI, M., L. NATALE & F. SAVI (2002): *Effects of Release Conditions Uncertainty on Avalanche Hazard Mapping.* In: Natural Hazards **25**: S. 225–244

BARDOU, E. & R. DELALOYE (2004): *Effects of Ground Freezing and Snow Avalanche Deposits on Debris Flows in Alpine Environments.* In: Natural Hazards and Earth System Sciences **4**: S. 519–530

BARNIKEL, F. (2004a): *Analyse von Naturgefahren im Alpenraum anhand historischer Quellen am Beispiel der Untersuchungsgebiete Hindelang und Tegernseer Tal, Bayern, Göttinger Geographische Abhandlungen*, Bd. 111. Göttingen (Goltze)

BARNIKEL, F. (2004b): *The Value of Historical Documents for Hazard Zone Mapping.* In: Natural Hazards and Earth System Sciences **4**: S. 599–613

BARTELT, P., B. SALM & U. GRUBER (1999): *Calculating Dense-Snow Avalanche Runout Using a Voellmy-Fluid Model with Active/Passive Longitudinal Straining.* In: Journal of Glaciology **45**(150): S. 242–254

BARTELT, P. & V. STÖCKLI (2001): *The Influence of Tree and Branch Fracture, Overturning and Debris Entrainment on Snow Avalanche Flow.* In: Annals of Glaciology **32**: S. 209–216

BARTSCH, A., M. GUDE, C. JONASSON & D. SCHERER (2002): *Identification of Geomorphic Process Units in Kärkevagge, Northern Sweden, by Remote Sensing and Digital Terrain Analysis.* In: Geografiska Annaler A **84**(3-4): S. 171–178

BAUMGARTNER, A., E. REICHEL & G. WEBER (1983): *Der Wasserhaushalt der Alpen.* München (Oldenbourg)

BECHT, M. (1994): *Aktuelle Geomorphodynamik in den Alpen.* In: Mitt. Geographische Gesellschaft München **79**: S. 25–50

BECHT, M. (1995): *Untersuchungen zur aktuellen Reliefentwicklung in alpinen Einzugsgebieten, Münchener Geographische Abhandlungen A*, Bd. 47. München (Geobuch)

BECHT, M., F. HAAS, T. HECKMANN & V. WICHMANN (2005): *Investigating Sediment Cascades Using Field Measurements and Spatial Modelling.* In: IAHS Publication **291**: S. 206–213. (Sediment Budgets I; Proceedings of Symposium S1 held during the Seventh IAHS Scientific Assembly at Foz do Iguacu, Brazil, April 2005)

BELL, I., J. GARDNER & F. DESCALLY (1990): *An Estimate of Snow Avalanche Debris Transport, Kaghan Valley, Himalaya, Pakistan.* In: Arctic and Alpine Research **22**(3): S. 317–321

BEYLICH, A. (2000): *Untersuchungen zum gravitativen und fluvialen Stofftransfer in einem subarktisch-ozeanisch geprägten, permafrostfreien Periglazialgebiet mit mit pleistozäner Vergletscherung (Austdalur, Ost-Island).* In: Zeitschrift für Geomorphologie N.F. Suppl. **121**: S. 1–22

BINAGHI, E., L. LUZI, P. MADELLA, F. PERGALANI & A. RAMPINI (1998): *Slope Instability Zonation: A Comparison between Certainty Factor and Fuzzy Dempster-Shafer Approaches.* In: Natural Hazards **17**: S. 77–97

BIRKELAND, K., K. HANSEN & R. BROWN (1995): *The Spatial Variability of Snow Resistance on Potential Avalanche Slopes.* In: Journal of Glaciology **41**(137): S. 183–190

BIRKELAND, K. & C. LANDRY (2002): *Power-Laws and Snow Avalanches.* In: Geophysical Research Letters **29**(11)

BIRKENHAUER, J. (2001): *Blaiken in den Alpen - Ursachen und Verbeitung.* In: Mitt. der Geographischen Gesellschaft in München **85**: S. 1–17

BLAGOVECHSHENSKIY, V., M. EGLIT & M. NAAIM (2002): *The Calibration of an Avalanche Mathematical Model Using Field Data.* In: Natural Hazards and Earth System Sciences **2**: S. 217–220

BLECHSCHMIDT, G. (1990): *Die Blaikenbildung im Karwendel.* In: Jahrbuch Verein zum Schutz der Bergwelt München **55**: S. 31–45

BLIKRA, L. & W. NEMEC (1998): *Postglacial Colluvium in Western Norway: Depositional Processes, Facies and Palaeoclimatic Record.* In: Sedimentology **45**: S. 909–959

BLIKRA, L. & T. SAEMUNDSON (1998): *The Potential of Sedimentology and Stratigraphy in Avalanche-Hazard Research.* In: Publ. Norwegian Geotechnical Institute **203**: S. 60–64

BLIKRA, L. & S. SELVIK (1998): *Climatic Signals Recorded in Snow Avalanche-Dominated Colluvium in Western Norway: Depositional Facies, Successions and Pollen Records.* In: The Holocene **8**(6): S. 631–658

BOEHNER, J., O. CONRAD, R. KÖTHE & A. RINGELER (2003): *SAGA: System for an automated Geographical Analysis.* AG Geosystemanalyse, Geogr. Inst. Univ. Göttingen
URL http://134.76.76.30

BOVIS, M. & A. MEARS (1976): *Statistical Prediction of Snow Avalanche Runout from Terrain Variables in Colorado.* In: Arctic and Alpine Research **8**(1): S. 115–120

BOZHINSKIY, A. & K. LOSEV (1998): *The Fundamentals of Avalanche Science.* Nr. 55 in Mitteilungen des Eidgenössischen Instituts für Schnee- und Lawinenforschung. Davos (EiSLF)

BRYANT, C., D. BUTLER & J. VITEK (1989): *A Statistical Analysis of Tree-Ring Dating in Conjunction with Snow Avalanches; Comparison of On-Path versus Off-Path Responses.* In: Environmental Geology and Water Sciences **14**(1): S. 53–59

BUISSON, L. & C. CHARLIER (1989): *Avalanche Starting-Zone Analysis by Use of a Knowledge-Based System.* In: Annals of Glaciology **13**: S. 27–30

BUTLER, D. (2001): *Geomorphic Process-Disturbance Corridors: A Variation on a Principle of Landscape Ecology.* In: Progress in Physical Geography **25**(2): S. 237–248

BUTLER, D. & G. MALANSON (1990): *Non-Equilibrium Geomorphic Processes and Patterns on Avalanche Paths in the Northern Rocky Mountains, USA.* In: Zeitschrift für Geomorphologie N.F. **34**(3): S. 257–270

BUTLER, D., G. MALANSON & S. WALSH (1992): *Snow-Avalanche Paths: Conduits from the Periglacial-Alpine to the Subalpine-Depositional Zone.* In: DIXON, J. & A. ABRAHAMS (Hg.) *Periglacial Geomorphology.* London (Wiley), S. 185–202

CARRAN, W., C. KENDALL, A. CARRAN, S. HALL & H. CONWAY (2000): *Measurements of Temperature and Infiltration during Rain-On-Snow: Milford Highway, New Zealand.* In: *Proceedings of the International Snow Science Workshop*

CARRARA, A. & F. E. GUZETTI (1995): *Geographical Information Systems in Assessing Natural Hazards.* Amsterdam (Kluwer)

CHEN, Y.-L. (2003): *Indicator Pattern Combination for Mineral Resource Potential Mapping with the General C-F Model.* In: Mathematical Geology **35**(3): S. 301–321

CHERNOUSS, P. & Y. FEDORENKO (1998): *Probabilistic Evaluation of Snow-Slab Stability on Mountain Slopes.* In: Annals of Glaciology **26**: S. 303–306

CHORLEY, R. & B. KENNEDY (1971): *Physical Geography: A Systems Approach.* London (Prentice-Hall)

CHRISTEN, M., P. BARTELT & U. GRUBER (2002): *AVAL-1D: An Avalanche Dynamics Program for the Practice.* In: *Congress Publication, Interpraevent 2002 in the Pacific Rim - Matsumoto/Japan*, Bd. 2. S. 715–725

CHUNG, C.-J. F. & A. FABBRI (2003): *Validation of Spatial Prediction Models for Landslide Hazard Mapping.* In: Natural Hazards **30**: S. 451–472

CHUNG, C.-J. F., A. G. FABBRI & C. J. VAN WESTEN (1995): *Multivariate Regression Analysis for Landslide Hazard Zonation.* In: CARRARA, A. & F. H. GUZETTI (Hg.) *Geographical Information Systems in Assessing Natural Hazards.* Amsterdam (Kluwer), S. 107–133

CIOLLI, M. & P. ZATELLI (2000): *Avalanche Risk Management Using GRASS GIS.* Dip. di Ingenieria Civile e Ambientale, Univ. Trento

CLARKE, J. & D. MCCLUNG (1999): *Full-Depth Avalanche Occurrences Caused by Snow Gliding, Coquihalla, British Columbia, Canada.* In: Journal of Glaciology **45**(151): S. 539–546

CLERICI, A. (2002): *A GRASS GIS Based Shell Script for Landslide Susceptibility Zonation by the Conditional Analysis Method.* In: *Proceed. Open Source GIS - GRASS Users Conference*

CLERICI, A., S. PEREGO, C. TELLINI & P. VESCOVI (2002): *A Procedure for Landslide Susceptibility Zonation by the Conditional Analysis Method.* In: Geomorphology **48**: S. 349–364

CONWAY, H., S. BREYFOGLE, J. JOHNSON & C. WILBOUR (1996): *Creep and Failure of Alpine Snow: Measurements and Observations.* In: *Proceedings of the International Snow Science Workshop*

CORNER, G. (1980): *Avalanche Impact Landforms in Troms, North Norway.* In: Geografiska Annaler A **62**(1-2): S. 1–10

D'AGOSTINO, V. & L. MARCHI (2001): *Debris Flow Magnitude in the Eastern Italian Alps: Data Collection and Analysis.* In: Physics and Chemistry of the Earth (C) **26**(9): S. 657–663

DELANGE, N. (2002): *Geoinformatik in Theorie und Praxis.* Berlin (Springer)

DUC, P., U.-B. BRÄNDLI & P. BRASSEL (2004): *Der Schutzwald im zweiten Schweizerischen Landesforstinventar (LFI2).* In: Forum für Wissen : S. 7–13

EATON, L., B. MORGAN, R. KOCHEL & A. HOWARD (2003): *Role of Debris Flows in Long-Term Landscape Denudation in the Central Appalachians of Virginia.* In: Geology **31**(4): S. 339–442

EGLIT, M. (1998): *Mathematical Modeling of Dense Avalanches.* In: Norwegian Geotechnical Institute Publication **203**: S. 15–18

EIDT, M. & R. LÖHMANNSRÖBEN (1996): *Zusammenhänge zwischen bodenkundlichen Standortfaktoren und verschiedenen Abtragsformen.* In: *Internationales Symposion Interpraevent, Tagungspublikation*, Bd. 1. S. 247–261

EJSTRUD, B. (2001): *Indicative Models in Landscape Management. Testing the Methods.* In: *Proceedings of the 2001 Int. Conference in Wünstorf/Brandenburg: The Archaeology of Landscapes and Geographic Information Systems: Predictive Maps, Settlement Dynamics and Space and Territory in Prehistory.*

ERNEST, A. (1981): *Wetter, Schnee und Lawinen.* Graz (Stocker)

EVANS, R. (1998): *The Erosional Impacts of Grazing Animals.* In: Progress in Physical Geography **22**(2): S. 251–268

FERGUSON, S. (2000): *The Spatial and Temporal Variability of Rain-On-Snow.* In: Proceedings of the International Snow Science Workshop, Big Sky, Montana

FITZHARRIS, B. & S. BAKKEHØI (1986): *A Synoptic Climatology of Major Avalanche Winters in Norway.* In: Norwegian Geotechnical Institute Publication **178**: S. 1–16

FITZHARRIS, B. & I. OWENS (1984): *Avalanche Tarns.* In: Journal of Glaciology **30**(106): S. 308–312

FITZHARRIS, B. & P. SCHAERER (1980): *Frequency of Major Avalanche Winters.* In: Journal of Glaciology **26**: S. 43–52

FLIRI, F. (1974): *Niederschlag und Lufttemperatur im Alpenraum.* Nr. 24 in Wiss. Alpenvereinshefte. Innsbruck

FOEHN, P. (1975): *Statistische Aspekte bei Lawinenereignissen.* In: Proc. Interpraevent Symposium 1975. S. 293–304

FOEHN, P., M. STOFFEL & P. BARTELT (2002): *Formation and Forecasting of Large (Catastrophic) New Snow Avalanches.* In: Proceedings of the International Snow and Science Workshop, Penticton, B.C., Canada

FUCHS, H. (2002): *Lawinenkundliche und waldbauliche Analyse des Katastrophenwinters 1998/99 und Erstellung eines Standardverfahrens zur dynamischen Ermittlung lawinengefährdeter Bereiche mit dem Ziel einer verbesserten Katastrophenprävention.* In: bokuINSIDE I. Universität für Bodenkultur, Wien, S. 35–41

FUJISAWA, K., R. TSUNAKI & I. KAMIISHI (1993): *Estimating Snow Avalanche Runout Distances from Topographic Data.* In: Annals of Glaciology **18**: S. 239–244

FURDADA, G. & J. VILAPLANA (1998): *Statistical Prediction of Maximum Avalanche Run-Out Distances from Topographic Data in the Western Catalan Pyrenees (Northeast Spain).* In: Annals of Glaciology **26**: S. 285–288

GAMMA, P. (2000): *dfwalk - Ein Murgang-Simulationsprogramm zur Gefahrenzonierung.* Nr. G66 in Geographica Bernensia. Bern (Geogr. Institut Univ.)

GARDNER, J. (1970): *Geomorphic Significance of Avalanches in the Lake Louise Area, Alberta, Canada.* In: Arctic and Alpine Research **2**(2): S. 135–144

GARDNER, J. (1983a): *Accretion Rates on Some Debris Slopes in the Mount Rae Area, Canadian Rocky Mountains.* In: Earth Surface Processes and Landforms **8**: S. 347–355

GARDNER, J. (1983b): *Observations on Erosion by Wet Snow Avalanches, Mount Rae Area, Alberta, Canada.* In: Arctic and Alpine Research **15**(2): S. 271–274

GASSNER, M. & B. BRABEC (2002): *Nearest Neighbour Models for Local and Regional Avalanche Forecasting.* In: Natural Hazards and Earth System Sciences **2**: S. 247–253

GAUER, P. & D. ISSLER (2004): *Possible Erosion Mechanisms in Snow Avalanches.* In: Annals of Glaciology **38**

GERST, M. (2000): *Hangformung durch Lawinen und Steinschlag in den Nördlichen Kalkalpen am Beispiel des Mittleren Reintals und des Lahnenwiesgrabens.* Diplomarbeit Inst. f. Geogr. LMU München (unpubl.)

GHINOI, A., C.-J. F. CHUNG, B. BAUER & A. FABBRI (2002): *A Topography Based Statistical Model for Localizing Potential Snow Avalanche Release Areas at the Scale of an Alpine Valley.* In: Zeitschrift für Gletscherkunde und Glazialgeologie **38**(1): S. 77–94

GILKS, W., S. RICHARDSON & D. E. SPIEGELHALTER (1997): *Markov chain Monte Carlo in practice.* London (Chapman&Hall), 1 Aufl.

GRUBER, U. & S. SARDEMANN (2003): *High-Frequency Avalanches: Release Area Characteristics and Run-Out Distances.* In: Cold Regions Science and Technology **37**: S. 439–451

GUBLER, H. (1987): *Measurements and Modelling of Snow Avalanche Speeds.* In: IAHS Publication **162**: S. 405–420

GUDE, M., G. DAUT, S. DIETRICH, R. MÄUSBACHER, C. JONASSON, A. BARTSCH & D. SCHERER (2002): *Towards an Integration of Process Measurements, Archive Analysis and Modelling in Geomorphology - The Kärkevagge Experimental Site, Abisko Area, Northern Sweden.* In: Geografiska Annaler A **84**(3-4): S. 205–212

GUDE, M. & D. SCHERER (1995): *Snowmelt and Slush Torrents - Preliminary Report from a Field Campaign in Kärkevagge, Swedish Lappland.* In: Geografiska Annaler A **77**(4): S. 199–206

GUDE, M. & D. SCHERER (1999): *Atmospheric Triggering and Geomorphic Significance of Fluvial Events in High-Latitude Regions.* In: Zeitschrift für Geomorphologie N.F. Suppl. **115**: S. 87–111

GUTENBERG, B. & C. RICHTER (1954): *Seismicity of the Earth and Associated Phenomena.* Princeton (Univ. Press), 2 Aufl.

HAAS, F., T. HECKMANN, V. WICHMANN & M. BECHT (2004): *Change of Fluvial Sediment Transport Rates after a High Magnitude Debris Flow Event in a Drainage Basin in the Northern Limestone Alps, Germany.* In: IAHS Publication **288**: S. 37–43. (Sediment Transfer through the Fluvial System - Proceedings of a Symposium Held in Moscow, August 2004)

HAGEN, G. & J. HEUMADER (2000): *Das österreichische Lawinensimulationsmodell SAMOS.* In: *Proceedings Interpraevent Villach*, Bd. 1. S. 371–382

HAMRE, D. & D. MCCARTHY (1996): *Frequency/Magnitude Relationship of Avalanches in the Chugach Range, Alaska.* In: International Snow Science Workshop (http://www.avalanche.org/ issw/96/art53.html)

HANTKE, R. (1978): *Eiszeitalter. Die jüngste Erdgeschichte der Schweiz und ihrer Nachbargebiete*, Bd. 1. Thun (Ott)

HANTKE, R. (1983): *Eiszeitalter. Die jüngste Erdgeschichte der Schweiz und ihrer Nachbargebiete*, Bd. 3. Thun (Ott)

HARBITZ, C., D. ISSLER & C. KEYLOCK (1998): *Conclusions from a Recent Survey of Avalanche Computational Models.* In: Norwegian Geotechnical Institute Publication **203**: S. 128–139

HECKMANN, T. & M. BECHT (2004): *Prozessmodellierung von Grundlawinen als geomorphologisch wirksame Naturgefahr.* In: STROBL, J., T. BLASCHKE & G. E. GRIESEBNER (Hg.) *Angewandte Geoinformatik - Beiträge zum 16. AGIT-Symposium Salzburg.* Heidelberg (Wichmann), S. 208–216

HECKMANN, T. & M. BECHT (2005): *Quantifying and Modelling the Contribution of Full-Depth Snow Avalanches to the Sediment Budget of High-Mountain Areas Based on Field Measurements and Spatial Modelling.* In: ETIENNE, S. (Hg.) *Shifting Lands - New Insights into Periglacial Geomorphology. ESF-Sediflux Network, Second Conference, Clermont-Ferrand 20-22 January 2005, Collection Geoenvironnement*, Bd. 2. Clermont-Ferrand (Seteun)

HECKMANN, T., V. WICHMANN & M. BECHT (2002): *Quantifying Sediment Transport by Avalanches in the Bavarian Alps - First Results.* In: Zeitschrift für Geomorphologie N.F. Suppl. **127**: S. 137–152

HECKMANN, T., V. WICHMANN & M. BECHT (2005): *Sediment Transport by Avalanches in the Bavarian Alps Revisited - a Perspective on Modelling.* In: Zeitschrift für Geomorphologie N.F. Suppl. **138**: S. 11–25

HEGG, C. (1997): *Zur Erfassung und Modellierung von gefährlichen Prozessen in steilen Wildbacheinzugsgebieten, Geographica Bernensia G*, Bd. 52. Bern (Geogr. Inst.)

HELSEN, M., P. KOOP & H. VANSTEIJN (2002): *Magnitude-Frequency Relationship for Debris Flows on the Fan of the Chalance Torrent, Valgaudemar (French Alps).* In: Earth Surface Processes and Landforms **27**: S. 1299–1307

HENDL, M. (2002): *Klima.* In: LIEDTKE, H. & J. H. MARCINEK (Hg.) *Physische Geographie Deutschlands*, Kap. 1. Gotha (Klett-Perthes), 3 Aufl., S. 17–124

HERGARTEN, S. (2002): *Self-Organized Criticality in Earth Systems.* Heidelberg (Springer)

HERGARTEN, S. (2003): *Landslides, Sandpiles, and Self-Organized Criticality.* In: Natural Hazards and Earth System Sciences **3**: S. 505–514

HERGARTEN, S. (2004): *Aspects of Risk Assessment in Power-Law Distributed Natural Hazards.* In: Natural Hazards and Earth System Sciences **4**: S. 309–313

HEUMADER, J. (2000): *Die Katastrophenlawinen von Galtür und Valzur am 23. und 24.2.1999 im Paznauntal/Tirol.* In: *Internationales Symposium Interpraevent Klagenfurt, Tagungspublikation*, Bd. 1. S. 397–409

HIRTLREITER, G. (1992): *Spät- und postglaziale Gletscherschwankungen im Wettersteingebirge und seiner Umgebung, Münchener Geographische Abhandlungen B*, Bd. 15. München (Geobuch)

HUTTER, K. (1996): *Avalanche Dynamics.* In: SINGH, V. E. (Hg.) *The Hydrology of Desasters*, Kap. 11. Dordrecht (Kluwer), S. 318.389

ISSLER, D. (1998): *Modelling of Snow Entrainment and Deposition in Powder-Snow Avalanches.* In: Annals of Glaciology **26**: S. 253–258

JAECKLI, H. (1957): *Gegenwartsgeologie des Bündnerischen Rheingebietes.* In: Beiträge zu Geologischen Karte der Schweiz, Geotechnische Serie **36**

JAEGER, S. (1997): *Fallstudien zur Bewertung von Massenbewegungen als geomorphologische Naturgefahr*, Heidelberger Geographische Arbeiten, Bd. 108. Heidelberg (Geogr. Inst.)

JAMIESON, J. & C. JOHNSTON (1993): *Shear Frame Stability Parameters for Large-Scale Avalanche Forecasting.* In: Annals of Glaciology **18**: S. 268–272

JOMELLI, V. (1999a): *Depots d'Avalanches dans les Alpes Francaises: Geometrie, Sedimentologie et Geodynamique depuis le Petit Age Glaciaire.* In: Geographie physique et Quaternaire **53**(2): S. 199–209

JOMELLI, V. (1999b): *Les Effets de la Fonte sur la Sedimentation de Depots d'Avalanche de Neige Chargee dans le Massif des Ecrins (Alpes Francaises).* In: Geomorphologie: Relief, Processus, Environnement (1): S. 39–58

JOMELLI, V. & P. BERTRAN (2001): *Wet Snow Avalanche Deposits in the French Alps: Structure and Sedimentology.* In: Geografiska Annaler A **83**(1-2): S. 15–28

JOMELLI, V. & B. FRANCOU (2000): *Comparing the Characteristics of Rockfall Talus and Snow Avalanche Landforms in an Alpine Environment Using a New Methodological Approach: Massif des Ecrins, French Alps.* In: Geomorphology **35**: S. 181–192

JOMELLI, V. & P. PECH (2004): *Effects of the Little Ice Age on Avalanche Boulder Tongues in the French Alps (Massif des Ecrins).* In: Earth Surface Processes and Landforms **29**: S. 553–564

KELLER, D. (in Vorb.): *Analyse und Modellierung gravitativer Massenbewegungen in alpinen Sedimentkaskaden unter besonderer Berücksichtigung von Schutt- und Kriechströmen im Lockergestein.* Dissertation, Lehrstuhl für Angewandte Geologie, Universität Erlangen-Nürnberg

KELLER, D., T. HECKMANN & M. MOSER (2005): *Felduntersuchungen und GIS-Analysen zu flachgründigen alpinen Schuttströmen bei Garmisch-Partenkirchen.* In: MOSER, M. (Hg.) Veröff. von der 15. Tagung für Ingenieurgeologie, Erlangen (6.-9. April 2005). S. 189–194

KELLER, D. & M. MOSER (2002): *Assessment of Field Methods for Rock Fall and Soil Slip Modelling.* In: Zeitschrift für Geomorphologie N.F. Suppl. **127**: S. 127–135

KEYLOCK, C., D. MCCLUNG & M.M. MAGNUSSON (1999): *Avalanche Risk Mapping by Simulation.* In: Journal of Glaciology **45**: S. 303–314

KIENHOLZ, H. (1995): *Gefahrenbeurteilung und -bewertung - Auf dem Weg zu einem Gesamtkonzept.* In: Schweizerische Zeitschrift für Forstwissenschaften **146**(9): S. 701–725

KLEEMAYR, K. (1996): *Übersicht über die Lawinenberechnungsmodelle und Bewertung hinsichtlich des Einsatzes in der Gefahrenzonenplanung.* In: Tagungspublikation Internationales Symposion Interpraevent 1996, Garmisch-Partenkirchen, Bd. 2. S. 3–18

KOCH, F. (2005): *Zur raum-zeitlichen Variabilität von Massenbewegungen und pedologische Kartierungen in alpinen Einzugsgebieten - Dendrogeomorphologische Fallstudien und Erläuterungen zu den Bodenkarten Lahnenwiesgraben und Reintal (Bayerische Alpen).* Dissertation, Institut für Geographie, Universität Regensburg

KOERNER, H. (1976): *Reichweite und Geschwindigkeit von Bergstürzen und Fließschneelawinen.* In: Rock Mechanics **8**: S. 225–256

KOHL, B., M. FUCHS, G. MARKART & G. PATZELT (2001a): *Heavy Rain on Snow Cover.* In: Annals of Glaciology **32**: S. 33–38

KOHL, B., G. MARKART & W. BAUER (2001b): *Abflußmenge und Sedimentfracht unterschiedlich genutzter Boden-/Vegetationskomplexe bei Starkregen im Sölktal/Steiermark.* Innsbruck (Institut für Lawinen- und Wildbachforschung). (unveröff. Bericht)

KONETSCHNY, H. F. (1990): *Schneebewegungen und Lawinentätigkeit in zerfallenden Bergwäldern, Informationsberichte des Bayerischen Landesamts für Wasserwirtschaft,* Bd. 3

KRAUTBLATTER, M. (2004): *The Impact of Rainfall Intensity and other External Factors on Primary and Secondary Rockfall (Reintal, Bavarian Alps).* Magisterarbeit, Geographisches Institut, Universität Erlangen-Nürnberg

KUHNERT, C. (1967): *Erläuterungen zur Geologischen Karte von Bayern 1:25000 Blatt Nr. 8432 Oberammergau.* München (Bayerisches Geologisches Landesamt)

LAATSCH, W. & W. GROTTENTHALER (1973): *Labilität und Sanierung der Hänge in der Alpenregion des Landkreises Miesbach.* München (BayStMELF)

LACKINGER, B. (1987): *Stability and Fracture of the Snow Pack for Glide Avalanches.* In: IAHS Publication **162**: S. 229–241. (= Proceedings of the Davos Symposium, 1986, on Avalanche Formation, Movement and Effects)

LANGHAM, E. (1981): *Physics and Properties of Snowcover.* In: GRAY, D. & D. H. MALE (Hg.) *Handbook of Snow. Principles, Processes, Management & Use*, Kap. 7. Toronto (Pergamon)

LAROCQUE, S., B. HÉTU & L. FILION (2001): *Geomorphic and Dendroecological Impacts of Slushflows in Central Gaspé Peninsula (Québec, Canada).* In: Geografiska Annaler A **83**(4): S. 191–201

LATERNSER, M. & M. SCHNEEBELI (2002): *Temporal Trend and Spatial Distribution of Avalanche Activity during the Last 50 Years in Switzerland.* In: Natural Hazards **27**: S. 201–230

LEE, S. & K. MIN (2001): *Statistical Analysis of Landslide Susceptibility at Yongin, Korea.* In: Environmental Geology **40**: S. 1095–1113

LEHMKUHL, F. (1989): *Geomorphologische Höhenstufen in den Alpen unter besonderer Berücksichtigung des nivalen Formenschatzes.* Nr. 88 in Göttinger Geographische Abhandlungen. Göttingen

LEUENBERGER, F. & W. FREY (1987): *Temporäre Schutzmaßnahmen und Aufforstungsprobleme in Lawinen- und Gleitschneegebieten.* In: Mitteilungen des EiSLF (Davos) **43**: S. 69–84

LIEB, G. (2001): *Schnee und Lawinen.* unveröff. Vorlesung an der Universität Graz

LIED, K. & S. BAKKEHØI (1980): *Empirical Calculation of Snow-Avalanche Run-Out Distance Based on Topographic Parameters.* In: Journal of Glaciology **26**(94): S. 165–177

LIED, K. & R. TOPPE (1989): *Calculation of Maximum Snow-Avalanche Run-Out Distance by Use of Digital Terrain Models.* In: Annals of Glaciology **13**: S. 164–169

LIEDTKE, H. (2003): *Landschaften und ihre Namen.* In: *Relief, Boden und Wasser, Nationalatlas Bundesrepublik Deutschland*, Bd. 2. Heidelberg (Spektrum Akad. Verlag), S. 30–31

LUCKMAN, B. (1977): *The Geomorphic Activity of Snow Avalanches.* In: Geografiska Annaler A **59**(1-2): S. 31–48

LUCKMAN, B. (1978a): *Geomorphic Work of Snow Avalanches in the Canadian Rocky Mountains.* In: Arctic and Alpine Research **10**(2): S. 261–276

LUCKMAN, B. (1978b): *The Measurement of Debris Movement on Alpine Talus Slopes.* In: Zeitschrift für Geomorphologie N.F. Suppl. **29**: S. 117–129

LUCKMAN, B. (1992): *Debris Flows and Snow Avalanche Landforms in the Lairig Ghru, Cairngorm Mountains, Scotland*. In: Geografiska Annaler A **74**(2-3): S. 109–121

LUCKMAN, B., J. MATTHEWS, D. SMITH, D. MCCARROLL & D. MCCARTHY (1994): *Snow-Avalanche Impact Landforms: A Brief Discussion of Terminology*. In: Arctic and Alpine Research **26**(2): S. 128–129

LUZIAN, R. (2002): *Die österreichische Schadenslawinen-Datenbank. Forschungsanliegen - Aufbau - erste Ergebnisse*. Nr. 175 in Mitteilungen der Forstlichen Bundesversuchsanstalt. Wien (FBVA)

MAGGIONI, M. & U. GRUBER (2003): *The Influence of Topographic Parameters on Avalanche Release Dimension and Frequency*. In: Cold Regions Science and Technology **37**: S. 407–419

MALAMUD, B. & D. TURCOTTE (1999): *Self-Organized Criticality Applied to Natural Hazards*. In: Natural Hazards **20**: S. 93–116

MARGRETH, S. (2004): *Die Wirkung des Waldes bei Lawinen*. In: Forum für Wissen : S. 21–26

MARK, R. K. & S. D. ELLEN (1995): *Statistical and Simulation Models for Mapping Debris-Flow Hazard*. In: CARRARA, A. & F. H. GUZZETTI (Hg.) *Geographical Information Systems in Assessing Natural Hazards*. Amsterdam (Kluwer), S. 93–106

MARTINELLI, M., T. LANG & A. MEARS (1980): *Calculations of Avalanche Friction Coefficients from Field Data*. In: Journal of Glaciology **26**(94): S. 109–119

MATTHEWS, J. & D. MCCARROLL (1994): *Snow-Avalanche Impact Landforms in Breheimen, Southern Norway: Origin, Age and Palaeoclimatic Implications*. In: Arctic and Alpine Research **26**: S. 103–115

MAUKISCH, M., K. BELITZ, U. FRISCH, J. STÖTTER, F. WILHELM, K. STREMPEL & B. ZENKE (1996): *Konzept zur Erfassung und Bewertung von Strukturen im Bergwaldbereich als Grundlage für das Verständnis der Lawinengenese*. In: *Tagungspublikation Interpraevent Symposion*, Bd. 2. S. 103–112

MÖBUS, G. (1997): *Geologie der Alpen*. Köln (Verlag Sven von Loga)

MCCLUNG, D. (1975): *Creep and the Snow-Earth Interface Condition in the Seasonal Alpine Snowpack*. In: IAHS Publication **114**: S. 236–248

McClung, D. (1999): *The Encounter Probability for Mountain Slope Hazards.* In: Canadian Geotechnical Journal **36**: S. 1195–1196

McClung, D. (2000): *Extreme Avalanche Runout in Space and Time.* In: Canadian Geotechnical Journal **37**(1): S. 161–170

McClung, D. (2001a): *Characteristics of Terrain, Snow Supply and Forest Cover for Avalanche Initiation Caused by Logging.* In: Annals of Glaciology **32**: S. 223–229

McClung, D. (2001b): *Extreme Avalanche Runout: A Comparison of Empirical Models.* In: Canadian Geotechnical Journal **38**: S. 1254–1265

McClung, D. (2003): *Magnitude and Frequency of Avalanches in Relation to Terrain and Forest Cover.* In: Arctic, Antarctic, and Alpine Research **35**(1): S. 82–90

McClung, D., A. Mears & P. Schaerer (1989): *Extreme Avalanche Run-Out: Data from Four Mountain Ranges.* In: Annals of Glaciology **13**: S. 180–184

McElwaine, J. & K. Nishimura (1999): *Size Segregation in Snow Avalanches. Observations and Experiments.* Techn. Ber., Institute of Low Temperature Science, Hokkaido University

McKittrick, L. & R. Brown (1993): *A Statistical Model for Maximum Avalanche Run-Out Distances in Southwest Montana.* In: Annals of Glaciology **18**: S. 295–299

Mears, A. (2002): *Avalanche Dynamics*
URL http://www.avalanche.org/ moonstone/zoning/avalanchedynamics.htm

Meunier, M., C. Ancey & J.-M. Taillandier (2004): *Fitting Avalanche-Dynamics Models with Documented Events from the Col du Lautaret Site (France) Using the Conceptual Approach.* In: Cold Regions Science and Technology **39**: S. 55–66

Meurer, M. (1984): *Höhenstufung von Klima und Vegetation. Erläutert am Beispiel der mittleren Ostalpen.* In: Geographische Rundschau **36**(8): S. 395–403

Mössmer, E.-M. (1985): *Blaikenbildung auf beweideten und unbeweideten Almen.* In: Jahrbuch Verein zum Schutz der Bergwelt **50**

Mock, C. & K. Birkeland (2000): *Snow Avalanche Climatology of the Western United States Mountain Ranges.* In: Bulletin of the American Meteorological Society **81**(10): S. 2367–2392

MULLIGAN, M. & J. WAINWRIGHT (2004): *Modelling and Model Building.* In: WAINWRIGHT, J. & M. H. MULLIGAN (Hg.) *Environmental Modelling. Finding Simplicity in Complexity*, Kap. 1. Chichester (Wiley), S. 5–75

NEWESELY, C., E. TASSER, P. SPADINGER & A. CERNUSCA (2000): *Effects of Land-Use Changes on Snow Gliding Processes in Alpine Geosystems.* In: Basic and Applied Ecology **1**: S. 61–67

NIXON, D. & D. MCCLUNG (1993): *Snow Avalanche Runout from Two Canadian Mountain Ranges.* In: Annals of Glaciology **18**: S. 1–6

NOREM, H., F. IRGENS & B. SCHIELDROP (1987): *A Continuum Model for Calculating Snow Avalanche Velocities.* In: IAHS Publication **162**: S. 363–379

NOREM, H., F. IRGENS & B. SCHIELDROP (1989): *Simulation of Snow-Avalanche Flow in Run-Out Zones.* In: Annals of Glaciology **13**: S. 218–225

O'CALLAGHAN, J. & D. MARK (1984): *The Extraction of Drainage Networks from Digital Elevation Data.* In: Computer Vision, Graphics and Image Processing **28**: S. 323–344

OCCC (2003): *Extremereignisse und Klimaänderung.* Bern (Organe consultatif sur les changements climatiques)

PAINE, A. (1985): *Ergodic Reasoning in Geomorphology.* In: Progress in Physical Geography **9**: S. 1–15

PATTEN, R. & D. KNIGHT (1994): *Snow Avalanches and Vegetation Pattern in Cascade Canyon, Grand Teton National Park, Wyoming, USA.* In: Arctic and Alpine Research **26**(1): S. 35–41

PEEV, C. (1961): *Die Nivation als Faktor der Lawinenerosion.* In: Mitt. Österreichische Geographische Gesellschaft **103**

PEEV, C. (1966): *Geomorphic Activity of Snow Avalanches.* In: IAHS Publication **69**: S. 357–368

PERLA, R., T. CHENG & D. MCCLUNG (1980): *A two-parameter model of snow-avalanche motion.* In: Journal of Glaciology **26**(94): S. 197–207

PERLA, R., K. LIED & K. KRISTENSEN (1984): *Particle Simulation of Snow Avalanche Motion.* In: Cold Regions Science and Technology **8**: S. 191–202

PRESTON, N. & J. SCHMIDT (2003): *Modelling Sediment Fluxes at Large Spatial and Temporal Scales.* In: Lecture Notes in Earth Sciences **101**: S. 53–72

PRICE, W. (1976): *A Random-Walk Simulation Model of Alluvial-Fan Deposition.* In: MERRIAM, D. (Hg.) *Random Processes in Geology,* Kap. 5. Berlin (Springer), S. 55–62

RAPP, A. (1958): *Om Bergas och Lavinar i Alperna.* In: Ymer **2**

RAPP, A. (1959): *Avalanche Boulder Tongues in Lappland. A Description of Little-Known Landforms of Periglacial Debris Accumulation.* In: Geografiska Annaler A **41**: S. 34–48

RAPP, A. (1960): *Recent Development of Mountain Slopes in Karkevagge and Surroundings, Northern Scandinavia.* In: Geografiska Annaler **42**(2/3): S. 65–200

RAPP, A. (1986): *Slope Processes in High Latitude Mountains.* In: Progress in Physical Geography **10**: S. 53–68

RAYBACK, S. (1998): *A Dendrogeomorphological Analysis of Snow Avalanches in the Colorado Front Range, USA.* In: Physical Geography **19**(6): S. 502–515

REMONDO, J., A. GONZALEZ, J. DETERAN, A. CENDRERO, A. FABBRI & C.-J. F. CHUNG (2003): *Validation of Landslide Susceptibility Maps: Examples and Applications from a Case Study in Northern Spain.* In: Natural Hazards **30**: S. 437–449

ROMIG, J., S. CUSTER, K. BIRKELAND & W. LOCKE (2004): *March Wet Snow Avalanche Prediction at Bridger Bowl Ski Area, Montana.* In: Proceedings of the 2004 International Snow Science Workshop, Jackson Hole, Wyoming

ROSENTHAL, W. & K. ELDER (2003): *Evidence of Chaos in Slab Avalanching.* In: Cold Regions Science and Technology **37**: S. 243–253

SACHS, L. (1999): *Angewandte Statistik. Anwendung statistischer Methoden.* Berlin (Springer), 9 Aufl.

SALM, B., A. BURKARD & H. GUBLER (1990): *Berechnung von Fließlawinen. Eine Anleitung für Praktiker mit Beispielen.* Nr. 47 in Mitteilungen des Eidgenössischen Instituts für Schnee- und Lawinenforschung. Davos (EISLF)

SASS, O. (1998): *Die Steuerung von Steinschlagmenge und -verteilung durch Mikroklima, Gesteinsfeuchte und Gesteinseigenschaften im westlichen Karwendelgebirge (Bayerische Alpen), Münchener Geographische Abhandlungen,* Bd. B 29. München (Geobuch)

SAVAGE, S. & K. HUTTER (1989): *The Motion of a Finite Mass of Granular Material Down a Rough Incline.* In: Journal of Fluid Mechanics **199**: S. 177–215

SCHAERER, P. (1975): *Friction Coefficients and Speed of Flowing Avalanches.* In: IAHS Publication **114**: S. 425–432

SCHAERER, P. (1981): *Avalanches.* In: GRAY, D. & D. H. MALE (Hg.) *Handbook of Snow. Principles, Processes, Management & Use*, Kap. 11. Toronto (Pergamon)

SCHAUER, T. (1975): *Die Blaikenbildung in den Alpen, Schriftenreihe des Bayerischen Landesamtes für Wasserwirtschaft*, Bd. 1. München (Landesamt für Wasserwirtschaft)

SCHEFFER, F. & P. SCHACHTSCHABEL (1982): *Lehrbuch der Bodenkunde.* Stuttgart (Enke), 11 Aufl.

SCHEIDEGGER, A. (1975): *Physical Aspects of Natural Catastrophes.* Amsterdam (Elsevier)

SCHILLINGER, L., D. DAUDON & E. FLAVIGNY (1998): *3D Modelisation of Snow Slabs Stability.* In: Publication of the Norwegian Geotechnical Institute **203**: S. 234–237

SCHROTT, L., G. HUFSCHMIDT, M. HANKAMMER, T. HOFFMANN & R. DIKAU (2003): *Spatial Distribution of Sediment Storage Types and Quantification of Valley Fill Deposits in an Alpine Basin, Reintal, Bavarian Alps, Germany.* In: Geomorphology **55**: S. 45–63

SCHROTT, L., A. NIEDERHEIDE, M. HANKAMMER, G. HUFSCHMIDT & R. DIKAU (2002): *Sediment Storage in a Mountain Catchment: Geomorphic Coupling and Temporal Variability (Reintal, Bavarian Alps, Germany).* In: Zeitschrift für Geomorphologie N.F. Suppl. **127**: S. 175–196

SCHWEIZER, J., J. JAMIESON & M. SCHNEEBELI (2003): *Snow Avalanche Formation.* In: Reviews of Geophysics **41**(4): S. 1–25

SCHWEIZER, J. & M. LÜTSCHG (2001): *Characteristics of human triggered avalanches.* In: Cold Regions Science and Technology **33**(2-3): S. 147–162

SEIERSTAD, J., A. NESJE, S. DAHL & J. SIMONSEN (2002): *Holocene Glacier Fluctuations of Govabeen and Holocene Snow-Avalanche Activity Reconstructed from Lake Sediments in Groningstolsvatnet, Western Norway.* In: The Holocene **12**(2): S. 211–222

SEKIGUCHI, T. & M. SUGIYAMA (2003): *Geomorphological Features and Distribution of Avalanche Furrows in Heavy Snowfall Regions in Japan.* In: Zeitschrift für Geomorphologie N.F. Suppl. **130**: S. 117–128

SLAYMAKER, O. (1991): *Mountain Geomorphology: A Theoretical Framework for Measurement Programmes.* In: Catena **18**: S. 427–437

SMITH, D., D. MCCARTHY & B. LUCKMAN (1994): *Snow-Avalanche Impact Pools in the Canadian Rocky Mountains.* In: Arctic and Alpine Research **26**: S. 116–127

SMITH, M. & D. MCCLUNG (1997a): *Avalanche Frequency and Terrain Characteristics at Roger's Pass, British Columbia, Canada.* In: Journal of Glaciology **43**(143): S. 165–171

SMITH, M. & D. MCCLUNG (1997b): *Characteristics and Prediction of High-Frequency Avalanche Runout.* In: Arctic and Alpine Research **29**(3): S. 352–357

SOVILLA, B. & P. BARTELT (2002): *Observations and Modelling of Snow Avalanche Entrainment.* In: Natural Hazards and Earth System Sciences **2**: S. 169–179

SOVILLA, B., F. SOMMAVILLA & A. TOMASELLI (2001): *Measurements of Mass Balance in Dense Snow Avalanche Events.* In: Annals of Glaciology

SPREITZHOFER, G. (2000): *On the Characteristics of Heavy Multiple-Day Snowfalls in the Eastern Alps.* In: Natural Hazards **21**: S. 35–53

STETHEM, C., B. JAMIESON, P. SCHAERER, D. LIVERMAN, D. GERMAIN & S. WALKER (2003): *Snow Avalanche Hazard in Canada - a Review.* In: Natural Hazards **28**: S. 487–515

STÄHLI, M., A. PAPRITZ, P. WALDNER & F. FORSTER (2000): *Die Schneedeckenverteilung in einem voralpinen Einzugsgebiet und ihre Bedeutung für den Schneeschmelzabfluss.* In: Schweizerische Zeitschrift für Forstwesen **151**(6): S. 192–197

STÄHLI, M., A. PAPRITZ, P. WALDNER & F. FORSTER (2001): *Time-Space Linear Regression Analysis of the Snow Cover in a Pre-Alpine Semi-Forested Catchment.* In: Annals of Glaciology **32**: S. 125–129

STOCKER, E. (1985): *Zur Morphodynamik von Plaiken, Erscheinungsformen beschleunigter Hangabtragung in den Alpen, anhand von Messungsergebnissen aus der Kreuzeckgruppe, Kärnten.* In: Mitteilungen der Österreichischen Geographischen Gesellschaft **127**: S. 44–70

STOFFEL, A., R. MEISTER & J. SCHWEIZER (1998): *Spatial Characteristics of Avalanche Activity in an Alpine Valley - a GIS Approach.* In: Annals of Glaciology **26**: S. 329–336

STREMPEL, K., B. ZENKE, K. BELITZ, U. FRISCH, M. MAUKISCH, J. STÖTTER & F. WILHELM (1996): *GIS-Analyse des Zusammenhangs zwischen Waldlawinen und Topographie.* In: Tagungspublikation Interpraevent Symposium, Bd. 2. S. 113–124

TAKEUCHI, Y., K. YAMANOI, Y. ENDO, S. MURAKAMI & K. IZUMI (2003): *Velocities for the Dry and Wet Snow Avalanches at Makunosawa Valley in Myoko, Japan.* In: Cold Regions Science and Technology **37**: S. 483–486

TARBOTON, D. (1997): *A New Method for the Determination of Flow Directions and Upslope Areas in Grid Digital Elevation Models.* In: Water Resources Research **33**(2): S. 309–319

THE SIERRA CLUB (1950): *John Muir (1838-1914): Studies in the Sierra.* San Francisco

THORN, C. (1978): *The Geomorphic Role of Snow.* In: Annals of the Association of American Geographers **67**(3): S. 414–425

UHLIG, H. (1954): *Die Altformen des Wettersteingebirges mit Vergleichen in den Allgäuer und Lechtaler Alpen.* In: Forschungen zur Deutschen Landeskunde **79**

UNBENANNT, M. (2002): *Fluvial Sediment Transport Dynamics in Small Alpine Rivers - First Results from Two Upper Bavarian Catchments.* In: Zeitschrift für Geomorphologie N.F. Suppl. **127**: S. 197–212

VAN STEIJN, H. (1996): *Debris-Flow Magnitude-Frequency Relationships for Mountainous Regions of Central and Northwest Europe.* In: Geomorphology **15**(3-4): S. 259–273

VEIT, H. (2002): *Die Alpen - Geoökologie und Landschaftsentwicklung.* Stuttgart (Ulmer)

VOELLMY, A. (1955): *Über die Zerstörungskraft von Lawinen.* In: Schweizerische Bauzeitung **73**(12,15,17,19): S. 159–162 (12), 212–217 (15), 246–249 (17), 280–285 (19)

VORNDRAN, G. (1979): *Geomorphologische Massenbilanzen, Augsburger Geographische Hefte,* Bd. 1. Augsburg (Inst. Phys. Geogr.)

WALENTOWSKY, H., H.-J. GULDER, C. KÖLLING, J. EWALD & W. TÜRK (2001): *Die regionale natürliche Waldzusammensetzung Bayerns.* Nr. 32 in Berichte aus der Bayerischen Landesanstalt für Wald und Forstwirtschaft. Freising (LWF Bayern)

WEIR, P. (2002): *Snow Avalanche Management in Forested Terrain.* Nr. 55 in Land Management Handbook. Victoria, B.C. (British Columbia Min. For., Res. Br.)
URL http://www.for.gov.bc.ca/hfd/pubs/Docs/Lmh/Lmh55.htm

WHITE, S. (1981): *Alpine Mass Movement Forms (Noncatastrophic): Classification, Description and Significance.* In: Arctic and Alpine Research **13**(2): S. 127–137

WICHMANN, V. (2006): *Modellierung geomorphologischer Prozesse in einem alpinen Einzugsgebiet. Abgrenzung und Klassifizierung der Wirkungsräume von Sturzprozessen und Muren mit einem GIS, Eichstätter Geographische Arbeiten,* Bd. 15. München (Profil)

WICHMANN, V. & M. BECHT (2003): *Modelling of Geomorphic Processes in an Alpine Catchment.* In: *Conference Proceedings GeoComputation (Southampton, UK)*
URL http://www.geocomputation.org/2003/index.html

WICHMANN, V. & M. BECHT (2004): *Modellierung geomorphologischer Prozesse zur Abschätzung von Gefahrenpotenzialen.* In: Zeitschrift für Geomorphologie N.F. Suppl. **135**: S. 147–165

WILHELM, F. (1975): *Schnee- und Gletscherkunde.* Berlin (deGruyter)

WITMER, U. (1984): *Eine Methode zur flächendeckenden Kartierung von Schneehöhen unter Berücksichtigung von reliefbedingten Einflüssen.* Bern. (=Geographica Bernensia G 21)

WOLMAN, M. & J. MILLER (1960): *Magnitude and Frequency of Forces in Geomorphic Processes.* In: Journal of Geology **68**: S. 54–74

ZENKE, B. & H. KONETSCHNY (1988): *Lawinentätigkeit in zerfallenden Bergwäldern.* In: *Proc. Int. Symp. Interpraevent 5.* S. 213–227

ZEVENBERGEN, L. & C. THORNE (1987): *Quantitative Analysis of Land Surface Topography.* In: Earth Surface Processes and Landforms **12**: S. 47–56

ZIMMERMANN, M., P. MANI, P. GAMMA, P. GSTEIGER, O. HEINIGER & G. HUNZIKER (1997): *Murganggefahr und Klimaänderung - ein GIS-basierter Ansatz.* In: *Schlussbericht NFP31.* Zürich

ZISCHG, A., S. FUCHS, M. KEILER, G. MEISSL & J. STÖTTER (2004): *Ein GIS-basiertes Expertensystem zur Erzeugung dynamischer Lawinenrisikokarten.* In: STROBL, J., T. BLASCHKE & G. E. GRIESEBNER (Hg.) *Angewandte Geoinformatik. Beiträge zum 16. AGIT-Symposium Salzburg.* Heidelberg (Wichmann), S. 820–829

ZWINGER, T. (2000): *Dynamik einer Trockenschneelawine auf beliebig geformten Berghängen.* Dissertation, Technische Universität Wien, Fak. f. Maschinenbau

Teil V

Anhänge

A Geodaten und Software

A.1 Geodaten

In der vorliegenden Arbeit finden neben den selbst erhobenen Daten auch andere Datensätze Verwendung, ein Großteil davon wurde im Rahmen des SEDAG-Projektes kartiert, gemessen oder beschafft. Den jeweiligen Urhebern gilt der Dank des Autors für die Bearbeitung und Überlassung.

- Digitales Höhenmodell (DHM): Aus stereometrisch ermittelten digitalen Höhendaten (Stützpunkte von 20 m-Isohypsen) aus der Topographischen Gebirgsaufnahme 1:10000 des Landesvermessungsamtes Bayern (AZ: VM 1-DLZ-LB-0628) wurde von VOLKER WICHMANN mit dem Arc/INFO-Kommando TOPOGRID (ESRI) ein Digitales Höhenmodell mit einer Rasterweite von 5 m berechnet.

- Vektordatensätze (für die Verwendung in den rasterbasierten Modellen liegen diese auch als Rasterdatensätze mit 5 m Auflösung vor):

  - Geologische Karte 1:25000, Blatt 8432 Oberammergau (Untersuchungsgebiet Lahnenwiesgraben), herausgegeben vom Bayerischen Geologischen Landesamt (digitalisiert von VOLKER WICHMANN und Hilfskräften)

  - Geotechnische Karte (Lahnenwiesgraben): Aufnahme der Locker- und Festgesteinsverteilung und geotechnische Charakterisierung durch DIRK KELLER(Erlangen), vgl. KELLER (in Vorb.)

  - Bodenkarte (beide Untersuchungsgebiete): Aufnahme durch FLORIAN KOCH(Regensburg), vgl. KOCH (2005)

  - Vegetationskarte (beide Untersuchungsgebiete): Luftbildkartierung von VOLKER WICHMANN

- Luftbilder:

  - Digitale Orthophotos (S/W) des Bayerischen Landesvermessungsamtes (AZ: VM 1-DLZ-LB-0628) aus einer Befliegung im Jahre 1999. Die Bilddateien haben eine Auflösung von 600 dpi, dies entspricht einer Rasterweite von rund 40 cm.

- Untersuchungsgebiet Lahnenwiesgraben (flächendeckend): Senkrecht-Luftbilder (S/W) des Bayerischen Landesvermessungsamtes aus einer Befliegung im Jahre 1960. Diese Bilder (Format 23x23 cm) wurden mit einer IGEL Reihenmesskammer mit einem Ross-Objektiv (Nr. 64889) und einer Brennweite von 300 mm aufgenommen. Sie wurden mit einer Auflösung von 600 dpi eingescannt und mithilfe des DHM und den digitalen Orthophotos (1999) unter GRASS mit dem Modul i.ortho.photo orthorektifiziert. Die Bilder wurden unter anderem zur vergleichenden Analyse der Blaiken (1960 vs. 1999) verwendet (Digitalisierungen: MAREIKE LEHRLING, Göttingen)

- Untersuchungsgebiet Lahnenwiesgraben (Ausschnitte): Senkrecht-Luftbilder (farbig) der Firma SLU (Gräfelfing) folgender Befliegungstermine: 30.03.1989, 20.04.1996, 01.04.1997, 18.03.1999 und 22.04.2000. Die Bilder wurden mit einer Mittelformatkamera mit der Brennweite 100 mm aufgenommen. Im Luftbildarchiv des Forstamtes GAP, Funktionsstelle Schutzwaldsanierung in Murnau konnten die Bilder mit 1200 dpi gescannt werden, anschließend wurden sie mit dem gleichen Verfahren wie die 1960er Luftbilder vom Autor rektifiziert. Die Bilder wurden zur Kartierung von Lawinen- und Gleitschneeanrissen verwendet (Digitalisierung: CHRISTIAN KNÖCHEL, Göttingen)

A.2 Software

Zur Digitalisierung der kartierten Lawinenablagerungen sowie zur Berechnung der Ablagerungsoberfläche sowie für Visualisierungsaufgaben wurden die GI-Systeme Arc/INFO und ArcView der Firma ESRI verwendet. Die verwendeten Modelle und kleineren Dienstprogramme („Module") wurden vom Autor und VOLKER WICHMANN für das GIS SAGA (Version 1.1) programmiert. SAGA (System for Automated Geoscientific Analyses) ist eine Entwicklung der Arbeitsgruppe Geosystemanalyse (JÜRGEN BÖHNER, OLAF CONRAD, ANDRÉ RINGELER, RÜDIGER KÖTHE) am Geographischen Institut der Georg-August-Universität Göttingen (vgl. BOEHNER ET AL. 2003).

Die Software verarbeitet Geodaten im Raster- und Vektorformat und besteht im Wesentlichen aus einer grafischen Benutzeroberfläche und einem API (*Application Programming Interface*). Weitgehende Analysefunktionen erhält das

A.2. Software

Programm durch Zuladen sogenannter Module, die sich als *dynamic link libraries* unter C++ programmieren lassen, wobei auf zahlreiche Objektklassen und Basisfunktionen zurückgegriffen werden kann.

Verzeichnis der verwendeten SAGA-Module

- `Catchment` (HECKMANN 2003): Ermittlung des hydrologischen Einzugsgebietes, Berechnung von Flächenanteilen beliebig vieler Geofaktoren

- `CF_Dispo` (HECKMANN 2003): Berechnung von räumlichen Dispositionsmodellen mithilfe der *Certainty Factor*-Analyse (vgl. BINAGHI ET AL. 1998)

- `FR_Detect` (HECKMANN 2003): Ermittlung der *failure rate* bei kontinuierlichen Daten

- `RandSplit` (HECKMANN 2003): Zufällige Aufteilung räumlicher Datensätze (Stichprobe mit wählbarem Flächenanteil)

- `Timeline` (HECKMANN 2003): Extraktion von Datensätzen mit bestimmten Wertebereichen aus Zeitreihen, Statistik über diese Datengruppen (Anzahl, mittl. Dauer, Summen etc...)

- `PCM Particle` (HECKMANN 2004): Prozessmodell zur Partikelsimulation von Fließlawinen. 2D-Erweiterung des Modells von PERLA ET AL. (1984), Ausbreitung durch kalibrierte *random walks* (Monte Carlo-Simulation, GAMMA 2000), Reichweite nach PERLA ET AL. (1980).

- `DF HazardZone` (WICHMANN 2004): Prozessmodell zur Simulation gravitativer Prozesse (Steinschlag, Muren), vgl. WICHMANN (2006)

- `SPMValidate` (HECKMANN 2004): Validierung räumlicher Vorhersagemodelle (vgl. CHUNG & FABBRI 2003)

- `CF_Table` (HECKMANN 2005): Berechnung von CF-Modellen auf der Basis von Tabellen mit einer abhängigen Variable (m Ausprägungen) und n unabhängigen kategorialen Variablen

B Tabellen

Tab. B.1: Abtrag durch Lawinen, berechnet im Bezug auf das hydrologische Einzugsgebiet (EZG) der Lawinenablagerung und auf das modellierte Prozessgebiet (PG).

Lawine	Oberfläche [m^2] EZG	PG	Masse [kg] (ohne Veg.-Reste)	Denudation [g/m^2] EZG	PG
L99-A	525819	167645	18850	36	112
L99-B	18675	16074	1837	98	114
L99-D	395374	49818	28493	72	572
L99-E	28404	15402	9640	339	626
L00-ZK	429987	49498	8219	19	166
L00-1	41266	9836	1893	46	193
L00-10	24050	3668	2001	83	546
L00-11	68814	42194	24369	354	578
L00-12	4677	4645	618	132	133
L00-13	315523	114836	246	1	2
L00-14	40753	12004	2144	53	179
L00-15	23011	5980	81207	3529	13579
L00-16	45900	8156	5015	109	615
L00-17	71211	5998	686	10	114
L00-2	389593	116457	9967	26	86
L00-3	40423	14641	14710	364	1005
L00-5	4114	1082	1411	343	1304
L00-6	15382	10000	147963	9619	14796
L00-7	9811	2726	4082	416	1497
L00-8	90732	36310	1169	13	32
L00-9	202210	34872	2141	11	61
L01-1	1939	1913	12	6	7
L01-12	7027	6466	454	65	70
L01-13	109968	34784	0	0	0
L01-14	3418	318	5	1	15
L01-15	202210	17632	123	1	7
L01-17	4777	1996	38	8	19

Fortsetzung auf der nächsten Seite

| | Oberfläche | | Masse | Denudation | |
| | [m^2] | | [kg] | [g/m^2] | |
Lawine	EZG	PG	(ohne Veg.-Reste)	EZG	PG
L01-18	5421	2211	15	3	7
L01-19	12176	2348	252	21	107
L01-2	7568	6612	31	4	5
L01-20	2173	312	30	14	97
L01-5	3775	3246	1287	341	396
L01-6	10520	9959	104	10	10
L01-EN1	2868	2324	1696	591	730
L01-EN2	9113	5551	1795	197	323
L01-HB1	82084	30957	136	2	4
L01-HB3	45370	8879	1570	35	177
L01-HBK	2512	1242	374	149	301
L01-PF1	5597	5570	214	38	38
L01-PF2	10649	8985	76	7	8
L01-PF3	8968	6139	216	24	35
L01-PF4	7123	4863	370	52	76
L01-RU	302438	113473	8	0	0
L01-SP	69527	42254	1920	28	45
L01-SP2	8934	2660	192	22	72
L01-SP3	5037	4639	5	1	1
L01-SP4	2709	1942	27	10	14
L02-EN	11238	5469	79	7	14
L02-LW1	85047	31356	22	0	1
L02-LW2	126153	28805	142	1	5
L02-LW3	81315	247	225	3	911
L02-LW4	59637	1502	301	5	201
L02-SP	68836	41996	717	10	17
R99-A	608990	124283	26804	44	216
R99-C	364041	29346	857	2	29
R99-D	284175	46945	1204	4	26
R99-E	86023	4864	595	7	122
R00-1	142654	100272	40380	283	403

Fortsetzung auf der nächsten Seite

	Oberfläche $[m^2]$		Masse $[kg]$	Denudation $[g/m^2]$	
Lawine	EZG	PG	(ohne Veg.-Reste)	EZG	PG
R00-10	159188	7236	3263	20	451
R00-11	159595	19701	209	1	11
R00-12	363734	29056	4332	12	149
R00-13	285240	48148	18130	64	377
R00-14	87578	5234	610	7	116
R00-15	278770	29541	3398	12	115
R00-16	127569	53868	944	7	18
R00-17	920631	229464	47166	51	206
R00-18	1106685	217087	5742	5	26
R00-2	81974	56276	1618	20	29
R00-20	126001	9356	2487	20	266
R00-21	1055942	71481	24048	23	336
R00-3	151838	117988	4082	27	35
R00-4	235630	130982	859	4	7
R00-5	135998	87786	1451	11	17
R00-6	265249	118370	6010	23	51
R00-7	183106	28883	25510	139	883
R00-8	337646	64815	14954	44	231
R00-9	613036	124761	10726	17	86
R01-0	32565	26884	1826	56	68
R01-1	235440	130422	382	2	3
R01-10	86364	5065	1852	21	366
R01-11	289301	46198	151	1	3
R01-12	370213	29368	576	2	20
R01-2	136057	87845	167	1	2
R01-3	176952	117672	2782	16	24
R01-4	266465	119310	94	0	1
R01-6	333767	64491	8837	26	137
R01-7	634173	125552	349	1	3
R01-8	125585	53816	1073	9	20
R01-9	287889	29569	213	1	7

Fortsetzung auf der nächsten Seite

	Oberfläche $[m^2]$		Masse $[kg]$	Denudation $[g/m^2]$	
Lawine	**EZG**	**PG**	(ohne Veg.-Reste)	**EZG**	**PG**
R01-AL1	126159	9325	1585	13	170
R01-GP1	626332	359	1236	2	3439
R01-GP3	24971	5765	137	5	24
R01-GP4	94340	8073	1136	12	141
R01-GP5	1124888	94726	1977	2	21
R01-GP6	51243	14853	4863	95	327
R01-OW	1016120	175853	29569	29	168
R01-PU	1062422	72290	10463	10	145
R01-UW	949699	233203	17620	19	76
R01-x	142662	99587	3577	25	36
R02-GP1	61989	12091	4944	80	409
R02-GP2	1125685	94108	441	0	5
R02-GP3	635617	23287	985	2	42
R02-GP4	1008138	294203	3524	3	12
R02-HG	372522	30641	3040	8	99
R02-OW	989699	176459	9895	10	56
R02-UW	944773	236097	3156	3	13
R02-VG	634002	125579	5142	8	41

Tab. B.2: Ergebnis des CF-Dispositionsmodells für Grundlawinen mit den Werten für alle Geofaktorenklassen

Geofaktor	Klasse	CF+	CF-	CC	Wertebereich
VEG	3	0,84	-0,85	1,69	Gras
HKURV	8	0,79	-0,10	0,89	0,024 - 0,048
VKURV	8	0,79	-0,03	0,82	0,032 - 0,054
VKURV	7	0,63	-0,18	0,81	0,01 - 0,032
NEIG	8	0,49	-0,10	0,59	40 - 46°
NEIG	7	0,37	-0,14	0,51	34 - 40°
NEIG	6	0,31	-0,11	0,42	28 - 34°
HKURV	7	0,17	-0,21	0,38	0 - 0,024
VKURV	5	0,11	-0,01	0,12	-0,034 - -0,012
NEIG	9	-0,15	0,01	-0,16	46 - 52°
NEIG	5	-0,15	0,03	-0,18	22 - 28°
NEIG	10	-0,39	0,01	-0,40	52 - 58°
HKURV	6	-0,39	0,23	-0,62	-0,024 - 0
VEG	5	-0,69	0,03	-0,72	Jungwuchs
VKURV	6	-0,22	0,51	-0,73	-0,012 - 0,01
HKURV	5	-0,76	0,02	-0,78	-0,048 - -0,024
NEIG	4	-0,72	0,09	-0,81	16 - 22°
VEG	4	-0,72	0,11	-0,84	Krummholz
VEG	2	-0,82	0,04	-0,86	Pioniervegetation
NEIG	3	-0,87	0,08	-0,95	10 - 16°
VEG	7	-0,75	0,22	-0,96	Nadelwald
VKURV	12	-1,00	0,00	-1,00	> 0,12
HKURV	12	-1,00	0,00	-1,00	> 0,12
VKURV	11	-1,00	0,00	-1,00	0,098 - 0,12
HKURV	11	-1,00	0,00	-1,00	0,096 - 0,12
VKURV	10	-1,00	0,00	-1,00	0,076 - 0,098
HKURV	10	-1,00	0,00	-1,00	0,072 - 0,096
HKURV	1	-1,00	0,00	-1,00	< -0,12
HKURV	2	-1,00	0,00	-1,00	-0,12 - -0,096
VKURV	2	-1,00	0,00	-1,00	-0,1 - -0,078
VKURV	9	-1,00	0,00	-1,00	0,054 - 0,076
VKURV	1	-1,00	0,00	-1,00	< -0,1
HKURV	3	-1,00	0,00	-1,00	-0,096 - -0,072
VKURV	3	-1,00	0,00	-1,00	-0,078 - -0,056
NEIG	12	-1,00	0,00	-1,00	>64°
HKURV	9	-1,00	0,00	-1,00	0,048 - 0,072
NEIG	11	-1,00	0,00	-1,00	58 - 64°
HKURV	4	-1,00	0,01	-1,01	-0,072 - -0,048
VKURV	4	-1,00	0,01	-1,01	-0,056 - -0,034
NEIG	1	-1,00	0,02	-1,02	<4°
VEG	1	-1,00	0,03	-1,03	vegetationsfrei
NEIG	2	-1,00	0,06	-1,06	4 - 10°
VEG	6	-1,00	0,32	-1,32	Laubwald

Eichstätter Geographische Arbeiten

Bis Band 6 erschienen als „Arbeiten aus dem Fachgebiet Geographie der
Katholischen Universität Eichstätt-Ingolstadt"

Bd. 1:	Josef Steinbach (Hrsg.): Beiträge zur Fremdenverkehrsgeographie. XII + 144 Seiten. 1985
Bd. 2:	Joachim Bierwirth: Kulturgeographischer Wandel in städtischen Siedlungen des Sahel von Mousse/Monastir (Tunesien): Ein Beitrag zur geographischen Akkulturationsforschung. 183 Seiten. 1985
Bd. 3:	Julie Brennecke, Peter Frankenberg, Reinhold Günther: Zum Klima des Raumes Eichstätt/Ingolstadt. X + 146 Seiten. 1986
Bd. 4:	Josef Steinbach: Das räumlich-zeitliche System des Fremdenverkehrs in Österreich. 89 Seiten. 1989
Bd. 5:	Helmut Schrenk: Naturraumpotential und agrare Landnutzung in Darfur, Sudan. Vergleich der agraren Nutzungspotentiale und deren Inwertsetzung im westlichen und östlichen Jebel-Marra-Vorland. XIII + 199 Seiten + Anhang. 1991
Bd. 6:	Josef Steinbach (Hrsg.): Neue Tendenzen im Tourismus. Wandeln sich Urlaubsziele und Urlaubsaktivitäten? 81 Seiten. 1991
Bd. 7:	Karl-Heinz Rochlitz: Bergbauern im Untervinschgau (Südtirol). Der Strukturwandel zwischen 1950 und 1990. IX + 324 Seiten. 1994
Bd. 8:	Dieter Hauck: Trekkingtourismus in Nepal. Kulturgeographische Auswirkungen entlang der Trekkingrouten im vergleichenden Überblick. 181 Seiten + Anhang. 1996
Bd. 9:	Erwin Grötzbach (Hrsg.): Eichstätt und die Altmühlalb. VII + 223 Seiten + Anhang. 1998
Bd. 10:	Hans Hopfinger, Raslan Khadour: Economic Development and Investment Policies in Syria. Wirtschaftsentwicklung und Investitionspolitik in Syrien. 269 Seiten. 2000
Bd. 11:	Friedrich Eigler: Die früh- und hochmittelalterliche Besiedlung des Altmühl-Rezat-Raumes. 488 Seiten. 2000
Bd. 12:	Dominik Faust (Hrsg.): Studien zu wissenschaftlichen und angewandten Arbeitsfeldern der Physischen Geographie. 204 Seiten. 2003
Bd. 13:	Christoph Zielhofer: Schutzfunktion der Grundwasserüberdeckung im Karst der Mittleren Altmühlalb. 238 Seiten + 1 CD. 2004
Bd. 14:	Tobias Heckmann: Untersuchungen zum Sedimenttransport durch Grundlawinen in zwei Einzugsgebieten der Nördlichen Kalkalpen – Quantifizierung, Analyse und Ansätze zur Modellierung der geomorphologischen Aktivität. XVIII + 305 Seiten + Anhang. 2006
Bd. 15:	Volker Wichmann: Modellierung geomorphologischer Prozesse in einem alpinen Einzugsgebiet – Abgrenzung und Klassifizierung der Wirkungsräume von Sturzprozessen und Muren mit einem GIS. XVI + 231 Seiten. 2006

Schriftentausch:	Tauschstelle der Zentralbibliothek Katholische Universität Eichstätt-Ingolstadt, 85071 Eichstätt
Bezug über:	PROFIL Verlag, Postfach 210143, 80671 München